高等学校给排水科学与工程专业教学指导分委员会规划推荐应用型教材

给排水科学与工程专业设计指导

王宗平　主　编
谢鹏超　任拥政　副主编
赵　锂　李国洪　主　审

中国建筑工业出版社

图书在版编目（CIP）数据

给排水科学与工程专业设计指导 / 王宗平主编；谢鹏超，任拥政副主编. -- 北京 ：中国建筑工业出版社，2024.8. --（高等学校给排水科学与工程专业教学指导分委员会规划推荐应用型教材）. -- ISBN 978-7-112-29903-4

Ⅰ. TU991

中国国家版本馆 CIP 数据核字第 2024QQ0723 号

本书包含了 4 篇内容：概论、给水工程设计、排水工程设计和建筑给水排水工程设计，全面系统介绍了设计主要内容、设计步骤、设计要求及主要设计成果，对案例工艺设计选型、计算及主要图纸进行了详细剖析与介绍，并补充案例外其他工艺图纸。

本书面向高等学校给排水科学与工程、环境科学与工程专业教师及学生，还可用作市政和建筑设计院入职员工的参考用书。

为便于教学，作者制作了与教材相关的课件，如有需要，可发邮件（标注书名，作者名）至 jckj@cabp.com.cn 索取，或到 http://edu.cabplink.com 下载，联系电话：(010) 58337285。

* * *

责任编辑：王美玲　勾淑婷
责任校对：芦欣甜

高等学校给排水科学与工程专业教学指导分委员会规划推荐应用型教材

给排水科学与工程专业设计指导

王宗平　主　编
谢鹏超　任拥政　副主编
赵　锂　李国洪　主　审

*

中国建筑工业出版社出版、发行（北京海淀三里河路 9 号）
各地新华书店、建筑书店经销
霸州市顺浩图文科技发展有限公司制版
北京圣夫亚美印刷有限公司印刷

*

开本：787 毫米×1092 毫米　横 1/8　印张：26½　字数：732 千字
2024 年 8 月第一版　2024 年 8 月第一次印刷
定价：**88.00** 元
ISBN 978-7-112-29903-4
（42704）

前　　言

工程师的梦想是设计蓝图并将蓝图付诸实施，因此设计是工程师必备之技能。给排水科学与工程专业作为典型的工科专业，能够从事相关工程设计及计算是对学生的基本要求。然而，本人从教30多年来，发现学生在进行课程设计和毕业设计时总是无从下手，不知设计要达到何标准，每张图纸需要重点表达什么。此外，部分青年教师由于工程实训经验不足也不知如何指导学生开展课程设计和毕业设计。为此本人一直希望出版一部以成果为导向的书籍来指导给排水科学与工程专业的课程和毕业设计。

为了推动给排水科学与工程专业实践性教学改革，提高教学质量和学生设计能力，全国高等学校给排水科学与工程专业教学指导分委员会主持推进“应用型培养计划系列教材”编写工作，本书有幸纳入该系列教材。

本书以设计成果为导向，结合本学科的发展并参考国家有关部门颁布的最新标准进行编写。编写过程中吸收了部分学校在教学过程中的经验和设计之都（武汉）多家优秀市政、建筑设计院总工程师们的实战经验，确保本书工程系统性、工艺应用性、技术先进性。

本书包含了4篇内容：概论、给水工程设计、排水工程设计和建筑给水排水工程设计，全面系统介绍了设计重要性、设计任务下达与前期准备、设计主要内容、设计步骤、设计要求及主要设计成果，重点体现了成果导向（设计、计算书及图纸），对案例工艺设计选型、计算及主要图纸进行了详细剖析与介绍，并补充案例外其他工艺图纸。

本书第1章由华中科技大学王宗平编写；第2、3、4、5章由华中科技大学谢鹏超、姜薇，中国市政工程中南设计研究总院有限公司万年红，武汉市给排水工程设计院有限公司冯志，武汉市政工程设计研究院有限责任公司李尔，哈尔滨工业大学唐小斌编写；第6、7、8、9章由华中科技大学任拥政、郭刚，中国市政工程中南设计研究总院有限公司朱昱，武汉市政工程设计研究院有限责任公司饶世雄，武汉市给排水工程设计院有限公司朱海涛编写；第10、11、12、13、14、15、16章由华中科技大学冯晓楠、罗凡，中信建筑设计研究总院有限公司李传志，中南建筑设计院股份有限公司秦晓梅编写。全书由王宗平主编，谢鹏超、任拥政副主编，中国建筑设计研究院有限公司总工程师、全国工程勘察设计大师赵锂，中国市政工程中南设计研究总院有限公司李国洪总工程师主审。

华中科技大学市政工程系研究生雷琳慧、陈纪朝、姜远收、郭如盛、李宁、邹武桂、周淼、孙先昌、左亮、许金宝在资料收集、电脑输入、图文处理等方面进行了大力协助，在此表示感谢。

由于作者水平所限，不当与错误之处难免，恳请读者原谅并提出宝贵意见。

编　者

2023年9月25日

目　　录

第1篇　概　　论

第2篇　给水工程设计

第3篇　排水工程设计

第4篇　建筑给水排水工程设计

第1篇　概　　论

第1章　设计概述

1.1　培养目标

给排水科学与工程专业培养适应国家现代化建设需要，德智体美劳全面发展，具备较好的自然科学与人文社科基础，具备计算机和外语应用能力，掌握给排水科学与工程专业的理论和知识，获得工程师基本训练并具有创新精神的高级工程技术人才。毕业生应具有从事给排水科学与工程有关的工程规划、设计、施工、运营、管理等工作的能力，并具有初步的研究开发能力。而课程设计和毕业设计要求学生在教师指导下，按照教学大纲的要求，将所学的基础理论和专业知识具体地运用到设计课题上来，独立完成设计任务，对学生的工程规划、工程设计和工程施工能力的锻炼具有重要意义。

课程设计重点训练学生的工艺设计、工程设计计算及设计图纸绘制、设计计算说明书撰写等方面的能力，提高学生分析问题、解决问题和独立工作的能力。

毕业设计在此基础上进一步培养学生综合运用给排水科学与工程专业基础理论和专业知识的能力、工程实践能力和创新意识，使学生受到较全面的工程师基本素质的训练，在查阅中外文献、收集分析资料、课题调研、计算机程序编制及应用等方面能力得到进一步锻炼，从而具备解决工程问题的能力。

1.2　设计任务

设计选题应面向工程实际，且符合给排水科学与工程专业本科教学的基本要求，综合调动学生所学的专业知识和基本技能，对学生的综合工程能力、解决问题和创新能力进行考查。同时，设计工作量要适量，确保学生在规定设计时间内能完成设计任务。

课程设计与毕业设计的任务内容主要包括给水工程、排水工程和建筑给水排水工程3个部分，其中给水工程和排水工程中的管网设计和水厂设计都可作为课程设计单独进行训练，毕业设计则需综合考查管网和水厂两项设计任务。

毕业设计题目要求一人一题，且毕业设计对工程项目的完整性、前期工艺方案的制定以及工程经济方面要求更高。

1.2.1　给水工程设计任务

给水工程设计任务主要有以下4方面内容：

(1) 城镇给水处理厂设计；

(2) 工业给水处理厂设计；

(3) 给水管网工程设计；

(4) 取水构筑物（含泵房）设计。

指导教师根据教学大纲及上述要求选定学生的设计题目，规定每个设计题目的设计内容（参考第1.3节），要求完成设计说明计算书1份、图纸1套，设计成果具体要求见第1.5节。

1.2.2　排水工程设计任务

排水工程设计任务主要有以下3方面内容：

(1) 城镇污水处理厂设计；

(2) 工业污水处理厂设计；

(3) 排水管网工程设计。

指导教师根据教学大纲及上述要求选定学生的设计题目，规定每个设计题目的设计内容（参考第1.3节），要求完成设计说明计算书1份、图纸1套，设计成果具体要求见第1.5节。

1.2.3　建筑给水排水工程设计任务

建筑给水排水工程设计任务主要有以下3方面内容：

(1) 建筑小区给水排水工程设计；

(2) 住宅楼给水排水工程设计；

(3) 公共建筑给水排水工程设计。

指导教师根据教学大纲及上述要求选定学生的设计题目，规定每个设计题目的设计内容（参考第1.3节）。要求完成设计说明计算书1份、图纸1套，设计成果具体要求见第1.5节。

1.3　设计主要内容

课程设计和毕业设计主要内容可参考本节内容，并依据各高校教学大纲及给排水科学与工程专业培养要求适当增减。

1.3.1　课程设计主要内容

1. 给水工程课程设计主要内容

(1) 城镇给水处理厂设计

本设计题目包含给水工程中给水处理的专业内容，可适当考虑原水水质较复杂的情况，如铁锰超标、低温低浊、藻类暴发等情况，其设计主要内容：

1) 介绍工程概况，确定设计水量，分析原水水质；

2) 给水处理厂预处理、给水处理、排泥水处理工艺比选；

3) 构筑物工艺设计计算及工艺设备选型；

4) 辅助构筑物和建筑物设计；

5) 给水处理厂平面及高程布置；

6) 工程经济估算。

(2) 工业给水处理厂设计

本设计题目以某种工业生产用水为对象，可能涉及水的预处理、软化、除盐、稳定和冷却等处理，其设计主要内容：

1) 介绍工程概况，确定设计水量；

2）分析原水水质，确定出水水质标准；
3）进行工艺比选，确定处理系统工艺流程；
4）进行预处理、给水处理、后处理系统工艺设计计算及设备选型；
5）进行水力计算，确定管道、水泵等辅助设备；
6）水处理厂（站）平面和高程布置；
7）工程经济估算。

（3）给水管网工程设计

本设计题目包含给水工程中给水管网设计的专业内容，其设计主要内容有：
1）介绍工程概况，确定设计水量；
2）给水管网方案比选；
3）输水管线定线布置及水力计算；
4）配水管网定线布置及平差计算；
5）进行配水管网消防校核、最不利管段事故校核；
6）确定调节构筑物的形式、位置和设计计算；
7）绘制给水管网平面图；
8）绘制等水压线图；
9）工程经济估算。

（4）取水构筑物（含泵房）设计

本设计题目包含给水工程中取水构筑物设计的专业内容，其设计主要内容有：
1）介绍工程概况，确定设计规模；
2）取水构筑物比选及设计计算；
3）选择水泵型号及数量；
4）计算水泵基础尺寸，确定泵房布置形式；
5）选择辅助设备；
6）格栅、格网设计计算；
7）工程经济估算。

2. 排水工程课程设计主要内容

（1）城镇污水处理厂设计

本设计题目包含排水工程中污水处理的专业内容，可适当考虑进水水质的复杂性，如低碳氮比、高氮磷、出水水质要求高等情况，其设计主要内容有：
1）介绍工程概况，确定设计水量和处理程度；
2）污水处理厂预处理、二级处理、深度处理、污泥处理工艺比选；
3）各类构筑物工艺设计计算及设备选型；
4）厂区内各类管线的定线和水力计算；
5）选定辅助构筑物和建筑物；
6）污水处理厂平面及高程布置；
7）工程经济估算。

（2）工业污水处理厂设计

本设计题目以某种工业废水为对象，可适当考虑进水水质较复杂的情况，如高浓度有机废水、重金属超标、氮磷过高等情况，其设计主要内容：
1）介绍工程概况，确定设计水量；
2）分析进水水质，确定出水水质标准；
3）进行工艺比选，确定处理系统工艺流程；
4）进行预处理、主体处理、深度处理工艺系统及设备的设计计算；
5）进行水力计算，确定管道、水泵等辅助设备；
6）废水处理厂（站）平面和高程布置；
7）工程经济估算。

（3）排水管网工程设计

本设计题目包含排水工程中排水管网设计的专业内容，其设计主要内容有：
1）介绍工程概况，确定设计水量；
2）排水体制选择；
3）污水、雨水或合流管网定线布置及水力计算；
4）绘制排水工程平面图和管道纵断面图；
5）工程经济估算。

3. 建筑给水排水课程设计主要内容

本设计题目包含建筑给水排水工程中的专业内容，其设计主要内容有：
1）确定建筑类型，确定设计用水量；
2）制定给水系统、消防给水系统、排水系统设计方案；
3）建筑给水系统管道布置及设计计算；
4）建筑热水系统管道布置及设计计算；
5）建筑排水系统管道布置及设计计算；
6）建筑雨水系统管道布置及设计计算；
7）建筑消火栓系统管道布置及设计计算；
8）建筑自动喷水灭火系统管道布置及设计计算；
9）工程经济估算。

1.3.2 毕业设计主要内容

1. 给水工程毕业设计主要内容

（1）城镇给水工程设计

本设计题目包含给水工程中给水处理和给水管网设计的专业内容，可适当考虑原水水质较复杂的情况，其设计主要内容：
1）工程概况，包括自然条件、供水现状分析及工程必要性和可行性分析；
2）城市用水量及工程规模确定；
3）比选取水方式，给水处理厂、泵房、给水管网设计方案；
4）取水构筑物设计计算；
5）给水处理厂预处理、常规处理、排泥水处理工艺及附属设施设计计算；
6）送水泵房设计计算；
7）给水处理厂平面及高程布置；
8）输配水工程定线、平差计算及水力校核；
9）绘制输配水管网总平面图及管道纵断面图；

10）进行工程经济估算，计算单位制水成本。

（2）工业给水工程设计

本设计题目以某种工业生产用水为对象，可能涉及水的预处理、软化、除盐、稳定和冷却等处理，其设计主要内容：

1）工程概况，包括自然条件、供水现状分析及工程必要性分析；
2）计算设计水量，确定工程规模；
3）分析原水水质，确定出水水质标准；
4）进行工艺比选，确定处理系统工艺流程；
5）进行预处理、主体处理、后处理系统工艺及设备的设计计算；
6）泵房设计计算；
7）水处理厂（站）平面和高程布置；
8）工业厂区输配水管网定线布置、平差计算及水力校核；
9）进行水力计算，确定管道附件、水泵等辅助设备；
10）进行工程经济估算，计算单位制水成本。

2. 排水工程毕业设计主要内容

（1）城镇排水工程设计

本设计题目包含排水工程中污水处理和排水管网设计的专业内容，其设计主要内容：

1）工程概况，包括自然条件、供排水现状分析及工程必要性分析；
2）城市排水量及工程规模确定；
3）比选排水管网、污水处理厂、污水泵房设计方案；
4）污水管网定线及水力计算；
5）雨水管网定线及水力计算；
6）绘制排水工程平面图和管道纵断面图；
7）污水处理厂预处理、二级处理、深度处理、污泥处理工艺及附属设施设计计算；
8）污水泵房设计计算；
9）污水处理厂平面及高程布置；
10）进行工程经济估算，计算单位处理成本。

（2）工业排水工程设计

本设计题目以某种工业生产废水为对象，可适当考虑进水水质较复杂的情况，如高浓度有机废水、重金属超标、氮磷过高等情况，其设计主要内容：

1）工程概况，包括自然条件、供排水现状分析及工程必要性分析；
2）计算设计水量，确定工程规模；
3）分析进水水质，确定出水水质标准；
4）进行工艺比选，确定处理系统工艺流程；
5）进行预处理、主体处理、后处理系统工艺及设备的设计计算；
6）废水处理厂（站）平面和高程布置；
7）工业厂区污水管网定线布置及水力计算；
8）确定管道附件、水泵等辅助设备；
9）进行工程经济估算，计算单位处理成本。

3. 建筑给水排水毕业设计主要内容

（1）住宅楼/建筑小区给水排水工程设计

本设计题目包含建筑给水排水工程的专业内容，建筑小区给水排水工程规划设计在住宅楼给水排水设计的基础上，还需考虑小区内部的管线布置及水泵等加压设备，其设计主要内容：

1）确定建筑类型，确定设计用水量；
2）比选建筑给水、排水、热水及消防给水系统设计方案；
3）建筑给水系统管道布置及设计计算；
4）建筑热水系统管道布置及设计计算；
5）建筑排水系统管道布置及设计计算；
6）建筑雨水系统管道布置及设计计算；
7）建筑消火栓给水系统管道布置及设计计算；
8）建筑自动喷水灭火系统管道布置及设计计算；
9）室外/建筑小区给水排水管网及设备的定线和水力计算；
10）设备用房（如泵房、水箱间）设计；
11）进行工程经济估算。

（2）公共建筑给水排水工程设计

本设计题目包含建筑给水排水工程的专业内容，可适当考虑较复杂的建筑情况，如一类建筑、地铁站、大型商场等建筑。公共建筑与住宅楼设计主要内容相同，相较于公共建筑，住宅楼单层面积较小、人口密度高、时变化系数大。

公共建筑给水排水工程设计主要内容：

1）确定建筑类型，确定设计水量；
2）比选建筑给水、排水、热水及消防系统设计方案；
3）建筑给水系统管道布置及设计计算；
4）建筑热水系统管道布置及设计计算；
5）建筑排水系统管道布置及设计计算；
6）建筑雨水系统管道布置及设计计算；
7）建筑消火栓系统管道布置及设计计算；
8）建筑自动喷水灭火系统管道布置及设计计算；
9）室外给水排水管道布置；
10）设备用房（如泵房、水箱间）设计；
11）进行工程经济估算。

1.4 设计步骤

课程设计和毕业设计步骤可参考本节内容，并依据各高校教学大纲及给排水科学与工程专业培养要求适当增减。

1.4.1 给水工程设计步骤

1. 设计准备

（1）明确设计任务书的各项内容与任务要求。

（2）收集给水相关规范和给水排水设计手册，可参见参考文献和给水工程案例。

（3）收集设计地区供水规划和现状资料，包括城市总体规划、城市供水专项规划、地形图、城市发展趋向、供水范围、供需关系、现状管网等。

（4）收集设计地区用水量、水质和水压资料：

人口资料：各分区居住人口分布、人口密度、房屋卫生设备情况、建筑平均层数等；

用水情况：工业企业和公共建筑位置、最高日用水量、最高日最高时用水量、最高日平均时用水量、水压、主要水质指标及用水量变化规律等。

（5）收集水文地质资料：

气象资料：风玫瑰图、年降水量、气候带、气温等；

水文资料：原水水质情况、最大最小流量、最高最低水位、常水位、冰冻期水位、航运等；

工程地质资料：地质钻探资料、地下水位深度、冰冻深度、地震烈度等。

（6）收集工程估算资料，包括当地最新概预算定额、水资源费、电费、药剂价格等。

（7）其他补充资料等。

2. 用水量计算与给水工程规模的确定

在上述准备与调研的基础上，根据城市规划与任务书要求初步酝酿给水工程系统方案，方案应抓住影响建设全局的重大问题。方案比选除技术经济因素外，还应考虑国家的政策、当地的实际情况，必须着重说明工程建设的必要性、可行性与工程实施后的影响。

总用水量应包括生活、生产、消防、绿地浇水、道路洒水、未预见水量以及净水厂生产用水量等。根据规范、相关文献和指导教师的建议选择适当的生活用水量定额，确定近远期给水工程规模。

3. 取水工程设计

取水工程设计应包括：

（1）水源的选择，阐明所选择的水源的理由；

（2）取水口与取水构筑物形式的选择；

（3）取水泵房设计和机组选型；

（4）取水构筑物的设计；

（5）绘制取水泵房布置图。

4. 输水工程设计

输水工程包括从取水泵房至净水厂以及从净水厂输水至城市配水管网的管渠，需说明输水管的走向，输水管与取水工程、净水工程的相对位置与标高，进行管道水力计算。

5. 净水工程设计

（1）净水工艺选择

净水工艺的选择应当根据水质条件、水质标准、设计区域内的工程概况及人文经济条件等因素共同确定。

1）对于以地表水为水源的水厂，通常可采用常规净水工艺，即“混凝＋沉淀＋过滤＋消毒（特殊情况下部分工艺段可超越）”，目前我国大部分地表水厂均采用此工艺。

2）对于受到污染的水源（微污染原水），采用常规工艺往往无法使出水达到饮用水水质标准，通常可以采用适当的预处理和深度处理的方法和常规处理工艺相结合。

3）对于特殊水质水源或非地表水水源，水体中可能存在某些特定物质超标，在净水工艺选择时，应充分考虑去除这些超标物质，例如：含氟水体除氟、地下水除铁除锰、地下水除钙除镁、苦咸水除盐等。

（2）推荐处理工艺及构筑物的设计与计算

1）预处理工艺设计

给水处理厂的预处理工艺通常可以选择化学预处理和生物预处理等方法，设计过程中，应根据具体情况的不同而进行选择，主要包括：臭氧预氧化、预氯化、生物滤池、生物接触氧化等。

2）混凝工艺设计

混凝工艺设备主要包括：投药、混合设备和絮凝设备。

3）沉淀工艺设计

可采用平流沉淀池、斜管沉淀池、澄清池，要说明尺寸、停留时间、水平流速、集水排泥方式等。

4）过滤工艺设计

可选择V型滤池、普通快滤池、重力无阀滤池、虹吸滤池、气水反冲洗滤池、压力滤池等设备，要说明尺寸、滤料、配水布气方式、滤速、反冲洗强度和方式等。

5）深度处理工艺设计

饮用水深度处理可视具体情况选择如下工艺：

① 臭氧氧化：臭氧接触方式（接触池、鼓泡塔）、臭氧发生量、臭氧发生器选型等；

② 活性炭吸附：池体尺寸、填料层高、冲洗强度等，具体可以参照快滤池的工艺参数进行设计；

③ 臭氧-活性炭：结合上述两种工艺，通常可使出水水质较高，可参照实际工程经验和实验数据来确定活性炭的使用周期；

④ 紫外线辐照；

⑤ 膜分离：选择合适的膜材料、膜种类及相关的附属设施等。

6）消毒工艺设计

可选择采用次氯酸钠消毒、二氧化氯消毒、液氯消毒、漂白粉消毒等方式，需说明加氯量、加氯方式、加氯设备，并进行加氯间的简单布置。

7）清水池设计

需说明清水池的调蓄能力、数量、尺寸、内部布置、进出水方式及通气管布置等。

8）泵房设计

泵房分取水泵房、供水泵房、加压泵房等类型。

泵房设计应执行《泵站设计标准》GB/T 50265—2022的规定，根据工程需要，确定泵房的结构形式、尺寸、布置及其机电设备的选型，包括水泵流量、扬程、型号、台数及电机的选择等，并附水泵特性曲线图。

（3）净水厂平面布置

各构筑物及管道布置尽量紧凑，节省占地面积，但同时应遵守设计标准，考虑运行管理、检修运输及远期发展可能性。

净水厂平面布置的内容：

1）生产性构筑物，包括各种净水处理构筑物、污泥处理构筑物、泵房、鼓风机房、投药间、消毒间、变配电间、中心控制室等；

2）辅助建筑物，包括办公楼、机修车间、化验室、仓库、食堂等；

3）各种管线，包括污水与污泥的管道与管渠、给水管、空气管、输配电线、通信管等；

4）其他，包括道路、围墙、大门、绿化设施等。

（4）净水厂高程布置

高程布置应满足水力流程通畅的要求并留有合理的余量，减少无谓的水头和能耗；应结合地质条件并合理利用地形条件，力求土方平衡。

给水处理高程计算内容：

各处理构筑物的连接管渠计算（包括管渠尺寸、长度、坡降等）；各处理构筑物的水头损失（包括进出水渠道的水头损失）；构筑物之间的连接管渠中的沿程与局部水头损失；计量设备等的水头损失；各处理构筑物的高程。

6. 输配水管网设计

（1）输配水管网定线

输配水管网定线应充分利用水位高差，优先考虑重力流输水，尽量做到线路短、起伏小、少占农田和不占良田。管线走向与布置应尽量沿现有的道路或规划路铺设，考虑近远期结合建设。为保证供水安全，一般采用两根输水管，配水管网尽量成环。

（2）管段流量计算及水泵扬程计算

进行节点流量和管段流量计算，包括比流量计算、节点流量计算、流量分配、初拟管径，按最高时用水量进行管网平差计算，绘制管网平差表，计算管段水头损失、节点自由水头和送水泵房所需扬程。

（3）管网水力校核

1）消防校核，计入消防时的用水量，重新进行管网平差的计算，校核结果是否满足要求；

2）事故校核，最不利管段损坏时的校核计算；

3）在校核计算过程中，进行管网管径的局部调整；

4）对计算结果进行分析与说明。

（4）绘制配水管网平面图和输配水干管纵断面图

7. 送水泵房设计

（1）确定泵房设计参数

泵房设计参数主要包括设计流量以及相应的设计扬程等。泵房规模要按远期要求考虑，设计时要考虑近期和远期的配合，以便分期建设。

（2）泵房工艺设计

泵房工艺设计的内容，主要包括：水泵选型、水泵供水方案比选、计算水泵基础、确定泵房布置形式、确定辅助设施，工况校核等。

（3）绘制泵房工艺图

要求绘制泵房的平面图、立面图和主要的剖面图。

8. 工程经济估算

统计主要设备和材料，并根据资料及当地物价水平进行工程经济估算。根据学校实际情况及要求，可调整达到工程经济概算深度。

（1）总投资估算

总投资估算包括管道工程和净水厂工程的建筑安装工程费用、设备购置费、工程建设其他费用、基本预备费、建设期贷款利息和铺底流动资金六大部分。

（2）年经营成本计算

年经营成本指运营期现金流出的主体部分，包括水资源费、燃料动力、药剂费、工资福利、折旧费、修理费、其他费用等。

（3）单位制水成本计算

单位制水成本＝年经营成本/年制水量。

1.4.2 排水工程设计步骤

1. 设计准备

（1）明确设计任务书的各项内容与任务要求。

（2）收集排水相关规范和给水排水设计手册，可参见参考文献和排水工程案例。

（3）收集设计地区排水规划和现状资料，包括城市总体规划、排水专项规划、地形图、城市发展趋向、排水范围、供需关系、现状管网等。

（4）收集设计地区排水规模相关资料：

人口资料：各分区居住人口分布、人口密度、污水量标准等；

供排水量和集中供排水量情况：工业企业和公共建筑位置、最高日排水量、最高日最高时排水量、最高日平均时排水量、主要水质指标（BOD_5、COD、pH、TP、TN、水温）及供、排水量变化规律等。

（5）收集水文地质资料：

气象资料（风玫瑰图、年降水量、年蒸发量、所属气候带、气温等）、受纳水体水文资料（最大最小流量、最高最低水位、常水位、冰冻期水位、航运、主要水质指标等）、工程地质资料（地质钻探资料、地下水位深度、冰冻深度、地震烈度等）。

（6）收集工程估算资料，包括当地最新概预算定额、水资源费、电费、药剂价格等。

（7）其他补充资料等。

2. 排水系统规划

（1）确定排水边界

排水边界就是排水系统设置的界限，根据城市总体规划确定的城区范围确定。

（2）选择合理排水体制

根据城市的总体规划、环境保护的要求、原有排水设施、水质、水量、地形和水体等条件，从环境保护、工程造价和工程管理等方面分析比较，综合考虑，分区域因地制宜地合理选择排水体制（合流制、分流制、混合制）。

（3）排水量计算

1）确定居民生活污水定额和综合生活污水定额；

2）居民生活污水采用定额法计算，《室外排水设计标准》GB 50014—2021 规定，综合生活污水定额应根据当地采用的用水定额，结合建筑内部给水排水设施水平确定，可按当地相关用水定额的90%采用。综合生活污水定额（包括公共建筑排放的污水），注意采用平均日污水定额；

3）工业企业工业废水、职工生活污水和淋浴废水定额，可参考给水定额；

4）污水量的变化：综合生活污水量变化系数宜按《室外排水设计标准》GB 50014—2021 采用。

（4）排水管道定线

排水管道（污水管道和雨水管道）定线是指在城区地形图（总体规划图）上确定排水管道的位置和走向。管道定线一般按主干管、干管、支管顺序依次进行。定线时应尽可能地在管线较短和埋深较小的情况下，让最大区域的污水能自流排出。

定线时通常要考虑地形、污水处理厂和出水口的数目与分布位置、排水体制、地质条件、街道宽度及交通情况、工厂企业和产生大量污水的建筑物的位置等因素，在整个城市或局部地区都可能形成几个不同的布置方案。因此，管道定线时需对不同的布置方案在同等条件下进行技术经济比较，选择最优定线方案。

3. 雨水管网设计

(1) 划分设计管段并编号

根据雨水管道平面布置，划分设计管段，在雨水管道的转弯处、有支管接入处或两条以上管道交会处以及超过一定距离（见《室外排水设计标准》GB 50014—2021）的直线管段上都应设置检查井，从管段上游往下游按顺序将检查井编号。

(2) 划分并计算各设计管段的汇水面积

地形较平坦时，可按就近排入雨水管道的原则划分汇水面积，地形坡度较大时，应按地面雨水径流的水流方向划分汇水面积。应将每块面积进行编号，计算其面积的数值注明在计算草图中，并列表统计。

在划分各管段汇水面积时，应尽可能使各设计管段的汇水面积均匀增加，否则会出现下游管段设计流量小于上游管段设计流量的情况。若出现这种情况，应取上游管段的设计流量作为下游管段的设计流量。

(3) 确定各排水流域的平均径流系数 Ψ

目前在雨水管渠设计中，径流系数通常采用按地面覆盖种类确定的经验数值，详见《室外排水设计标准》GB 50014—2021 或《给水排水设计手册》第 5 册。

(4) 计算各管段流量

确定地面集水时间，按规定的设计重现期 T，利用适当的暴雨强度公式计算单位面积径流量 q_0 和各管段的设计流量 Q。

(5) 水力计算

根据第 3 篇第 7 章的内容计算，使所求得的管径、流速、坡度符合有关的技术规范，并绘制雨水管道水力计算表。

(6) 确定管段高程

确定管道起点的埋深，推求各管埋深或管底标高，雨水管道各设计管段在高程上采用管顶平接。

(7) 绘制雨水排水管平面及纵断面图

4. 污水管网设计

(1) 污水管道定线

污水管道定线，就是在城区地形图（总体规划图）上确定排水管道的位置和走向。管道定线一般按主干管、干管、支管顺序依次进行。定线时应尽可能地在管线较短和埋深较小的情况下，让最大区域的污水能以重力流排出。

定线时通常要考虑地形、污水处理厂和出水口的数目与分布位置、排水体制、地质条件、街道宽度及交通情况、工厂企业和产生大量污水的建筑物的位置等因素，在整个城市或局部地区都可能形成几个不同的布置方案。因此，管道定线时应对不同的布置方案在同等条件和深度下进行技术经济比较，选用一个最好的管道定线方案。

(2) 污水管网总平面布置图

管道系统的定线方案确定后，便可组成城市污水管网总平面布置图。它应包括支管、干管、主干管的位置与走向和主要附属构筑物、泵房、污水处理厂、出水口的位置等。

(3) 划分设计管段并编号

根据污水管道平面布置，划分设计管段，在污水管道的转弯处、有支管接入处或两条以上管道交会处以及超过一定距离的直线管段上都应设置检查井，从管段上游往下游按顺序将检查井编号。

(4) 划分并计算各设计管段的汇水面积

地形较平坦时，可按就近排入污水管道的原则划分汇水面积，应将每块面积进行编号，计算其面积的数值注明在计算草图中，并列表统计。

(5) 进行水力计算

选定控制点，依次逐段计算，确定总变化系数，计算节点流量、管段流量、集中流量和转输流量，绘制污水管道水力计算表。

(6) 确定管段高程

确定管道起点的埋深，推求各管段埋深或管底标高，污水管道各设计管段采用管顶平接。

(7) 绘制污水排水管平面及纵断面图

5. 污水处理厂设计

(1) 污水处理厂工艺方案选择

在拟定城镇污水处理厂的工艺流程时，应考虑以下几方面因素，参考典型工艺流程，通过方案比较，确定污水处理厂工艺流程。

1) 污水性质和污水处理目标

这是污水处理工艺流程选定的主要依据，根据处理水的排放去向及国家或地方制定的各类污水排放标准，确定应去除的污染物及其处理程度，再选择处理方法。

2) 工程造价与运行费用

污水生物处理运行能耗、各种脱氮方法的能耗、脱氮除磷系统的能耗，参见给水排水工程设计标准以及相关的工具书。能耗和运行费用资料也可通过毕业实习环节收集。

3) 自然条件

当地的地形、气候、水资源等自然条件对污水处理工艺流程选择有较大影响。寒冷地区，应当采用耐低温、冬季能正常运行的工艺方法，而且尽可能将处理设施建在室外，以节省基建与运行费用。

4) 当地物价

当地建筑材料与电力供应等具体情况。

5) 污水量及其变化动态

污水量和水质变化幅度的大小。对于水质水量变化大的污水，应考虑选用耐冲击负荷能力较强的处理工艺。

6) 运行管理与施工

运行管理所需要的技术条件与施工的难易程度也是流程选择时应考虑的。如地下水位高与地质条件较差的地区不宜选择施工难度大的处理构筑物。

(2) 污水处理厂构筑物的设计计算

单体构筑物的设计参数应按照相关设计标准要求进行选取；一般常用水处理构筑物设计计算按照给水排水设计手册中的公式和方法进行；在进行水处理新工艺设计计算时，可参考水处理专著，学生可根据构筑物的功能综合运用所学理论知识，进行分析与设计。

1) 格栅

格栅的选择：格栅的选择主要取决于栅条断面、栅条间隙、栅渣清除方式。

格栅设计内容：栅槽宽度和长度、过栅水头损失、格栅总高度、栅渣量。

2）沉砂池

沉砂池的池型选择：考虑除砂效果、排砂方式以及对后面构筑物运行时的影响。

沉砂池设计内容：沉砂池容积、长度、水流断面面积、池高、进出水口位置及布置、沉砂量等。

3）生物处理构筑物

生物处理构筑物的选择：应尽量选择工艺先进、处理效率高、低能耗的工艺。根据原污水水质和排放的水质要求、有机物去除率要求、排放水体水质条件选择生物处理工艺。

生物处理构筑物的设计内容：选择工艺参数，确定设计方法和计算公式，确定构筑物尺寸、需氧量与供气量，曝气系统设计计算，进出水方式选择与设计，泥水分离方法与设计，污泥产量与回流污泥量计算。

4）沉淀池

沉淀池的选择：根据沉淀池功能选择沉淀池类型。

沉淀池设计内容：确定设计参数，选择计算公式与设计方法。计算沉淀池面积、表面尺寸、沉淀区有效水深、污泥区容积、出水堰设计、进出水方式及布置、排泥方式等。

5）污水深度处理设计

根据污水回用目的，选择深度处理工艺，进行工艺设计计算。

① 混凝工艺设计

混凝工艺主要包括：投药、混合设备和絮凝设备。

② 沉淀工艺设计

可采用平流沉淀池、斜管沉淀池、澄清池、高效沉淀池，应说明尺寸、停留时间、水平流速、集水排泥方式等。

③ 过滤工艺设计

可选择V型滤池、普通快滤池、虹吸滤池、气水反冲洗滤池、压力滤池等形式构筑物，要说明尺寸、滤料、配水布气方式、滤速、反冲洗强度和方式等。

④ 消毒工艺设计

可选择采用次氯酸钠消毒、液氯消毒、漂白粉消毒、二氧化氯消毒、紫外消毒等方式，需说明加氯量、加氯方式、加氯设备，并进行加氯间的简单布置和接触池设计。

6）泵房设计

泵房设计应执行《泵站设计标准》GB 50265—2022的规定，根据工程需要，确定泵房的结构形式、尺寸、布置及其机电设备的选型，包括水泵流量、扬程、型号、台数，电机的选择等，并附水泵特性曲线图。

7）污泥处理构筑物的设计计算

污泥处理包括浓缩、稳定、调节（或调理）、脱水干化，在必要时要求消毒。各处理方法选择设计如下。

① 污泥浓缩

常用的污泥浓缩方法有重力浓缩、气浮法浓缩、离心法浓缩。浓缩方法的选择要考虑污水主体生物处理工艺的类型。

污泥浓缩池设计：污泥浓缩池的设计内容参考给水排水设计手册和标准。

② 污泥稳定

污泥稳定的方法有厌氧消化、好氧消化、石灰稳定、热处理、微波处理、超声波处理等，根据污水主体生物处理工艺和污水处理厂具体情况选择合适的污泥稳定方式。

③ 污泥脱水与干化

脱水设备的选择，决定于要脱水的污泥类型和可利用的场地，一般选用机械脱水。

(3) 污水处理厂的平面布置

污水处理厂平面布置应符合《室外排水设计标准》GB 50014—2021相关规定，应根据厂内各建筑物和构筑物的功能和流程要求，结合厂址地形、气候与地质条件等因素，并考虑便于施工、操作与运行管理，力求挖填土方平衡，并考虑扩建的可能性，留有适当的扩建余地。

污水处理厂厂区内的绿化面积不宜小于全厂总面积的30%，城市污水处理厂周围应设置围墙，其高度不宜低于2m。

污水处理厂平面布置的内容：

1）生产性构筑物，包括各种污水处理构筑物、污泥处理构筑物、泵房、鼓风机房、投药间、消毒间、变配电间、中心控制室等。

2）辅助建筑物，包括办公楼、机修车间、化验室、仓库、食堂等。

3）各种管线，包括污水工艺管与污泥的管道与管渠、给水管、雨水管、加药管、空气管等。

4）其他，包括道路、围墙、大门、绿化设施等。

(4) 污水处理厂高程布置

为了使污水与污泥在各构筑物间按重力流动或减少提升次数，以减少提升设备与运行费用，必须精确计算各构筑物之间的水头损失，避免不必要的跌水。此外，还应为污水处理厂扩建考虑预留水头。

污水处理厂高程计算内容：

各构筑物之间连接管渠计算（包括确定管渠尺寸、长度、坡降等）；各构筑物内部水头损失（包括进出水渠道的水头损失）；构筑物之间的连接管渠的沿程与局部水头损失；计量设备等的水头损失；各处理构筑物的设计高程。

6. 排水泵房设计

城市排水系统中的泵房，按其排水性质可分为雨水泵房、合流泵房和污水泵房等，其位置应在排水系统规划布置时统一考虑。

(1) 确定泵房设计参数

泵房设计参数主要包括设计流量以及相应的设计扬程等。泵房规模要按远期要求考虑，设计时要考虑近期和远期的配合，以便分期建设。

(2) 泵房工艺设计

泵房工艺设计的内容，主要包括：水泵选型、水泵供水方案比选、确定泵房布置形式、确定辅助设施、工况校核等。

(3) 绘制泵房工艺图

要求绘制泵房的平面图、立面图和主要的剖面图。

7. 工程经济估算

统计主要设备和材料，并根据资料及当地物价水平进行工程经济估算。根据学校实际情况及要求，可调整达到工程经济概算深度。

(1) 总投资估算

总投资估算包括管道工程和污水处理厂工程的建筑安装工程费用、设备购置费、工程建设其他费用、基本预备费、固定资产投资方向调节税、建设期贷款利息和铺底流动资金七大部分。

（2）年经营成本计算

年经营成本指运营期现金流出的主体部分，包括水资源费、燃料动力、药剂费、工资福利、折旧费、修理费、其他费用等。

（3）单位处理成本计算

单位处理成本＝年经营成本/年处理量

1.4.3 建筑给水排水工程设计步骤

1. 设计准备

（1）明确设计任务书的各项内容与任务要求；

（2）收集建筑给水排水相关规范和给水排水设计手册，可参见参考文献和建筑给水排水工程案例；

（3）收集建筑所在地基本资料，包括建筑总平面图、周边市政管网布置图、管材管径、给水最低水压、排水管埋深和相关规划等；

（4）收集建筑基本资料，包括建筑类型、建筑结构、层数、建筑面积、各区域用途、立面图、剖面图和各层平面图等；

（5）收集气象资料，包括年降水量、气温、最大降雪厚度等；

（6）收集工程地质资料，包括地质钻探资料、冰冻深度、承载力等；

（7）收集工程估算资料，包括当地最新概预算定额、电费、物价等；

（8）其他补充资料等。

2. 建筑给水系统设计

（1）给水方式选择

由于建筑物情况各异、条件不同，应根据工程中具体因素和使用要求、依据规范而选择具体的供水方案，以达到经济、技术上合理的目的。常见给水方式包括市政直接给水、单设屋顶水箱给水、水泵直接给水、水泵水箱联合给水、气压给水、管网叠压给水等，供水可采用一种方式，也可采用多种方式组合。

（2）给水管线布置

根据《建筑给水排水设计标准》GB 50015—2019 相关规定结合建筑物实际结构布置给水管线。

（3）建筑用水量计算

建筑用水量计算主要包括设计秒流量、最高日用水量、最高日平均时用水量和最高日最大时用水量等。

（4）水表选型及水头损失计算

根据计算设计秒流量选择水表种类，根据水头损失计算公式计算水表水头损失。

（5）管道管径确定及水力计算

根据设计秒流量和管道经济流速确定管径，计算各管段水头损失，并进行各分区给水管网水力计算。

（6）水泵选型

对于水泵水箱联合供水方式，计算最不利点水头损失，结合最不利点标高确定生活水箱最低水位并计算所选水泵扬程。水泵流量应按最大时设计流量选用。

对于水泵直接供水方式，计算最不利点水头损失，结合最不利点标高及建筑用水量变化选择水泵扬程和型号。

（7）贮存设备设计计算

贮存设备设计计算主要包括最低水位、最高水位、容积、尺寸、排气管、排空管等。

（8）气压罐设计计算

气压罐设计计算主要包括气压罐容积，稳压泵扬程、流量、设计最大工作压力和设计最小工作压力等。

3. 建筑热水系统设计计算

（1）确定循环方式和加热方式

热水系统按循环方式可分为全循环、半循环和无循环的热水供水方式。常用加热设备种类有：容积式水加热器、快速水加热器、太阳能水加热器、水源热泵、空气源热泵、热水机组、热水锅炉、燃气水加热器、电热水器等。根据建筑实际情况和规范选择合适热水供水方式和加热设备。循环水管尽量与冷水管同程布置，分区合理。

（2）耗热量、热水量、热媒耗量计算

确定热交换设备和热媒。根据卫生器具热水的小时用水定额、使用温度、冷热水温度和同类型卫生器具数等参数确定设计小时热水量、耗热量以及热媒耗量。

（3）热水配水管网计算

根据《建筑给水排水设计标准》GB 50015—2019 规定，结合建筑的用途和实际卫生器具当量来确定热水设计秒流量、管径、水流坡度、流速和水头损失。

（4）热循环管网计算

循环管网不配水，仅补偿配水管热损失的循环流量。确定循环管网各管段热损失、管径、循环流量和水头损失。

（5）循环水泵选型

循环水泵的出水量即为热水循环流量，并计算循环管网总水头损失确定循环水泵扬程，进行循环水泵选型。

4. 建筑消火栓系统设计计算

（1）室内消火栓给水系统比选

建筑物内的消防给水系统应与生活给水系统分设，常见消火栓给水系统包括低压消火栓给水系统、高压消火栓给水系统、临时高压消火栓给水系统等，应根据工程中具体因素和使用要求、依据规范而选择具体的供水方案，以达到经济、技术上合理的目的。

（2）消防用水量计算

根据《消防给水及消火栓系统技术规范》GB 50974—2014 要求，选择最不利情况下同一根立管上同时使用消火栓数量及总消火栓数，计算最不利点、次不利点消火栓的流量、水压以及水头损失。

（3）室内消火栓平面布置

计算消火栓保护半径，根据相关规范要求及消火栓保护半径进行平面布置。多层和高层建筑应在其屋顶，冬季结冰地区可在顶层出口处或水箱间内等便于操作和防冻的位置，设置带有压力表的试验消火栓。

（4）室内消火栓给水管网管径确定

室内消火栓管道管径应根据系统设计流量、流速和水力要求进行计算确定。室内消火栓竖管管径应根据最低流速进行计算，但不应小于 *DN*100。高层建筑消火栓管道应在顶层及底层成环，保证供水可靠性。

(5) 消火栓系统的水压校核与消火栓水泵的选型计算

计算最不利点的压力，根据高层建筑消火栓栓口动压不应小于 0.35MPa，校核是否满足要求。计算最不利点至消防水池或水箱最低水面的水头损失，确定消火栓水泵的类型。

(6) 减压设施设计计算

计算各层栓口压力和富余压力上下限，选择合适减压设施（减压孔板、节流管和减压阀）进行减压，并校核是否满足要求。

(7) 消防水箱计算

根据《消防给水及消火栓系统技术规范》GB 50974—2014 确定消防水箱最小贮水量和类型。

(8) 消防水池计算

《消防给水及消火栓系统技术规范》GB 50974—2014 要求建筑物内外消防水量之和大于 25L/s 应设置消防水池。根据室外补水量、消防（消火栓、自动喷水灭火系统及其他消防设施）持续时间及消防流量确定容积。

5. 建筑自动喷水灭火系统设计计算

(1) 室内自动喷水灭火系统比选

常用的闭式自动喷水灭火系统有湿式自动喷水灭火系统、干式自动喷水灭火系统、预作用自动喷水灭火系统和重复启闭预作用自动喷水灭火系统四种，应根据工程中具体因素和使用要求、依据规范选择具体的供水方案，以达到经济、技术上合理的目的。

(2) 确定火灾等级及基本参数

根据《自动喷水灭火系统设计规范》GB 50084—2017 规定，结合本设计的火灾危险等级，确定建筑自动喷水灭火系统设计的基本参数，包括喷水强度、作用面积、喷头工作压力。

(3) 喷头平面布置

根据喷水强度和《自动喷水灭火系统设计规范》GB 50084—2017 中各种喷头布置形式的最大间距和最大保护面积进行喷嘴平面布置，确保喷嘴保护面积覆盖整层且布局合理。

(4) 确定自动喷水灭火系统给水管线的管径

根据《自动喷水灭火系统设计规范》GB 50084—2017 确定配水管和配水支管管径。短立管及末端试水装置连接管管径不应小于 25mm。

(5) 自动喷水灭火系统加压泵选型及校核

根据终点压力计算最不利点喷头流量、流速、管路水头损失以及干管总流量，根据所计算干管总流量及扬程选取自动喷水灭火系统加压泵。根据加压泵的流量和扬程确定最不利点喷头处的压力和流量，校核最不利喷嘴处压力应大于 0.05MPa。

(6) 减压设施设计计算

计算各层配水管入口的压力和富余压力上下限，选择合适减压设施（减压孔板、节流管和减压阀）进行减压，并校核是否满足要求。

(7) 其他附属构筑物及附件

水泵接合器：根据规范要求确定数量。

水流指示器：消防泵房所在层每个防火分区进水管处安装水流指示器，其他楼层进水干管处需安装阀门和水流指示器。

末端试水装置：在每层楼最不利喷头处安装试水阀和压力计，并设置专门的排水立管排水。

6. 建筑排水系统设计计算

(1) 排水系统比选

排水系统采用分流制、合流制或其他排水方式。常见通气管系统包括专用通气立管排水系统、环形通气排水系统、器具通气排水系统、自循环通气排水系统和伸顶单立管排水系统，要根据排水性质、污染程度、建筑标准，结合室外排水体制、总体规划和当地环卫部门的要求等，确定排水方式和通气方式。

(2) 设计秒流量计算

根据《建筑给水排水设计标准》GB 50015—2019 中的卫生器具排水当量以及建筑用途和实际卫生器具布置情况，确定该建筑室内排水系统设计秒流量。

(3) 支管管径、坡度，立管管径计算

根据规范的最小管径以及经济流速确定支管管径、坡度以及立管管径，且排水立管管径不得小于横支管管径。

(4) 集水坑设计

计算集水坑流量需考虑消防事故水量，并进行集水坑有效容积和尺寸计算。

(5) 潜污泵选型

根据污水需提升的高度和室内消防用水总量确定潜污泵类型。

(6) 通气系统管径

应根据工程中具体因素和使用要求，依据规范确定通气管管径。

(7) 室外排水管道设计

小区排水管的布置应根据小区规划、地形标高、排水流向，按管线短、埋深小、尽可能自流排出的原则确定。

(8) 室外化粪池设计计算

室外化粪池设计计算主要包括化粪池类型、有效容积及尺寸。

7. 建筑雨水排水系统设计计算

(1) 屋面雨水排水系统比选

常见屋面雨水排水系统包括半有压流屋面雨水排水系统、压力流屋面雨水排水系统和重力流屋面雨水排水系统等，应根据工程中具体因素和使用要求，依据规范选择具体的雨水排水方案。

(2) 设计暴雨强度计算

确定暴雨重现期和降雨历时，选择合适暴雨强度公式计算设计暴雨强度。

(3) 汇水区域划分及汇水面积计算

屋面的汇水面积应按屋面水平投影面积计算，高出裙房屋面的毗邻侧墙应附加其最大受雨面正投影的 1/2 计算，并计算降雨量。

(4) 雨水斗选型

根据雨水斗最大排水流量选择合适的雨水斗，雨水斗的最大设计排水流量取值应小于雨水斗最大排水流量，留有安全余量。

(5) 室内雨水排水管网系统设计

根据实际管道类型、最大设计泄流量以及规范要求，确定雨水立管管径。

8. 工程经济估算

统计主要设备和材料，并根据资料及当地物价水平进行工程经济估算。根据学校实际情况及要求，可调整达到工程经济概算深度。

总投资估算包括建筑安装工程费、设备购置费、工程建设其他费用、基本预备费、固定资产投资方向调节税、建设期贷款利息和铺底流动资金七大部分。

1.5 设计要求

1.5.1 课程设计要求

1. 课程设计深度要求

学生在教师指导下，按照各学校的教学大纲要求，将所学的基础理论和专业知识，具体地运用到课程设计上来，完成完整工艺计算，独立完成设计任务。

一般来说，以下具有代表性的图纸应力争达到初步设计要求：给水排水工程课程设计的水厂总平面图、高程图和主体工艺图；给水排水管网课程设计的管网平面布置图和部分管段纵断面图；取水工程和泵房课程设计的泵房平面图和剖面图；建筑给水排水工程课程设计的各层平面图、系统图和卫生间大样图。

2. 课程设计技术要求

课程设计重点训练学生的工程设计计算及图表绘制、设计计算说明书撰写等方面的能力，加深学生对专业课程的理解，提高学生分析问题、解决问题和独立工作的能力。

学生根据各类设计题目的设计要求和设计任务提出两个以上备选方案，经方案比选后确定设计方案，并经指导教师确认。要求学生采用的设计基础数据准确；注重掌握计算原理和公式，选取的计算方法和参数正确，计算步骤完整清晰；计算结果满足绘制图纸的要求。

1.5.2 毕业设计要求

1. 毕业设计深度要求

毕业设计应根据各学校的毕业设计教学大纲、《普通高等学校本科专业类教学质量国家标准》（给排水科学与工程专业）以及《高等学校给排水科学与工程本科专业指南》要求，保证学生得到基本工程训练，掌握本专业的基本功，熟练掌握至少一个专业绘图软件。考虑学生在时间、精力以及资料收集等方面存在许多限制，毕业设计的深度要求不能完全等同于实际工程设计，指导教师应根据不同的设计题目，有针对性地提出具体要求。

工程建设项目基本流程为项目建议书、可行性研究、方案设计、初步设计、扩初设计、施工图设计、采购施工和竣工验收。一般来说，毕业设计深度总体上达到扩初设计要求，部分内容应达到施工图设计要求，可以让学生得到比较全面的锻炼。

2. 毕业设计技术要求

为培养学生分析和解决复杂工程问题的能力，学生在进行毕业设计时，应注意以下几点要求：

（1）毕业设计应从当地实际情况、城市规划、经济、生态环境、社会、远近期结合等方面综合考虑；

（2）设计各部分应体现经济上的合理性和技术上的可行性，适当体现与结构、建筑、电气、暖通和园林设计等专业的协作；

（3）在技术合理基础上，应考虑采用较成熟的新技术、新设备、新工艺，提高毕业设计的合理性和准确性，增加毕业设计创新性。

1.5.3 制图要求

图面字体、字号、线型、图幅、图例、表格、标注及常用符号设置标准参考《房屋建筑制图统一标准》GB/T 50001—2017 和《建筑给水排水制图标准》GB/T 50106—2010。

1. 图幅

设计图纸建议统一采用标准幅面，手工等其他图纸可以采用其他幅面，幅面尺寸应符合表 1-1 的规定。

标准幅面尺寸表（单位：mm） 表 1-1

幅面	A0	A1	A2	A3	A4
高×宽	841×1189	594×841	420×594	297×420	210×297

一套图纸中部分图纸的幅面确需加大时，一般不改变高度，长度加长；A0、A2、A4 应为 150mm 的整数倍，A1、A3 应为 210mm 的整数倍。

2. 图框

图框由内框缘、图标栏、角标组成。如一个图号只有一张图纸，可不设角标；

采用 A0、A1、A2 图框时，图框线与图幅间距不变，角标大小和位置不变，图标栏大小不变，靠右侧放置。

3. 图层设置

图纸设计时应按不同功能设置不同的图层和图层名称，如“标注”“道路”“建筑”“中心线”“给水”“排水”“消防”“填充”“不打印”等，图层宜尽量统一，同一功能图线宜在相同图层。

4. 线型设置

（1）设置应符合表 1-2 的规定，如有需要可新增线型；

（2）表 1-2 中各线型比例为一般情况下采用的比例，可根据实际情况适当调整；

（3）不同比例图纸的线型比例，应通过“格式、线型/全局比例因子”进行调整。

线型设置参考表 表 1-2

名称	常用线型	建议图示	主要功能
实线	Continuous		可见实体、标注、文字等
虚线窄	Dashed		被遮挡实体线、设计范围线、路口导向线等
			下穿通道线、现状道路缘、现状管线等
虚线宽	ISO dash space		车道分界虚线等
中线道路	ISO long～dash dot		道路中心线

续表

名称	常用线型	建议图示	主要功能
中线结构	Center		构筑物中心线
规划线	ISO dash double~dot		规划道路线、规划管线等

5. 线宽

（1）出图线宽建议分4级：极粗0.8～1.0mm、粗0.5～0.7mm、中粗0.3～0.4mm、细0.1～0.3mm；

（2）极粗/粗一般用于管线、图名下划线和剖面、断面符号；中粗一般用于构筑物外框线；细一般用于标注和其他。

6. 字体

图面内，图名、附注、表格名称、剖面、大样编号、路名、指向文字等建议采用仿宋字体，英文建议采用Times New Roman。

7. 尺寸标注

（1）尺寸标注的文字建议采用字高3mm，确有需要时，文字大小可适当调整。

（2）文字一般需放置在尺寸界线之间，如放置不下时，可适当移动文字位置，一般不加引线，且应避免造成歧义。

（3）尺寸线必须与被标注长度平行，尺寸线与被标注物外轮廓的距离一般为5mm，多层标注时，每层间距为5mm，如需要可适当调整。

（4）角度标注单位格式根据需要采用"十进制度数"或"度/分/秒"，一套图纸应统一。

（5）图中半径标注箭头一般采用"实心闭合箭头"，一套图纸应统一。

8. 平面布置图格式标准

（1）管线综合平面图、雨水管道平面设计图、污水管道平面设计图的建议比例为1∶500、1∶1000、1∶2000、1∶5000或1∶10000；

（2）建筑平面图的比例一般为1∶100、1∶200，卫生间大样图的建议比例为1∶50；

（3）给水处理厂、污水处理厂的平面图、高程图、工艺图的建议比例为1∶500、1∶1000；

（4）地形打印应适当淡显，但必须保证地形清晰可见。

1.5.4 特殊设计要求

（1）BIM三维模型图应满足《建筑信息模型应用统一标准》GB/T 51212—2016要求；

（2）再生水系统设计需满足《城镇污水再生利用工程设计规范》GB 50335—2016要求；根据《城市污水再生利用　分类》GB/T 18919—2002的有关规定，不同用途再生水的水质应符合表1-3标准规定；

（3）绿色建筑设计可参考《绿色建筑评价标准》GB/T 50378—2019要求针对性设计；

（4）智能建筑设计应满足《智能建筑设计标准》GB/T 50314—2015各项要求；

再生水水质标准汇总表　　**表1-3**

再生水用途	国家标准
农田灌溉用水	《城市污水再生利用　农田灌溉用水水质》GB 20922—2007
工业用水、冷却用水	《城市污水再生利用　工业用水水质》GB/T 19923—2005
城市杂用水	《城市污水再生利用　城市杂用水水质》GB/T 18920—2020
景观环境用水	《城市污水再生利用　景观环境用水水质》GB/T 18921—2019
地下水回灌用水	《城市污水再生利用　地下水回灌水质》GB/T 19772—2005
绿地灌溉用水	《城市污水再生利用　绿地灌溉水质》GB/T 25499—2010

注：当再生水同时用于多种用途时，水质可按最高水质标准要求确定或采用分质供水；也可按用水量最大用户的水质标准要求确定，个别水质要求更高的用户，可自行补充处理达到其水质要求。

（5）公共建筑节能环保设计需满足《公共建筑节能设计标准》GB 50189—2015要求。

1.6 设计成果

设计成果包括设计说明书、设计计算书和设计图纸3部分。

设计说明书的文字、表格、图片要求用A4纸双面打印，语言通顺，简明扼要。图纸与说明书文字一律以国家颁布的简化汉字为准，不得使用不规范和独创文字。

设计计算书的文字、表格、图片、公式要求用A4纸双面打印，文字语言通顺，简明扼要，计算公式正确，参数选取合理，公式格式统一，需注明公式编号。

设计图纸应按标准规范绘制，内容完整，主次分明。

1.6.1 给水工程

1. 给水工程设计说明书

毕业设计说明书建议按如下章节编制，若为课程设计说明书可根据设计任务参考相应章节：

第1章：概述

简述项目基本概况、工程范围、自然条件、供水现状和编制依据等内容。

第2章：方案论证

说明地区预测供水量、工程建设规模，进行水源比选、工艺比选、厂址选择、管网布线比选等。

第3章：取水工程

说明取水口选址、取水构筑物形式、输水管管材及尺寸，列出取水泵房基本尺寸及水泵性能参数。

第4章：净水工程

说明设计原则、设计规模，生产构筑物的形式、设计参数、基本尺寸、运行操作，附属生产生活建筑物的基本尺寸，污泥处理方式及构筑物设计参数，以及净水厂平面布置和高程布置。

第5章：输配水工程

说明输配水管网的布置形式及定线、管材类型、管径、管长、管道接口及附件、管道附属设施。

第6章：厂区总体布置

说明厂区高程布置和平面布置，平面布置包括厂区构筑物、道路和排水系统布置。

第7章：工程经济估算

说明工程概况、投资估算和制水成本。

第 8 章：结论与建议

2. 给水工程设计计算书

毕业设计计算书建议按如下章节编制，若为课程设计计算书可根据设计任务参考相应章节：

第 1 章：工程建设规模计算

第 2 章：取水工程设计计算

第 1 节：取水头部计算

第 2 节：一级泵房（浮船）设计计算

第 3 节：一级泵房（浮船）附属设施

第 3 章：净水厂设计计算

第 1 节：净水厂概述（工程规模、处理流程）

第 2 节：预处理池设计计算

第 3 节：混合及药剂配制

第 4 节：絮凝池设计计算

第 5 节：沉淀池设计计算

第 6 节：滤池设计计算

第 7 节：清水池设计计算

第 8 节：消毒设计计算

第 9 节：深度处理设计计算

第 10 节：送水泵房设计计算

第 11 节：排泥水处理设计计算

第 12 节：水厂总体布置（平面布置、高程布置）

第 4 章：配水管网设计计算

第 1 节：给水管网设计（布管及服务面积划分、水力计算）

第 2 节：校核（消防校核、事故校核）

第 5 章：工程经济估算与经济分析

3. 给水工程设计图纸

根据给水工程课程设计内容和设计时间，指导教师可在下述设计图纸中指定图纸数量和内容，采用标准图幅：

（1）水厂平面布置图；

（2）水厂高程布置图；

（3）单体构筑物（至少 1 座）工艺图（一平两剖）；

（4）给水管网平面布置图；

（5）给水管道纵断面图。

根据给水工程毕业设计内容和设计时间，指导教师可在下述设计图纸中指定图纸数量和内容，一般要求绘制 7 张工程设计图纸（按 A1 计），采用标准图幅：

（1）设计说明；

（2）总体布置图；

（3）取水泵房工艺图；

（4）给水处理厂平面布置图；

（5）给水处理厂高程布置图；

（6）单体构筑物（至少 4 座）工艺图；

（7）给水管网/工业园区管网平面布置图；

（8）给水管道纵断面图。

本设计成果以城镇给水工程为基础，各高校指导老师可依据自身特色相应增减工业给水工程相关设计成果。

1.6.2 排水工程

1. 排水工程设计说明书

毕业设计说明书建议按如下章节编制，若为课程设计说明书可根据设计任务参考相应章节：

第 1 章：概述

简述项目基本概况、工程范围、自然条件、排水现状和编制依据等内容。

第 2 章：工程总体设计

说明污泥处理目标及尾水排放情况，进行排水体制论证、工程建设规模预测、工艺比选、厂址比选，说明生产构筑物的形式、设计参数、基本尺寸、运行操作，附属生产生活建筑物的基本尺寸，污泥处理方式及构筑物设计参数，以及污水处理厂平面布置和高程布置。

第 3 章：排水管网

说明排水（污水和雨水）管网的布置及定线、管材类型、管长、管径、管道附件及附属构筑物。

第 4 章：工程经济估算

说明工程概况、投资估算和资金筹措。

第 5 章：结论与建议

2. 排水工程设计计算书

毕业设计计算书建议按如下章节编制，若为课程设计计算书可根据设计任务参考相应章节：

第 1 章：工程建设规模计算

第 2 章：排水管网设计计算

第 1 节：污水管网设计（布管及服务面积划分、水力计算）

第 2 节：雨水管网设计（布管及服务面积划分、水力计算）

第 3 章：污水处理厂设计计算

第 1 节：格栅间和泵房

第 2 节：沉砂池

第 3 节：生物池

第 4 节：二沉池

第 5 节：深度处理

第 6 节：计量设备

第 7 节：污泥浓缩及脱水

第 8 节：污水处理厂平面布置

第 9 节：污水处理厂高程布置

第 4 章：工程经济估算

3. 排水工程设计图纸

根据排水工程课程设计内容和设计时间，指导教师可在下述设计图纸中指定图纸数量和内容，采用标准图幅：

（1）污水处理厂平面布置图；
（2）污水处理厂高程布置图；
（3）单体构筑物（至少1座）工艺图（一平两剖）；
（4）排水管网平面布置图；
（5）排水管道纵断面图。

根据排水工程毕业设计内容和设计时间，指导教师可在下述设计图纸中指定图纸数量和内容，一般要求绘制7张工程设计图纸（按A1计），采用标准图幅：

（1）设计说明；
（2）粗格栅及进水泵房工艺图；
（3）污水处理厂平面布置图；
（4）污水处理厂高程布置图；
（5）单体构筑物（至少4座）工艺图；
（6）排水管网平面布置图；
（7）排水管道纵断面图。

本设计成果以城镇排水工程为基础，各高校指导老师可依据自身特色相应增减工业废水处理相关设计成果。

1.6.3 建筑给水排水工程

1. 建筑给水排水设计说明书

毕业设计说明书建议按如下章节编制，若为课程设计说明书可根据设计任务参考相应章节：

第1章：工程概述

简述项目基本概况、工程范围、自然条件、建筑外部市政管网现状和编制依据等内容。

第2章：建筑给水系统设计

说明室内给水方案比选、管线布置、管材类型、加压贮水设备型号及构筑物基本尺寸。

第3章：建筑热水供应系统设计

说明热水供应系统比选、管线布置、管材类型、加压贮水设备及膨胀水箱基本尺寸。

第4章：建筑排水系统设计

说明排水系统比选、管线布置、通气管系统、管材类型、污水泵选型、集水池及化粪池基本尺寸，说明雨水排水系统比选、管线布置、管材类型、雨水斗选型。

第5章：建筑消防给水系统设计

第1节：消火栓给水系统设计

说明室内消火栓系统比选、管线布置、管材类型、消防水泵选型。说明室外管线布置、消火栓布置、市政管网接入点位置。

第2节：自动喷水灭火系统设计

说明室内自动喷水灭火系统管线布置及喷头布置、管材类型、消防水泵和报警阀选型、消防水箱基本尺寸。

第6章：工程经济估算

说明工程概况和投资估算。

第7章：结论与建议

2. 建筑给水排水设计计算书

毕业设计计算书建议按如下章节编制，若为课程设计计算书可根据设计任务参考相应章节：

第1章：设计用水量计算
第2章：建筑给水系统设计计算
第3章：建筑热水供应系统设计计算
第4章：建筑排水系统设计计算
第5章：建筑消防给水系统设计计算
　第1节：建筑消火栓给水系统设计计算
　第2节：建筑自动喷水灭火系统设计计算
第6章：工程经济估算

3. 建筑给水排水设计图纸

根据建筑给水排水工程课程设计内容和设计时间，指导教师可在下述设计图纸中指定图纸数量和内容，建筑给水排水各系统的系统图1张，平面布置图至少1张，采用标准图幅：

（1）设计说明；
（2）给水系统图；
（3）热水系统图；
（4）排水系统图；
（5）消火栓系统图；
（6）自动喷水灭火系统图；
（7）一层给水排水平面图；
（8）地下室给水排水平面图；
（9）标准层给水排水平面图；
（10）屋顶给水排水平面图；
（11）卫生间、泵房、水箱、水池等大样图。

根据建筑给水排水工程毕业设计内容和设计时间，指导教师可在下述设计图纸中指定图纸数量和内容，一般要求绘制12张工程设计图纸（按A1计），采用标准图幅：

（1）设计说明；
（2）给水系统图；
（3）热水系统图；
（4）排水系统图；
（5）消火栓系统图；
（6）自动喷水灭火系统图；
（7）地下室给水排水平面图；
（8）一层给水排水平面图；
（9）标准层给水排水平面图；
（10）屋顶给水排水平面图；
（11）室外给水排水总平面图；
（12）卫生间、泵房、水箱、水池等大样图。

第 2 篇　给水工程设计

第 2 章　给水工程设计案例说明书

2.1　总论

本工程案例设计年份为 2013 年，所有设计参考资料、规范、标准均以工程设计年份为准。实际进行设计计算时需参考现行最新规范。

2.1.1　编制依据及基础资料

1. 编制依据

(1)《市发展和改革委员会关于××给水工程项目申请报告的批复》

(2)《厂区选址意见书及用地红线图》

(3)《××给水工程项目申请报告》

(4)《××给水工程地质勘察报告》

(5)《××给水工程测量成果》

2. 基础资料

(1)《××市总体规划》(2010 年～2020 年)

(2)《××市城市供水专项规划》(2010 年～2020 年)

(3)《××市水资源综合规划（修编）》(2010 年～2030 年)

(4) ××市供水企业提供的水厂、配水管网（含区域性增、转压泵房）资料

(5)《××市供水集团主城区供水管网更新改造规划》

(6)《××市供水集团主要生产指标统计手册》

2.1.2　采用的主要规范及标准

1.《生活饮用水卫生标准》GB 5749—2006

2.《生活饮用水标准检验方法》GB/T 5750—2006

3.《地表水环境质量标准》GB 3838—2002

4.《城市给水工程规划规范》GB 50282—1998

5.《室外给水设计规范》GB 50013—2006

6.《城市防洪工程设计规范》GB/T 50805—2012

7.《建筑给水排水设计规范（2009 年版）》GB 50015—2003

8.《泵站设计规范》GB 50265—2010

9.《工业企业厂界环境噪声排放标准》GB 12348—2008

10.《给水排水管道工程施工及验收规范》GB 50268—2008

11.《城市给水工程项目建设标准》建标 120—2009

12.《生活饮用水水源水质标准》CJ/T 3020—1993

2.1.3　区域概况

1. 地理位置

××市地处中国腹地中心、××省东部、A 江与 B 江的交汇处，其地理位置为东经××°××′～××°××′，北纬××°××′～××°××′，东西向最大距离为 134km，南北向最大距离约为 155km。

2. 地形地貌

××市处在××平原东部，地质构造以新华夏构造体系为主，地貌单元属×东南丘陵经××平原东缘向××山南麓低山丘过渡地带，中部低平，南北丘陵、岗垄环抱，北部低山林立。

3. 气候特点

××市属北半球亚热带湿润季风型气候，常年雨量充沛，日照充足，冬冷夏热，雨热同季，四季分明。

(1) 气温

历史上最高气温为 41.3℃（1934 年 8 月 10 日），最低气温为−18.1℃（1977 年 1 月 30 日），多年平均气温为 16.8℃，最高月平均气温为 29.0℃（7 月），最低月平均气温为 3.0℃（1 月）。

(2) 降雨

本地区雨量充沛。多年平均降雨量为 1219.2mm，最大年平均降雨量为 2105.3mm（1889 年），最小年平均降雨量为 575.9mm（1902 年）。

(3) 风力、风向

全年主导风向为东北偏北风，冬季主导风向为北风和东北风，夏季主导风向为东南风，年平均风速为 2.7m/s，最大风力为九级。

(4) 蒸发量

以××站为例，多年平均蒸发量为 949.8mm。

4. 水资源及水文

A 江流经××市全市域，是××市境内主要水源，有××河、B 江入汇。

(1) ××关水位（吴淞高程）

平均水位为 18.79m，最高水位为 27.31m，最低水位为 13.54m。

(2) 流量

2003 年～2010 年，多年平均流量为 21300m^3/s，最大流量为 60400m^3/s。全年径流量主要集中在汛期。

(3) 水质

A 江水为重碳酸钙型低矿化淡水，××段水质指标符合《地表水环境质量标准》GB 3838—2002 中Ⅲ类水体标准，适用于集中式生活饮用和工业用水水源。其含砂量介于 0.50～2.90kg/m^3，平均含砂量为 0.67kg/m^3。

5. 地震

××地区属长期下降、近期上升的××断陷平原地带，内力地质作用并不活跃。根据我国地震烈度区划图，××市属基本烈度六度地区，重要建筑物按地震烈度七度设防。

2.1.4　供水现状

在××地区共有 3 座水厂，总供水能力为 120×10^4m^3/d；供水服务范围包括 A 地块、B 地块、

C 地块，供水面积约 294km^2，供水管网总长约 2676.22km。

(1) 水厂

××地区各水厂基本情况见表 2-1。

水厂基本情况一览表　　表 2-1

项目	A 水厂	B 水厂	C 水厂
取水水源	A 江	A 江	A 江
现状设计规模($\times10^4m^3/d$)	70	20	30
规划规模($\times10^4m^3/d$)	80	20	40
供水服务范围	A 地块	B 地块	C 地块

(2) 输配水管网

至 2011 年，共有约 1721.81kmDN100 以上口径供水管道。管材主要有球墨铸铁管、钢管、灰口铸铁管、水泥管、塑料管等。2000 年后管网建设中采用的管材以球墨铸铁管和钢管为主。

(3) 供水加压站

××地区的供水加压泵房基本情况见表 2-2。

供水加压泵房基本情况一览表　　表 2-2

编号	名称	供水服务范围	设计规模($\times10^4m^3/d$)	20××年最大转输水量($\times10^4m^3/d$)	近 5 年最大转输水量($\times10^4m^3/d$)	转输压力(kPa)
1	A 加压泵房	D 地块	5	3.69	5.74	100～130
2	B 加压泵房	E 地块	6	4.72	7.80	350～430
3	C 加压泵房	F 地块	15	19.31	25.96	360～430
4	D 转压泵房	G 地块	15	21.8	21.94	360～430
5	E 转压泵房	H 地块	5	5.93	5.93	250～300
6	F 转压泵房	I 地块	15	14.59	15.51	360～450
7	G 加压泵房	J 地块	20	15.73	15.73	400～460
8	H 加压泵房	K 地块	20	2.55	2.59	390～440

(4) 水质

1) 水源水质

根据××市水资源公报（2004 年～2011 年），A 江××段总体水质持续为《地表水环境质量标准》GB 3838—2002 Ⅲ类水体。根据国家城市供水水质监测网××监测站原水水质监测报告，A 水厂、B 水厂、C 水厂取水口原水水质基本满足《地表水环境质量标准》GB 3838—2002 中Ⅲ类水体要求。

2) 管网水质

根据国家城市供水水质监测网××监测站管网水质监测报告，管网水质全面满足《生活饮用水卫生标准》GB 5749—2006 的要求。

2.1.5 供水系统存在的主要问题

目前，××地区供水系统存在的问题集中体现在以下几个方面：

1. ××示范区规划调整，现有供水设施难以应对城市的快速发展要求。

自××开发区成立以来，先后经历 4 次大的规划调整，在 2003 年～2010 年短短数年内其面积由 80km^2 调整至 518km^2，区域的快速发展和扩张对市政供水设施需求扩大，导致××地区现有供水设施在水厂能力、配套输配水管网等方面难以满足其需求。

2. ××示范区内社会经济发展迅猛，用水量激增，供需矛盾凸显。

近年来，××示范区内一大批园区开工建设和入住，××示范区范围内用水量急增，使××地区供水量趋于紧张，供水系统处于满负荷运行，现有水厂供水能力已难以满足××示范区社会经济快速发展对供水的需求，供需矛盾日益凸显。

3. 现有水厂供水趋于满负荷，无富余水量，不能满足新的供水需求。

为满足城市不断增长的供水需求，目前各水厂实际生产能力已接近或超过设计规模。A 水厂和 C 水厂近年供水量统计见表 2-3。

A、C 水厂近年供水量统计表　　表 2-3

统计年份	C 水厂			A 水厂		
	年平均日供水量($\times10^4m^3/d$)	年最高日供水量($\times10^4m^3/d$)	设计规模($\times10^4m^3/d$)	年平均日供水量($\times10^4m^3/d$)	年最高日供水量($\times10^4m^3/d$)	设计规模($\times10^4m^3/d$)
2005	23.62	27.93	30	50.37	63.25	70
2006	22.54	28.35		50.81	63.13	
2007	25.45	28.92		53.60	60.84	
2008	26.15	30.09		58.46	64.84	
2009	26.56	32.00		56.11	64.17	
2010	27.66	33.37		58.10	68.80	
2011	28.47	32.00		64.54	72.37	

注：水厂超负荷运行不仅给供水水质保障和安全生产带来一定风险，而且使供水系统安全性下降。

4. 现有输配水管网系统难以满足××示范区内新增供水量的需求。

向××示范区供水的输配水管道有 3 条：

(1) ××大街至××大道段，最大口径 DN1200，由 C 加压泵房转输；

(2) ××南路 DN1200 管道，由 F 加压泵房转输；

(3) ××线 DN1400 管道，由××线 G 加压泵房转输。

上述 3 条管线承担着该区域主要供水任务，整个输配水系统已趋于满负荷运行，以沿线主要转输加压泵房运行状况为例，C 转输加压泵房近年出现的最大转输水量已高达 25.96×10^{4}m^3/d，大大超过设计能力（设计能力为 15×10^{4}m^3/d）。上述数据表明，现有输配水管网系统已接近或超过满负荷运行，难以持续保障向××示范区输送更多水量。

5. 现有水厂的原水水质存在一定的安全隐患。

A 水厂取水口上游的××闸、××泵房季节性向 A 江水体排水，导致该厂水源水质安全受到不同程度影响，存在一定的安全隐患。

2.1.6 工程建设必要性

综合以上分析，××地区供水现状难以满足该地区社会经济发展需要，实施本项目建设是十分必要、迫切的。

1. 该地区社会经济快速发展对城市供水系统和建设提出了更高要求

城市供水是城市建设的重要基础设施，应为社会经济快速发展起到良好的保障作用。××地区2003年～2010年间经济快速发展，一批园区正筹备建设，用水需求迫切，对供水设施提出了更高的要求。

2. 供水服务区内供水缺口已经显现，解决××地区的新增供水需求迫在眉睫

一方面，供水服务范围内用水需求增长迅猛，以××区为例，2007年～2011年四年间，该地区最高用水量由29.7×10^4m^3/d增加至47.1×10^4m^3/d，用水量年平均增长率为14.6%。

而另一方面，××地区2011年各水厂已接近或超过设计规模，不能适应区域社会经济快速发展对新增用水量的迫切需求，供需矛盾日益凸显。

3. 抓紧有利时机，实施供水设施建设

工程建设需要合理的建设周期，目前××地区各类市政基础设施正在筹措、建设中，及时抓住这一有利时机同步实施供水工程建设是十分必要的，既可尽快满足区域内用水增长的需求，又可适当缩短工程建设周期并降低工程造价，减小对其他市政基础设施建设的影响，提高工程建设的经济效益和社会效益。

4. 实施新建工程可提高供水系统的安全可靠性

目前，××区主供水厂为A水厂，为保证××区供水安全，需要加快新建供水工程的实施，使其与A水厂联合向××区供水，提高供水系统的安全可靠性。同时，鉴于现状水厂取水口存在的水质安全隐患，除了进一步加强对水源的保护，以及对突发原水水质事故采取有效的应对措施外，选择水质较好、安全可靠的新水源点建设水厂，也是十分必要的。

2.2 方案论证

2.2.1 工程内容

本工程主要建设内容为取水工程、净水厂工程及其配套供水管网。

2.2.2 工程规模

1. 预测范围及年限

综合考虑××地区水资源可利用条件及供水现状，将××地区给水系统主要划分为两块集中供水区域：

区域一：××主城区＋××示范区＋××新城组群

区域二：××主城＋××新城组群××组团

本工程水量预测年限与《××市总体规划》（2010年～2020年）的期限一致，即现状为2010年，近期至2015年，远期至2020年。

2. 用水量预测

经区域供水平衡分析，近期（至2015年）总体水量缺口为24.18×10^4m^3/d，远期（至2020年）总体水量缺口约为94.74×10^4m^3/d。

3. 工程规模的确定

根据近远期区域用水需求，本工程建设规模确定如下：

（1）近期（至2015年）：

预测近期（至2015年）总体水量缺口为24.18×10^4m^3/d，本次一期工程建设规模为25×10^4m^3/d；取水泵房与送水泵房土建按50×10^4m^3/d建设。

（2）远期（至2020年）：

预测远期（至2020年）总体水量缺口约为94.74×10^4m^3/d，基于分步实施的原则，确定水厂下一步扩建规模为50×10^4m^3/d，本次一期工程主要构筑物土建按照50×10^4m^3/d规模建设。

2.2.3 工程目标

1. 供水水质

新建××水厂沉淀池出水浊度小于3.0NTU，滤池出水浊度小于0.2NTU。出厂水指标符合《生活饮用水卫生标准》GB 5749—2006的规定。

2. 用水量标准

依据《城市居民生活用水量标准》GB/T 50331—2002，××市居民生活用水量按照日用水量120～180L/(人·d)的标准选取。

3. 变化系数

依据《室外给水设计规范》GB 50013—2006，并参考××区现状供水变化系数，本工程时变化系数$K_{时}$=1.2，厂区自用水系数取值为8%。

4. 供水水压

依据本工程配水管网设计规模及管网最高日最高时校核平差计算结果，新建××水厂的出厂压力为0.38MPa。

5. 取水保证率

依据《室外给水设计规范》GB 50013—2006，并结合工程实际，取水工程保证率取值为99%。

2.2.4 水源比选

通过《××水厂一期工程——净水厂工程项目申请报告》的论证，水源选择如下：

A江水质良好，根据××市水资源公报（2004年～20××年），A江××段总体水质持续为Ⅲ类，满足作为城市集中生活饮用水取水水源地的水质要求；其水量充沛，自净能力强；统计资料显示，××段最小流量达到4830m^3/s，满足本工程取水需要，水资源优势明显；同时，A江紧临××地区，是××地区主要地表径流和取水水源地。依据《××市水资源综合规划（修编）》（2010年～2030年）中关于水资源配置基本思路，××市城市供水工程应优先开发利用水质好、保证程度高的A江、B江水，扩大A江、B江水取水量。综上所述，××水厂新建工程，选择A江作为水厂的水源。

2.2.5 厂址选择

考虑水厂建设用地指标，按照××区人民政府关于××水厂建设项目选址的初步意见，拟选厂址位置位于×××。厂址南北向最大宽度为530.5m，东西向最大纵距为519.7m，用地总面积约27万m^2。该地块紧临取水水源（A江），场地形状较规整，场地面积满足近远期用地要求。场地四周道路通畅，东侧临×××、南侧临×××，交通组织便利。

2.2.6 取水工艺比选

取水构筑物包括固定式取水构筑物和移动式取水构筑物两类。固定式取水构筑物又分为岸边式和河床式。移动式取水构筑物常采用浮船式或缆车式。其优缺点见表 2-4。

取水工艺比选表 **表 2-4**

类别	固定式取水构筑物(河床式)	固定式取水构筑物(岸边式)	移动式取水构筑物(浮船式泵房)
优点	1. 集水井设于河岸上,可不受水流冲刷和冰凌碰击,亦不影响河床水流; 2. 冬季保温、防冻条件好	取水构筑物、集水井和泵房均位于河岸,便于维护	1. 工程投资小、施工简便; 2. 船体构造简单; 3. 对水文条件变化适应性强
缺点	1. 取水头部伸入河床,检修和清洗不方便; 2. 在洪水期时,河流底部泥砂较多,水质较差,建于高浊度河流的集水井,常沉积大量泥砂,不易清除	在冬季易受冰凌碰击,泥砂沉积较多,需设置斗槽	1. 船体维修养护频繁,怕冲撞、对风浪适应性差; 2. 供水安全管理难度大
适用条件	1. 河床较稳定,河岸平坦,主流距河岸较远,河岸水深较浅; 2. 岸边水质较差; 3. 水中悬浮物较少	1. 河岸较陡、岸边水流较深、岸边地质条件好; 2. 主流靠近河岸,水质较好; 3. 水位变幅和流速较大	1. 河流水位变化幅度大,水流平稳,风浪较小,停泊条件良好的河段; 2. 河床较稳定,岸边有较适宜的倾角; 3. 河道无冰凌、漂浮物少

本工程取水口位置的河床稳定，岸边较平坦，推荐采用固定式取水构筑物（河床式）。

2.2.7 净水工艺比选

1. 净水工艺流程选择

选择合理的净水工艺是水厂供水水质安全的重要保障，也是确保实现工程建设目标的重要措施。通过《××给水工程项目申请报告》的论证，净水工艺流程的确定过程简述如下：

(1) 净水工艺选择的原则

针对 A 江原水水质特点，结合工程建设目标，选择合适的净水工艺：

1) 工艺流程的选择必须确保出厂水水质符合《生活饮用水卫生标准》GB 5749—2006 要求。同时，应为水源水质出现突发事件采取适当的预防措施。

2) 借鉴现状相同或类似水源水质的净水工艺经验，拟定合适的净水工艺流程和净水工艺参数。

3) 结合场地的建设条件，包括占地面积、场地地基承载力等因素确定合理的净水工艺流程、竖向高程以及构筑物形式。

4) 随着社会发展，应在工艺流程选择方面进行适当的预留。

(2) 进水工艺选择

1) 原水水质分析

根据 A 江××段水质检测报告，A 江原水均基本符合《地面水环境质量标准》GB 3838—2002 中Ⅲ类水体要求。

2) 净水工艺形式选择

现状以 A 江××段原水为水源的水厂，采用常规处理工艺的综合处理效果能保障出水水质满足《生活饮用水卫生标准》GB 5749—2006 的总体要求。综合以上考虑，本项目一期工程拟考虑以常规净化处理工艺为主。推荐工艺流程如图 2-1 所示。

3) 预留远期深度处理工艺作为应对社会发展的需求

深度处理设置于常规处理工艺之后，用于去除常规工艺无法去除的污染物及消毒副产物前体物，

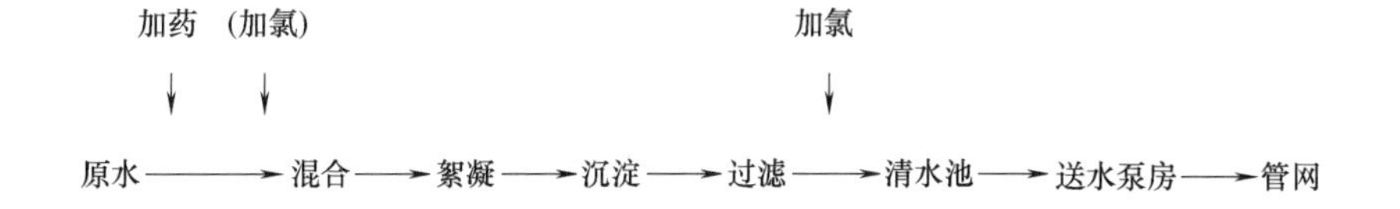

图 2-1 水厂工艺流程图

以提高饮用水水质。目前常用的深度处理工艺包括颗粒活性炭吸附—砂滤、臭氧—生物活性炭、活性炭—膜处理等。

针对本工程原水水质，拟采用臭氧—生物活性炭处理工艺，深度去除色、嗅、有机物等。深度处理单元暂缓建设。

4) 根据相关要求近期实施废水处理系统

根据《城市给水工程项目建设标准》建标 120—2009 以及本工程环境影响评价要求，本工程设置污泥处理及废水处理设施。

5) 做好水源应急处理的技术处理措施

城市集中式供水系统的水源发生污染事件时，对城市供水系统安全和居民正常生产生活会造成巨大负面影响。供水企业应根据原水水质特点和存在的安全风险隐患类型，积极做好水源应急技术措施准备。

综上所述，新建××水厂应先行实施常规处理工艺和污泥处理工艺，兼顾实施应对水质突发事件的措施，同时为今后发展预留深度处理的用地。

2. 净水构筑物比选

(1) 混合

目前，使用较为广泛的主要是机械混合和以管式静态混合器为代表的水力混合两种基本形式。两种混合方式的具体比较见表 2-5。

混合方式比选表 **表 2-5**

内容	管式静态混合器 4 组池,每组 6.25×10^{4}m^3/d	机械混合 4 组池,每组 6.25×10^{4}m^3/d
适用条件	适用于水量变化不大的各种规模的水厂	适用于各种规模的水厂,可以适应水量、水温等外部条件的变化
效果	1. 在设计流量范围内,混合效果较好; 2. 水头损失较大; 3. 混合效果受运行水量变化影响较大	1. 混合效果可调可控、稳定; 2. 水头损失较小; 3. 基本不受水量变化的影响
维护	设备简单,基本无维护维修	存在搅拌机的设备维护维修

通过上述对比，机械混合适应原水条件变化的能力较管式静态混合器强，在运行方面也有较明显的优势。因此，本工程的混合方式推荐采用机械混合。

(2) 絮凝

目前常用的絮凝形式主要为水力絮凝，其形式有传统的隔板絮凝、孔室絮凝和高效的网格絮凝、栅条絮凝及折板絮凝等。对絮凝池进行比选具体见表 2-6。

折板絮凝池相较网格絮凝池抗冲击负荷能力较强，同时，折板絮凝池维护管理也相对简单。因此，本工程推荐采用折板絮凝池。

絮凝池工艺比选表　　表 2-6

内容	网格絮凝 4组池，每组 6.25×10⁴m³/d	折板(竖向)絮凝 4组池，每组 6.25×10⁴m³/d
适用条件	1. 水量变化不大的水厂； 2. 单池处理规模以(1.0～2.5)×10⁴m³/d 为宜	水量变化较大的水厂
效果	1. 絮凝时间短； 2. 絮凝效果较好； 3. 抗冲击负荷能力一般	1. 絮凝时间短； 2. 絮凝效果好； 3. 抗冲击负荷能力较好
维护	网格容易集泥，池体冲洗、管理维护较复杂	折板不易集泥，管理维护较简单

(3) 沉淀池

1) 沉淀池池型比选

目前常用的沉淀池包括斜管沉淀池和平流沉淀池两种，其优缺点见表 2-7。

沉淀池工艺比选表　　表 2-7

内容	斜管沉淀池 4组池，每组 6.25×10⁴m³/d	平流沉淀池 4组池，每组 6.25×10⁴m³/d
优点	1. 水力条件好，沉淀效率高； 2. 池体尺寸小，占地面积少，工程造价较低	1. 对原水浊度变化适应性强，处理效果稳定； 2. 投药量较少； 3. 操作管理方便，施工简单
缺点	1. 抗冲击负荷能力较差； 2. 斜管材料易老化，增加维护费用	池体面积大，土建成本较高

鉴于现有用地条件有保障，拟推荐采用抗冲击负荷能力强、出水水质稳定的平流沉淀池。

2) 沉淀池排泥形式比选

目前，广泛应用于平流沉淀池排泥系统的排泥设施主要有液压往复式刮泥机和桁车式泵吸排泥机两种。其技术比较见表 2-8。

沉淀池排泥设施比选表　　表 2-8

内容	液压往复式刮泥机	桁车式泵吸排泥机
适用条件	适用于平流沉淀池	适用于平流沉淀池
特点	1. 污泥浓度可达 3%，可不设置污泥浓缩池； 2. 排水量较小； 3. 根据污泥量的多少，可调节排泥次数； 4. 设备维护检修时，对池体的运行影响相对较大	1. 污泥连续输送，排水量和排泥量相对较大； 2. 安装相对简便； 3. 设备维护检修时，对池体的运行影响相对较小
维护	管理维护较复杂	维护简单方便，但排水泵电机易损坏

目前，两种方式在实践中均有应用，鉴于桁车式泵吸排泥机运行管理维护更便利，本工程推荐采用桁车式泵吸排泥机。

(4) 滤池

滤池有多种形式，包括 V 型滤池、普快滤池及翻板滤池等，其优缺点见表 2-9。

综合考虑运行便利性及建设成本，本工程推荐采用 V 型滤池。

滤池工艺比选表　　表 2-9

内容	V 型滤池	普快滤池	翻板滤池
优点	1. 采用均质滤料，滤料含污能力较强，过滤周期长； 2. 采用气水反冲洗加表面扫洗，反冲洗效果好； 3. 采用 V 型槽进水(包括表扫进水)，布水均匀； 4. 反冲洗时，滤料微膨胀，可减少滤池深度； 5. 该池型推广较为广泛，施工、运行、管理经验比较成熟	1. 有成熟的运行经验，运行可靠； 2. 采用砂滤料，材料易得，成本较低； 3. 采用大阻力配水系统，单池面积可做得较大，池深适中； 4. 采用降速过滤，出水水质较好	1. 采用双层滤料，滤料含污能力强； 2. 采用气水反冲洗，冲洗和排水交替进行，不会出现滤料流失现象，耗水量较小
缺点	1. 土建施工技术要求高； 2. 有滤料流失现象	1. 阀门较多，检修不便； 2. 必须设全套冲洗设备	优质的翻板阀价格较高

2.2.8 排泥水处理工艺比选

1. 工艺流程

本工程滤池反冲洗水经调节池后，直接回用至配水池，排泥水首先经过排泥池调节，并通过浓缩池进行浓缩处理，上清液达标排放，浓缩底泥经脱水后产生的泥饼可作为场地回填使用或外运处置。污泥脱水滤液直接回流至排泥池（或达标排放），以免污染物富集影响出水水质。

水厂排水系统工艺流程如图 2-2 所示。

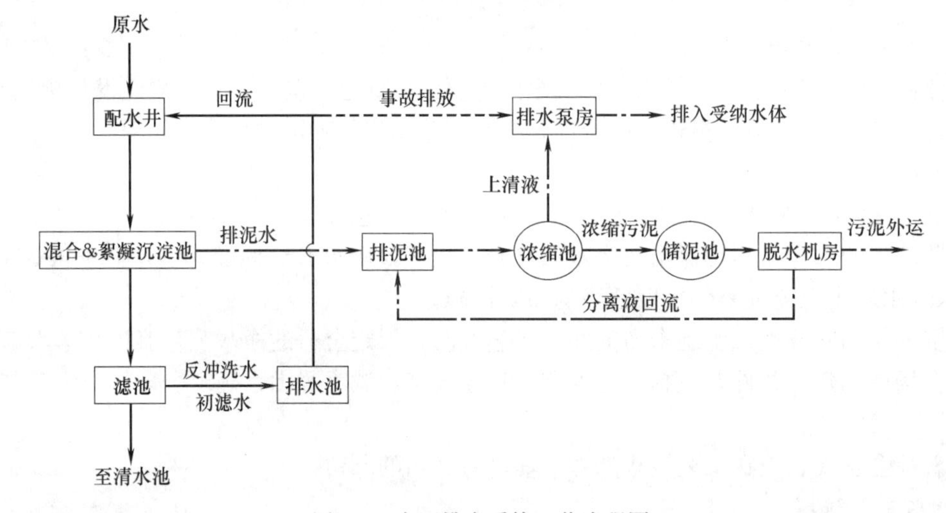

图 2-2　水厂排水系统工艺流程图

2. 浓缩设施的选择

常用的污泥浓缩、脱水方式有重力浓缩＋机械脱水和机械浓缩＋机械脱水两种。

重力浓缩＋机械脱水方式的优点是浓缩池大大减少了需脱水污泥的体积，有效减少脱水机数量，设备投资大大节省，降低电耗，脱水污泥浓度较均匀，脱水机运行稳定；其缺点是浓缩池土建费用较高，占地面积较大。机械浓缩＋机械脱水方式恰好相反，可取消浓缩池，节省占地面积，减少土建费用，但由于需脱水污泥量大，浓度低且不均匀，致使浓缩脱水设备处理能力下降，数量增多，因而设备费用大大提高，电耗增大，且泥饼含固率不稳定。

综合以上分析比较，本工程推荐采用重力浓缩工艺。

3. 脱水设施的选择

目前，应用于污泥脱水的设备主要有离心机、自动厢式压滤机和滤布行走压滤机，其优缺点比选见表 2-10。

脱水设备比选表　　表 2-10

内容		离心机	自动厢式压滤机	滤布行走压滤机
进泥要求	原水	不适用含无机成分较多的污泥	对原水含砂量无要求	对原水含砂量无要求
	进泥浓度	需要稳定在 3%左右	无严格要求	无严格要求
出泥情况	出泥含固率	约 22%	约 40%	约 40%
	排渣量	大	小	小
投资及运行费用	按照运营 20 年计算	高	较高	低

综合脱水效果和投资运行费用比较，推荐采用滤布行走压滤机。

2.2.9 药剂投加工艺比选

1. 净化药剂选择

针对原水水质特点，本工程混凝剂采用碱式氯化铝（PAC），并采用聚丙烯酰胺（PAM）（或 HCA-1 型阳离子净水剂二甲基二烯丙基季铵盐）强化絮凝，投加量小于等于 0.5mg/L。

2. 净化药剂投加

常见投药方式包括两种，一种为传统的计量泵系统投加，另一种为神经网络投矾系统。二者主要的特点比较见表 2-11。

加药系统比较表　　表 2-11

内容	方案一 传统计量泵投加	方案二 化工泵＋神经网络控制
投药方式	投加流量比自动控制。人工对浊度进行预设，闭合环反馈修正	人工输入数据库，通过软件实现自主循环学习，参数由软件自动设定
系统投资	较低	高
运行维护费用	较高	较低
稳定性	较高	较低

方案一较方案二在硬件稳定性上较好，本工程采用方案一传统计量泵投加，后续逐步尝试控制软件应用的提升。

3. 消毒药剂

目前常用消毒药剂比选见表 2-12。

消毒药剂比选表　　表 2-12

消毒药剂种类	优点	缺点
液氯	1. 预投加可防止构筑物长青苔； 2. 可氧化有机胶体表面保护膜，提高混凝效果	1. 会与水中腐殖酸物质反应形成卤代烃副产物； 2. 高 pH 时消毒效果下降
氯胺	1. 水中衰减慢，分散性好； 2. 可控制水中军团菌生长； 3. 消毒副产物风险小	消毒效率不如液氯

续表

消毒药剂种类	优点	缺点
二氧化氯	氧化消毒能力强	1. 性质不稳定，只能现场制备； 2. 有消毒副产物风险
紫外线	1. 处理后的水无色无味； 2. 无消毒副产物风险	1. 消毒效果受水质影响大； 2. 无持续消毒能力； 3. 使用成本较高
臭氧	氧化消毒能力强	1. 单独使用出水水质不理想； 2. 有消毒副产物风险； 3. 运行投资费用高

综合考虑原水水质、制备及投加便捷性，本工程拟推荐采用液氯消毒方式。

4. 应急药剂的选择和投加

目前水厂常用的应急处理药剂包括粉末活性炭和高锰酸钾，鉴于原水条件，本工程选用高锰酸钾，在药库内储存，使用时采用湿式投加，投加量为 0.5～2.5mg/L。

2.2.10 供水管网方案比选

常见的管网布置形式包括枝状和环状两种，枝状管网常用于小型配水工程。本工程供水区域内含多条主干道，远期用水量需求较大，为保障区域内供水安全，本工程供水管网在区域内各条主干道均敷设，呈环状布置，管网布置方案如图 2-3 所示。

图 2-3　供水管网平面布置图

2.3 取水工程

1. 取水口选址

本工程水源为A江，取水口选址时考虑了水功能区划范围、水文条件状况、水质条件状况及与周边设施的关系，征求了航道、海事、水务、环保等部门的意见。选择将本工程取水口定为×××处。

2. 取水头部

设计取水喇叭口直径为DN2500，喇叭口侧面长度为0.8m。在喇叭口上设置格栅以拦截粗大漂浮物，栅条间距120mm。

3. 取水管路

本工程设DN1600引水管两根，长度约240m，管径按照远期$50\times10^4m^3/d$规模进行校核，能够满足流速大于0.6m/s的要求。

4. 取水泵房

本工程在净水厂内设计两座固定式深井取水泵房，近期实施1座，土建规模为$50\times10^4m^3/d$，设备按近期$25\times10^4m^3/d$安装。

考虑结构受力，取水泵房采用圆形，泵房净空内径为26.00m，设计地坪以下深度为20.1m。泵房内设有卧式水泵机组4台，本次建设安装3台，最大运行工况为2用1备；远期扩建时再增设1台，最大运行工况为3用1备。单泵参数$Q=7500\sim8800\sim10200m^3/h$，$H=23\sim19\sim14m$，$P=630kW$，均采用变频控制。

2.4 净水工程

2.4.1 厂区总体布置

1. 厂区高程布置

厂区构筑物高程计算详见设计计算书3.3.14节，构筑物高程布置情况详见案例设计图纸《给水处理工艺流程图》。

2. 厂区平面布置

(1) 生产构筑物平面布置

结合净水厂厂址条件及水源方位，厂区内拟由西北侧规划××公路侧，至东南方向规划××大道侧，依次布置取水泵房、常规净化构筑物（配水池、折板絮凝平流沉淀池及V型滤池）以及清水池、送水泵房，V型滤池及清水池中间预留深度处理用地。排水排泥收集及处理系统按远期总规模分期实施，分别布置于厂区西北角及西南角。

结合水厂近期规模及远期总控制规模，净水厂南北宽度方向布置四期净化构造物。根据近期厂区可用地条件，近期首先实施由南向北方向第三组构筑物。

(2) 厂区道路布置

为便于厂区内交通运输和设备的安装、维护，厂区设置两处出入口，厂区内车行道路宽4～6m，道路最小转弯半径为9m。

(3) 厂区排水系统布置

厂区排水采用雨污分流制。结合周边规划市政道路建设情况，厂区雨水和生活污水接入市政排水管道。

2.4.2 配水池

本工程近期设置配水池1座，土建按照二期规模$50\times10^4m^3/d$，设计配水池总尺寸为$L\times B\times H=20.7m\times10.0m\times4.3m$，有效水深为3.8m，有效堰长为9.9m，堰上水头为0.19m。

2.4.3 机械混合池

本工程设4座混合池，每座处理规模为$6.25\times10^4m^3/d$，单池总尺寸为$L\times B\times H=3.80m\times3.90m\times4.55m$，其中有效水深为4.20m。每个单池配备1台搅拌机，搅拌机直径$D_0=1.50m$，功率$P=25kW$，桨板宽度$b=0.4m$，桨板长度$l=0.3m$。

2.4.4 折板絮凝池

本工程设4座折板絮凝池，每座处理规模$6.25\times10^4m^3/d$，总尺寸为$L\times B\times H=17.15m\times17.00m\times4.55m$，其中有效水深3.60m。单座絮凝池分为8个单元，单元宽度为1.85m。

2.4.5 平流沉淀池

本工程机械混合池、折板絮凝池、平流沉淀池三者合建，设4座平流沉淀池，每座处理规模$6.25\times10^4m^3/d$，总尺寸为$L\times B\times H=100.70m\times17.00m\times3.90m$，其中有效水深为3.5m，沉淀池纵向设置1条导流墙，导流墙间距为8.0m。选用排泥桁车排泥，沉淀池排泥桁车采用潜水泵4台，单台$Q=144m^3/h$，$H=5m$，$N=3.0kW$；过渡区排泥桁车采用潜水泵1台，型号同沉淀区。

2.4.6 V型滤池

本工程近期设V型滤池1座，单座规模为$25\times10^4m^3/d$。滤池采用双排布置，单边8格，共16格，单格过滤面积为$94.4m^2$，滤池总尺寸为$L\times B\times H=80.29m\times39.20m\times4.10m$。

反冲洗泵房与滤池合建，规模为$50\times10^4m^3/d$，设反冲洗立式泵3台，2用1备，单台流量为$925m^3/h$，扬程为9m，配套电机功率为30kW。

2.4.7 清水池

本工程近期设清水池2座合建，单座有效容积为$1.5\times10^4m^3$，总有效容积为$3.0\times10^4m^3$，两座清水池总尺寸为$L\times B\times H=104.90m\times63.70m\times5.00m$，有效水深为4.7m，容积调蓄率为12%。

2.4.8 送水泵房

本工程近期设送水泵房1座，土建规模为$50\times10^4m^3/d$。泵房平面总尺寸为$L\times B=54.50m\times12.25m$，泵房总高度为13.1m，其中地下部分高度为4.5m，吸水井总尺寸为$L\times B\times H=43.14m\times6.50m\times7.70m$。泵房内共设置6台水泵机组，4大2小，选用单级双吸中开卧式离心泵，大泵$Q=4750\sim5890\sim6365m^3/h$，$H=48\sim45.5\sim43.5m$，$P=1000kW$；小泵$Q=3000\sim3600\sim4200m^3/h$，$H=56\sim52\sim44m$，$P=630kW$。泵房内设SZ-2型真空泵2台。

2.4.9 加药间

本工程设加药间1座，土建规模为$100\times10^4m^3/d$，设备按近期$25\times10^4m^3/d$安装。加药间平

面总尺寸 $L\times B$=51.55m×19.45m。设室外贮液池1座和溶液池2座。

室外贮液池总尺寸为 $L\times B\times H$=21.95m×7.5m×2.5m，分为两格，有效深度2.0m，单格有效容积为148.4m^3。溶液池总尺寸 $L\times B\times H$=16.75m×6.1m×2.5m，单座溶液池有效尺寸为8.0m×5.6m×2.0m。

药剂采用计量泵投加，近期设计量泵3台（2用1备），远期共10台泵（8用2备）。

2.4.10 加氯间

本工程近期设加氯间1座，土建规模50×10^4m^3/d，设备按25×10^4m^3/d规模安装。加氯间平面总尺寸 $L\times B$=36.25m×15.85m，远期增加加氯间1座。

加氯采用V型槽真空加氯机，近期25×10^4m^3/d规模时，前加氯点2个，设3台加氯机（2用1备）；50×10^4m^3/d规模时前加氯点4个，设5台加氯机（4用1备）。

近期25×10^4m^3/d规模时设置后加氯点1个，设2台（1用1备）真空加氯机；50×10^4m^3/d规模时后加氯点2个，设3台加氯机（2用1备）。

2.4.11 排水池

本工程设排水池1座，土建规模按照二期扩建规模50×10^4m^3/d。调节池总尺寸为37.5m×29.2m×4.3m，分为2格，有效水深为2.7m，单座有效容积为2744m^3。设4个泵位，25×10^4m^3/d规模时，安装2台，1用1备。50×10^4m^3/d规模时，安装4台，2用2备，排水池可分格清洗。潜水提升泵参数为 Q=600m^3/h，H=13m，N=30kW。排水池内设置双曲面圆形搅拌器，共4台，直径为2.5m，P=5.5kW。

2.4.12 排泥池

本工程设排泥池1座，按50×10^4m^3/d规模进行设计，总尺寸为13.0m×29.2m×4.3m，有效水深为3.4m，单座有效容积为1123m^3。设置双曲面圆形搅拌器，共2台，直径为2.5m，P=5.5kW。

2.4.13 污泥浓缩池

本工程近期设2座污泥浓缩池，单座处理规模12.5×10^4m^3/d，远期增加两座，单座直径为27.4m，有效直径为25.0m，池边水深为4.0m，超高为0.5m。浓缩池内设半桥式周边传动浓缩机，D=25.0m，线速度 V=2m/min，N=2.2kW。

2.4.14 污泥脱水机房

本工程近期设计污泥脱水机房1座，土建按50×10^4m^3/d规模设计，设备按近期25×10^4m^3/d规模安装，脱水机房总尺寸 $L\times B\times H$=32.50m×15.25m×16.00m，近期采用滤布行走压滤机1台，净水厂规模达到50×10^4m^3/d规模时，增加1台设备。单台外形尺寸 $L\times B\times H$=12.26m×3.25m×3.76m，电机功率为7.5kW。

2.4.15 排水泵房

本工程近期设排水泵房1座，土建规模按照远期100×10^4m^3/d，排水泵房平面总尺寸为 $L\times B$=17.05m×9.85m，前池有效容积240m^3。设4台潜污泵，Q=2200m^3/h，H=12.6m，N=132kW，近期2用1备，远期3用1备。

2.5 输配水工程

1. 供水系统总体方案

结合水厂建设实施进度和分期建设规模（25×10^4m^3/d、50×10^4m^3/d、100×10^4m^3/d）、供水范围及用水量增长趋势，区域管网建设按照水厂二期扩建时规模50×10^4m^3/d供水能力进行布置。

2. 管材选择

一般常用的给水管材包括钢筋混凝土管、金属管及塑料管，其管材性能比选见表2-13。

管材特点比较表 **表2-13**

管材性能	钢筋混凝土管	金属管	塑料管
管节长、接口	一般2m、接口多	较长、接口少	6～12m、接口少
抗渗性能	较强	强	强
防腐能力	强	较强(铸铁管)，钢管需防腐	强
承受外压	可深埋；能承受较大外压	可深埋；能承受较大外压	受外压较差，易变形
施工难易	难	较难	方便
接口形式	承插式，橡胶圈止水	钢管焊接，承插式(铸铁管)	承插式，橡胶圈止水，热熔套管
粗糙度(n)(水头损失)	0.013～0.014(水头损失较大)	0.012～0.013(水头损失较大)	0.009～0.01(水头损失小)
质量(管材运输)	质量大(运输安装不方便)	质量较大(现场制作)	质量较小(运输方便)
对基础要求	高	较低	较低
综合造价	便宜	较高	较高

本次工程意义重大，对安全性要求高。为了保证供水安全性，同时便于维护，推荐采用球墨铸铁管。

3. 管道附属设施

本工程管网排泥附件、排气附件、阀门检修井及消火栓按照相关规范进行布置，布置间距满足要求。

2.6 工程经济估算与成本分析

1. 工程投资估算

本工程第一部分工程费用为28871.55万元，工程建设其他费用为4125.19万元，基本预备费为2639.74万元，建设用地费为18977.23万元，专项费用为8356.63万元，建设期贷款利息为3353.68万元，铺底流动资金为310.00万元，工程总投资为66634.02万元。

2. 资金筹措

项目总投资为66634.02万元，其中80%为银行贷款，其余建设单位自筹，建设期2年，年贷款利率为6.55%，建设期利息为3353.68万元。

3. 成本分析

项目单位生产成本为0.4元/t，年生产成本为3691万元。

第3章　给水工程案例设计计算书

3.1　工程建设规模计算

1. 用水量预测

本工程服务区域用水量采用区域供水平衡分析方法进行预测，水量预测结果见表3-1。

××地区供水平衡分析　　表3-1

近期(至2015年)用水量平衡			
项目	××主城区	××示范区	××新城组群
规划用水量($\times10^4m^3/d$)	87.61	61.21	25.36
规划用水量合计($\times10^4m^3/d$)	174.18		
现状水厂供水规模($\times10^4m^3/d$)	140(A水厂含在建扩建工程计80;B水厂为30;C水厂为20;D水厂为10)		
近期水厂扩建计划($\times10^4m^3/d$)	10(C水厂近期扩建)		
近期水量缺口($\times10^4m^3/d$)	24.18		
远期(至2030年)用水量平衡			
规划用水量($\times10^4m^3/d$)	95.21	105.72	43.81
规划用水量合计($\times10^4m^3/d$)	244.74		
其他水厂供水规模($\times10^4m^3/d$)	150		
远期水量缺口($\times10^4m^3/d$)	94.74		

通过上述分析可知，近期水量缺口为$24.18\times10^4m^3/d$，远期水量缺口为$94.74\times10^4m^3/d$。

2. 取供水规模确定

根据区域供水量及需求分析，近期（至2015年）水量缺口为$24.18\times10^4m^3/d$，远期（至2030年）水量缺口约为$94.74\times10^4m^3/d$。故确定本工程取、供水规模如下：

（1）近期

根据供水需求预测，近期水量缺口约为$25\times10^4m^3/d$，推荐一期工程实施规模为$25\times10^4m^3/d$。

（2）远期

依据对整个供水服务区域的远期水量预测结果，建议工程远期总体控制规模为$100\times10^4m^3/d$。同时，结合工程服务范围内用水需求的增长实际，选择适宜的时间，阶段性地合理安排水厂扩建工程，建议本工程下一次扩建完成后（中期），水厂规模达到$50\times10^4m^3/d$为宜。水厂主要净化构筑物按一期$25\times10^4m^3/d$实施，主要辅助构筑物土建按照$50\times10^4m^3/d$规模建设，设备安装按照$25\times10^4m^3/d$实施。

3.2　取水工程设计计算

1. 集水井计算

（1）取水头部设计计算

本工程根据水厂规模及进水水质选择顺水流喇叭管取水头部，设计取水喇叭口直径为*DN*2500，喇叭口侧面长度0.8m。在喇叭口上设置格栅以拦截粗大漂浮物，栅条间距为120mm。并在各流量工况条件下，复核设计过栅流速，见表3-2。

各工况条件下过栅流速复核　　表3-2

设计流量($\times10^4m^3/d$)	单根过栅流速(m/s)	备注
25	0.21	近期设计流量
50	0.41	远期设计流量
35	0.57	单根管事故工况，按远期设计流量的70%

注：流速计算时，均考虑8%自用水系数。

经核算，设计取水喇叭口过栅流速满足《室外给水设计规范》GB 50013—2006中流速宜为0.2～0.6m/s要求。

取水头部格栅面积采用式（3-1）、式（3-2）计算：

$$K_2=\frac{b}{b+S} \tag{3-1}$$

$$F_0=\frac{Q}{v_0K_1K_2} \tag{3-2}$$

式中　K_2——面积减小系数；

b——栅条净距，mm；

S——栅条厚度，mm；

F_0——格栅面积，m^2；

Q——设计流量，m^3/s；

v_0——过栅流速，m/s；

K_1——堵塞系数。

中期流量为$50\times10^4m^3/d$（$5.78m^3/s$），远期设计流量Q为$54\times10^4m^3/d$（$6.25m^3/s$），栅条净距b取110mm，栅条厚度S取10mm，则栅条引起的面积减小系数K_2为0.917，取堵塞系数K_1为0.75，过栅流速为0.4m/s，则格栅面积F_0为$22.7m^2$。

（2）引水管设计计算

按中期规模$50\times10^4m^3/d$进行设计，设置2根引水管，近期1用1备，初步选用*DN*1600、*DN*1700、*DN*1800三种不同管径并进行管内流速复核及水头损失计算，结果见表3-3。

3种管径下流速均能满足大于0.6m/s的要求，选用*DN*1600管径时较选用*DN*1800时水头损失大0.3m，但降低了建设费用并减小了淤积的可能，故引水管管径选择*DN*1600。

（3）高程计算

集水井高程计算见表3-4。

不同管径各工况条件下引水管内流速及水头损失计算　　表 3-3

设计流量（$\times10^4m^3/d$）	单根管内流速（m/s）			引水管及取水头部水头损失（m）			备注
	DN1600	DN1700	DN1800	DN1600	DN1700	DN1800	
15	0.93	0.83	0.74	0.26	0.20	0.15	建成初期拟定制水规模，单管运行
25	0.78	0.70	0.61	0.18	0.14	0.11	近期设计流量，双管运行
50	1.56	1.38	1.23	0.72	0.53	0.42	远期设计流量，双管运行
35	2.18	1.93	1.72	—	—	—	单根管事故工况，按远期设计流量的70%

注：① 流速计算时，均考虑8%自用水系数；

② 表格中净水厂建成初期拟定制水规模为暂定，此时为保证管内流速，避免淤积，建议采用单根引水管。

集水井高程计算　　表 3-4

计算项目	编号	计算标高（m）	备注
吸水间顶标高	①	26.70	
吸水间最低动水位标高	②	10.20	
吸水管中心标高	③	8.70	
吸水管淹没深度	④	0.70	④=②-③-$D/2$
吸水管距吸水井底	⑤	1.00	
吸水间底标高	⑥	6.90	⑥=③-⑤-$D/2$

2. 取水泵房设计计算

（1）水泵扬程计算

1）设计流量

取水泵房土建设计规模 $50\times10^4m^3/d$，设备按近期 $25\times10^4m^3/d$ 安装。

考虑厂自用水系数为 8%，

远期设计流量为：$50\times10000\times1.08/24=22500m^3/h$；

近期设计流量为：$25\times10000\times1.08/24=11250m^3/h$。

2）设计扬程

沉砂池设计进水水面标高为 31.75m，××江水位为 h，则静扬程为：

$$H_{st}=31.75-h \tag{3-3}$$

根据计算，设计流量条件下，水泵吸水喇叭口及引水管水头损失为（0.18+0.32=0.5m），泵房内及至沉砂池的输水管总水头损失约 4.0m，取富余流出水头 1.0m，则水泵扬程为：

$$H=H_{st}+\Delta h=31.75-h+0.5+4.0+1.0=37.25-h \tag{3-4}$$

（2）水泵选型

××江水位波动较大，水泵不可能在各水位下均处于高效段运行，应尽量使水泵在常见水位下高效运行。选泵条件如下：

1）××江水位 h=11～13m 时（1～2 月），对应水泵扬程 H=26.3～24.3m，此时段取水量不小于设计水量；

2）××江水位 h=13～22m 时（3～6 月，10～12 月），对应水泵扬程 H=24.3～15.3m，此时段取水量不小于设计水量，并尽可能使水泵处于高效段运行；

3）××江水位 h>22m 时（7～9 月），对应水泵扬程 H<15.3m，此时段取水量不小于设计水量。

综合比较水泵运行效率及一次性投资，选用参数为 Q=7500～8800～10200m^3/h，H=23～19～14m，P=630kW 的变频离心泵，近期 2 用 1 备，远期 3 用 1 备。

（3）吸水管路设计

近期离心泵 2 用 1 备，单泵吸水管路流量为 $1.56m^3/s$，管径采用 DN1400，管内流速为 1.01m/s。

（4）压水管路设计

近期离心泵 2 用 1 备，单泵压水管路流量为 $1.56m^3/s$，管径采用 DN1200，管内流速为 1.38m/s。

（5）集水坑设计

泵房底部设集水坑排除事故积水，每个集水坑安装 2 台潜水泵，并库存 1 台，单台水泵参数为 $Q=30m^3/h$，H=27m，P=4.0kW。集水坑尺寸按照水泵 3min 抽水量确定，故集水坑有效容积为：

$$V=\frac{30\times2\times3}{60}=3m^3 \tag{3-5}$$

取集水坑平面尺寸为 $L\times B$=1.5m×1.5m，有效深度 h=1.5m，则有效容积 $V=3.375m^3$。

（6）水泵间布置

取水泵房为圆形钢筋混凝土结构，内径 26.0m。泵房室外设计地面高程为 26.70m，池体深 20.1m，上部结构高 13.0m。泵房结构分为下部井筒和上部框架两部分，其中井筒内设 3 层平面：底部设备安装层，绝对高程 6.90m；中间检修层，绝对高程 11.80m；上部设备进出平台（井筒顶面），绝对高程 27.00m。

3.3 净水厂设计计算

3.3.1 配水池

本工程设 1 座配水池，规模为 $50\times10^4m^3/d$，设计如下：

1. 配水池尺寸

设配水池停留时间为 100s，则配水池设计容积为：

$$V=QT=\frac{500000\times1.08\times100}{24\times3600}=625m^3 \tag{3-6}$$

取配水池有效水深 3.8m，配水池有效尺寸为 $L\times B$=19.8m×8.8m，则配水池有效容积为：

$$V=3.8\times19.8\times8.8=662m^3 \tag{3-7}$$

配水池超高取 0.5m，隔墙壁厚为 0.3m，则配水池总尺寸为 $L\times B\times H$=20.7m×10.0m×4.3m。

2. 进水管路

设计流量：

$$Q=\frac{1.08\times500000}{24}=22500m^3/h=6.25m^3/s \tag{3-8}$$

取进水管管径 D_1 为 DN2000，则进水流速：

$$v=\frac{4Q}{\pi D_1^2}=\frac{4\times6.25}{\pi\times2^2}=1.99m/s \tag{3-9}$$

能够满足流速 1.5～2.0m/s 要求。

3. 出水管路

共设 4 根出水管路向絮凝池进水，取出水管管径 D_2 为 $DN1400$，则出水流速：

$$v=\frac{4Q_i}{\pi D_2^2}=\frac{6.25}{\pi\times1.4\times1.4}=1.02\text{m/s} \tag{3-10}$$

式中　Q_i——单根管出流量。

能够满足流速 1.0～1.5m/s 要求。

4. 堰上水头

配水池有效堰长为 9.9m，流量系数 m_0 取 0.42，则堰上水头：

$$H_1=\sqrt[3]{\frac{Q_i^2}{2m_0^2B^2g}}=\sqrt[3]{\frac{(6.25\div4)^2}{2\times0.42^2\times9.9^2\times9.8}}=0.19\text{m} \tag{3-11}$$

3.3.2　加药间

1. 混凝剂选择

絮凝药剂设计采用液体碱式氯化铝（PAC，盐基度大于等于 65%），最大矾投加量为 $40\text{kg}/10^3\text{m}^3\ H_2O$ 计算，远期投加总量 W_1 为 $35.7\text{m}^3/\text{d}$（原矾溶液按含 Al_2O_3 质量分数为 10%计）。

2. 混凝剂配置与投加

本工程加药间土建规模按远期 $100\times10^4\text{m}^3/\text{d}$ 设计，设备按照近期 $25\times10^4\text{m}^3/\text{d}$ 安装。

（1）用量计算

水厂远期设计水量 $Q=1.08\times100\times10^4\text{m}^3/\text{d}=45000\text{m}^3/\text{h}$，混凝剂投加量 $a_1=40\text{mg/L}$。则混凝剂用量为：

$$T=\frac{a_1Q}{1000} \tag{3-12}$$

式中　T——聚合氯化铝用量，kg/d；

a_1——聚合氯化铝投加量，mg/L；

Q——设计水量，m^3/d。

代入数据：

$$T=\frac{40}{1000}\times1080000=43200\text{kg/d} \tag{3-13}$$

（2）溶液池容积

$$W_2=\frac{aQ}{417bn} \tag{3-14}$$

式中　W_2——溶液池体积，m^3；

a——聚合氯化铝的最大投加量，mg/L，以无水产品计；

b——混凝剂浓度，%，一般取 5%～20%，本项目取 16%；

n——每日调制次数，一般不超过 3 次，本项目考虑每日 3 次；

Q——设计水量，m^3/h。

设计中采用 $b=16\%$，$n=3$ 次，$a=40\text{mg/L}$，$Q=45000\text{m}^3/\text{h}$，

$$W_2=\frac{40\times45000}{417\times16\times3}=89.93\text{m}^3 \tag{3-15}$$

溶液池高度：

$$H=H_1+H_2+H_3 \tag{3-16}$$

式中　H_1——有效水深，m，取 2.0m；

H_2——超高，m，取 0.3m；

H_3——贮渣深度，m，取 0.2m。

代入数据：

$$H=2.0+0.3+0.2=2.5\text{m} \tag{3-17}$$

共设 2 座溶液池，溶液池形状设计为矩形，单座有效尺寸为：$L\times B\times H=8.0\text{m}\times5.6\text{m}\times2.0\text{m}$，有效容积为 $W_2'=89.6\text{m}^3$，取墙厚 0.25m，则溶液池总尺寸为 $L\times B\times H=16.75\text{m}\times6.1\text{m}\times2.5\text{m}$。

溶液池设置 2 个，1 用 1 备。

（3）贮液池容积

液态矾按照 8d 的贮量进行计算，故贮液池容积为：

$$W=8\times35.7=285.6\text{m}^3 \tag{3-18}$$

贮液池分为两格，取单格有效尺寸为 $L\times B\times H=10.6\text{m}\times7.0\text{m}\times2.0\text{m}$，有效容积 148.4m^3，隔墙厚度为 0.25m，总尺寸为 $L\times B\times H=21.95\text{m}\times7.5\text{m}\times2.5\text{m}$。

（4）计量设备

计量设备采用隔膜计量泵，计量泵每小时投加药量：

$$q=\frac{W_1}{24}=\frac{35.7}{24}=1.488\text{m}^3/\text{h}=1488\text{L/h} \tag{3-19}$$

选用隔膜计量泵参数为 $Q=1000\text{L/h}$，$H=0.50\text{MPa}$，$N=0.75\text{kW}$，近期设 3 台（2 用 1 备），远期设 10 台（8 用 2 备）。

3.3.3　机械混合池

本工程设 4 座混合池，每座处理规模 $6.25\times10^4\text{m}^3/\text{d}$，设计混合时间为 50s，设计 G 值为 700s^{-1}，搅拌机直径 $D_0=1.50\text{m}$，桨板宽度 $b=0.4\text{m}$，桨板长度 $l=0.3\text{m}$。

1. 单池尺寸

$$W=\frac{QT}{60}=\frac{62500\times1.08\times50}{60\times60\times24}=39.06\text{m}^3 \tag{3-20}$$

由于混合池与絮凝沉淀池合建，混合池平面采用正方形布置，取有效水深为 4.2m，则混合池有效尺寸为 $L\times B\times H=3.20\text{m}\times3.20\text{m}\times4.20\text{m}$，有效体积 43.00m^3。取墙厚 0.30m 和 0.4m，超高 0.35m，则混合池总尺寸为 $L\times B\times H=3.80\text{m}\times3.90\text{m}\times4.55\text{m}$。

2. 搅拌器转数

取桨板外缘线速度为 $v=4.5\text{m/s}$，则：

$$n_0=\frac{60v}{\pi D_0}=\frac{60\times4.5}{\pi\times1.5}=57.30\approx57\text{r/min} \tag{3-21}$$

式中　v——叶轮桨板中心点线速度，m/s；

D_0——叶轮桨板中心点旋转直径，m。

3. 桨板旋转角速度 ω

$$\omega=\frac{2v}{D_0}=\frac{2\times4.5}{1.5}=6\text{rad/s} \tag{3-22}$$

4. 搅拌混合功率

$$N_0=C_3\frac{\rho\omega^3 ZebR^4\sin\theta}{408g} \tag{3-23}$$

式中 C_3——阻力系数，$C_3\approx0.2\sim0.5$；

ρ——水的密度，1000kg/m³；

ω——搅拌器旋转角速度，rad/s；

Z——搅拌器桨叶数；

e——搅拌器层数；

b——搅拌器桨板宽度，m；

R——搅拌器半径，m；

g——重力加速度，9.8m/s²；

θ——桨板折角，°。

$$N_0=0.5\times\frac{1000\times6^3\times4\times2\times0.4\times0.75^4\times0.707}{408\times9.8}=19.3\text{kW} \tag{3-24}$$

5. 转动每个叶轮所需电动机功率

$$N_A=\frac{K_g N_0}{\eta} \tag{3-25}$$

式中 K_g——电动机工况系数，每日连续运行时取 1.2；

N_0——搅拌混合功率，kW；

η——机械传动总效率采用 0.6～0.95，取 0.95。

$$N_A=\frac{1.2\times19.3}{0.95}=24.38\text{kW} \tag{3-26}$$

搅拌机选用电机功率 $P=25$kW。

6. G 校核

$$G=\sqrt{\frac{1000N_0}{\mu Qt}}=\sqrt{\frac{19.3\times1000000\times3600\times24}{1.02\times62500\times1.08\times50}}=696\text{s}^{-1} \tag{3-27}$$

式中 G——平均速度梯度，s^{-1}；

N_0——搅拌混合功率，kW；

μ——系数，按水温 20℃计，$\mu=1.02\times10^{-3}$Pa·s。

设计 G 介于 500～1000s^{-1} 之间，满足设计要求。

3.3.4 折板絮凝池

本工程设 4 座折板絮凝池，每座处理规模 $6.25\times10^4\text{m}^3/\text{d}$，单个折板絮凝池分为 8 个单元，絮凝时间 18.81min。

1. 单组絮凝池容积 W

$$W=\frac{Qt}{60}=\frac{62500\times1.08\times18.81}{24\times60}=881.72\text{m}^3 \tag{3-28}$$

2. 单组池体面积 f

取絮凝池有效水深为 3.6m，则单组池体面积为：

$$f=\frac{W}{H}=\frac{881.72}{3.6}=244.92\text{m}^2 \tag{3-29}$$

3. 单组池体尺寸

取每单元有效宽度为 1.85m，则絮凝池有效长度：

$$L=\frac{f}{B}=\frac{244.92}{1.85\times8}=16.55\text{m} \tag{3-30}$$

絮凝单元有效尺寸为 $L\times B\times H=16.55\text{m}\times1.85\text{m}\times3.60\text{m}$，取各单元间距 0.2m，横向与纵向隔墙宽度分别为 0.3m 和 0.4m，最大超高 0.95m，则折板絮凝池总尺寸为：$L\times B\times H=17.15\text{m}\times17.00\text{m}\times4.55\text{m}$。

每格絮凝池分为 3 段，第一段为相对折板，第二段为相对折板，第三段为平行直板，则各段水头损失如下：

4. 相对折板水头损失

$$h_1=\xi_1\frac{v_1^2-v_2^2}{2g} \tag{3-31}$$

$$h_2=\left[1+\xi_2-\left(\frac{F_1}{F_2}\right)^2\right]\frac{v_1^2}{2g} \tag{3-32}$$

$$h_3=\xi_3\frac{v_3^2}{2g} \tag{3-33}$$

$$h=h_1+h_2 \tag{3-34}$$

$$\sum h=nh+h_3 \tag{3-35}$$

式中 h_1——渐放段水头损失，m；

v_1——峰速，m/s，经验值 0.25～0.35m/s；

v_2——谷速，m/s，经验值 0.1～0.15m/s；

ξ_1——渐放段阻力系数，$\xi_1=0.5$；

h_2——渐缩段水头损失，m；

F_1——相对峰的断面积，m²；

F_2——相对谷的断面积，m²；

ξ_2——渐放段阻力系数，$\xi_2=0.1$；

ξ_3——渐放段阻力系数，$\xi_3=1.8$；

h——1 个缩放的组合水头损失，m；

h_3——转弯或孔洞的水头损失，m；

v_3——转弯或孔洞处流速，m/s；

$\sum h$——总水头损失，m；

n——缩放组合的个数。

峰距：

$$b_1=\frac{62500\times1.08}{24\times3600\times8\times1.85\times0.3}=0.176\text{m} \tag{3-36}$$

取峰距为 0.18m，则 $v_1=0.293$m/s。

谷距：

$$b_2=b_1+2c=0.18+0.176\times2=0.532\text{m} \tag{3-37}$$

取谷距为 0.53m，则 $v_2=0.1$m/s。

侧边峰距：

$$b_3=\frac{B-2b_1-3(t+c)}{2}=\frac{1.85-2\times0.18-3\times(0.04+0.176)}{2}=0.421\text{m} \tag{3-38}$$

侧边谷距：

$$b_4=b_3+c=0.421+0.176=0.597\text{m} \tag{3-39}$$

侧边峰速：

$$v_3=\frac{62500\times1.08}{24\times3600\times8\times1.85\times0.421}=0.125\text{m/s} \tag{3-40}$$

侧边谷速：

$$v_4=\frac{62500\times1.08}{24\times3600\times8\times1.85\times0.597}=0.088\text{m/s} \tag{3-41}$$

确定第一段共30个渐缩和渐放。

中间部分渐放段水头损失为：

$$h_1=\xi_1\frac{v_1^2-v_2^2}{2g}=0.5\times\frac{0.293^2-0.1^2}{2\times9.8}=1.93\times10^{-3}\text{m} \tag{3-42}$$

中间部分渐缩段水头损失为：

$$h_2=\left[1+\xi_2-\left(\frac{F_1}{F_2}\right)^2\right]\frac{v_1^2}{2g}=\left[1+0.1-\left(\frac{0.18}{0.53}\right)^2\right]\times\frac{0.293^2}{2\times9.8}=4.31\times10^{-3}\text{m} \tag{3-43}$$

侧边部分渐放段水头损失为：

$$h_1'=\xi_1\frac{v_3^2-v_4^2}{2g}=0.5\times\frac{0.125^2-0.088^2}{2\times9.8}=2.01\times10^{-4}\text{m} \tag{3-44}$$

侧边部分渐缩段水头损失为：

$$h_2'=\left[1+\xi_2-\left(\frac{F_1}{F_2}\right)^2\right]\frac{v_3^2}{2g}=\left[1+0.1-\left(\frac{0.18}{0.53}\right)^2\right]\times\frac{0.125^2}{2\times9.8}=7.85\times10^{-4}\text{m} \tag{3-45}$$

进口及转弯的水头损失：共1个进口、5个上转弯和5个下转弯。上转弯水深 $H_4=0.6$m，下转弯水深 $H_3=0.85$m。

上转弯流速：

$$v_5=\frac{62500\times1.08}{24\times3600\times8\times1.85\times0.6}=0.088\text{m/s} \tag{3-46}$$

下转弯流速：

$$v_6=\frac{62500\times1.08}{24\times3600\times8\times1.85\times0.85}=0.062\text{m/s} \tag{3-47}$$

$$h_3=\xi_3\frac{v_3^2}{2g}=3\times\frac{0.3^2}{2\times9.8}+5\times3\times\frac{0.088^2}{2\times9.8}+5\times1.8\times\frac{0.062^2}{2\times9.8}=0.02147\text{m} \tag{3-48}$$

总水头损失为：

$$\sum h=nh+h_3=30\times(0.00193+0.00431+0.000201+0.000785)+0.02147=0.2383\text{m} \tag{3-49}$$

第二段共20个渐缩和渐放，同理可得第二段水头损失为：

$$\sum h=nh+h_3=20\times(0.00193+0.00431+0.000201+0.000785)+0.02147=0.1660\text{m} \tag{3-50}$$

5. 平行直板水头损失

$$h=\xi\frac{v^2}{2g} \tag{3-51}$$

$$\sum h=n''h \tag{3-52}$$

式中 h——水头损失，m；

v——平均流速，m/s，经验值为0.05～0.1m/s；

ξ——转弯处阻力系数，按180°转弯损失计算 $\xi=3.0$；

$\sum h$——总水头损失，m；

n''——180°转弯个数。

代入数据得第三段水头损失 $\sum h=0.0226$m。

6. *GT* 校核

$$G=\sqrt{\frac{\gamma h}{\mu T}} \tag{3-53}$$

第一段：

$$G=\sqrt{\frac{\gamma h}{\mu T}}=\sqrt{\frac{1000\times9.8\times0.2383}{1.02\times10^{-3}\times5.27\times60}}=85.09\text{s}^{-1} \tag{3-54}$$

$$GT=85.09\times5.27\times60=26905.46 \tag{3-55}$$

第二段：

$$G=\sqrt{\frac{\gamma h}{\mu T}}=\sqrt{\frac{1000\times9.8\times0.1660}{1.02\times10^{-3}\times8.28\times60}}=56.66\text{s}^{-1} \tag{3-56}$$

$$GT=56.66\times8.28\times60=28148.69 \tag{3-57}$$

第三段：

$$G=\sqrt{\frac{\gamma h}{\mu T}}=\sqrt{\frac{1000\times9.8\times0.0226}{1.02\times10^{-3}\times5.26\times60}}=26.23\text{s}^{-1} \tag{3-58}$$

$$GT=26.23\times5.26\times60=8278.19 \tag{3-59}$$

总 GT：

$$G=\sqrt{\frac{\gamma h}{\mu T}}=\sqrt{\frac{1000\times9.8\times(0.2383+0.1660+0.0226)}{1.02\times10^{-3}\times18.81\times60}}=60.28\text{s}^{-1} \tag{3-60}$$

$$GT=60.28\times18.81\times60=6.80\times10^4 \tag{3-61}$$

总 GT 介于 10^4～10^5 之间，能够满足要求。

3.3.5 平流沉淀池

本工程设4座平流沉淀池，每座处理规模 $6.25\times10^4\text{m}^3/\text{d}$，沉淀时间取2h，水平流速取13.95mm/s，取有效水深为3.5m。

1. 池体有效尺寸

$$L=3.6vT=3.6\times13.95\times2=100\text{m} \tag{3-62}$$

$$F=\frac{QT}{H}=\frac{62500\times1.08\times2}{24\times3.5}=1607\text{m}^2 \tag{3-63}$$

$$B=\frac{F}{L}=16.1\text{m} \tag{3-64}$$

为便于与絮凝池合建，取16.2m。

$$\alpha=\frac{L}{H}=\frac{100}{3.5}=28.6>10 \tag{3-65}$$

$$\beta=\frac{L}{B}=\frac{100}{16.2}=6.2>4 \tag{3-66}$$

式中　v——池内平均水平流速，mm/s；

L——池长，m；

T——沉淀时间，h；

Q——设计水量，m^3/h；

H——有效水深，m；

F——池面积，m^2；

B——池宽，m；

α——池长深比；

β——池长宽比。

平流沉淀池有效尺寸为：$L\times B\times H=100.0m\times16.2m\times3.5m$，取隔墙宽度0.4m，超高0.4m，则平流沉淀池总尺寸为$L\times B\times H=100.70m\times17.0m\times3.90m$。

2. 弗劳德数计算

沉淀池分为两格，每格宽8.1m。

$$R=\frac{\omega}{\rho}=\frac{8.1\times3.5}{8.1+3.5\times2}=1.877 \tag{3-67}$$

$$Fr=\frac{v^2}{Rg}=\frac{0.01395^2}{9.8\times1.877}=1.05\times10^{-5} \tag{3-68}$$

符合要求（$10^{-5}\sim10^{-4}$）。

式中　Fr——弗劳德数；

R——水力半径，m；

g——重力加速度，m/s^2；

ω——水流断面积，m^2；

ρ——湿周，m。

3. 雷诺数计算

$$Re=\frac{vR}{\nu}=\frac{0.01395\times1.877}{1.02\times10^{-6}}=25671 \tag{3-69}$$

式中　Re——雷诺数；

ν——水的运动黏度。

4. 进出水系统计算

（1）进水设计

折板絮凝池与平流沉淀池合建，两者用过渡廊道过渡，也称为过渡区，过渡区宽取1.5m（1.5～2.0m）。絮凝池出水从孔洞进入过渡区水头损失很小，为安全起见，这里取0.3m。沉淀池配水采用穿孔花墙配水。

本项目机械混合池、折板絮凝池、平流沉淀池合建，平面总尺寸为$L\times B=125.93m\times41.6m$，详细布置情况见《机械混合折板絮凝平流沉淀池工艺图（一）》。

根据设计手册，孔口流速不宜大于0.1m/s，取孔口流速$v_1=0.1m/s$；

则孔口总面积：

$$A=\frac{Q}{v_1}=\frac{62500\times1.08}{24\times3600\times0.1}=7.81m^2 \tag{3-70}$$

采用方孔，孔口尺寸为120mm×120mm，孔口数$n=\frac{7.81}{0.12\times0.12}\approx540$个，孔口总面积/墙面面积$=\frac{7.81}{3.5\times16.2}=0.14\leqslant\frac{1}{3}$，满足强度要求。进水孔布置9排，每排60个，孔口横向间距0.20m，纵向间距0.20m。第一排孔口距水面0.3m，最下面一排孔口距泥面0.32m。

进口水头损失：

$$h_{进}=\xi\frac{v_1^2}{2g} \tag{3-71}$$

取局部阻力系数$\xi=3$，则$h_{进}=3\times\frac{0.1^2}{2\times9.8}=0.002m$，根据计算可知，进水部分水头损失非常小，设计中为了安全取$h_{进}=0.1m$。

（2）出水设计

沉淀池出水采用三角堰集水槽，出水孔口流速$v_1=0.6m/s$；

单个三角堰流量：

$$q_1=1.343H_1^{2.47} \tag{3-72}$$

本设计中单池设置5条三角堰出水槽，则：

$$q_1=0.781\div5=0.156m^3/s \tag{3-73}$$

堰上水头H_1：

$$H_1=(0.156\div1.343)^{\frac{1}{2.47}}=0.42m \tag{3-74}$$

3.3.6　V型滤池

本工程设V型滤池1座，处理规模$25\times10^4m^3/d$，滤池双排布置，单边8格，共16格，设计滤速为7.3m/h。

1. 滤池尺寸计算

$$F=\frac{Q}{vT}=\frac{25\times10^4\times1.08}{7.3\times24}=1541.1m^2 \tag{3-75}$$

$$f=\frac{F}{N}=\frac{1541.1}{16}=96.32m^2 \tag{3-76}$$

取单格有效尺寸为$L\times B=11.8m\times8m=94.4m^2$，则实际滤速为：

$$v=\frac{Q}{F'\times T}=7.45m/h \tag{3-77}$$

强制滤速：

$$v'=\frac{Nv}{N-1}=\frac{16\times7.45}{16-1}=7.95m/h \tag{3-78}$$

滤池池高：

$$H=H_1+H_2+H_3+H_4+H_5+H_6=0.9+1.2+0.1+1.2+0.1+0.6=4.1m \tag{3-79}$$

式中　H——滤池池高，m；

H_1——滤板下清水区高度，m；

H_2——滤层厚度，m；

H_3——承托层厚度，m；

H_4——滤层上水深，m；

H_5——滤板厚度，m；

H_6——超高，m。

取隔墙宽度为0.4m，则V型滤池总尺寸为$L \times B \times H = 80.29\text{m} \times 39.20\text{m} \times 4.10\text{m}$。

2. 进水系统设计

（1）进水渠

$$B_1 = \frac{Q_1}{v_1 H_1} \tag{3-80}$$

式中 H_1——进水总渠水深，m；

B_1——进水总渠净宽，m；

Q_1——进水渠流量，m^3/s；

v_1——进水总渠内流速，m/s。

设计中取$H_1 = 1.2\text{m}$，$v_1 = 0.65\text{m/s}$。

$$B_1 = \frac{250000 \times 1.08}{24 \times 3600 \times 2 \times 0.65 \times 1.2} = 2.0\text{m} \tag{3-81}$$

设计中取进水总渠宽2.0m，渠内水流实际流速：

$$v_1 = \frac{Q_1}{B_1 H_1} = \frac{1.5625}{2.0 \times 1.2} = 0.65\text{m/s} \tag{3-82}$$

（2）进水孔

在本设计中采用表洗水强度$q_1 = 1.5\text{L}/(\text{m}^2 \cdot \text{s})$，则表洗水量：

$$Q_3 = q_1 f = 1.5 \times \frac{94.4}{1000} = 0.142\text{m}^3/\text{s} \tag{3-83}$$

按淹没孔口出流计算，则三孔洞的总面积为：

$$f_1 = \frac{Q_2}{0.62\sqrt{2g \times 0.05}} = \frac{3.125}{16 \times 0.62 \times \sqrt{2 \times 9.8 \times 0.05}} = 0.32\text{m}^2 \tag{3-84}$$

表洗孔洞面积：

$$f_2 = \frac{Q_3}{0.62\sqrt{2g \times 0.15}} = \frac{0.142}{0.62 \times \sqrt{2 \times 9.8 \times 0.15}} = 0.1336\text{m}^2 \tag{3-85}$$

取表洗水孔洞直径0.35m，则两个表洗水孔洞总面积：

$$f_2' = 2 \times \pi \times \frac{0.35^2}{4} = 0.1924\text{m}^2 > 0.1336\text{m}^2 \tag{3-86}$$

取中央进水孔直径0.5m，则：

$$f_1' = \pi \times \frac{0.5^2}{4} = 0.196\text{m}^2 > 0.32 - 0.1336 = 0.1864\text{m}^2 \tag{3-87}$$

（3）进水溢流堰

流入进水总渠的水通过孔洞进入进水槽，进水槽槽宽同下级配水渠（见下计算），再通过溢流堰溢流到下级配水渠，取堰上水头$h_1 = 0.11\text{m}$，堰前水深取$H_0 = 1.05\text{m}$。

根据矩形堰公式，堰宽为：

$$b_1 = \frac{Q_2}{m\sqrt{2g}h_1^{1.5}} = \frac{0.195}{0.434 \times \sqrt{2 \times 9.8} \times 0.11^{1.5}} = 2.8\text{m} \tag{3-88}$$

式中 b_1——堰宽，m；

Q_2——单池过滤水量，m^3/s；

h_1——堰上水头，m；

m——流量系数，取0.434。

（4）V型槽

V型槽斜面与池壁的倾角为45°，V型槽下部设置表洗孔，表洗孔底部和槽底相平。反冲洗时孔口在池内的淹没深度取0.10m。

V型槽槽高：$H = 0.60\text{m}$。

槽顶宽：$b = H\tan\theta = 0.60 \times \tan 45° = 0.60\text{m}$。

V型槽在过滤时为淹没状态，槽内设计始端流速不大于0.6m/s即可。

$$v = \frac{3.125 \div (16 \times 2)}{0.6 \times 0.6 \times 0.5} = 0.54\text{m/s} < 0.6\text{m/s} \tag{3-89}$$

孔口内径一般为$\phi 20 \sim \phi 30$，采用$\phi 30\text{mm}$，孔口间距$\delta = 0.2\text{m}$，则单侧孔口数：

$$n = \frac{11.8}{0.2} - 1 = 58 \tag{3-90}$$

两侧孔口共计58×2=116个。

孔口总面积：

$$A = 116 \times \frac{\pi}{4} \times 0.03^2 = 0.0820\text{m}^2 \tag{3-91}$$

槽内平均水深：

$$h = \frac{Q_3^2}{2g\mu^2 A^2} = \frac{0.142^2}{2 \times 9.8 \times 0.62^2 \times 0.0820^2} = 0.40\text{m} \tag{3-92}$$

小孔流速：

$$v = \frac{Q_3}{A} = \frac{4 \times 0.142}{116 \times \pi \times 0.03^2} = 1.73\text{m/s} \tag{3-93}$$

满足2m/s左右的要求。

（5）滤板

V型滤池的滤板采用定型尺寸，为1140mm×975mm，每块板上有长柄滤头7×9=63个，计算得每平方米过滤面积有56个，单格滤板数量为3×10=30个。

总滤头个数：$n = 8 \times 2 \times 30 \times 63 = 30240$个。

每只滤头缝隙面积：2.88cm^2（厂家提供）。

开孔比：$\beta = 2.88 \times 10^{-4} \times 56 = 1.6\%$。

长柄滤头的水头损失按照经验公式（3-94）计算：

$$h = \xi q^2 \tag{3-94}$$

式中 ξ——阻力系数，取0.175；

q——单个滤头的流量，m^3/h。

本设计中，当V型滤池进行单独水冲时，其反冲洗强度选用$q_{反} = 5.4\text{L}/(\text{s} \cdot \text{m}^2)$。则单个滤头的反冲洗流量：

$$q_{单} = \frac{5.4 \times 3600}{1000 \times 56} = 0.347\text{m}^3/\text{h} \tag{3-95}$$

代入数据，水头损失：

$$h=0.175\times0.347^2=0.021\text{m} \tag{3-96}$$

3. 出水系统设计

（1）清水支管与反冲洗支管

1）按正常滤速过滤计算

根据《室外给水设计规范》GB 50013—2006，清水出水的流速为 1.0～1.5m/s，取清水支管中流速为 $v_1=1.2\text{m/s}$，则管径：

$$d_1=\sqrt{\frac{4Q_2}{\pi v_1}}=\sqrt{\frac{4\times0.195}{\pi\times1.2}}=0.455\text{m} \tag{3-97}$$

取清水支管管径为 $DN400$，则实际流速：

$$v_1=\frac{4\times0.195}{\pi\times0.4\times0.4}=1.55\text{m/s} \tag{3-98}$$

基本满足要求。

2）按反冲洗计算

反冲洗管中的流速宜为 2.0～2.5m/s，这里取 $v_2=2\text{m/s}$，反冲洗水量为 $Q_4=5.4\times94.4\div1000=0.51\text{m}^3/\text{s}$。

反冲洗支管管径：

$$d_2=\sqrt{\frac{4Q_4}{\pi v_2}}=\sqrt{\frac{4\times0.51}{\pi\times2}}=0.57\text{m} \tag{3-99}$$

设计中取反冲洗支管的直径为 $d_2=600\text{mm}$；

则管道中实际流速为 $\frac{4\times0.51}{\pi\times0.6^2}=1.8\text{m/s}$，基本符合要求。

（2）出水溢流堰

出水溢流堰采用无侧收缩矩形堰。溢流堰堰上水头宜为 0.20～0.25m，设计中取 $h=0.20\text{m}$。根据矩形堰公式，出水溢流堰宽：

$$b=\frac{Q_2}{m\sqrt{2g}h^{1.5}} \tag{3-100}$$

式中 b——堰宽，m；

Q_2——单池过滤水量，m^3/s；

h——堰上水头，m；

m——流量系数，取 $m=0.434$。

代入数据得：

$$b=\frac{Q_2}{m\sqrt{2g}h^{1.5}}=\frac{0.195}{0.434\times\sqrt{2\times9.8}\times0.2^{1.5}}=1.13\text{m} \tag{3-101}$$

设计中取溢流堰堰宽为 1.1m。

（3）配水廊道

出水通过溢流堰跌落到配水廊道中。取配水廊道宽度与溢流堰相同，为 1.1m，长度 0.8m，壁厚 0.2m。

水流经过溢流堰后跌落 0.15m，则配水廊道的水面超高：0.2+0.2+0.15=0.55m。

（4）出水总管

滤后水由出水总管输送到反冲洗泵房，管内流速取 $v=1.3\text{m/s}$（1.0～1.5m/s）。

$$D=\sqrt{\frac{4Q_2}{\pi v}}=\sqrt{\frac{4\times3.125}{\pi\times1.3}}=1.75\text{m} \tag{3-102}$$

设计采用 $DN1800$ 的管道，则实际流速为 $v=\frac{4\times3.125}{\pi\times1.8^2}=1.23\text{m/s}$。

4. 反冲洗系统设计

V 型滤池反冲洗流程及相关参数见表 3-5。

V 型滤池反冲洗流程及相关参数 **表 3-5**

反冲洗流程	气冲（$q_{气1}$）	气—水同时冲		水冲（$q_{水2}$）
		气冲（$q_{气2}$）	水冲（$q_{水1}$）	
反冲洗强度[L/(s·m²)]	15	15	2.7	5.4
反冲洗时间（min）	2	5		5

（1）中央排水槽

反冲洗中央排水槽水量包括表洗水量和反冲洗时水量，中央排水槽水量：

$$Q_{反}=(q_{表}+q_{水2})f=\frac{(1.5+5.4)\times94.4}{1000}=0.651\text{m}^3/\text{s} \tag{3-103}$$

$$B=H=0.9Q_{反}^{0.4}=0.9\times0.651^{0.4}=0.758\text{m} \tag{3-104}$$

中央排水槽宽 B 取 0.8m，则：

起端水深：$H_1=0.75H=0.75\times0.8=0.6\text{m}$；

末端水深：$H_2=1.25H=1.25\times0.8=1.0\text{m}$。

中央排水槽起点超高 0.15m，底板厚 0.10m。槽底终端高于滤板约 0.1m，取排水槽顶部距滤层高度 0.5m，滤层厚 1.2m，则：

排水槽起端总高：$H_1'=0.15+0.6+0.10=0.85\text{m}$；

排水槽末端总高：$H_2'=1.20+0.050-0.1+0.50+0.1=1.75\text{m}$。

为了避免反冲洗时滤池跑砂，且便于排放反冲洗废水，中央排水槽顶部设计成楔形，楔形的上部倾角采用 45°，下部与水平面夹角采用 27°。

（2）反冲洗进水进气系统

1）反冲洗进水孔洞

单池反冲洗水量：

$$Q_{冲}=q_{水2}f=\frac{5.4\times94.4}{1000}=0.51\text{m}^3/\text{s} \tag{3-105}$$

将进水孔设计为方孔，过孔流速一般宜为 1.0～1.5m/s，取 $v=1.2\text{m/s}$。

配水方孔总面积：

$$F_1=\frac{Q_{冲}}{v}=\frac{0.51}{1.2}=0.43\text{m}^2 \tag{3-106}$$

孔洞尺寸设计为 0.15m×0.1m，则孔口数为 $\frac{0.43}{0.15\times0.1}=28.7$ 个，取 30 个。

单个滤池的两边排水槽开孔数各为 15 个；方孔中心距 $a=\frac{11.8}{16}=0.74\text{m}$，取 0.7m，孔中心距池壁距离为$\frac{11.8-14\times0.7}{2}=1.0m$。

2）反冲洗进气孔洞

单个滤池的反冲洗进气量：

$$Q_{气}=\frac{q_{气}f}{1000}=\frac{15\times94.4}{1000}=1.42m^3/s \tag{3-107}$$

为了施工方便，排水槽上进气孔和进水孔的间距和数目设置相同，取气孔直径$d=90mm$，则单个滤池进气孔总面积：

$$F_2=30\times\frac{\pi\times0.09^2}{4}=0.191m^2 \tag{3-108}$$

则气孔的空气流速：

$$v_{气}=\frac{1.42}{0.191}=7.4m/s \tag{3-109}$$

3）反冲洗空气管

反冲洗空气管的流速取$v=10m/s$（10～20m/s），根据满流公式，空气管管径：

$$d_2=\sqrt{\frac{4Q_{气}}{\pi v_{气}}}=\sqrt{\frac{4\times1.42}{\pi\times10}}=0.43m \tag{3-110}$$

空气管管径取$d=300mm$，则管内的实际空气流速：

$$v_{气}=\frac{4Q_{气}}{\pi d_{气}^2}=\frac{4\times1.42}{\pi\times0.3^2}=20.09m/s \tag{3-111}$$

基本符合V型滤池的输气管渠流速为10～20m/s的要求。

4）反冲洗排水渠

$$Q_{排}=Q_{表}+Q_{冲}=(q_{表}+q_{水2})f=\frac{(1.5+5.4)\times94.4}{1000}=0.65m^3/s \tag{3-112}$$

根据《室外给水设计规范》GB 50013—2006，排水渠的流速为1.0～1.5m/s，设计中取排水流速为1.3m/s，则排水渠过水断面面积：

$$A_{排}=\frac{Q_{排}}{v}=\frac{0.65}{1.3}=0.5m^2 \tag{3-113}$$

为了和上方的溢流堰相协调，设计中取排水渠的宽度为0.8m，则排水渠水深为$\frac{0.5}{0.8}=0.625m$。

5. 反冲洗泵房设计

（1）反冲洗水池

滤池出水管的出水在进入清水池之前要经过反冲洗泵房，在泵房内先经过反冲洗水池，再通过配水廊道和两条送水管送到清水池。

反冲洗水池供给反冲洗过程中的反冲洗水量，为了安全起见，设计中取该水池的容积为1.5倍的反冲洗需水量，则反冲洗水池的容积：

$$\begin{aligned}V_{冲}&=1.5(q_{水1}t_{气水}+q_{水2}t_{水})f\\&=1.5\times(2.7\times5\times60+5.4\times5\times60)\times\frac{94.4}{1000}=344.1m^3\end{aligned} \tag{3-114}$$

水池水深取$H=2.4m$，则水池的面积：

$$A_{冲}=\frac{V_{冲}}{H_{冲}}=\frac{344.1}{2.4}=143.4m^2 \tag{3-115}$$

取水池的平面尺寸为$L\times B=13.5m\times12m=162m^2$，则水池实际水深为$\frac{344.1}{162}=2.12m$。

取水面超高0.38m，则池总高$H_{总}=2.12+0.38=2.50m$。

为了保证水池水量，采用挡水墙隔开配水廊道和反冲洗水池，水流先进入反冲洗水池再进入出水廊道。

（2）反冲洗水泵选型

由于表洗水是待滤水，所以反冲洗水泵只提供反冲洗水。这里设置两种类型水泵，分别用于气水同时冲洗和单独水冲洗。单独水冲水泵流量：

$$Q_{泵1}=q_{水2}f=\frac{5.4\times94.4}{1000}=0.51m^3/s=1836m^3/h \tag{3-116}$$

气水同时冲洗水泵流量：

$$Q_{泵1}=q_{水1}f=\frac{2.7\times94.4}{1000}=0.255m^3/s=918m^3/h \tag{3-117}$$

设排水渠顶与反冲洗水池最低水位的净高差$h_1=2.5m$，水泵吸水管和压水管的水头损失取$h_2=2.0m$，压水管到最远滤池的沿程损失$h_3=il=0.0154\times47=0.724m$，长柄滤头和承托层的水头损失取$h_4=0.2m$；滤料为石英砂，密度$\gamma_{砂}=2.65t/m^3$，水的密度$\gamma_{水}=1t/m^3$，石英砂滤料膨胀前的孔隙$m_0=0.41$，滤料层膨胀前的厚度$L_0=1.5m$。滤料层的水头损失为：

$$h_5=\left(\frac{\gamma_{砂}}{\gamma_{水}}-1\right)(1-m_0)L_0=(2.65-1.0)\times(1-0.41)\times1.5=1.46m \tag{3-118}$$

安全水头取$h_6=2.0m$，则水泵扬程为：

$$H=h_1+h_2+h_3+h_4+h_5+h_6=2.5+2.0+0.724+0.2+1.46+2.0=8.88m \tag{3-119}$$

式中 h_1——排水渠顶与反冲洗水池最低水位的净高差，m；

h_2——水泵吸水管和压水管的水头损失，m；

h_3——压水管到最远滤池的沿程损失，m；

h_4——长柄滤头和承托层的水头损失，m；

h_5——滤料层的水头损失，m；

h_6——安全水头，m。

选用立式离心泵3台，2用1备，流量925m³/h，扬程9m，配套电机功率30kW。

水泵吸水管和压水管均采用钢管，吸水管直径采用$DN500$，则管内流速为$\frac{4\times925}{3600\times\pi\times0.5^2}=1.31m/s$，符合要求；压水管管径采用$DN400$，则管内流速为$\frac{4\times925}{3600\times\pi\times0.4^2}=2.04m/s$，符合要求。

（3）风机选型

1）单个滤池的反冲洗进气量

$$Q_{气}=\frac{q_{气1}f}{1000}=\frac{15\times94.4}{1000}=1.42m^3/s=85m^3/min \tag{3-120}$$

2）风管沿程水头损失计算公式

$$h_1=il\alpha_T\alpha_P \tag{3-121}$$

式中　i——单位管长的损失，$i=6.61\dfrac{v^{1.924}}{d^{1.281}}=6.61\times\dfrac{20.09^{1.924}}{0.3^{1.281}}=9930mmH_2O$；

α_T——温度20℃时该系数为0.942，$\alpha_T=[273/(273+T)]^{0.852}$；

α_P——大气压P时的空气压力修正系数，$\alpha_P=P^{0.852}$，取1.0。

代入数据：$h_1=il\alpha_T\alpha_P=0.9930\times30\times0.942\times1.0=28.06m$。

3）风管局部水头损失计算公式

$$h_2=\frac{\xi v_2\gamma}{2g} \tag{3-122}$$

其中：

$$\gamma=\frac{1.293\times273}{273+T} \tag{3-123}$$

本设计中取$\gamma=1.20$，ξ取0.003，风管局部水头损失为：

$$h_2=\frac{\xi v_2\gamma}{2g}=\frac{0.003\times20.09\times1.2}{2\times9.8}=0.004m \tag{3-124}$$

4）池内水深

反冲洗时水位略高于中央排水槽，中央排水槽高出滤料顶0.5m，滤料层厚1.2m，承托层厚0.1m，滤板厚0.1m，设长柄滤头上的空气孔与滤板距离0.15m，则反冲洗时空气穿过水的高度为：

$$h_3=0.5+1.2+0.1+0.1+0.15=2.05m \tag{3-125}$$

5）长柄滤头水头损失和富余水头

空气通过长柄滤头时水头损失取$h_4=0.2m$，富余水头取$h_5=0.5m$。

6）风机所需风压

$$H=h_1+h_2+h_3+h_4+h_5=28.06+0.004+2.05+0.2+0.5=30.814m \tag{3-126}$$

式中　h_1——风管沿程头水损失，m；

h_2——风管局部水头损失，m；

h_3——反冲洗时空气穿过水的高度，m；

h_4——空气通过长柄滤头时水头损失，m；

h_5——富余水头，m。

设置鼓风机3台，2用1备，单台空气流量为$43.7m^3/min$，出风压力$P=29.4kPa$，配用电机功率为37kW。

3.3.7　消毒设施

本工程近期设加氯间1座，规模按$25\times10^4m^3/d$进行计算。设计前加氯量1.5mg/L，最大投加量3mg/L，投加于混合器前，后加氯量2.5mg/L，最大投加量3.5mg/L，投加于滤后出水总管。

1. 加氯量计算

$$q=0.001aQ_1 \tag{3-127}$$

式中　q——加氯量，kg/h；

a——最大投氯量，mg/L；

Q_1——设计水量，m^3/h。

滤前加氯量：$q_1=3\times250000/1000=750kg/d=31.25kg/h$。

滤后加氯量：$q_2=3.5\times250000/1000=875kg/d=36.46kg/h$。

日最大加氯量：$q=31.25+36.46=67.71kg/h$。

2. 加氯间设计

（1）加氯机选择

加氯间内设置3台前加氯机，2用1备，单台前加氯机投加量为20kg/h。设置2台后加氯机，1用1备，单台后加氯机投加量为40kg/h。

（2）氯库设计

氯库储备量按远期18d的加氯量进行计算，采用1t级氯瓶共42只，分为3组，每组14只。其中第1组和第2组通过切换装置向加氯机轮换供氯，第3组为库内备用，每组计算实际使用时间为8.5d。

（3）加氯间尺寸

设计加氯间平面总尺寸为$L\times B=36.25m\times15.85m$。

3.3.8　清水池

1. 清水池尺寸计算

清水池的有效容积包括调节容积、消防贮水量和水厂自用水的调节量。

清水池总容积：

$$V=kQ \tag{3-128}$$

式中　V——清水池有效容积，m^3；

Q——设计供水量，m^3/d；

k——经验系数，一般采用10%～20%，$k=12\%$。

代入数据：$V=0.12\times250000=30000m^3$。

设计2座清水池，每座清水池有效容积为$15000m^3$。

取清水池有效水深$h=4.7m$，则单座清水池面积：

$$A=\frac{V_1}{h}=\frac{15000}{4.7}=3191.5m^2 \tag{3-129}$$

式中　A——每座清水池的面积，m^2；

h——清水池有效水深，m。

取单座清水池有效尺寸为$L\times B=51.0m\times63.0m$，有效面积$3213m^2$。

2座清水池合建，取隔墙厚度0.35m，则清水池总尺寸为104.90m×63.70m×5.00m。

2. 进出水管

清水池进水流量为：

$$Q=\frac{250000}{2\times24}=5208m^3/h=1.45m^3/s \tag{3-130}$$

进水管流速采用$v_1=1.0m/s$，进水管管径：

$$D_1=\sqrt{\frac{4\times1.45}{\pi\times1.0}}=1.36m \tag{3-131}$$

取进水管管径为$DN1400$。

清水池出水管考虑用户的用水量变化，所以出水按最大时流量考虑：

取时变化系数$K_h=1.2$，最大流量：

$$Q_1=1.2\times\frac{250000}{2\times24}=6250\text{m}^3/\text{h}=1.74\text{m}^3/\text{s} \tag{3-132}$$

取出水管流速 $v_2=0.8\text{m/s}$，则出水管管径：

$$D_2=\sqrt{\frac{4\times1.74}{\pi\times0.8}}=1.66\text{m} \tag{3-133}$$

取出水管管径为 $DN1600$。

3. 溢流管

溢流管的直径取 $DN1400$。在溢流管管段设喇叭口，喇叭口直径为 2.4m。

4. 通气管

每个单池设置 15 根 $DN200$ 的通气管，共 30 根。

3.3.9 送水泵房

1. 流量计算

最高日最高时用水量：

$$Q_\text{h}=\frac{Q_1K_\text{h}}{24} \tag{3-134}$$

式中 Q_h——最高日最高时用水量，m^3/h；

Q_1——最高日平均时用水量，m^3/h；

K_h——时变化系数，可采用 1.2～1.6，这里取 $K_\text{h}=1.2$。

代入数据得：

$$Q_\text{h}=\frac{250000\times1.2}{24}=12500\text{m}^3/\text{h} \tag{3-135}$$

2. 水泵选型

近期设送水泵房一座，土建规模为 $50\times10^4\text{m}^3/\text{d}$，设备按近期 $25\times10^4\text{m}^3/\text{d}$ 安装。设计扬程为 0.45MPa。泵房内共设置 6 台水泵机组，4 大 2 小，设备基本参数：选用单级双吸中开卧式离心泵，大泵 $Q=4750\sim5890\sim6365\text{m}^3/\text{h}$，$H=48\sim45.5\sim43.5\text{m}$，$P=1000\text{kW}$；小泵 $Q=3000\sim3600\sim4200\text{m}^3/\text{h}$，$H=56\sim52\sim44\text{m}$，$P=630\text{kW}$。安装及运行方式：

（1）近期 $25\times10^4\text{m}^3/\text{d}$ 时，安装大泵 3 台（2 用 1 备）、小泵 1 台。

（2）达到 $50\times10^4\text{m}^3/\text{d}$ 时，共安装大泵 4 台、小泵 2 台，最高日最高时开大泵 3 台、小泵 2 台；最高日平均时开大泵 3 台、小泵 1 台；其他时段利用大小泵搭配运行。

3. 泵房布置

泵房平面总尺寸为 $L\times B=54.50\text{m}\times12.25\text{m}$，泵房总高度为 13.1m，其中地下部分高度为 4.5m，采用钢筋混凝土结构，地上部分高度为 8.6m。

取吸水井有效尺寸为 $L\times B\times H=41.64\text{m}\times5.5\text{m}\times4.7\text{m}$，则吸水井有效容积：

$$V=L\times B\times H=41.64\times5.5\times4.7=1076\text{m}^3 \tag{3-136}$$

最大开机流量：

$$Q=6000\times3+4000\times2=26000\text{m}^3/\text{h}=7.2\text{m}^3/\text{s} \tag{3-137}$$

$$7.2\times50=360\text{m}^3<1076\text{m}^3 \tag{3-138}$$

满足秒换水系数要求。

取吸水井墙厚为 0.5m，超高 3m，则吸水井总尺寸为 $L\times B\times H=43.14\text{m}\times6.50\text{m}\times7.70\text{m}$，其中有效深度为 4.7m。

4. 管路布置

（1）吸水管

大泵吸水管流量为 $1.64\text{m}^3/\text{s}$，管径采用 $DN1200$，管内流速：

$$v=\frac{Q}{0.785D^2}=\frac{1.64}{0.785\times1.2^2}=1.45\text{m/s} \tag{3-139}$$

小泵吸水管流量为 $1.17\text{m}^3/\text{s}$，管径采用 $DN1000$，管内流速：

$$v=\frac{Q}{0.785D^2}=\frac{1.17}{0.785\times1^2}=1.49\text{m/s} \tag{3-140}$$

（2）出水管

大泵压水管流量为 $1.64\text{m}^3/\text{s}$，管径采用 $DN1000$，管内流速：

$$v=\frac{Q}{0.785D^2}=\frac{1.64}{0.785\times1^2}=2.09\text{m/s} \tag{3-141}$$

小泵压水管流量为 $1.17\text{m}^3/\text{s}$，管径采用 $DN800$，管内流速：

$$v=\frac{Q}{0.785D^2}=\frac{1.17}{0.785\times0.8^2}=2.33\text{m/s} \tag{3-142}$$

上述流速均能满足《室外给水设计规范》GB 50013—2006 相关要求。

5. 附属设备选择

泵房内设 SZ-2 型真空泵 2 台用于泵房排水；设电动桥式起重机 1 台，起重量 10t。

3.3.10 排泥排水池

1. 排水池设计

（1）滤池排水量

根据滤池反冲洗强度及反冲洗时间计算滤池反冲洗排水量，见表 3-6。

滤池反冲洗排水量计算表 **表 3-6**

冲洗程序	冲洗时序(min)	冲洗历时(min)	表洗强度[L/(m²·s)]	水冲强度[L/(m²·s)]	排水流量(m³/s)		排水量(m³)
					计算公式	流量	
表洗+气冲	2.0	2.0	1.5	0	$q_{L2}=P'A\times10^{-3}$	0.142	17.0
表洗+气冲+水冲	7.0	5.0	1.5	2.7	$q_{L4}=(P'+P)A\times10^{-3}$	0.396	118.8
表洗+水冲	12.0	5.0	1.5	5.4	$q_{L4}=(P'+P)A\times10^{-3}$	0.510	195.7
合计		12.0					331.5

根据上述表格计算，冲洗 1 格时排水量为 331.5m^3，初滤水排放量为 172m^3，故近期规模 $25\times10^4\text{m}^3/\text{d}$ 时，16 格冲洗水量为 $(331.5+172)\times16=8056\text{m}^3$，远期规模 $50\times10^4\text{m}^3/\text{d}$ 时，32 格冲洗水量为 $(331.5+172)\times32=16112\text{m}^3$。

（2）调节容积计算

收集并调节滤池反冲洗水及初滤排放水，池内设滤池反冲洗水回用提升水泵，将滤池反冲洗水抽升至配水池回用。另于排水池设置事故时溢流管至排水泵房，当回用系统处于事故状态条件下，滤池反冲洗水通过排水泵房外排。

滤池反冲洗时同步回流，回流水量不超过设计进水量的 5%，近期规模 $25\times10^4\text{m}^3/\text{d}$ 时，最大

设计回流水量为 $550m^3/h$，远期规模 $50\times10^4m^3/d$ 时，最大设计回流水量为 $1100m^3/h$。设计调节容积为 $2700m^3$，调节池有效尺寸为 36.3m×28.0m×2.7m，有效调节容积 $2744m^3$。取墙厚为 0.6m，超高 1.6m，则调节池总尺寸为 37.5m×29.2m×4.3m。

(3) 潜水提升泵选型

设置 4 个泵位，近期安装 2 台回流泵，1 用 1 备，远期安装 4 台，2 用 2 备，潜水提升泵参数为：$Q=600m^3/h$，$H=13m$，$N=30kW$。

2. 排泥池设计

本工程排泥池按照规模为 $50\times10^4m^3/d$ 设计，有效尺寸为 11.8m×28.0m×3.4m，单座有效容积为 $1123m^3$。取壁厚为 0.6m，超高 0.9m，则排泥池总尺寸为 13.0m×29.2m×4.3m。

本项目排水池与排泥池合建，总尺寸为 $L\times B\times H=50.53m\times29.20m\times4.30m$。

3.3.11 污泥浓缩池

采用辐流式重力连续式浓缩池，设计 2 座。

污泥浓缩池设计流量为 $250m^3/h$，水力负荷为 $0.51m^3/(m^2\cdot h)$，污泥固体通量为 $1.05kg/(m^2\cdot h)$，污泥停留时间为 7.84h，底泥含水率为 97%。

将数据代入求得：

$$A=\frac{250}{0.51}=490m^2 \tag{3-143}$$

设计中采用有效直径 $D=25.0m$ 的辐流式重力连续式浓缩池，取池边水深 $H=4.0m$（宜为 3.5～4.5m），超高宜大于 0.3m，取 0.5m。实际浓缩池池深 $h=4.5m$。

3.3.12 污泥脱水机房

1. 干污泥量计算

按近期水量 25 万 m^3/d 考虑。原水在正常浊度时所产生的干泥量：

$$S=DS\cdot Q=(nA+0.2B+1.53C+0.3E)\times Q \tag{3-144}$$

式中 S——设计产生的干泥量，t/d；

DS——水中干污泥含量，mg/L；

n —浊度转化为悬浮物的系数，取为 1.1；

A——去除的浊度，NTU；

B——去除的色度；

C——投加的 PAC 量（以氧化铝计），mg/L；

E——石灰的投加量，mg/L。

代入数据：

$$S=\frac{(1.1\times77+0.2\times10+1.53\times40\times10\%+0.3\times0)\times250\times1.08}{1000}=25.06t/d \tag{3-145}$$

每日产生的干污泥量为 25.06t。

近期设置 1 台板框压滤机，远期增设 1 台。

2. 附属配套设备

(1) 污泥进料泵：近期安装 2 台污泥进料泵，$Q=121m^3/h$，0.6MPa，配 37kW 电机，$50\times10^4m^3/d$ 规模时增加 1 台。

(2) 水平螺旋输送机：近期配置 2 台，最大输送量 $17m^3/h$，$P=5.5kW$，远期增加 1 台。

(3) 清洗水泵 2 台（1 用 1 备）：1100L/min，$H=70m$，$N=22.5kW$。

(4) 压榨挤压泵：近期配置 2 台，140L/min，$H=160m$，$P=11kW$，远期增加 1 台。

3. 脱水机房尺寸

取脱水机房总尺寸为：$L\times B\times H=32.50m\times15.25m\times16.00m$，框架结构，内部布置配电间及值班间。

3.3.13 排水泵房

1. 设计流量

排水泵房主要排除污泥浓缩池上清液及厂区内无法排入市政雨水管网系统的雨水，以及排水池事故条件下的溢流水量，所有排放水类别、水量、去向等应符合项目环境评价批复的要求，设计水量如下：

$25\times10^4m^3/d$ 规模时，最大进水量为 1 座排水池溢流排水量＋浓缩池排水量叠加计算，$Q=1.17m^3/s$；

$50\times10^4m^3/d$ 规模时，最大进水量为 1 座排水池溢流排水量＋浓缩池排水量叠加计算，$Q=1.32m^3/s$；

$100\times10^4m^3/d$ 规模时，最大进水量为 2 座排水池溢流排水量＋浓缩池排水量叠加计算，$Q=1.55m^3/s$。

2. 设备选型

选用潜水泵参数为 $Q=2200m^3/h$，$H=12.6m$，$N=132kW$，近期 2 用 1 备，远期 3 用 1 备。

3. 出水管计算

按远期出水流速为 2.0m/s 计算，则出水管管径：

$$D=\sqrt{\frac{4\times1.55}{\pi\times2.0}}=0.99m \tag{3-146}$$

实际取出水管管径为 $DN1000$，则远期流速：

$$v=\frac{4\times1.55}{\pi\times1.0^2}=1.97m/s \tag{3-147}$$

近期流速为 1.08m/s。

4. 排水泵房尺寸

设计排水泵房平面总尺寸为 $L\times B=17.05m\times9.85m$。

3.3.14 水厂高程计算

参照《给水排水设计手册：第 3 册　城镇给水》，各工艺池体水头损失见表 3-7 和表 3-8。

给水处理厂各池连接管的允许流速和水头损失　　表 3-7

连接管	允许流速(m/s)	附注
絮凝池至沉淀池	0.10～0.20	
沉淀池至滤池	0.3～0.5	本设计中水头损失取 0.30m
滤池至清水池	0.80～1.20	本设计中水头损失取 0.50m

常规处理水厂的净水构筑物水头损失　　　　表 3-8

构筑物	水头损失(m)	附注
絮凝池	0.40～0.60	本设计中取 0.50m
沉淀池	0.15～0.30	本设计中取 0.25m
V 型滤池	2.0～3.0	本设计中取 2.5m

在处理工艺流程中，各构筑物之间水流应为重力流。两构筑物之间水面差即为流程中的水头损失，包括构筑物本身、连接管道、计量设备等水头损失在内。当水头损失确定后，便可进行构筑物高程布置。本工程各构筑物高程计算见表 3-9。

各构筑物高程（m）计算　　　　表 3-9

构筑物	有效水深	超高	构筑物间水头损失	构筑物水头损失	水面标高	池底标高	池顶标高	构筑物总高
配水池	3.80	0.50	0.5	0.2	31.05	27.25	31.55	4.30
机械混合池	4.20	0.35	—	0.15	30.40	26.20	30.75	4.55
折板絮凝池	3.60	0.95	0.05	0.5	30.25	26.20	30.75	4.55
平流沉淀池	3.50	0.40	0.25	0.25	29.70	26.20	30.10	3.90
V 型滤池	3.50	0.60	—	2.5	29.15	25.65	29.75	4.10
反冲洗水池	2.12	0.38	0.52	0.08	26.57	24.45	26.95	2.50
清水池	4.70	0.30		—	26.05	21.35	26.35	5.0

3.4 配水管网设计计算

3.4.1 管网布置

根据水源地和城市地形特点及总体布局，对管网按规范要求进行最高日最高时、消防及事故时的平差计算，以管网水力平差计算结果为依据，对输配水管网进行优化设计，确定输配水干管的管径、走向等；根据当地条件选择合适的输配水管道材质和敷设方式。水厂供水管网平面布置情况如图 3-1 所示。

3.4.2 管网平差

1. 管网平差规模

根据水厂建设计划，管网平差规模参照水厂二期扩建规模 $50\times10^4 m^3/d$。

2. 管网平差

本工程应用管立得平差软件进行最不利点校核、事故校核及消防校核，确定本次规划采用的管网系统。程序水头损失计算公式采用海曾—威廉公式；局部损失系数采用 1.2，新建及改造管道均采用球墨铸铁管。控制参数如下：

（1）最高日最高时

根据城区供水规模，确定本次管网平差的时变化系数 $K_h=1.20$。

（2）事故时

水厂供水量和地区用水量均按最高用水量的 70%计算。

（3）消防用水时

消防用水量根据规定确定，近期管网平差消防水量按同一时间内火灾次数 3 次，每次消防水量

图 3-1　水厂供水管网平面布置图

100L/s 考虑。要求失火点及管网各节点自由水头不低于 10m。

3.4.3 管网平差结果——最高日最高时校核

1. 水力计算基本数据

最高日最高时管网最不利点校核计算依据见表 3-10。

最不利点校核计算依据　　　　表 3-10

1. 平差类型
反算水源压力
2. 计算公式
海曾—威廉公式
$V=0.44C\left(\frac{Re}{C}\right)^{0.075}\cdot(gDI)^{0.5}$
$Re=VD/\nu$
计算温度：13℃；$\nu=0.000001$
3. 局部损失系数：1.20
4. 水源点水泵参数
无参数
5. 管网平差结果特征参数

续表

水源点编号	节点流量(L/s)	节点压力(m)
JS73	−6712.000	64.654
最大管径(mm):1600.00		最小管径(mm):300.00
最大流速(m/s):1.998		最小流速(m/s):0.012
水压最低点:JS59		压力(m):42.63
自由水头最低点:JS59		自由水头(m):16.00

2. 节点参数

最高日最高时管网最不利点校核节点参数见表 3-11。

最不利点校核节点参数 **表 3-11**

节点编号	流量(L/s)	地面标高(m)	节点水压(m)	自由水头(m)
JS1	88.504	25.747	57.047	31.300
JS2	92.323	25.876	56.802	30.926
JS3	70.749	25.233	56.682	31.449
JS4	88.405	24.006	54.634	30.628
JS5	579.582	23.133	52.144	29.011

3. 管段参数

最高日最高时管网最不利点校核管段参数见表 3-12。

最不利点校核管段参数 **表 3-12**

管道编号	管径(mm)	管长(m)	流量(L/s)	流速(m/s)	每千米损失(m)	管道损失(m)
JS6~JS7	1600	1478.958	2261.387	1.125	0.990	1.464
JS6~JS23	800	2277.156	448.312	0.853	1.284	2.924
JS6~JS73	1600	2264.570	2871.708	1.428	1.540	3.488
JS7~JS8	1600	1608.629	1975.803	0.983	0.771	1.240
JS7~JS50	600	1694.371	72.952	0.246	0.178	0.302

注:节点和管段参数仅为示意。

3.4.4 管网平差结果——消防校核

1. 水力计算基本数据

管网消防校核计算依据见表 3-13。

2. 节点参数

管网消防校核节点参数见表 3-14。

3. 管段参数

管网消防校核管段参数见表 3-15。

3.4.5 管网平差结果——事故校核

1. 水力计算基本参数

管网事故校核计算依据见表 3-16。

消防校核计算依据 **表 3-13**

1. 平差类型		
平差计算依据和结果		
消防校核(失火点为 JS45、JS59、JS75)		
2. 计算公式		
海曾—威廉公式		
$V=0.44C\left(\frac{Re}{C}\right)^{0.075}\cdot(gDI)^{0.5}$		
$Re=VD/\nu$		
计算温度:13℃; $\nu=0.000001$		
3. 局部损失系数:1.20		
4. 水源点水泵参数		
无参数		
5. 管网平差结果特征参数		
水源点编号	节点流量(L/s)	节点压力(m)
JS73	−6087.000	60.521
最大管径(mm):1600.00		最小管径(mm):300.00
最大流速(m/s):1.914		最小流速(m/s):0.028
水压最低点:JS59		压力(m):36.63
自由水头最低点:JS59		自由水头(m):10.00

消防校核节点参数 **表 3-14**

节点编号	流量(L/s)	地面标高(m)	节点水压(m)	自由水头(m)
JS1	72.490	25.747	64.062	28.315
JS2	75.619	25.876	63.842	27.966
JS3	57.948	25.233	63.738	28.505
JS4	72.410	24.006	61.802	27.796
JS5	575.315	23.133	59.346	26.213

消防校核管段参数 **表 3-15**

管道编号	管径(mm)	管长(m)	流量(L/s)	流速(m/s)	每千米损失(m)	管道损失(m)
JS6~JS7	1600	1478.958	2063.612	1.026	0.836	1.236
JS6~JS23	800	2277.156	406.733	0.774	1.072	2.442
JS6~JS73	1600	2264.570	2603.041	1.295	1.284	2.908
JS7~JS8	1600	1608.629	1807.004	0.899	0.654	1.052
JS7~JS50	600	1694.371	72.391	0.244	0.176	0.297

注:节点和管段参数仅为示意。

事故校核计算依据　　表 3-16

1. 平差类型	
事故校核(事故管段为 JS6～JS73)	
2. 计算公式	
海曾—威廉公式	
$V=0.44C\left(\frac{Re}{C}\right)^{0.075}\cdot(gDI)^{0.5}$	
$Re=VD/\nu$	
计算温度:13℃；　$\nu=0.000001$	
3. 局部损失系数:1.20	
4. 水源点水泵参数	
无参数	
5. 管网平差结果特征参数	

水源点编号	节点流量(L/s)	节点压力(m)
JS73	−4050.900	55.487
最大管径(mm):1600.00		最小管径(mm):300.00
最大流速(m/s):1.551		最小流速(m/s):0.001
水压最低点:JS65		压力(m):42.59
自由水头最低点:JS59		自由水头(m):16.00

2. 节点参数

管网事故校核节点参数见表 3-17。

事故校核节点参数　　表 3-17

节点编号	流量(L/s)	地面标高(m)	节点水压(m)	自由水头(m)
JS1	50.743	25.747	46.726	20.979
JS2	52.933	25.876	46.339	20.463
JS3	40.564	25.233	46.069	20.836
JS4	50.687	24.006	45.333	21.327
JS5	402.720	23.133	44.063	20.930

3. 管段参数

管网事故校核管段参数见表 3-18。

事故校核管段参数　　表 3-18

管道编号	管径(mm)	管长(m)	流量(L/s)	流速(m/s)	每千米损失(m)	管道损失(m)
JS6～JS7	1600	1478.958	1.167	0.001	0.000	0.000
JS6～JS23	800	2277.156	91.720	0.175	0.068	0.155
JS7～JS8	1600	1608.629	229.880	0.114	0.014	0.023
JS7～JS50	600	1694.371	264.490	0.890	1.929	3.269
JS8～JS9	1600	1555.354	283.778	0.141	0.021	0.033

注：节点和管段参数仅为示意。

3.5　工程投资估算与成本分析

1. 工程投资估算

本工程投资估算为××水厂一期工程——净水厂工程，内容包括新建首期规模为 $25\times10^4 m^3/d$ 的取水、引水及净水厂工程。

工程项目资金 80%来自银行贷款，其余为建设单位自筹，建设期 2 年，年贷款利率 6.55%。

工程项目总投资为 66634.02 万元，其中第一部分工程费用为 28871.55 万元，工程建设其他费用为 4125.19 万元，基本预备费为 2639.74 万元，建设用地费为 18977.23 万元，专项费用为 8356.63 万元，建设期贷款利息为 3353.68 万元，铺底流动资金为 310.00 万元。

2. 估算依据

(1) 项目初步设计有关技术资料及图纸

(2)《××省建设项目总投资组成及其他费用定额》××建〔2006〕26 号文

(3) 中国建设工程造价管理协会标准《建设项目设计概算编审规程》CECA/GC 2—2007

(4) 中国建设工程造价管理协会标准《建设项目全过程造价咨询规程》CECA/GC 4—2009

(5) 住房和城乡建设部《市政工程设计概算编制办法》建标〔2011〕1 号文

(6)《××省建筑安装工程费用定额》(2008 年)

(7)《××省土石方工程消耗量定额及统一基价表》(2008 年)

(8)《××省市政工程消耗量定额及统一基价表》(2008 年)

(9)《××省安装工程消耗量定额及单位估价表》(2008 年)

(10)《××省建筑节能消耗量定额及统一基价表》(2009 年)

(11)《关于调整我省现行建设工程计价依据定额人工单价的通知》××建文〔2012〕85 号

(12) 有关技术经济资料及同类工程经济指标

3. 经济技术指标

(1) 工程投资

本项目估算总投资为 66634.02 万元，见表 3-19。

工程投资估算汇总表　　表 3-19

序号	工程或费用名称	估算金额(万元)					技术经济指标		
		建筑工程	安装工程	设备	其他费用	合计	单位	数量	单位价值(元)
一	第一部分　工程费用	26525.55	219	2127		**28871.55**			
A	**取水工程**	3365	24	466		**3855**			
1	取水头部	120				120	座	1	1200000
2	圆形取水沉井泵房	3245	24	466		3735	m^3	10672	3500
B	**原水输水工程**	118				**118**			
1	原水输水管　*DN*1600	118				118	m	240	4900
C	**净水工程**	4413	195	1661		**6269**			
1	机械混合池	14	4	56		74	座	4	185000
2	折板絮凝池	620				620	座	4	1550000

续表

序号	工程或费用名称	估算金额(万元)					技术经济指标		
		建筑工程	安装工程	设备	其他费用	合计	单位	数量	单位价值(元)
3	平流沉淀池	340	20	280		640	座	4	1600000
4	V型滤池	1000	12	50		1062	座	1	10620000
5	清水池	382	4	22		408	座	2	2037750
6	吸水井	80	3	20		103	座	1	1035000
7	送水泵房	302	33	264		599	座	1	5994000
8	加药间	320	5	100		425	座	1	4250000
9	加氯间	400	24	220		644	座	1	6440000
10	排泥排水池	525	15	300		840	座	1	8400000
11	污泥脱水机房	150	50	156		356	座	1	3560000
12	排水泵房	280	25	193		498	座	1	4980000
D	**配水管网工程**	18629.55				**18629.55**			
1	球墨铸铁管 *DN*300	613.48				613.48	m	15337	400
2	球墨铸铁管 *DN*400	1782.27				1782.27	m	33005	540
3	球墨铸铁管 *DN*600	2287.11				2287.11	m	21782	1050
4	球墨铸铁管 *DN*800	2256.28				2256.28	m	17158	1315
5	球墨铸铁管 *DN*1000	1382.08				1382.08	m	8178	1690
6	球墨铸铁管 *DN*1200	2643.85				2643.85	m	9614	2750
7	球墨铸铁管 *DN*1400	4279.56				4279.56	m	11262	3800
8	球墨铸铁管 *DN*1600	3384.92				3384.92	m	6908	4900
	第一部分合计	26525.55	219	2127		**28871.55**			
二	第二部分　工程建设其他费用					4125.19			
	第一、二部分合计					32996.74			
三	基本预备费					2639.74			
四	建设用地费					18977.23			
五	专项费用					8356.63			
	建设投资					**62970.34**			
六	建设期贷款利息					3353.68			
七	铺底流动资金					310.00			
	建设项目总投资					**66634.02**			

(2) 费用构成分析

本工程项目建设费用构成见表3-20。

项目建设费用构成表 **表3-20**

序号	项目名称	费用(万元)	占总投资比例
1	第一部分费用	28871.55	43.33%
2	工程建设其他费用	4125.19	6.19%
3	基本预备费	2639.74	3.96%
4	建设用地费	18977.23	28.48%
5	专项费用	8356.63	12.54%
6	建设期贷款利息	3353.68	5.03%
7	铺底流动资金	310.00	0.47%
8	工程总投资	66634.02	100%

4. 成本分析

本工程项目总成本包括运营成本及其他费用，其中运营成本包含人工费、电费、药剂费、污泥处理费，其他费用包括固定资产折旧费、设备修理维护费等。

运营成本基本参数如下：

(1) 人工费：厂区共设管理人员20人，每人工资为4000元/月。

(2) 电费：水厂吨水耗电量取0.2kWh，电价为0.9元/kWh。

(3) 药剂费：絮凝剂PAM单价为25000元/t；混凝剂PAC单价为780元/t；液氯单价为300元/t。

(4) 污泥处理费：按200元/t处置费计。

其他费用参数如下：

(1) 固定资产折旧费：折旧率取4.8%。

(2) 设备修理维护费：修理维护费率取2%。

本工程项目单位生产成本0.4元/t，年生产成本为3691万元，见表3-21。

项目成本分析表 **表3-21**

序号	费用类型	单位	数量
1	人工费	万元	96
2	电费	万元	1643
3	药剂费	万元	1624
4	污泥处理费	万元	183
5	固定资产折旧费	万元	102
6	设备修理维护费	万元	43
7	年处理水量	万 m^3	9125
8	单位生产成本	元/m^3	0.40

第 4 章　给水工程案例设计图纸

(1)《给水图纸目录》
(2)《设计总说明》
(3)《给水工程总体布置图》
(4)《水厂平面布置图》
(5)《水厂管线布置图》
(6)《给水处理工艺流程图》
(7)《取水泵房工艺图（一）》
(8)《取水泵房工艺图（二）》
(9)《取水泵房工艺图（三）》
(10)《配水池工艺图》
(11)《机械混合折板絮凝平流沉淀池工艺图（一）》
(12)《机械混合折板絮凝平流沉淀池工艺图（二）》
(13)《V 型滤池工艺图（一）》
(14)《V 型滤池工艺图（二）》
(15)《清水池工艺图》
(16)《送水泵房工艺图（一）》
(17)《送水泵房工艺图（二）》
(18)《排水排泥池工艺图（一）》
(19)《排水排泥池工艺图（二）》
(20)《加氯间工艺图》
(21)《加药间工艺图》
(22)《污泥浓缩池工艺图（一）》
(23)《污泥浓缩池工艺图（二）》
(24)《污泥脱水机房工艺图》
(25)《排水泵房工艺图》
(26)《给水管网总平面图》
(27)《给水管道纵断面图》

××市××给水工程初步设计图纸目录

分项号	子项名称	图纸名称	总号
00	目录	给水图纸目录	GS-00
01	总图工程	设计总说明	GS-01
		给水工程总体布置图	GS-02
		水厂平面布置图	GS-03
		水厂管线布置图	GS-04
		给水处理工艺流程图	GS-05
02	取水工程	取水泵房工艺图(一)	GS-06
		取水泵房工艺图(二)	GS-07
		取水泵房工艺图(三)	GS-08
03	净水工程	配水池工艺图	GS-09
		机械混合折板絮凝平流沉淀池工艺图(一)	GS-10
		机械混合折板絮凝平流沉淀池工艺图(二)	GS-11
		V型滤池工艺图(一)	GS-12
		V型滤池工艺图(二)	GS-13
		清水池工艺图	GS-14
		送水泵房工艺图(一)	GS-15
		送水泵房工艺图(二)	GS-16
		排水排泥池工艺图(一)	GS-17
		排水排泥池工艺图(二)	GS-18
		加氯间工艺图	GS-19
		加药间工艺图	GS-20
		污泥浓缩池工艺图(一)	GS-21
		污泥浓缩池工艺图(二)	GS-22
		污泥脱水机房工艺图	GS-23

分项号	子项名称	图纸名称	总号
		排水泵房工艺图	GS-24
04	配水工程	给水管网总平面图	GS-25
		给水管道纵断面图	GS-26

××设计单位		项目名称	××给水工程初步设计
		子　项	目录
审　定	×××	给水图纸目录	图　别	初设
校　核	×××		分项号	00
设　计	×××		总　号	GS-00
制　图	×××		日　期	××××.××

××市某给水工程初步设计总说明

一、项目概述

项目名称：××省××市某给水工程。

建设规模：本工程建设规模为一期供水能力25万m^3/d，主要建设内容包括取水工程、净水工程、配水工程等。

二、设计依据

《××市水资源综合规划（修编）》（2010年～2030年）

《××市供水集团有限公司主城区供水管网更新改造规划》

《生活饮用水卫生标准》GB 5749—2006

《室外给水设计规范》GB 50013—2006

《城市给水工程规划规范》GB 50282—1998

《城镇给水排水技术规范》GB 50788—2012

三、取水工程设计

1. 取水头部选用顺水流喇叭管取水头部，喇叭口直径为$DN2500$，侧面长度为0.8m。喇叭口处设置格栅以拦截粗大漂浮物，栅条间距为120mm。

2. 引水管管径为$DN1600$，起端管中标高为7.50m，$DN2500$取水喇叭口上缘标高为8.75m。2根取水管1用1备错开布置，长度分别为240m、244m。

3. 单座取水泵房远期规模为50万m^3/d，扬程20m，水泵$Q=7500\sim8800\sim10200m^3/h$，$H=23\sim19\sim14m$，$P=630kW$，远期3用1备，近期2用1备。取水泵房采用圆形泵房结构式。

四、净水工程设计

1. ××省××市某净水厂工程设计规模为25万m^3/d。

2. 工艺流程

净水工艺：

```
                加氯
                 ↓
原水→取水泵房→竖向折板絮凝平流沉淀池→气水反冲洗滤池
                                          ↓←加氯
                         配水管网←送水泵房←清水池
```

排泥水处理工艺：

```
絮凝沉淀池排泥水→排泥池→浓缩池→脱水机房→泥饼外运
                         ↑底泥
     反冲洗排水→排水池
```

3. 工艺说明

（1）混合：混合工艺采用机械混合。本工程设4座混合池，每座处理规模6.25万m^3/d，单池总尺寸为$L\times B\times H=3.80m\times3.90m\times4.55m$，有效水深为4.20m。

（2）絮凝：絮凝工艺采用竖向折板絮凝。本次设计4座折板絮凝池，每座设计流量为6.25万m^3/d。单座絮凝池分为8个单元，每单元有效宽度取1.85m，絮凝池有效长度16.55m；平均有效水深3.6m。絮凝时间取18.81min。絮凝池与平流沉淀池合建。

（3）沉淀：机械混合池、折板絮凝池与平流沉淀池合建，沉淀池有效宽度为16.20m，有效水深3.5m，总池深为3.90m，沉淀池采用穿孔花墙配水。单座折板絮凝平流沉淀池平面总尺寸为$L\times B=125.93m\times41.60m$。沉淀池排泥采用排泥桁车排泥。

（4）过滤：过滤工艺采用V型滤池，反冲洗为气水反冲洗，反冲洗效果好，适用于大中型水厂。滤池采用双排布置，单边8格，共16格，单格过滤面积94.4m^2，滤速为7.45m/h，强制滤速为7.95m/h，滤池总尺寸为$L\times B\times H=80.29m\times39.20m\times4.10m$。滤池的滤料使用单层石英砂均质滤料，滤料层1.3m。

（5）消毒：加氯采用V型槽真空加氯机，近期前加氯点2个，设3台加氯机（2用1备）；50万m^3/d规模时前加氯点4个，设5台加氯机（4用1备）。前加氯系统采用流量比例控制，单台加氯机投加量0～20kg/h。

（6）加药：絮凝剂采用液体碱式氯化铝，成本低、对温度和pH适应范围广。本设计中采用计量泵投加，近期设计量泵3台（2用1备），远期共10台计量泵（8用2备）。

（7）污泥处理：本设计污泥处理包括污泥浓缩脱水及排泥水调节回流设施，设计规模为50万m^3/d，脱水后的泥饼外运，反冲洗废水及排泥水回流至配水池。

五、给水管网设计

1. 管网布置：环状管网与枝状管网相结合，现状与规划相结合；本设计给水管网设计规模参照水厂规模及扩建计划确定为50万m^3/d，在供水区域内主干管布置成环状，供水区域具有较好的供水保障。

2. 管网布置原则

（1）根据总体规划要求，结合当地实际地形条件、水源情况以及用户对水质、水量和水压的要求，综合考虑确定本次设计系统总体布局；

（2）从技术经济角度分析比较方案，尽可能地以最少的投资实现最大的经济、环境和社会效益；

（3）积极推广效果好、投资少、便于管理和维护的设备和材料；

（4）保证水质、水量及水压的前提下，充分利用现有给水系统的供水能力。

3. 管材、接口及基础

综合造价及管材强度，本工程管径$DN300$以上管道采用球墨铸铁管，接口采用T形橡胶圈，基础采用砂石基础。

六、其他说明

1. 土建施工前应仔细阅读相关技术资料，必须做好检修孔洞、防水套管及设备预埋件的预留。

2. 土建施工处理构筑物内壁应平整、光滑，池底应清理干净，确保无杂物。

3. 设备安装完毕后，经厂家调试运行达到设计出水标准后方可正式投入运行。

4. 管道在回填前应进行强度及严密性试验，合格后方能回填土，强度、严密性试验及回填土应符合《给水排水管道工程施工及验收规范》GB 50268—2008要求。

××设计单位		项目名称	××给水工程初步设计	
		子　项	总图工程	
审　定	×××	设计总说明	图　别	初设
校　核	×××		分项号	01
设　计	×××		总　号	GS-01
制　图	×××		日　期	××××.××

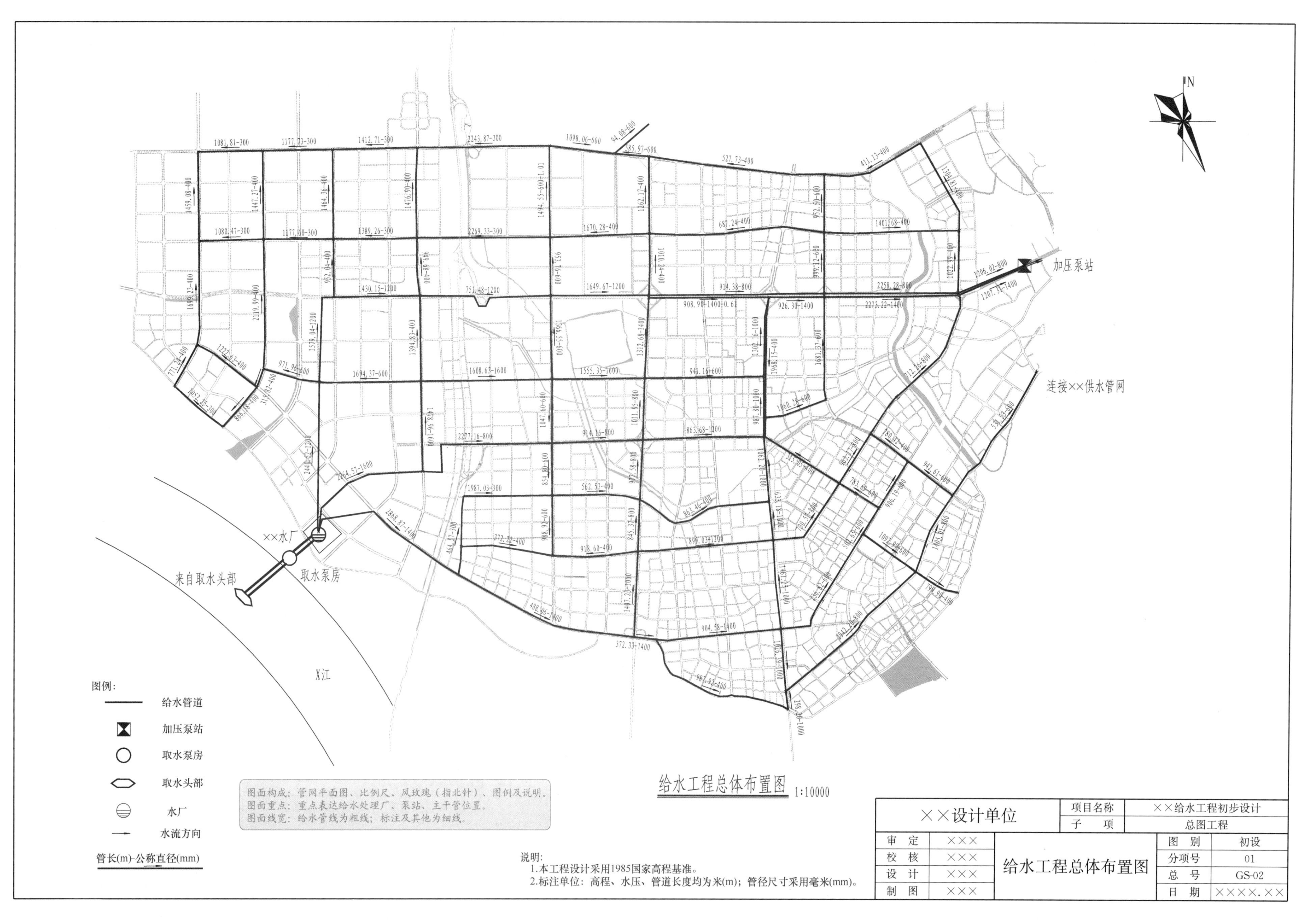
N
加压泵站
连接××供水管网
××水厂
取水泵房
来自取水头部
X江
图例:
给水管道
加压泵站
取水泵房
取水头部
水厂
水流方向
管长(m)-公称直径(mm)
图面构成：管网平面图、比例尺、风玫瑰（指北针）、图例及说明。
图面重点：重点表达给水处理厂、泵站、主干管位置。
图面线宽：给水管线为粗线；标注及其他为细线。
给水工程总体布置图 1:10000
说明:
1.本工程设计采用1985国家高程基准。
2.标注单位：高程、水压、管道长度均为米(m)；管径尺寸采用毫米(mm)。
××设计单位
项目名称
××给水工程初步设计
子 项
总图工程
审 定
×××
校 核
×××
设 计
×××
制 图
×××
给水工程总体布置图
图 别
初设
分项号
01
总 号
GS-02
日 期
××××.××

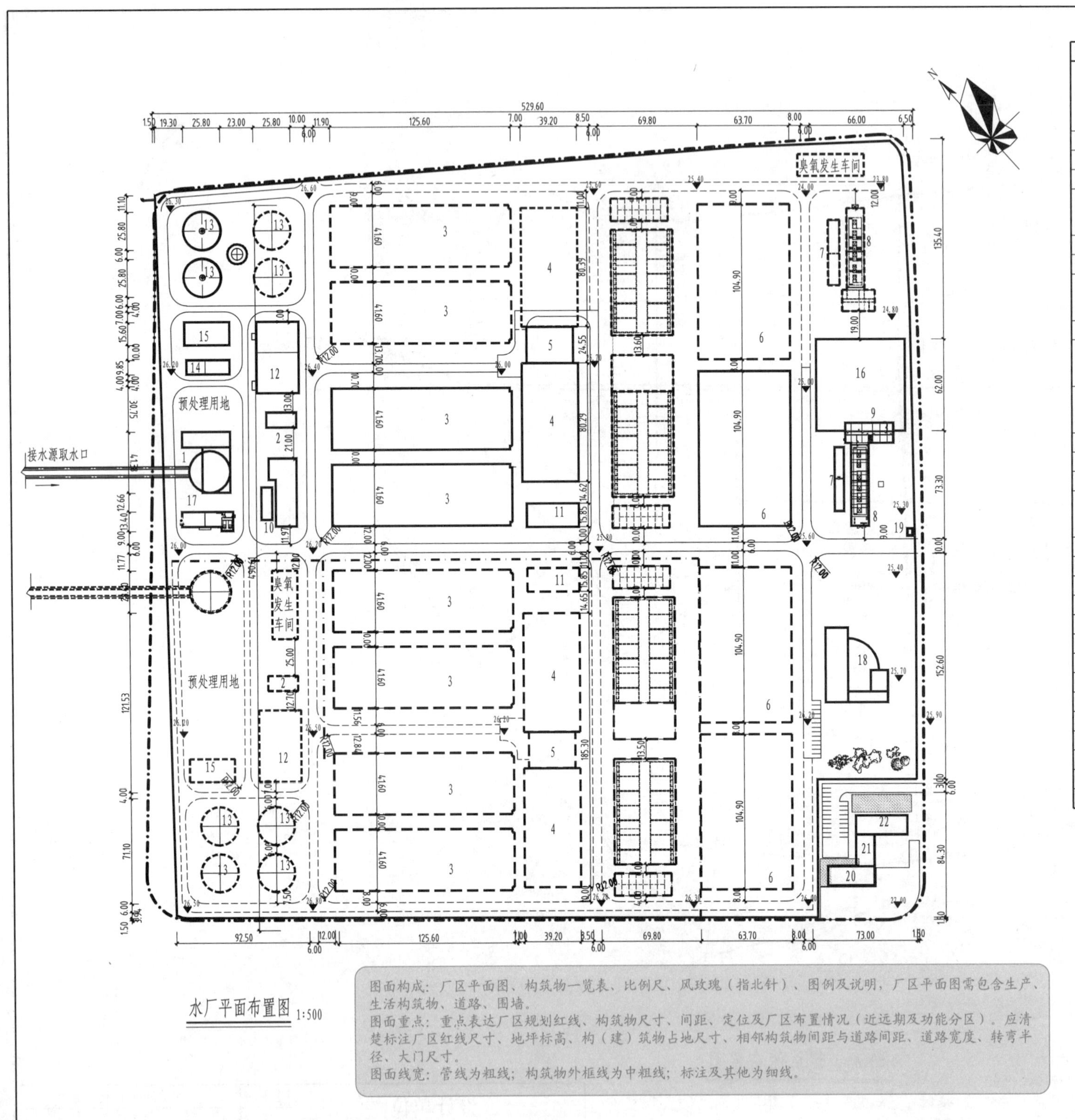

净水厂主要构（建）筑物一览表

编号	名称	规格	单位	数量	备注
1	取水泵房(含取水配电值班间)	泵房直径：28.40m 配电值班间： L×B＝32.65m×10.45m	座	1	泵房单座土建规模50万m^3/d； 配电间土建规模100万m^3/d； 设备按25万m^3/d安装
2	配水池	L×B＝20.70m×10.00m	座	1	土建规模50万m^3/d
3	折板絮凝平流沉淀池	L×B＝125.93m×41.60m	座	2	单座规模6.25万m^3/d
4	气水反冲洗滤池	L×B＝80.29m×39.20m	座	1	单座规模25万m^3/d
5	反冲洗设备间及低压配电中心	L×B＝32.40m×24.55m	座	1	土建规模50万m^3/d
6	清水池	L×B＝104.90m×63.70m	座	1	有效容积为3.0万m^3/d
7	送水泵房吸水井	L×B＝43.14m×6.50m	座	1	单座规模50万m^3/d
8	送水泵房	L×B＝54.50m×12.25m	座	1	土建规模50万m^3/d； 设备按25万m^3/d安装
9	送水泵房变配电间	L×B＝33.55m×13.75m	座	1	土建规模50万m^3/d,共两层
10	加药间	L×B＝51.55m×19.45m	座	1	土建规模100万m^3/d； 设备按25万m^3/d安装
11	加氯间	L×B＝36.25m×15.85m	座	1	土建规格50万m^3/d； 设备按25万m^3/d安装
12	排水排泥池	L×B＝50.53m×29.20m	座	1	土建规模50万m^3/d
13	污泥浓缩池	直径27.4m	座	2	单座规模12.5万m^3/d
14	排水泵房及配电室	L×B＝29.90m×9.85m	座	1	土建规模100万m^3/d
15	污泥脱水机房	L×B＝32.50m×15.25m	座	1	土建规格50万m^3/d； 设备按25万m^3/d安装
16	变配电站	L×B＝62.00m×62.00m	座	1	
17	机修间及仓库	L×B＝35.35m×13.15m	座	1	
18	水厂生产管理楼	建筑面积4000m^2	座	1	共4层
19	门房	L×B＝6.40m×5.94m	座	1	
20	区域抢修及客服中心	建筑面积840m^2	座	1	
21	区域水质检测中心	建筑面积600m^2	座	1	共2层
22	区域营业及调度中心	建筑面积1400m^2	座	1	共2层
23	大门及侧门	大门宽10m,侧门宽6m	项	1	共3层
24	厂区围墙		项	1	
25	厂区道路		项	1	
26	厂区周边挡土墙		项	1	
27	厂区截洪沟		项	1	
28	尾水排放管		项	1	
29	排水口		项	1	

图 例:

近期新建构筑物　远期规划构筑物　规划红线

近期新建道路　厂区围墙

说 明:

1.本图为水厂平面布置图，近期实施规模为25万m^3/d，远期总控制规模为100万m^3/d。

2.图中尺寸单位以m计，高程单位以m计，高程系统采用1985国家高程基准，坐标为1954北京坐标系。

3.厂区主车行道为4～6m，主干道转弯半径为12m。

4.水厂总用地面积为243736.55m^2，其中一期用地为128884.45m^2 。总建筑面积为20568.09m^2（含变电站3840m^2），建筑占地面积为41810.44m^2，建筑覆盖率为32.46%，容积率为16%。道路面积为16210m^2（不含进厂道路），道路系数为0.13，绿化面积为58000m^2，绿地率为45%。

5.水厂远期总占地面积为26.67ha。

水厂平面布置图 1:500

图面构成：厂区平面图、构筑物一览表、比例尺、风玫瑰（指北针）、图例及说明，厂区平面图需包含生产、生活构筑物、道路、围墙。
图面重点：重点表达厂区规划红线、构筑物尺寸、间距、定位及厂区布置情况（近远期及功能分区），应清楚标注厂区红线尺寸、地坪标高、构（建）筑物占地尺寸、相邻构筑物间距与道路间距、道路宽度、转弯半径、大门尺寸。
图面线宽：管线为粗线；构筑物外框线为中粗线；标注及其他为细线。

××设计单位		项目名称	××给水工程初步设计
		子　项	总图工程
审　定	×××	图　别	初设
校　核	×××	分项号	01
设　计	×××	总　号	GS-03
制　图	×××	日　期	××××.××

水厂平面布置图

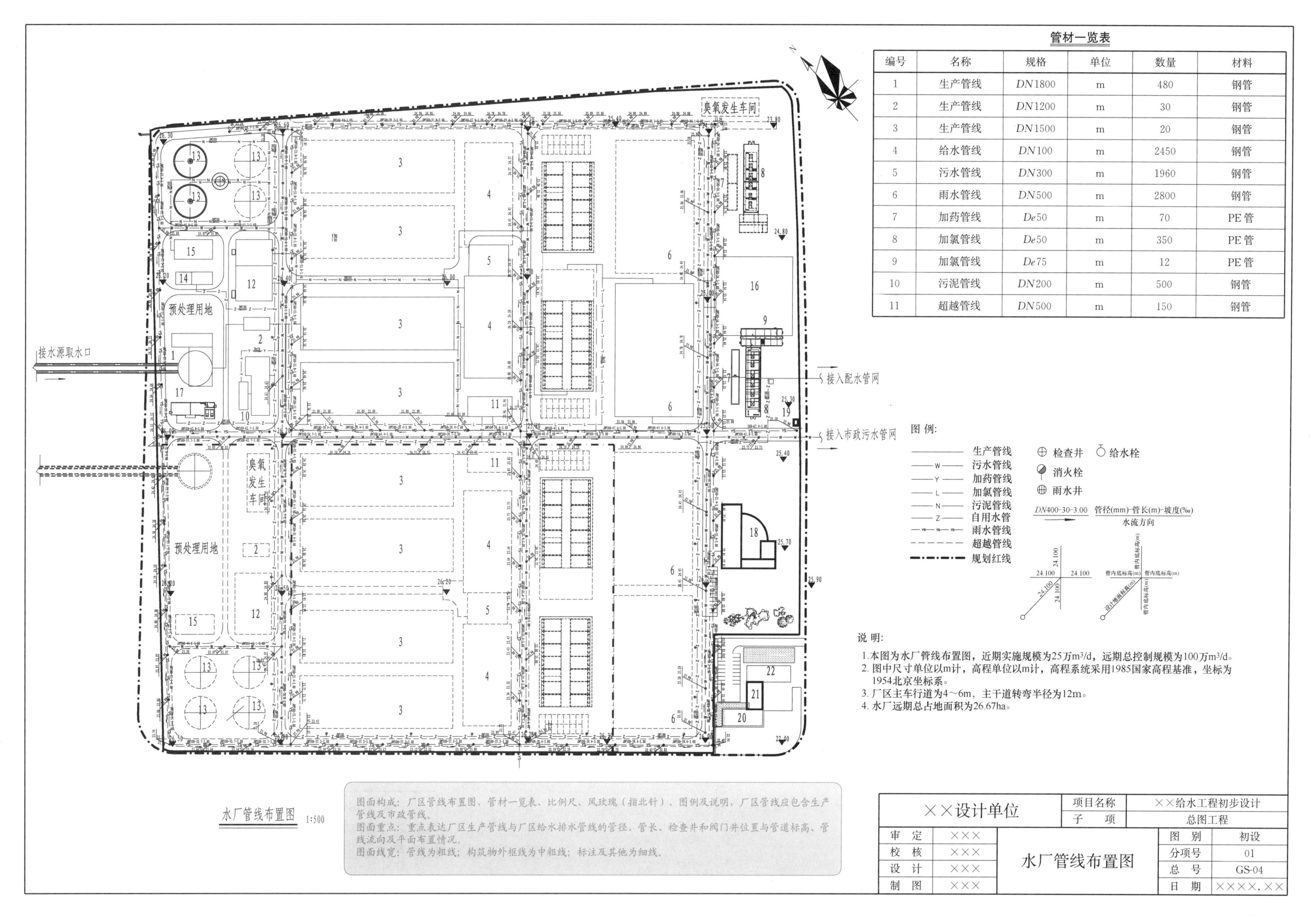

管材一览表

编号	名称	规格	单位	数量	材料
1	生产管线	DN1800	m	480	钢管
2	生产管线	DN1200	m	30	钢管
3	生产管线	DN1500	m	20	钢管
4	给水管线	DN100	m	2450	钢管
5	污水管线	DN300	m	1960	钢管
6	雨水管线	DN500	m	2800	钢管
7	加药管线	De50	m	70	PE管
8	加氯管线	De50	m	350	PE管
9	加氯管线	De75	m	12	PE管
10	污泥管线	DN200	m	500	钢管
11	超越管线	DN500	m	150	钢管

图面构成：厂区管线布置图、管材一览表、比例尺、风玫瑰（指北针）、图例及说明，厂区管线应包含生产管线及市政管线。
图面重点：重点表达厂区生产管线与厂区给水排水管线的管径、管长、检查井和阀门井位置与管道标高、管线流向及平面布置情况。
图面线宽：管线为粗线；构筑物外框线为中粗线；标注及其他为细线。

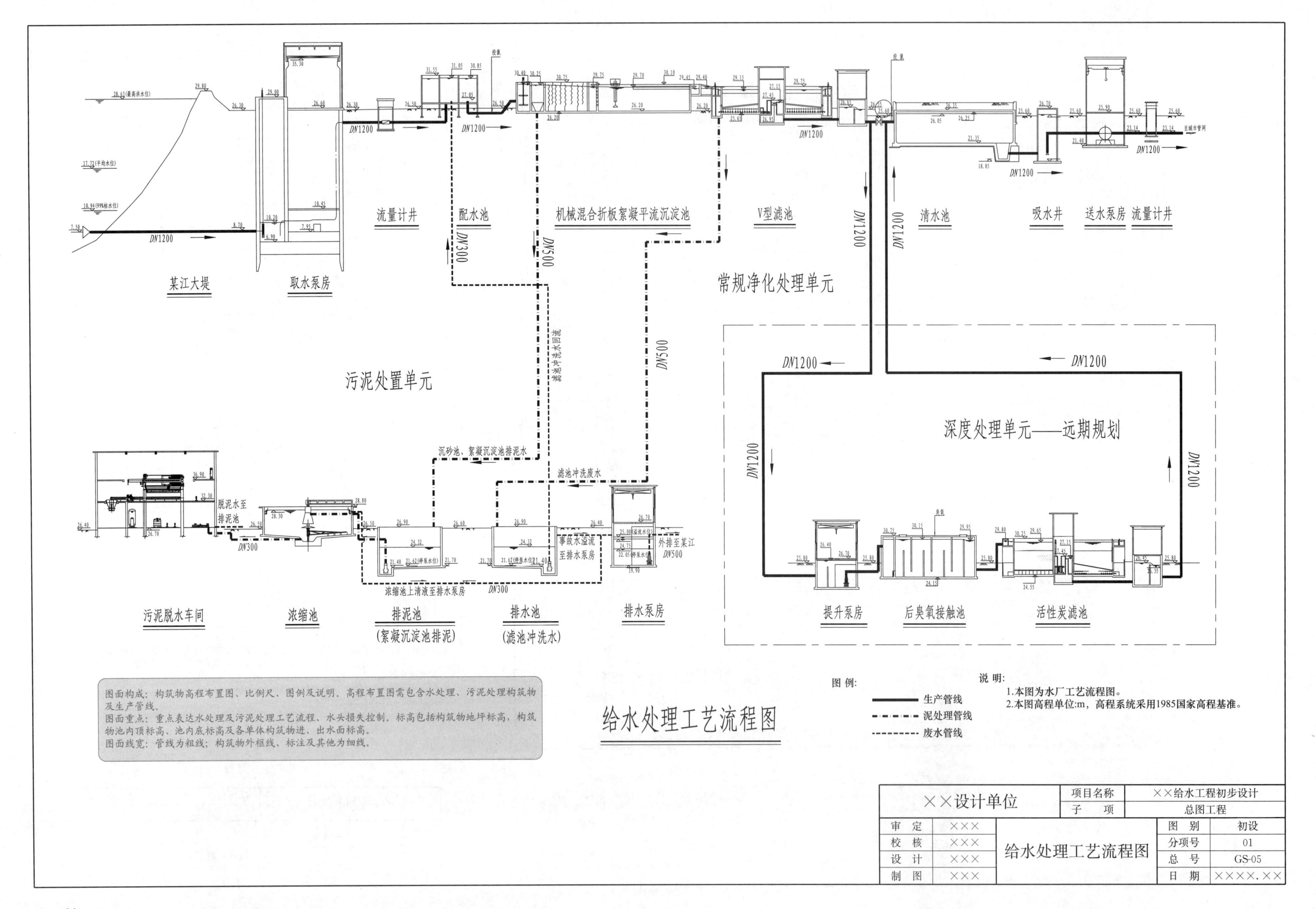
某江大堤
取水泵房
流量计井
配水池
机械混合折板絮凝平流沉淀池
V型滤池
清水池
吸水井
送水泵房
流量计井
常规净化处理单元
污泥处置单元
深度处理单元——远期规划
污泥脱水车间
浓缩池
排泥池
(絮凝沉淀池排泥)
排水池
(滤池冲洗水)
排水泵房
提升泵房
后臭氧接触池
活性炭滤池
DN1200
DN300
DN500
沉砂池、絮凝沉淀池排泥水
滤池冲洗废水
脱泥水至排泥池
浓缩池上清液至排水泵房
事故水溢流至排水泵房
外排至某江
图面构成：构筑物高程布置图、比例尺、图例及说明。高程布置图需包含水处理、污泥处理构筑物及生产管线。
图面重点：重点表达水处理及污泥处理工艺流程、水头损失控制。标高包括构筑物地坪标高，构筑物池内顶标高、池内底标高及各单体构筑物进、出水面标高。
图面线宽：管线为粗线；构筑物外框线、标注及其他为细线。
给水处理工艺流程图
图例:
生产管线
泥处理管线
废水管线
说明:
1.本图为水厂工艺流程图。
2.本图高程单位:m，高程系统采用1985国家高程基准。
××设计单位
项目名称
××给水工程初步设计
子项
总图工程
审定 ×××
校核 ×××
设计 ×××
制图 ×××
给水处理工艺流程图
图别 初设
分项号 01
总号 GS-05
日期 ××××.××

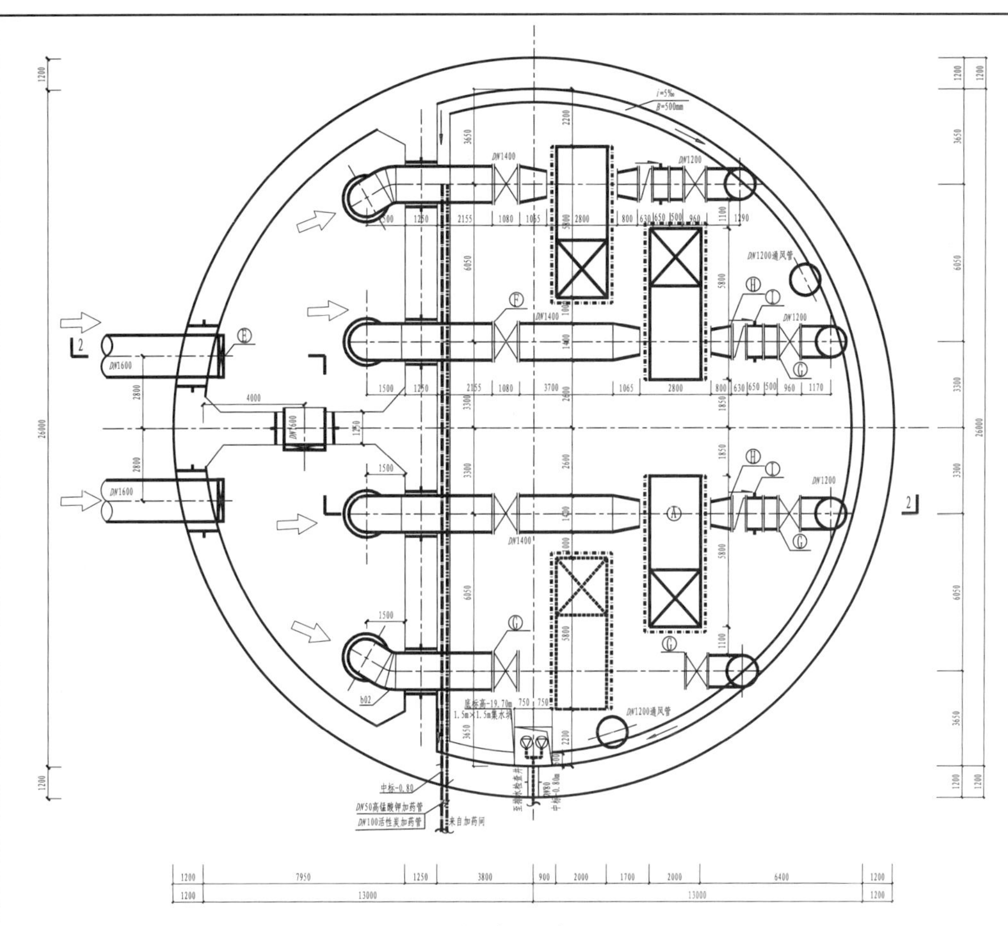

取水泵房平面布置图 1:100

-17.15m标高平面图

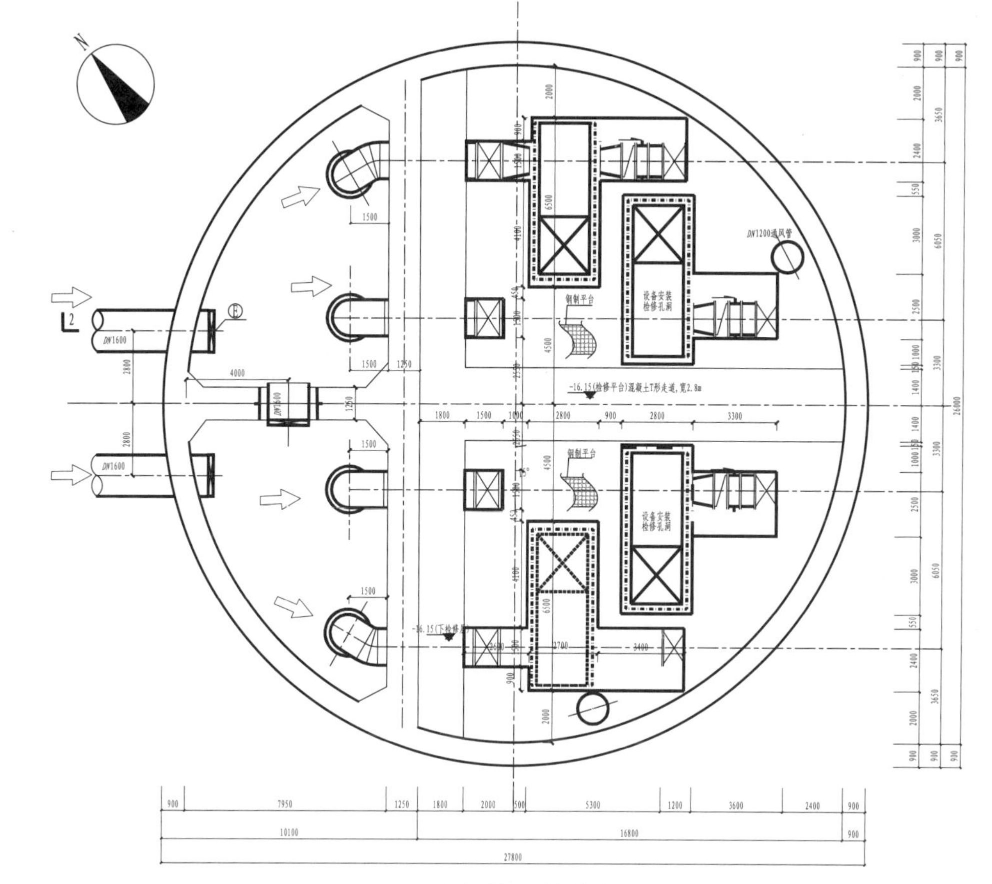

取水泵房平面布置图 1:100

-12.30m标高平面图

主要设备一览表

编号	名称	规格	单位	数量	备注
Ⓐ	单级双吸中开卧式离心泵	Q=10200～8800～7500m³/h,H=14～19～23m,W=8230kg,$NPSH$=4.5m,n=490r/min	台	3	2用1备,均变频运行
Ⓑ	配套电机	10kV,630kW,W=8950kg	台	3	从电机往水泵看,2台逆时针转向,1台顺时针转向
Ⓒ	LH型捯链双梁桥式起重机	起重量10t,起升高度25.40m,跨距16.5m,P=(13+0.8+1.5×2)kW	套	1	配套捯链
Ⓓ	轴流风机	Q=61091m³/h,P=7.5kW,n=960r/min,ϕ=30°	台	2	进风机1台,抽风机1台
Ⓔ	电动不锈钢方形闸门	1600×1600,PN=0.2MPa,P=7.5kW	台	3	配套延长丝杆,操作平台至阀杆中心20.3m
Ⓕ	手动闸阀	DN1400,Z45T-10,PN=1.0MPa	台	4	
Ⓖ	电动闸阀	DN1200,Z945T-10,PN=1.0MPa,配套手电两用执行机构,P=7.5kW	台	4	手电两用
Ⓗ	止回阀(具有止回及防水锤功能)	DN1200,PN=1.0MPa,P=5.5kW	台	3	
Ⓘ	管路补偿接口	DN1200,CC2F,PN=1.0MPa	台	3	
Ⓙ	电动闸阀	DN1600,Z945T-10,PN=1.0MPa,配套手电两用执行机构,P=7.5kW	台	2	
Ⓚ	手动闸阀	DN400,Z45X-10,PN=1.0MPa	台	1	检修用阀门
Ⓛ	防水锤预作用阀	DN400,PN=1.0MPa,220V	台	1	防水锤
Ⓜ	管路补偿接口	DN400,B2F,PN=1.0MPa	台	1	
Ⓝ	潜水泵	Q=30m³/h,H=27m,P=4kW	台	2	1用1备
Ⓞ	电梯	最大载重量630kg,v=1.0m/s,N=5.5kW	台	1	单开门,详见结构图
Ⓟ	空气阀	DN200,防水锤型空气阀	台	2	
Ⓠ	手动闸阀	DN200,Z45X-10,PN=1.0MPa	台	2	
Ⓡ	轴流风机	Q=1086m³/h,P=0.025kW,n=1450r/min,ϕ=20°	台	8	均为排风,配电间使用

说明:

1.本水厂工程总建设规模为100万m³/d,一期建设规模为25万m³/d;本图为新建取水泵房,土建规模为50万m³/d,设备安装规模为25万m³/d;一期工程共有一座取水泵房。
2.尺寸单位以mm计,高程单位以m计,±0.00相当于1985国家高程基准26.60m。
3.近期安装3台泵,2用1备,均变频;远期新增1台变频泵。
4.土建规模按远期设计,设备按首期安装。
5.图中虚线部分为远期构筑物。

图例:

- 近期泵基础
- 远期泵基础
- 设备外框
- 排水管
- 高锰酸钾加药管
- 活性炭加药管
- De25取样管

图面构成:平面图、剖面图、设备材料一览表、比例尺、风玫瑰(指北针)、图例及说明。平面图需包含泵房内水泵、管路及附属工作间的平面布置。
图面重点:重点表达取水泵房与控制室尺寸、取水泵及管路、阀门布置。
图面线型:管线为粗线;构筑物外框线为中粗线;标注及其他为细线。

注:本图为平面图。

××设计单位		项目名称	××给水工程初步设计
		子 项	取水工程
审 定	×××	图 别	初设
校 核	×××	分项号	02
设 计	×××	总 号	GS-06
制 图	×××	日 期	××××.××

取水泵房工艺图(一)

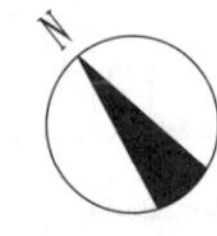

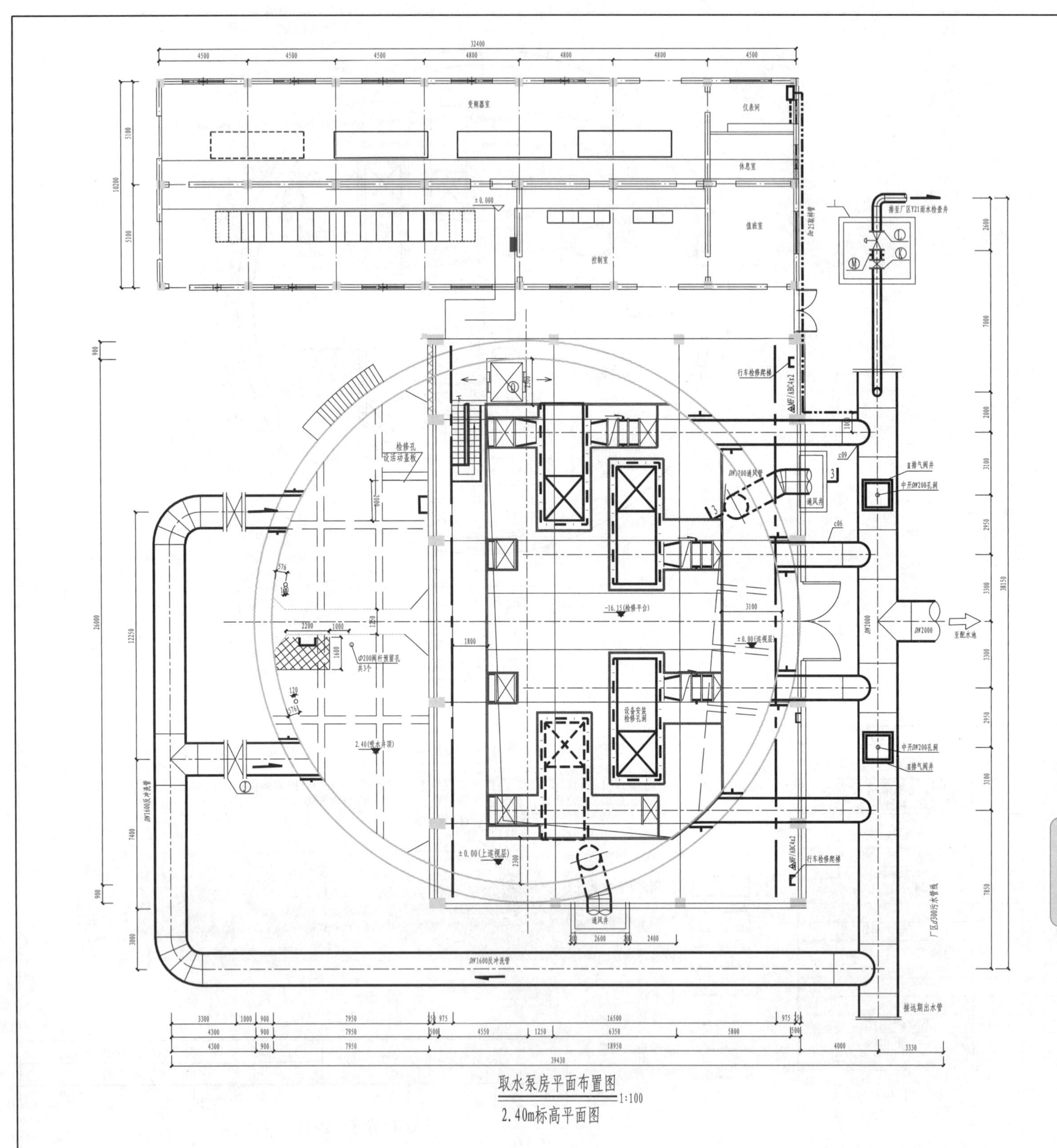

取水泵房平面布置图 1:100

2.40m标高平面图

说明：

1.本图为水厂新建取水泵房，土建规模为50万m³/d，设备安装规模为25万m³/d。

2.尺寸单位以mm计，高程单位以m计，±0.00相当于1985国家高程基准26.60m。

图面构成：平面图、剖面图、设备材料一览表、比例尺、风玫瑰（指北针）、图例及说明。平面图需包含泵房内水泵、管路及附属工作间的平面布置。
图面重点：重点表达取水泵房与控制室尺寸、取水泵及管路、阀门布置。
图面线型：管线为粗线；构筑物外框线为中粗线；标注及其他为细线。

注：本图为平面图。

××设计单位				项目名称	××给水工程初步设计
				子　项	取水工程
审　定	×××	取水泵房工艺图（二）		图　别	初设
校　核	×××			分项号	02
设　计	×××			总　号	GS-07
制　图	×××			日　期	××××.××

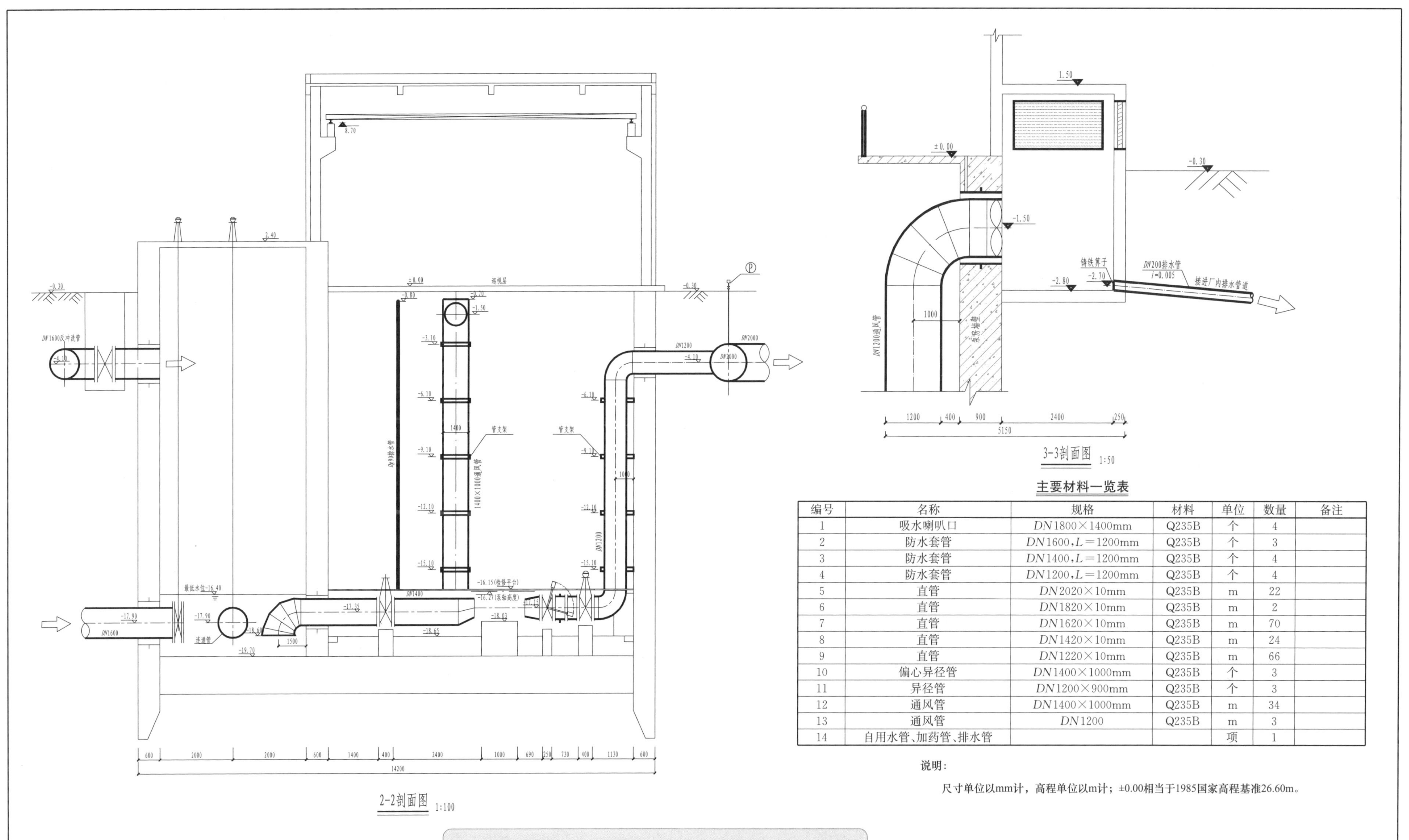

2-2剖面图 1:100

3-3剖面图 1:50

主要材料一览表

编号	名称	规格	材料	单位	数量	备注
1	吸水喇叭口	*DN*1800×1400mm	Q235B	个	4	
2	防水套管	*DN*1600,*L*=1200mm	Q235B	个	3	
3	防水套管	*DN*1400,*L*=1200mm	Q235B	个	4	
4	防水套管	*DN*1200,*L*=1200mm	Q235B	个	4	
5	直管	*DN*2020×10mm	Q235B	m	22	
6	直管	*DN*1820×10mm	Q235B	m	2	
7	直管	*DN*1620×10mm	Q235B	m	70	
8	直管	*DN*1420×10mm	Q235B	m	24	
9	直管	*DN*1220×10mm	Q235B	m	66	
10	偏心异径管	*DN*1400×1000mm	Q235B	个	3	
11	异径管	*DN*1200×900mm	Q235B	个	3	
12	通风管	*DN*1400×1000mm	Q235B	m	34	
13	通风管	*DN*1200	Q235B	m	3	
14	自用水管、加药管、排水管			项	1	

说明：

尺寸单位以mm计，高程单位以m计；±0.00相当于1985国家高程基准26.60m。

图面构成：平面图、剖面图、设备材料一览表、比例尺、风玫瑰（指北针）、图例及说明。剖面图需包含泵房纵向布置情况。
图面重点：重点表达取水泵房与控制室尺寸及标高、取水泵及管路、阀门布置。
图面线型：管线为粗线；构筑物外框线为中粗线；标注及其他为细线。

注：本图为剖面图。

××设计单位		项目名称	××给水工程初步设计
		子　项	取水工程
审　定	×××	取水泵房工艺图（三）	图　别：初设
校　核	×××		分项号：02
设　计	×××		总　号：GS-08
制　图	×××		日　期：××××.××

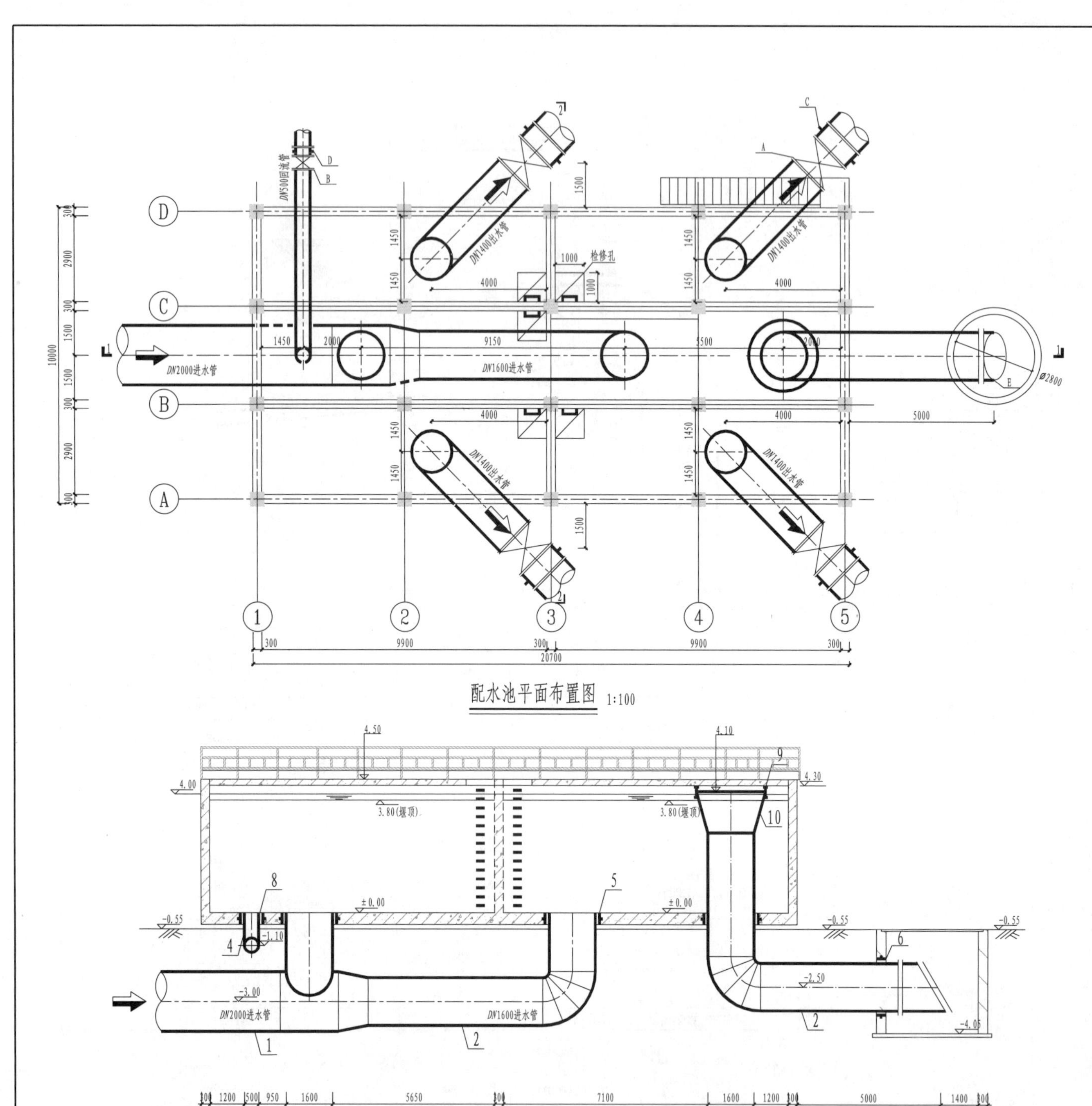

配水池平面布置图 1:100

1-1剖面图 1:100

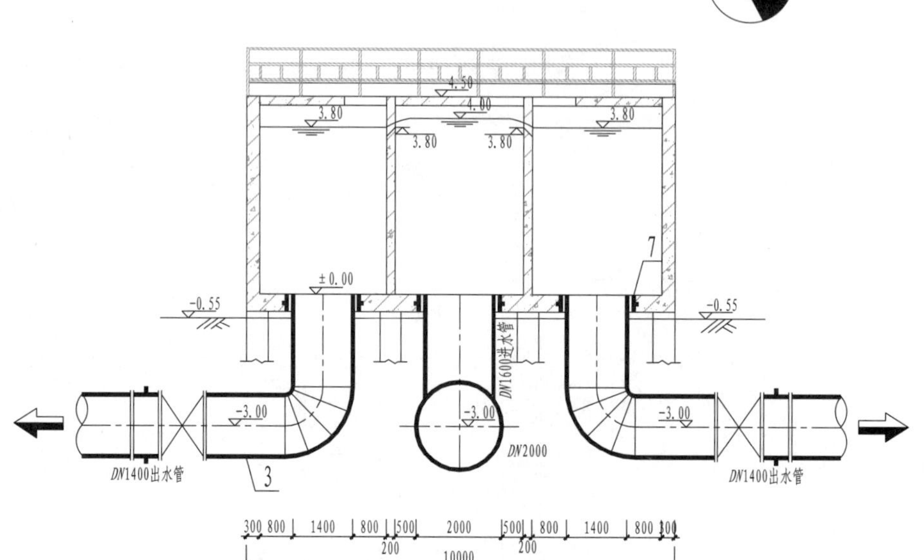

2-2剖面图 1:100

材料一览表

编号	名称	规格	型号	单位	数量	备注
1	钢管	DN2000	Q235B	m	9	
2	钢管	DN1600	Q235B	m	20	
3	钢管	DN1400	Q235B	m	28	
4	钢管	DN500	Q235B	m	8	
5	防水套管	DN1600，L＝400mm，刚性A型	Q235B	个	3	
6	防水套管	DN1600，L＝350mm，刚性A型	Q235B	个	1	
7	防水套管	DN1400，L＝400mm，刚性A型	Q235B	个	4	
8	防水套管	DN500，L＝400mm，刚性A型	Q235B	个	1	
9	喇叭口吊架	DN2400	Q235B	个	2	
10	溢流喇叭口	DN2400×1600mm	Q235B	个	2	

设备一览表

编号	名称	规格	单位	数量	备注
A	手动闸阀	DN1400，Z45T-10	台	4	
B	手动闸阀	DN500，Z45T-10	台	1	
C	管路补偿器	DN1400，CC2F，1.0MPa	个	4	
D	管路补偿器	DN500，CC2F，1.0MPa	个	1	
E	阀门	DN1400	个	1	

说 明：

1.本图尺寸单位以mm计，高程单位以m计，±0.00相当于1985国家高程基准27.05m。

2.配水池设计规模为50万m³/d。

3.本材料表统计到构筑物外3m。

图面构成：配水池平面图与剖面图、设备材料一览表、比例尺、风玫瑰（指北针）、图例及说明。平面图需包含配水池池体及进出水管路的平面布置，剖面图需包含配水池池体及管路的纵向布置与液位标高。
图面重点：重点表达池体工艺结构、尺寸、标高和管渠、阀门布置。
图面线型：管线为粗线；构筑物外框线为中粗线；标注及其他为细线。

<table>
<tr><td colspan="2" rowspan="2">××设计单位</td><td>项目名称</td><td colspan="2">××给水工程初步设计</td></tr>
<tr><td>子 项</td><td colspan="2">净水工程</td></tr>
<tr><td>审 定</td><td>×××</td><td rowspan="4">配水池工艺图</td><td>图 别</td><td>初设</td></tr>
<tr><td>校 核</td><td>×××</td><td>分项号</td><td>03</td></tr>
<tr><td>设 计</td><td>×××</td><td>总 号</td><td>GS-09</td></tr>
<tr><td>制 图</td><td>×××</td><td>日 期</td><td>××××.××</td></tr>
</table>

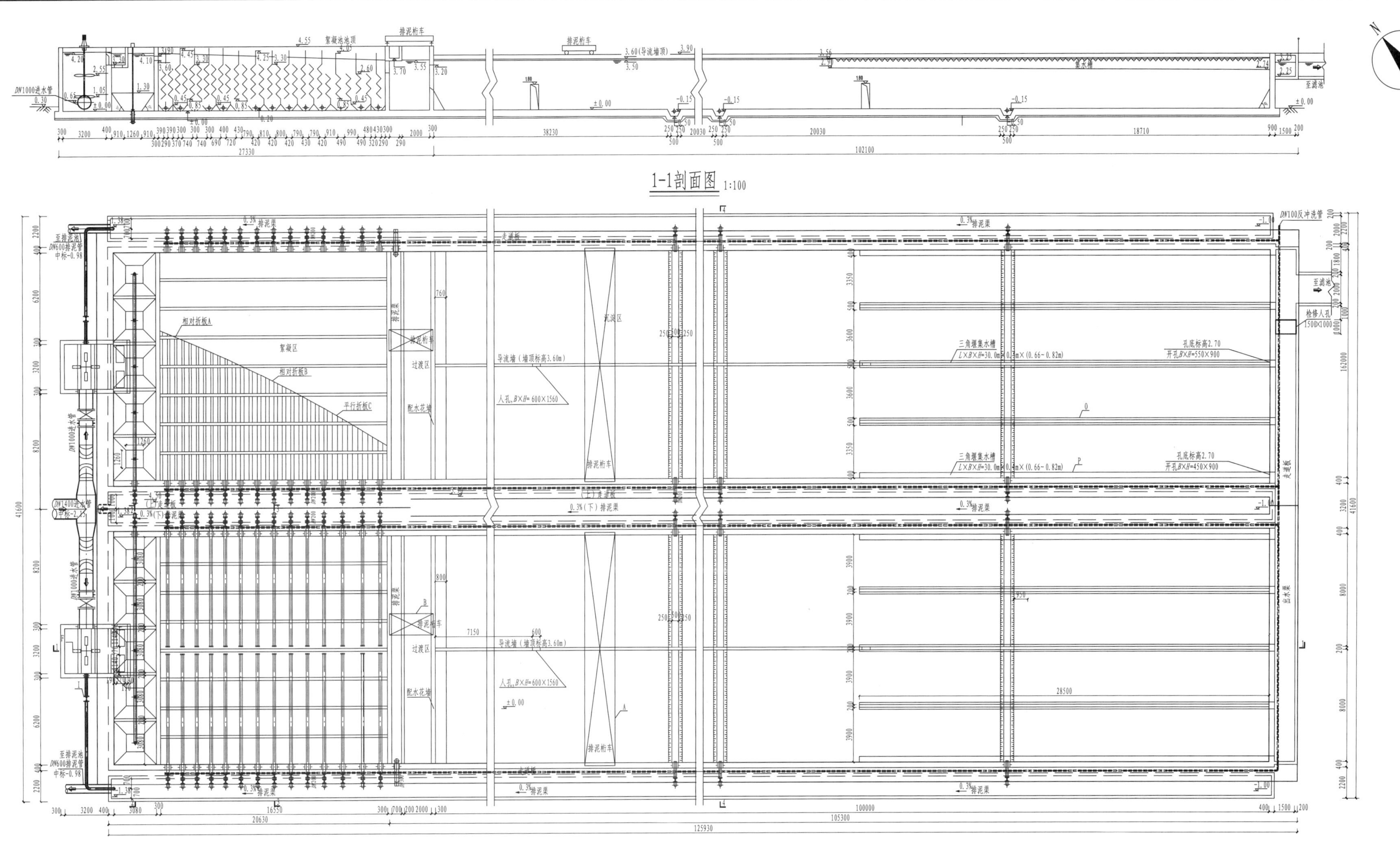

1-1剖面图 1:100

机械混合折板絮凝平流沉淀池平面图 1:100

说 明:

1.本图尺寸单位以mm计，高程单位以m计，±0.00相当于1985国家高程基准26.20m。

2.本图为12.5万m³/d规模混合絮凝沉淀池平面布置图。

3.近期设计规模为25万m³/d，本次设计共2座4组絮凝沉淀池。

图面构成：平面图、剖面图、设备材料一览表、比例尺、风玫瑰（指北针）、图例及说明。平面图需包含机械搅拌池、折板絮凝池、平流沉淀池池体，进出水管、排泥管、放空管、反冲洗管等管线，配水花墙、导流墙、集水槽、出水渠、排泥桁车等附属设施的平面布置；剖面图需包含池体及管路的纵向布置。
图面重点：重点表达机械混合折板絮凝池池体工艺构成、尺寸；附属设备和管渠布置。
图面线型：管线为粗线；构筑物外框线为中粗线；标注及其他为细线。

××设计单位		项目名称	××给水工程初步设计
		子　项	净水工程
审　定	×××	机械混合折板絮凝平流沉淀池工艺图（一）	图　别：初设
校　核	×××		分项号：03
设　计	×××		总　号：GS-10
制　图	×××		日　期：××××.××

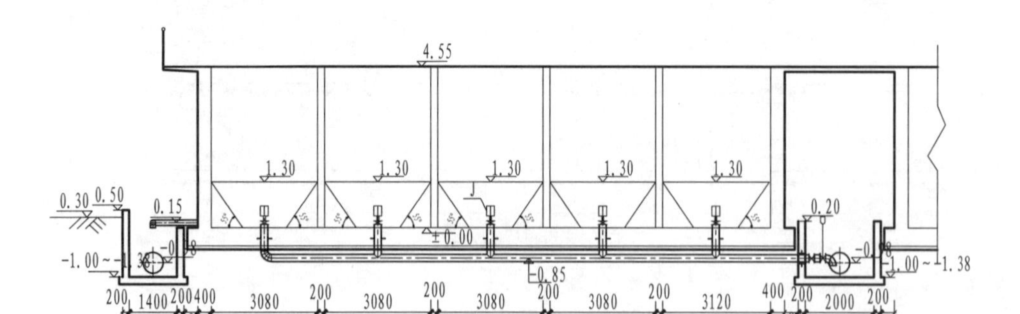

2-2剖面图 1:100

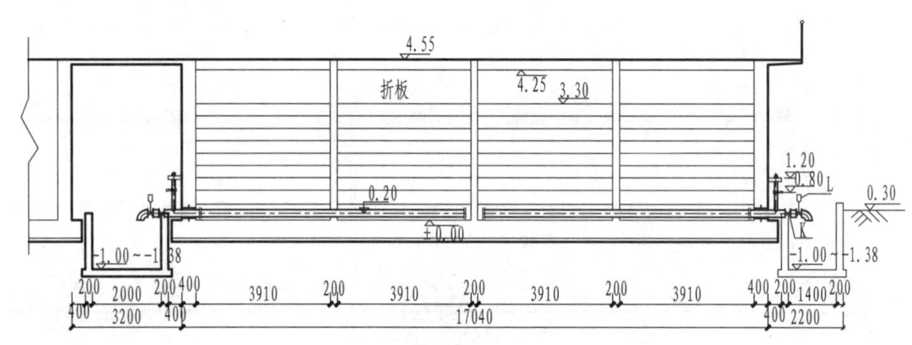

3-3剖面图 1:100

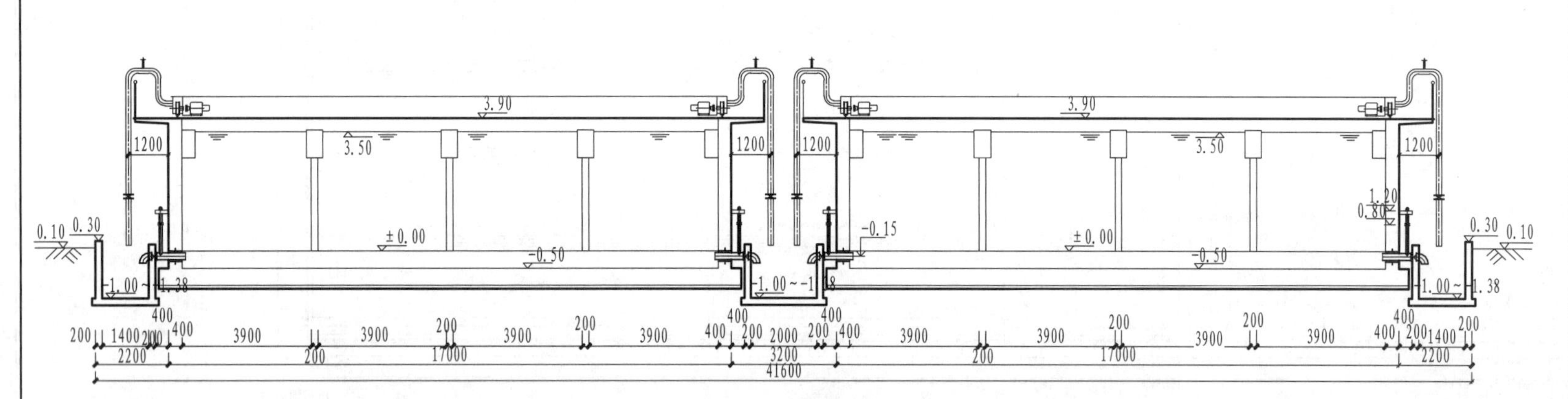

4-4剖面图 1:100

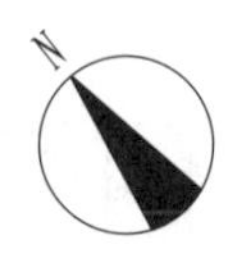

设备一览表

序号	名称	规格	材料	单位	数量	备注
A	排泥桁车	跨距 16.6m，泵吸式，行走电机 P=0.75kW	Q235B	套	2	
B	潜水电泵	QS144-5-3，N=3kW，n=1440r/min		台	4	与桁车配套
C	排泥桁车	跨距 3.275m，泵吸式，行走电机 P=0.75kW	Q235B	套	2	
D	潜水电泵	QS144-5-3，N=3kW，n=1440r/min		台	2	与桁车配套
E	排渍泵	WQ25-8-1.5，N=1.5kW，n=2900r/min		台	1	沉淀池放空，库备
F	搅拌机	D=1.5m，P=2.2kW		套	2	
G	蜗轮传动蝶阀	D341X-10，DN1000，PN=1.0MPa		个	2	进水管
H	管路补偿器	CC2F，DN1000，PN=1.0MPa		个	2	
I	手动蝶阀	DN150，D341X-10，PN=1.0MPa		个	2	
J	气动池底阀	DN200		个	10	排泥阀门
K	手动蝶阀	DN200，D341X-10，PN=1.0MPa		个	74	
L	气动蝶阀	DN200，D671X-10，PN=1.0MPa		个	58	其中两个阀杆加长 1.2m
M	手动蝶阀	DN80，D341X-10，PN=1.0MPa		个	16	
N	气动蝶阀	DN80，D671X-10，PN=1.0MPa		个	56	
O	集水槽	B=500mm	Q235B	套	6	
P	集水槽	B=400mm	Q235B	套	4	

材料一览表

序号	名称	规格	型号	单位	数量	备注
1	直管	DN1400	Q235B	m	4	
2	直管	DN1000	Q235B	m	18	
3	直管	DN200	Q235B	m	126	
4	直管	DN150	Q235B	m	56	
5	穿孔排泥管	DN200，L=7.8m	ABS	根	56	
6	直管	DN300	Q235B	m	8	
7	直管	DN100	Q235B	m	454	
8	直管	DN80	Q235B	m	80	
9	钢筋混凝土管	d600		m	6	排泥管
10	防水套管	DN1000，L=300mm		个	2	
11	防水套管	DN200，L=400mm		个	74	
12	防水套管	DN150，L=300mm		个	2	
13	防水套管	DN300，L=400mm		个	2	
14	防水套管	DN300，L=200mm		个	2	
15	防水翼环	DN200，L=600mm		个	10	
16	管道配件			项	1	按主管材的20%统计

说 明：

1. 本图尺寸单位以mm计，高程单位以m计，±0.00相当于1985国家高程基准26.20m。
2. 靠近池壁一侧排水沟顶部标高为0.20m，防止溅水。有阀门的地方留缺口。
3. 图中材料设备表所列为1座(2组)沉淀池(12.5万m^3/d规模)的设备材料数量。

图面构成：平面图、剖面图、设备材料一览表、比例尺、风玫瑰（指北针）、图例及说明。平面图需包含机械搅拌池、折板絮凝池、斜管沉淀池池体，进出水管、排泥管、放空管、反冲洗管等管线，配水花墙、导流墙、集水槽、出水渠、排泥桁车等附属设施的平面布置；剖面图需包含池体及管路的纵向布置。
图面重点：重点表达机械混合折板絮凝池池体工艺构成、尺寸、附属设备和管渠布置。
图面线型：管线为粗线；构筑物外框线为中粗线；标注及其他为细线。

××设计单位		项目名称	××给水工程初步设计
		子　项	净水工程
审　定	×××	图　别	初设
校　核	×××	分项号	03
设　计	×××	总　号	GS-11
制　图	×××	日　期	××××.××

机械混合折板絮凝平流沉淀池工艺图（二）

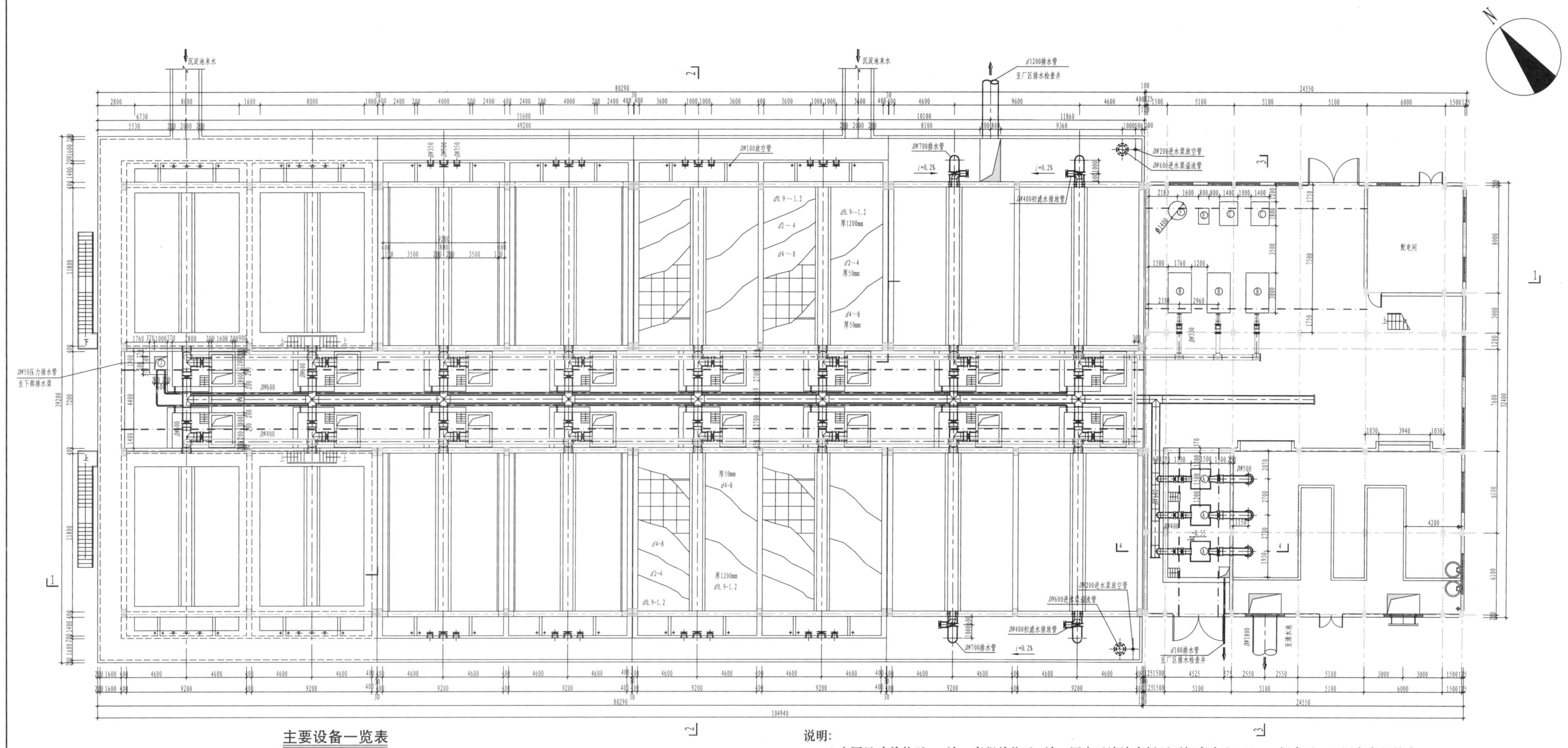

V型滤池工艺图 1:150

说明:

1.本图尺寸单位以mm计，高程单位以m计，图中以滤池底板顶面标高为±0.00m，相当于1985国家高程基准25.65m。

2.本图为气水反冲洗滤池及反冲洗泵房工艺图，滤池共16组，单组过滤面积为94.4m^2，总过滤面积为1510.4m^2，设计规模为25万m^3/d。

3. 工艺设计参数如下：滤速7.45m^3/h；冲洗方式为先气冲再气水同时冲洗后水冲，同时进行表面扫洗，气水冲洗强度和历时见表一。

气水冲洗强度和历时 表一

先气冲洗		气水同时冲洗		后水冲洗		表面扫洗	
气强度 [L/(s·m^2)]	历时 (min)	气强度 [L/(s·m^2)]	水强度 [L/(s·m^2)]	历时 (min)	水强度 [L/(s·m^2)]	历时 (min)	水强度 [L/(s·m^2)]
15	2	15	2.7	5	5.4	5	1.5

主要设备一览表

编号	名称	规格	单位	数量	备注
Ⓐ	单级单吸立式离心泵	Q=925m^3/h，H=9m	台	3	2用1备
	离心泵配套电机	N=37kW，n=1480r/min			
Ⓑ	鼓风机（带隔音罩）	Q=42.5m^3/min，P=29.4Pa	台	3	2用1备，配套进、出口消声器，弹性接头，安全阀，压力表和止回阀
	鼓风机配套电机	N=37kW，n=1110r/min			
Ⓒ	螺杆式空压机	Q=6.0m^3/min，排气压力0.75MPa	台	2	1用1备
	空压机配套电机	N=37kW			
Ⓓ	过滤器	LF290型，RF级	台	2	
Ⓔ	冷冻式干燥器	Q=6.0m^3/min，N=1.0kW	台	1	
Ⓕ	储气罐	D=1.4m，H=2.0m	个	1	
Ⓖ	手动葫芦	起重量1t	套	2	配套手动单轨小车
Ⓗ	LX型电动单梁悬挂桥式起重机	起重量2t，跨度3m，电动机功率2×0.4kW 配套捯链CD 2-9D型，电动机功率3.0kW	台	1	
Ⓘ	LX型电动单梁悬挂桥式起重机	起重量3t，跨度7.5m，电动机功率2×0.4kW 配套捯链CD 3-9D型，电动机功率4.5kW	台	1	
Ⓙ	排污泵	Q=15m^3/h，H=7m，N=0.75kW	台	1	

图面构成：平面图、剖面图、设备材料一览表、比例尺、风玫瑰（指北针）、图例及说明。平面图需包含滤池和反冲洗水池池体，进出水管、放空管、反冲洗管、空气管等管线，配水配气孔、进出水渠道等附属设施的平面布置。

图面重点：重点表达V型滤池池体工艺构成、尺寸；进出水管（渠）布置、滤层厚度、滤料组成、滤速与反冲洗方式。

图面线宽：管线为粗线；构筑物外框线为中粗线；标注及其他为细线。

注：本图为平面图。

××设计单位		项目名称	××给水工程初步设计
		子　项	净水工程
审　定	×××	图　别	初设
校　核	×××	分项号	03
设　计	×××	总　号	GS-12
制　图	×××	日　期	××××.××

V型滤池工艺图（一）

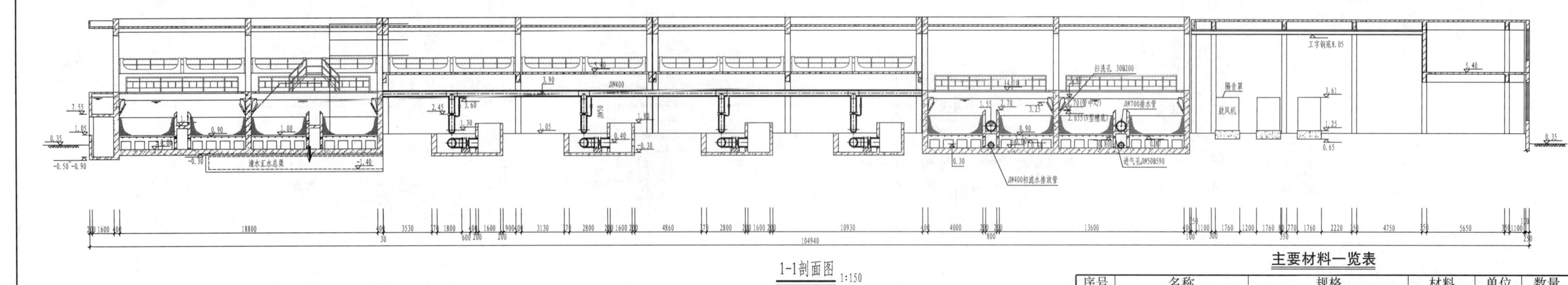

1-1剖面图 1:150

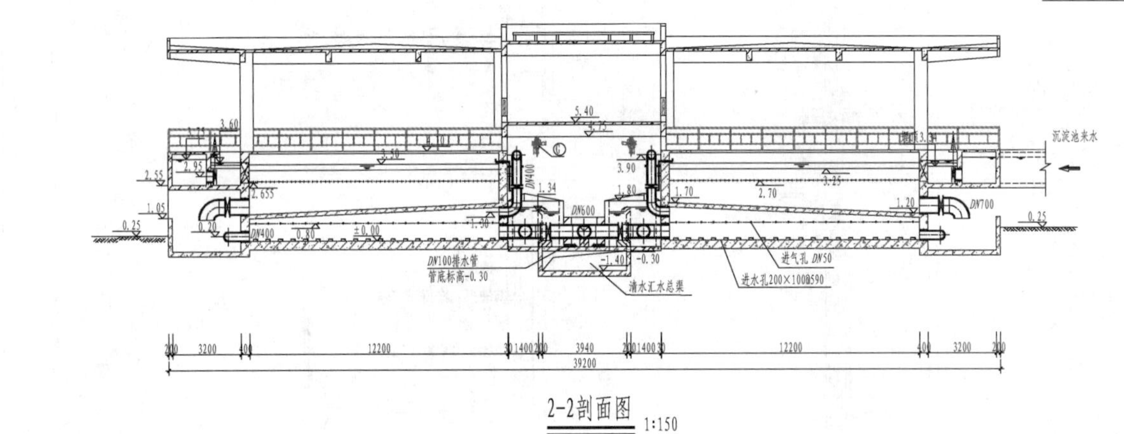

2-2剖面图 1:150

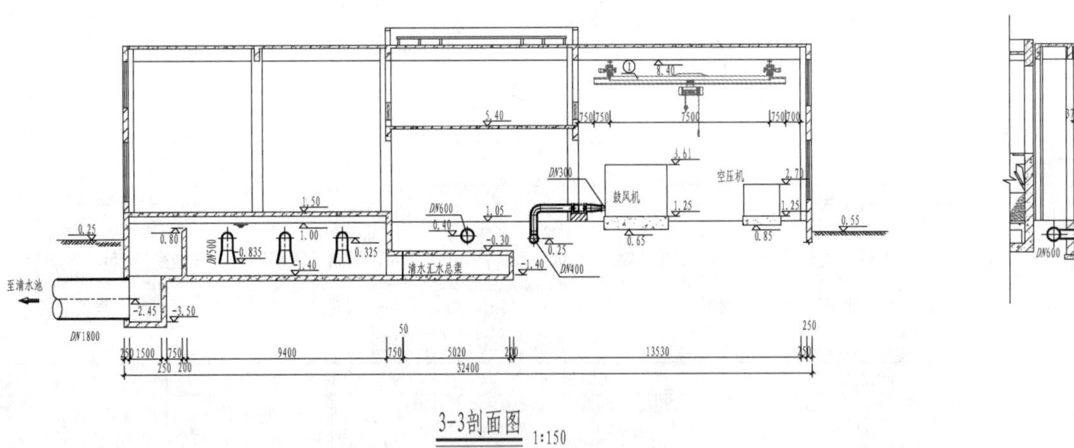

3-3剖面图 1:150

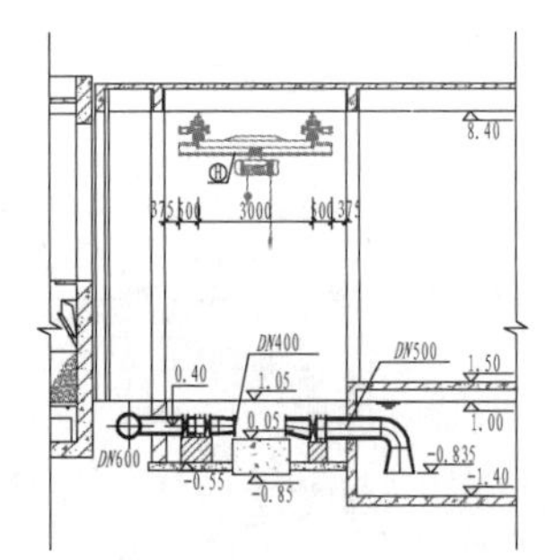

4-4剖面图 1:150

主要材料一览表

序号	名称	规格	材料	单位	数量
1	直管	D530×10mm	Q235B	m	5
2	直管	D377×8mm	Q235B	m	11
3	直管	D630×10mm	Q235B	m	50
4	直管	D1820×16mm	Q235B	m	4
5	直管	D630×10mm	Q235B	m	128
6	直管	D530×10mm	Q235B	m	11
7	直管	D426×8mm	Q235B	m	6
8	直管	D426×8mm	Q235B	m	208
9	直管	D325×8mm	Q235B	m	10
10	直管	D630×10mm	Q235B	m	6
11	直管	D219×6mm	Q235B	m	3
12	直管	D108×4mm	Q235B	m	72
13	直管	D720×10mm	Q235B	m	20
14	直管	D426×8mm	Q235B	m	24
15	直管	d1200	钢筋混凝土	m	2.2
16	直管	DN110	UPVC	m	152
17	直管	D57×4mm	Q235B	m	2
18	直管	DN110	UPVC	m	5
19	气动蝶阀	DN500,D671X-10		台	16
20	手动蝶阀	DN350,D371X-10		台	32
21	气动蝶阀	DN600,D671X-10		台	16
22	气动蝶阀	DN600,D671X-10		台	16
23	手动蝶阀	DN500,D371X-10		台	3
24	气动蝶阀	DN400,D671X-10		台	3
25	手动蝶阀	DN400,D371X-10		台	3
26	气动蝶阀	DN400,D671X-10		台	16
27	气动蝶阀	DN300,D671X-10		台	3
28	手动蝶阀	DN300,D371X-10		台	3
29	电磁阀	DN50		台	16
30	气动蝶阀	DN700,D671X-10		台	16
31	气动蝶阀	DN400,D671X-10		台	16
32	手动蝶阀	DN200,Z45X-10		台	2
33	手动蝶阀	DN100,Z45X-10		台	48
34	手动蝶阀	DN50,Z45X-10		台	
35	球形污水止回阀	DN50,HQ11X-1.0		台	1
36	滤头			套	
37	承托砂层	粒径 4~8mm		m^3	79
38	承托砂层	粒径 2~4mm		m^3	79
39	均匀级配砂滤料	d_{10}=0.9~1.2mm		m	1903
40	管配件			项	1

图面构成：平面图、剖面图、设备材料一览表、比例尺、风玫瑰（指北针）、图例及说明。剖面图需包含滤池池体及配气、反冲洗管线的纵向布置。
图面重点：重点表达V型滤池池体工艺构成、尺寸和标高；进出水管（渠）布置、滤层厚度、滤料组成、滤过与反冲洗方式。
图面线宽：管线为粗线；构筑物外框线为中粗线；标注及其他为细线。

注：本图为剖面图。

说明：
本图尺寸单位以mm计，高程单位以m计，图中以滤池底板顶面标高为±0.00m，相当于1985国家高程基准25.65m。

××设计单位		项目名称	××给水工程初步设计
		子　项	净水工程
审　定	×××	图　别	初设
校　核	×××	分项号	03
设　计	×××	总　号	GS-13
制　图	×××	日　期	××××.××

V型滤池工艺图（二）

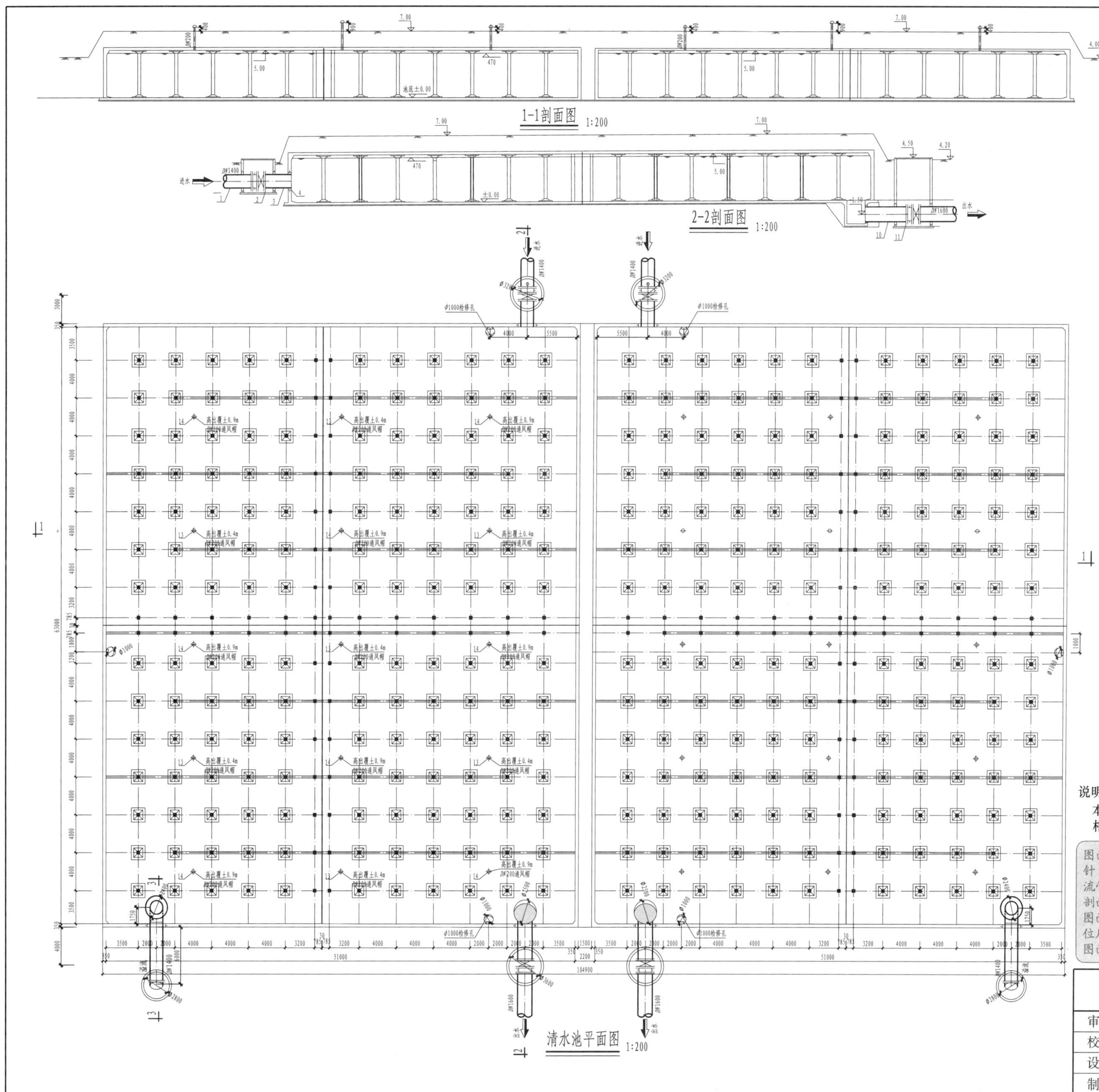

1-1剖面图 1:200

2-2剖面图 1:200

清水池平面图 1:200

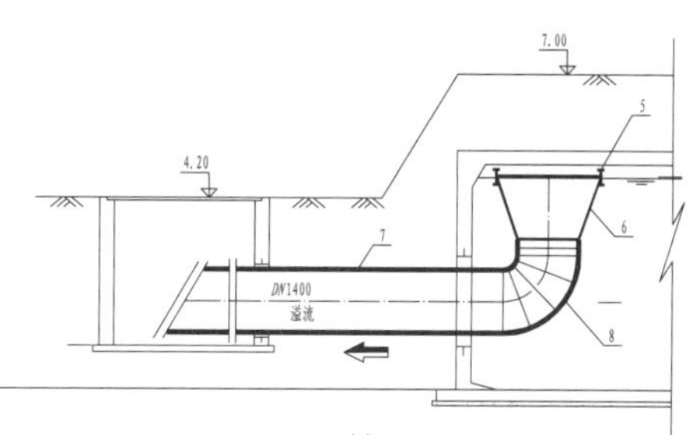

3-3剖面图 1:100

设备材料一览表

编号	名称	规格	单位	数量	结构
1	阀门井	ϕ3200，H=3700mm	座	2	钢筋混凝土结构
2	阀门井	ϕ3600，H=8100mm	座	2	钢筋混凝土结构
3	溢流井	ϕ2800，H=4350mm	座	2	钢筋混凝土结构
4	蝶阀	DN1400，Z45W-10	台	2	—
5	管道补偿器	DN1400，CC2F，PN=1.0MPa	台	2	—
6	闸阀	DN1600，Z45W-10	台	2	—
7	管道补偿器	DN1600，CC2F，PN=1.00MPa	台	2	—
8	拍门	DN1400	个	2	Q235B
9	潜水泵	$Q=13m^3/h$，h=8m，0.75kW	台	1	—
10	直管	D1420×12mm，L=3000mm	根	2	Q235B
11	法兰	DN1400，PN=1.0MPa	块	6	Q235B
12	直管	D1420×12mm，L=3000mm	根	2	Q235B
13	防水套管	DN1400，L=350mm，刚性A型	个	4	Q235B
14	喇叭口吊架	DN2400	个	2	Q235B
15	溢流喇叭口	DN2400×1400mm	个	2	Q235B
16	直管	D1420×12mm，L=6200mm	根	2	Q235B
		D1420×12mm，L=200mm	根	2	Q235B
17	90°弯头	DN1400	个	2	Q235B
18	防水套管	DN1600，L=800mm，刚性A型	个	2	Q235B
19	直管	D1620×12mm，L=4300mm	根	2	Q235B
20	法兰	DN1600，PN=1.0MPa	块	4	Q235B
21	通风管	DN200，L=2.3m	根	16	Q235B
22	通风管	DN200，L=2.8m	根	16	Q235B

说明：

本图尺寸单位以mm计，标高单位以m计，以池底标高为±0.00m，相当于1985国家高程基准21.35m。

图面构成：平面图、剖面图、设备材料一览表、比例尺、风玫瑰（指北针）、图例及说明。平面图需包含清水池池体，进出水管、放空管、溢流管等管线，通气帽、导流墙、人孔、溢流井等附属设施的平面布置，剖面图需包含清水池池体，溢流、放空管线的纵向布置。
图面重点：重点表达清水池池体工艺结构尺寸、标高，以及管渠尺寸、定位尺寸。
图面线型：管线为粗线；构筑物外框线为中粗线；标注及其他为细线。

××设计单位		项目名称	××给水工程初步设计
		子　项	净水工程
审　定	×××	清水池工艺图	图　别：初设
校　核	×××		分项号：03
设　计	×××		总　号：GS-14
制　图	×××		日　期：××××.××

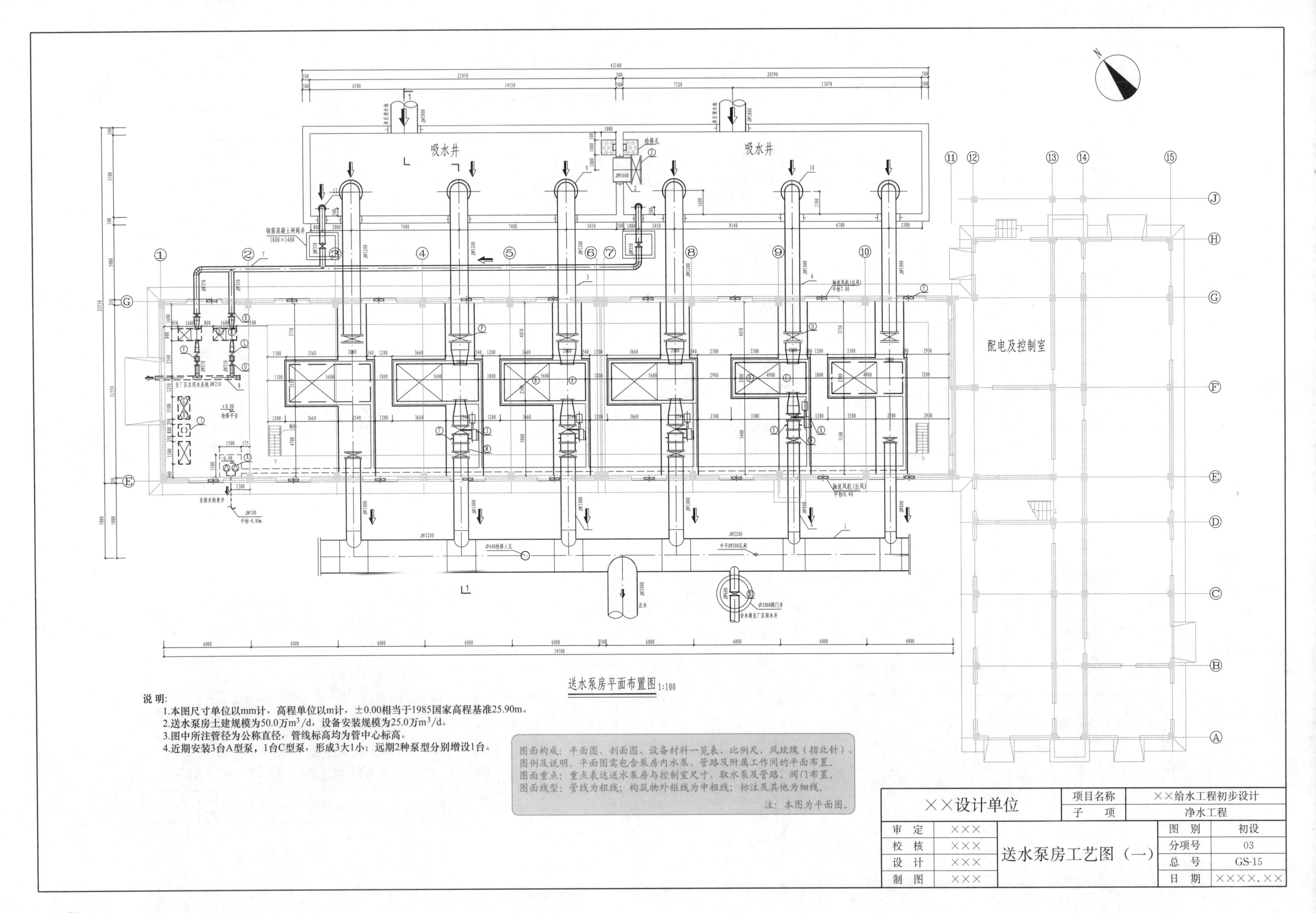
吸水井
吸水井
配电及控制室
钢筋混凝土闸阀井
1800×1400
送水泵房平面布置图 1:100
说 明:
1.本图尺寸单位以mm计，高程单位以m计，±0.00相当于1985国家高程基准25.90m。
2.送水泵房土建规模为50.0万m³/d，设备安装规模为25.0万m³/d。
3.图中所注管径为公称直径，管线标高均为管中心标高。
4.近期安装3台A型泵，1台C型泵，形成3大1小；远期2种泵型分别增设1台。
图面构成：平面图、剖面图、设备材料一览表、比例尺、风玫瑰（指北针）、图例及说明。平面图需包含泵房内水泵、管路及附属工作间的平面布置。
图面重点：重点表达送水泵房与控制室尺寸、取水泵及管路、阀门布置。
图面线型：管线为粗线；构筑物外框线为中粗线；标注及其他为细线。
注：本图为平面图。
××设计单位
项目名称
××给水工程初步设计
子 项
净水工程
审 定 ×××
校 核 ×××
设 计 ×××
制 图 ×××
送水泵房工艺图（一）
图 别 初设
分项号 03
总 号 GS-15
日 期 ××××.××

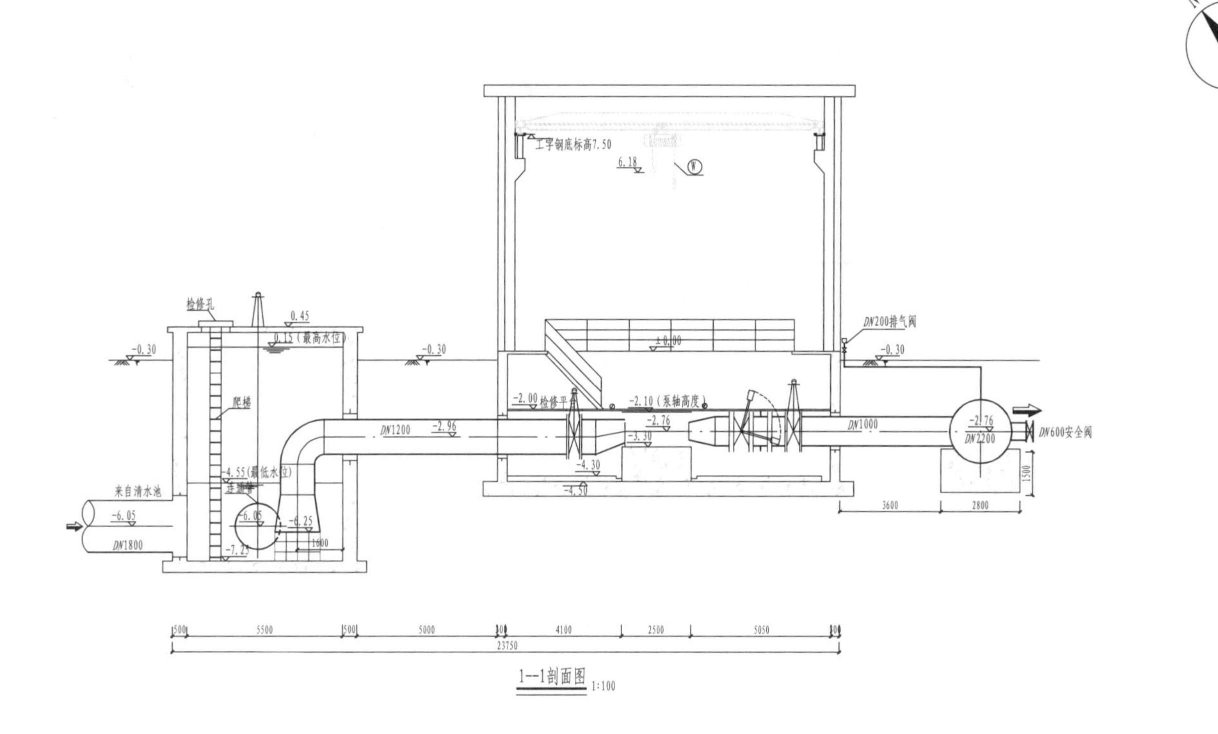

1—1剖面图 1:100

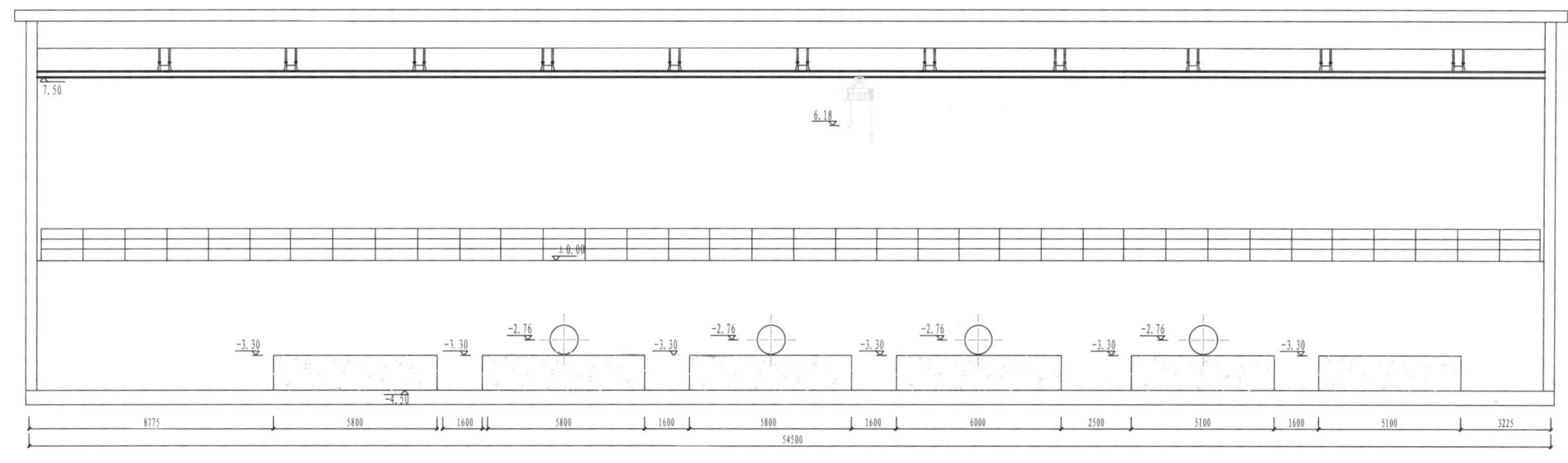

2—2剖面图 1:100

泵房材料、设备一览表

编号	名称	规格	单位	数量	备注
1	直管	DN2000	m	50	
2	直管	DN1200	m	45	
3	直管	DN1000	m	47	
4	吸水喇叭口	DN1600×1200mm	个	4	
5	偏心异径管	DN1200×800mm×10mm	个	3	
6	同心异径管	DN1000×600mm×10mm	个	3	
7	真空压力表	YZ-50，−15～350psi	个	6	
8	压力表	0～1.0MPa	个	6	
9	防水套管	DN1800，L＝500mm，刚性A型	个	2	
10	防水套管	DN250，L＝300mm，刚性A型	个	1	
Ⓐ	中开式单级双吸式离心泵	Q＝4750～5890～6365m^3/h，H＝48～45.5～43.5m	台	3	近期3台，远期1台
Ⓑ	配用电机	Y6303-10，电压为10kV，P＝1000kW，W＝7200kg	台	3	与送水泵配套用
Ⓒ	中开式单级双吸式离心泵	Q＝3000～3600～4200m^3/h，H＝56～52～44m	台	1	近期1台，远期1台
Ⓓ	配用电机	Y5601-8，电压为10kV，P＝630kW，W＝5940kg	台	1	与送水泵配套用
Ⓔ	单级双吸式离心泵	Q＝168～280～342m^3/h，H＝53～43～36m	台	2	1用1备
Ⓕ	配用电机	Y225M-2，电压为380V，P＝45kW，W＝459kg	台	2	1用1备
Ⓖ	SK-12型真空泵	抽气量＝12m^3/min，P＝18.5kW	台	2	1用1备
Ⓗ	配用电机	P＝18.5kW，380V	台	2	1用1备
Ⓘ	气水分离器	D＝500mm，H＝600mm	个	1	壁厚8mm钢板制作
Ⓙ	重锤式液控缓闭止回阀	DN1000，PN＝1.0MPa，P＝5.5kW	台	4	
Ⓚ	重锤式液控缓闭止回阀	DN800，PN＝1.0MPa，P＝1.5kW	台	2	
Ⓛ	静音式止回阀	DN250，PN＝1.0MPa	台	2	
Ⓜ	手动蝶阀	DN1000，D341X-10型，PN＝1.0MPa，P＝5.5kW	台	4	与送水泵配套用
Ⓝ	手动蝶阀	DN800，D341X-10型，PN＝1.0MPa，P＝4.0kW	台	2	与送水泵配套用
Ⓞ	手动蝶阀	DN250，Z45X-10	台	2	
Ⓟ	手动蝶阀	DN1200，Z45X-10，PN＝1.0MPa，P＝7.5kW	台	4	与送水泵配套用
Ⓠ	手动蝶阀	DN1000，Z45X-10，PN＝1.0MPa，P＝5.5kW	台	2	与送水泵配套用
Ⓡ	手动蝶阀	DN350，Z45X-10	台	2	
Ⓢ	水锤预作用阀	DN600	台	1	
Ⓣ	管路补偿器	DN1000，CC2F，PN＝1.0MPa	台	4	
Ⓤ	管路补偿器	DN800，CC2F，PN＝1.0MPa	台	3	
Ⓥ	管路补偿器	DN250，CC2F，PN＝1.0MPa	台	2	与送水泵配套用
Ⓦ	LX型电动单梁悬挂起重机	L_K＝10.50m，W＝10.0t，起吊高度＝12.0m	台	2	
Ⓧ	潜水排污泵	Q＝20m^3/h，H＝10m，P＝1.5kW	台	1	
Ⓨ	轴流风机	Q＝9393m^3/h，n＝1450r/min，N＝0.37kW	台	4	
Ⓩ	立式蝶阀	DN1600，D341X-10，PN＝1.0MPa	台	3	

说 明：

本图尺寸单位以mm计，高程单位以m计，±0.00相当于1985国家高程基准25.90m。

图面构成：平面图、剖面图、设备材料一览表、比例尺、风玫瑰（指北针）、图例及说明。剖面图需包含泵房纵向布置情况。
图面重点：重点表达送水泵房与控制室尺寸及标高、取水泵及管路、阀门布置。
图面线型：管线为粗线；构筑物外框线为中粗线；标注及其他为细线。

注：本图为剖面图。

××设计单位		项目名称	××给水工程初步设计
		子　项	净水工程
审　定	×××	图　别	初设
校　核	×××	分项号	03
设　计	×××	总　号	GS-16
制　图	×××	日　期	××××.××

送水泵房工艺图（二）

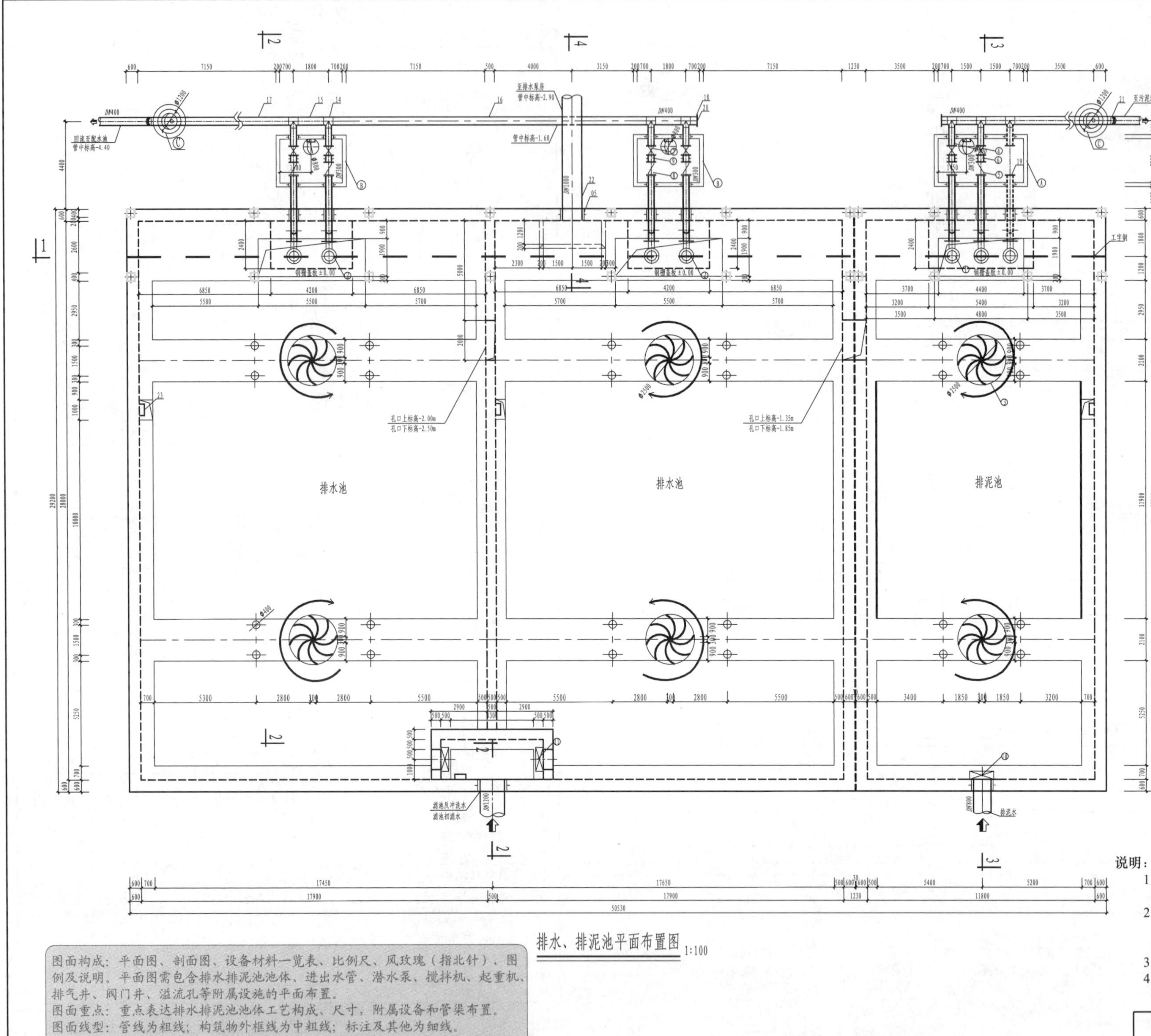

阀门井一览表

编号	名称	规格	单位	数量	备注
Ⓐ	排泥池钢筋混凝土阀门井	4.4m×2.2m，井深2.0m	座	1	参见21ZZ06
Ⓑ	排水池钢筋混凝土阀门井	3.2m×2.2m，井深2.0m	座	2	参见21ZZ06
Ⓒ	排气阀门井	D=1.2m，井深2.2m	座	2	参见21ZZ06

设备一览表

编号	名称	规格	单位	数量	备注
①	潜水泵	$Q=500m^3/h$，H=11m	台	2	1用1备
②	潜水泵	$Q=600m^3/h$，H=15m	台	4	2用2备
③	双曲面搅拌机	ϕ=2500mm，N=4.0kW	台	4	带导杆及支架
④	手动闸阀	DN300	个	2	排泥池
⑤	橡胶瓣止回阀	DN300，PN=1.0MPa	个	2	排泥池
⑥	管路补偿器	DN300，PN=1.0MPa	个	2	排泥池
⑦	手动闸阀	DN300	个	4	排泥池
⑧	橡胶瓣止回阀	DN300，PN=1.0MPa	个	4	排泥池
⑨	管路补偿器	DN300，PN=1.0MPa	个	4	排泥池
⑩	手动圆形闸板	ϕ800	台	1	
⑪	手动圆形闸板	ϕ1000	台	2	
⑫	CD1型捯链	起吊质量2.0t	台	1	起升高度6.0m
⑬	排气阀	DN80	个	2	
⑭	手动闸阀	DN100	个	2	排气阀门

说明：

1. 本图尺寸单位以mm计，标高单位以m计；±0.00为设计水泵坑顶板顶面标高，相当于1985国家高程基准26.90m。
2. 排水池、排泥池土建设计规模为50万m^3/d，设备材料安装规模为25万m^3/d。近期排水池内潜水泵只运行1台，远期2台同时运行，每格排水池内各有1台水泵为变频，备用泵为工频。
3. 搅拌机旋转方向如图中所示。
4. 未尽事宜严格遵照国家有关规范、规定执行。

图面构成：平面图、剖面图、设备材料一览表、比例尺、风玫瑰（指北针）、图例及说明。平面图需包含排水排泥池池体、进出水管、潜水泵、搅拌机、起重机、排气井、阀门井、溢流孔等附属设施的平面布置。
图面重点：重点表达排水排泥池池体工艺构成、尺寸，附属设备和管渠布置。
图面线型：管线为粗线；构筑物外框线为中粗线；标注及其他为细线。
注：本图为平面图。

××设计单位		项目名称	××给水工程初步设计
		子　项	净水工程
审　定	×××	排水排泥池工艺图（一）	图　别：初设
校　核	×××		分项号：03
设　计	×××		总　号：GS-17
制　图	×××		日　期：××××.××

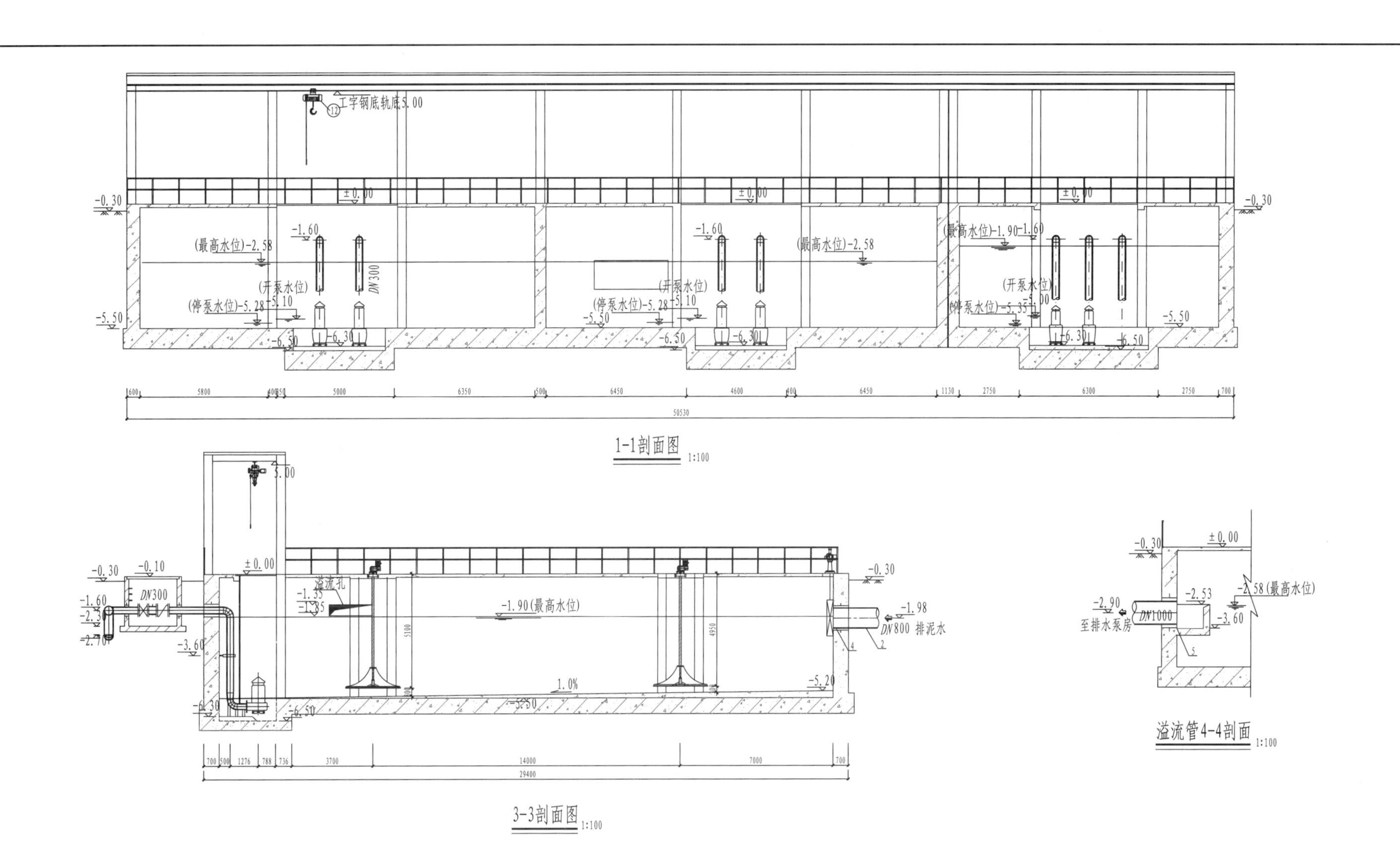

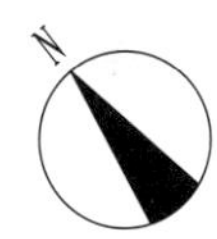

2-2剖面图 1:100

说明:

1. 本图尺寸单位以mm计，标高单位以m计；±0.00为设计水泵坑顶板顶面标高，相当于1985国家高程基准26.90m。
2. 排水池、排泥池土建设计规模为50万m^3/d，设备材料安装规模为25万m^3/d。

图面构成：平面图、剖面图、设备材料一览表、比例尺、风玫瑰（指北针）、图例及说明。剖面图需包含排水排泥池、管路及设备的纵向布置。
图面重点：重点表达排水排泥池池体工艺构成、尺寸和标高，附属设备和管渠布置。
图面线型：管线为粗线；构筑物外框线为中粗线；标注及其他为细线。
注：本图为剖面图。

××设计单位		项目名称	××给水工程初步设计
		子　项	净水工程
审　定	×××	排水排泥池工艺图（二）	图　别	初设
校　核	×××		分项号	03
设　计	×××		总　号	GS-18
制　图	×××		日　期	××××.××

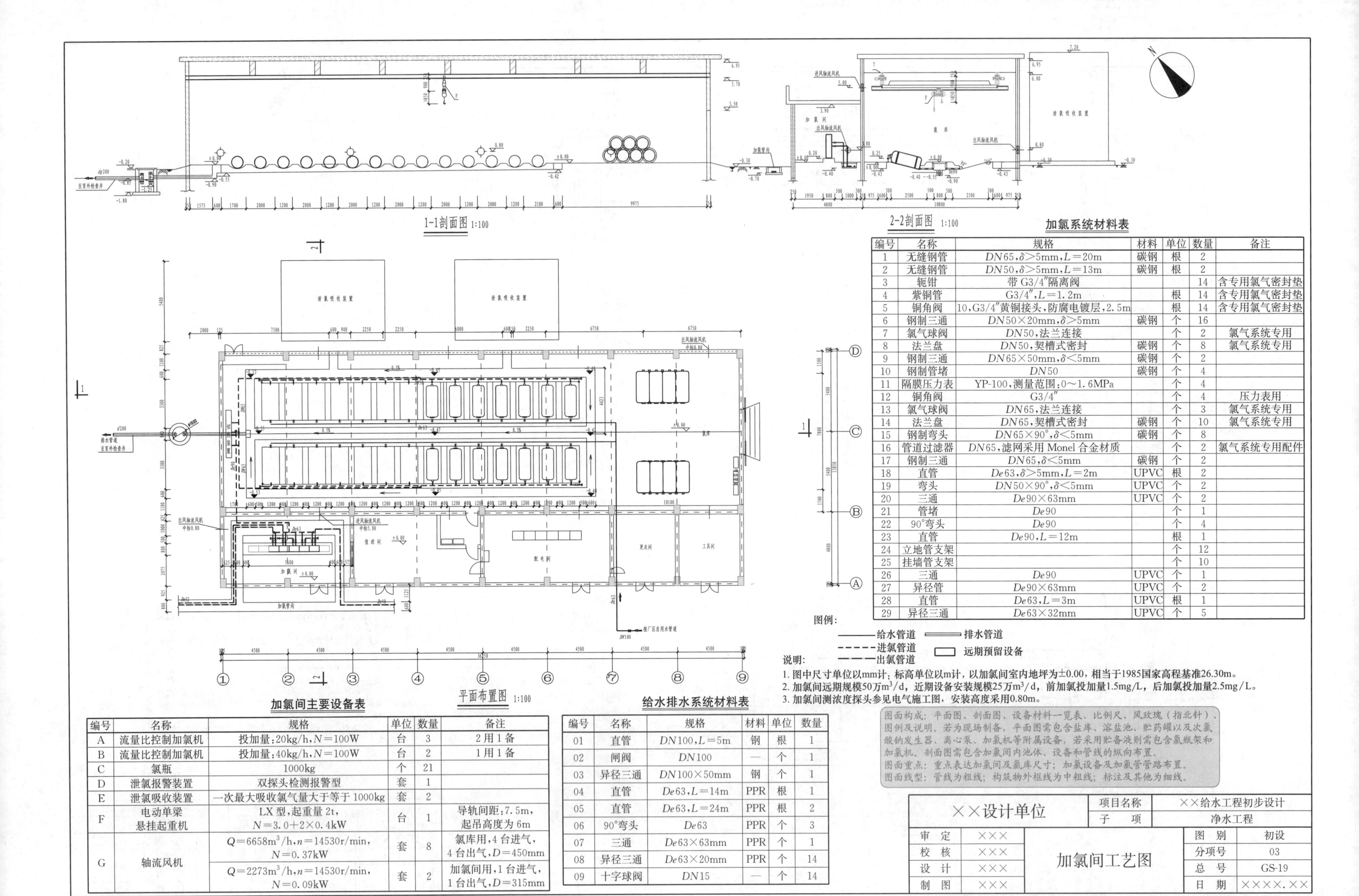

加氯系统材料表

编号	名称	规格	材料	单位	数量	备注
1	无缝钢管	$DN65$,$\delta>5$mm,$L=20$m	碳钢	根	2	
2	无缝钢管	$DN50$,$\delta>5$mm,$L=13$m	碳钢	根	2	
3	轭钳	带G3/4″隔离阀			14	含专用氯气密封垫
4	紫铜管	G3/4″,$L=1.2$m		根	14	含专用氯气密封垫
5	铜角阀	10,G3/4″黄铜接头,防腐电镀层,2.5m		根	14	含专用氯气密封垫
6	钢制三通	$DN50\times20$mm,$\delta>5$mm	碳钢	个	16	
7	氯气球阀	$DN50$,法兰连接		个	2	氯气系统专用
8	法兰盘	$DN50$,契槽式密封	碳钢	个	8	氯气系统专用
9	钢制三通	$DN65\times50$mm,$\delta<5$mm	碳钢	个	2	
10	钢制管堵	$DN50$	碳钢	个	4	
11	隔膜压力表	YP-100,测量范围:0~1.6MPa		个	4	
12	铜角阀	G3/4″		个	4	压力表用
13	氯气球阀	$DN65$,法兰连接		个	3	氯气系统专用
14	法兰盘	$DN65$,契槽式密封	碳钢	个	10	氯气系统专用
15	钢制弯头	$DN65\times90°$,$\delta<5$mm	碳钢	个	8	
16	管道过滤器	$DN65$,滤网采用Monel合金材质		个	2	氯气系统专用配件
17	钢制三通	$DN65$,$\delta<5$mm	碳钢	个	2	
18	直管	$De63$,$\delta>5$mm,$L=2$m	UPVC	根	2	
19	弯头	$DN50\times90°$,$\delta<5$mm	UPVC	个	2	
20	三通	$De90\times63$mm	UPVC	个	2	
21	管堵	$De90$		个	1	
22	90°弯头	$De90$		个	4	
23	直管	$De90$,$L=12$m		根	1	
24	立地管支架			个	12	
25	挂墙管支架			个	10	
26	三通	$De90$	UPVC	个	1	
27	异径管	$De90\times63$mm	UPVC	个	2	
28	直管	$De63$,$L=3$m	UPVC	根	1	
29	异径三通	$De63\times32$mm	UPVC	个	5	

说明:

1. 图中尺寸单位以mm计；标高单位以m计，以加氯间室内地坪为±0.00，相当于1985国家高程基准26.30m。
2. 加氯间远期规模50万m^3/d，近期设备安装规模25万m^3/d，前加氯投加量1.5mg/L，后加氯投加量2.5mg/L。
3. 加氯间测浓度探头参见电气施工图，安装高度采用0.80m。

图面构成：平面图、剖面图、设备材料一览表、比例尺、风玫瑰（指北针）、图例及说明。若为现场制备，平面图需包含盐库、溶盐池、贮药罐以及次氯酸钠发生器、离心泵、加氯机等附属设备，若采用贮备液则需包含氯瓶架和加氯机。剖面图需包含加氯间内池体、设备和管线的纵向布置。
图面重点：重点表达加氯间及氯库尺寸；加氯设备及加氯管管路布置。
图面线型：管线为粗线；构筑物外框线为中粗线；标注及其他为细线。

加氯间主要设备表

编号	名称	规格	单位	数量	备注
A	流量比控制加氯机	投加量:20kg/h,$N=100$W	台	3	2用1备
B	流量比控制加氯机	投加量:40kg/h,$N=100$W	台	2	1用1备
C	氯瓶	1000kg	个	21	
D	泄氯报警装置	双探头检测报警型	套	1	
E	泄氯吸收装置	一次最大吸收氯气量大于等于1000kg	套	2	
F	电动单梁悬挂起重机	LX型,起重量2t,$N=3.0+2\times0.4$kW	台	1	导轨间距:7.5m,起吊高度为6m
G	轴流风机	$Q=6658m^3/h$,$n=14530$r/min,$N=0.37$kW	套	8	氯库用,4台进气,4台出气,$D=450$mm
		$Q=2273m^3/h$,$n=14530$r/min,$N=0.09$kW	套	2	加氯间用,1台进气,1台出气,$D=315$mm

给水排水系统材料表

编号	名称	规格	材料	单位	数量
01	直管	$DN100$,$L=5$m	钢	根	1
02	闸阀	$DN100$	—	个	1
03	异径三通	$DN100\times50$mm	钢	个	1
04	直管	$De63$,$L=14$m	PPR	根	1
05	直管	$De63$,$L=24$m	PPR	根	2
06	90°弯头	$De63$	PPR	个	3
07	三通	$De63\times63$mm	PPR	个	1
08	异径三通	$De63\times20$mm	PPR	个	14
09	十字球阀	$DN15$	—	个	14

××设计单位	项目名称	××给水工程初步设计
	子项	净水工程

审定	×××	加氯间工艺图	图别	初设
校核	×××		分项号	03
设计	×××		总号	GS-19
制图	×××		日期	××××.××

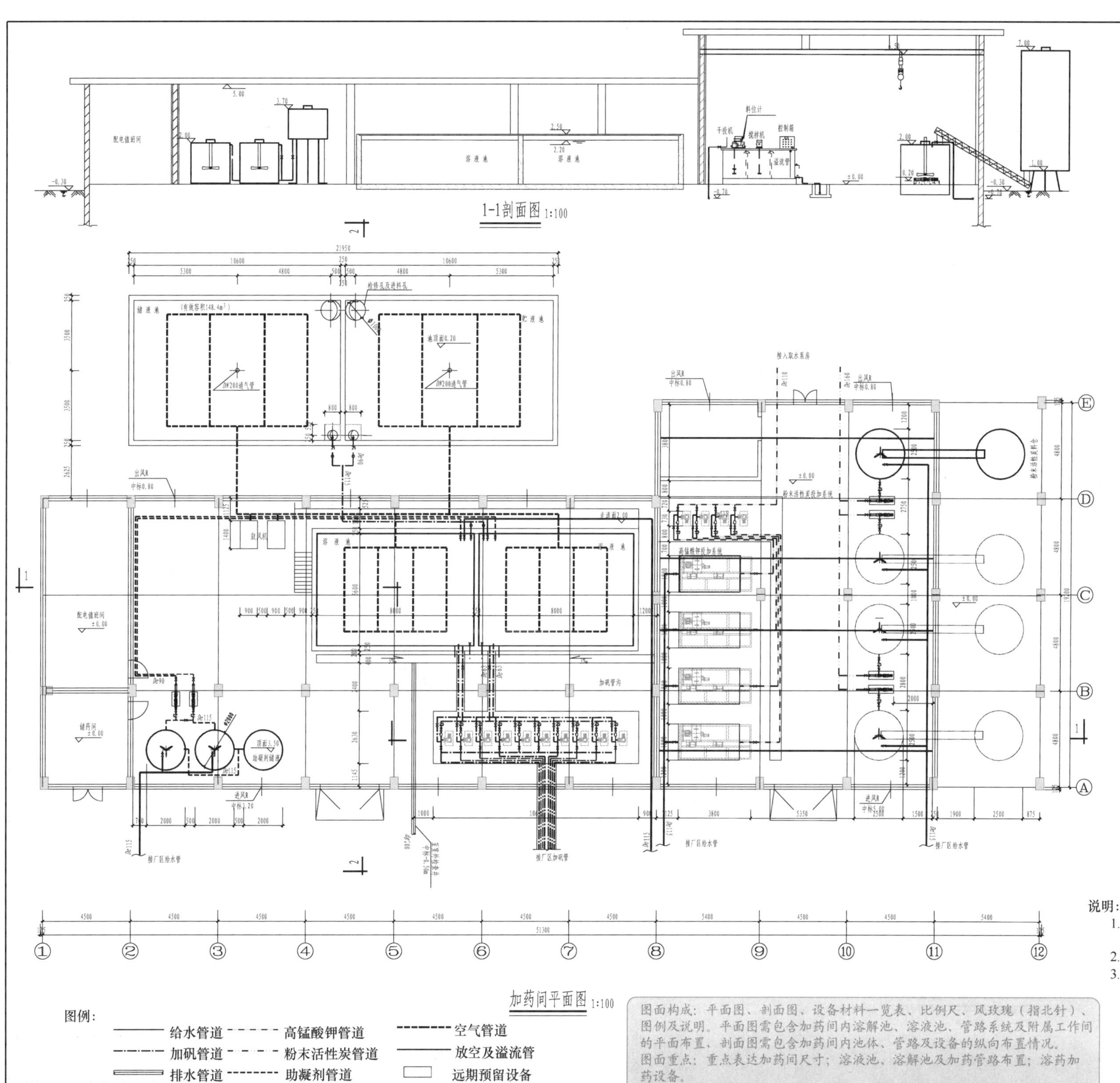

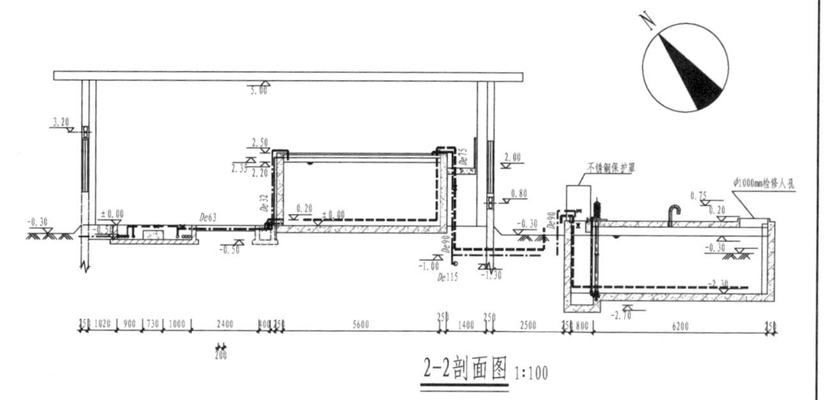

加药间主要设备表

编号	名称	规格	单位	数量	备注
A	贮液池耐腐蚀液下泵	$Q=35m^3/h$，$H=25m$，$N=5.5kW$	台	2	贮液池每池1台，2用
B	鼓风机	$Q=22.5m^3/h$，$P=29.4kPa$，$N=22kW$	台	2	1用1备
C	溶液池液位计		台	2	溶液池每池1台，2用
D	溶液池浓度计		台	2	溶液池每池1台，2用
E	投矾隔膜计量泵	$Q=1000L/h$，$H=0.50MPa$，$N=0.75kW$	台	3	
F	助凝剂贮液罐	$D=2.0m$，$H=1.5m$	个	1	贮存助凝剂用，不锈钢
G	助凝剂搅拌罐	$D=2.0m$，$H=2.0m$	个	2	溶解助凝剂用，不锈钢
H	搅拌机	JBJ-500mm，$N=1.5kW$	台	2	搅拌罐配套使用
I	助凝剂螺杆泵	$Q=10.2m^3/h$，$H=0.3MPa$，$N=1.45kW$	台	2	2用
J	高锰酸钾配制装置	制备能力$6m^3/h$，$N=9.5kW$	台	1	近期1用，远期4台，4用
K	高锰酸钾隔膜计量泵	$Q=640L/h$，$H=0.5MPa$，$N=0.55kW$	台	1	近期1用，远期4台，4用
L	粉末活性炭料仓	$D=2.5m$，$H=5.5m$	座	1	近期1用，远期4座，4用
M	螺旋输送机	输送量$1.2m^3/h$，$N=1.5kW$	台	1	近期1用，远期4台，4用
N	粉末活性炭制备罐	$D=2.5m$，$H=2.5m$，配套搅拌机$N=1.5kW$	座	1	近期1用，远期4座，4用
O	粉末活性炭螺杆泵	$Q=10.2m^3/h$，$H=0.3MPa$，$N=1.45kW$	台	1	近期1用，远期4台，4用
P	电动单梁悬挂起重机	LX型，起重量2t，$N=3.0+2\times0.4kW$	台	2	
Q	工字钢导轨	工25	根	4	每根18.70m
R	轴流风机	$Q=3920m^3/h$，$n=1450r/min$，$N=0.12kW$	台	10	叶轮直径400mm
S	轴流风机	$Q=1086m^3/h$，$n=1450r/min$，$N=0.025kW$	台	2	叶轮直径280mm

说明：

1. 图中尺寸单位以mm计；标高单位以m计，加药间室内地坪为±0.00，相当于1985国家高程基准26.70m。
2. 贮液池、溶液池内壁防腐材料采用耐酸瓷砖，贮液池需加盖玻璃钢盖板。
3. 加药间规模100万m^3/d，碱式氯化铝投加量40mg/L，采用10%液态矾，每天配制1次，助凝剂PAM(或HCA)投加量0.5mg/L；高锰酸钾投加量0.5mg/L，25万规模一套设备；粉末活性炭投加量20mg/L，25万规模一套设备。

图例：

给水管道	高锰酸钾管道	空气管道
加矾管道	粉末活性炭管道	放空及溢流管
排水管道	助凝剂管道	远期预留设备

图面构成：平面图、剖面图、设备材料一览表、比例尺、风玫瑰（指北针）、图例及说明。平面图需包含加药间内溶解池、溶液池、管路系统及附属工作间的平面布置，剖面图需包含加药间内池体、管路及设备的纵向布置情况。
图面重点：重点表达加药间尺寸；溶液池、溶解池及加药管路布置；溶药加药设备。
图面线型：管线为粗线；构筑物外框线为中粗线；标注及其他为细线。

××设计单位		项目名称	××给水工程初步设计
		子　项	净水工程
审　定	×××	图　别	初设
校　核	×××	分项号	03
设　计	×××	总　号	GS-20
制　图	×××	日　期	××××.××

加药间工艺图

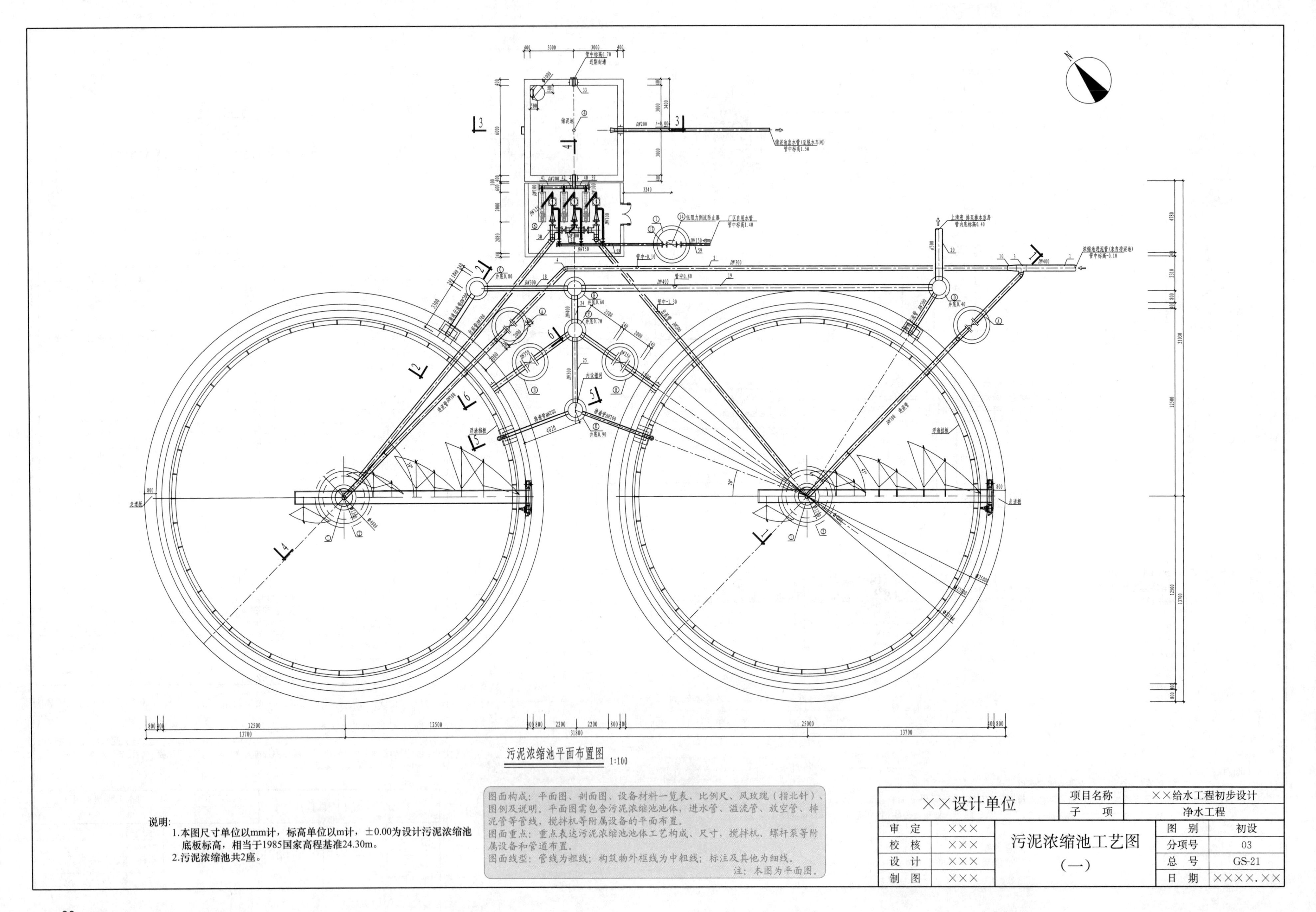
污泥浓缩池平面布置图 1:100
说明:
1.本图尺寸单位以mm计，标高单位以m计，±0.00为设计污泥浓缩池底板标高，相当于1985国家高程基准24.30m。
2.污泥浓缩池共2座。
图面构成：平面图、剖面图、设备材料一览表、比例尺、风玫瑰（指北针）、图例及说明。平面图需包含污泥浓缩池池体，进水管、溢流管、放空管、排泥管等管线，搅拌机等附属设备的平面布置。
图面重点：重点表达污泥浓缩池池体工艺构成、尺寸，搅拌机、螺杆泵等附属设备和管道布置。
图面线型：管线为粗线；构筑物外框线为中粗线；标注及其他为细线。
注：本图为平面图。
××设计单位
项目名称
××给水工程初步设计
子 项
净水工程
审 定
×××
校 核
×××
设 计
×××
制 图
×××
污泥浓缩池工艺图
（一）
图 别
初设
分项号
03
总 号
GS-21
日 期
××××.××
N
12500
13700
31800
25000
2200
800

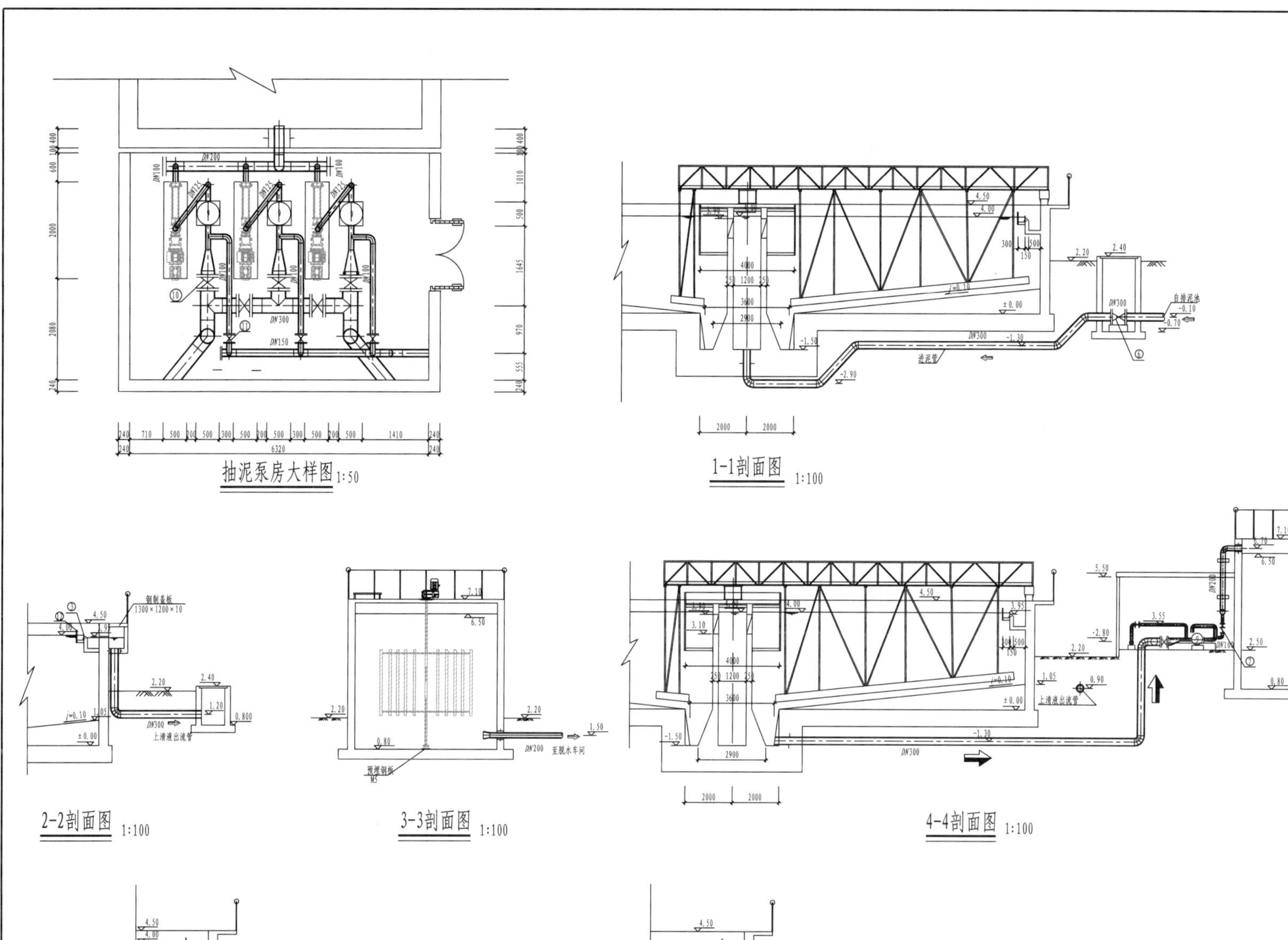

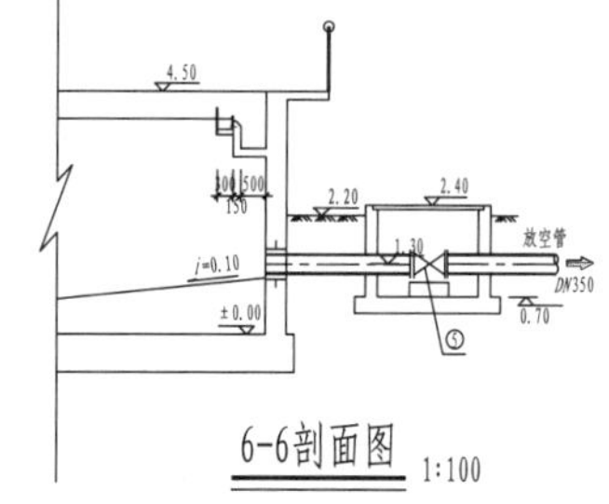

设备一览表

编号	名称	规格	材料	单位	数量
①	半桥式传动浓缩机	$R=12.5$m，池深 4.5m，$P=0.75$kW		套	2
②	导流筒	$\phi4000$，$H=2100$mm	不锈钢	套	2
③	出水三角堰板	$H=200$mm，$L=75.0$m	不锈钢	套	2
④	LFJ 立式搅拌机	$D=4000$mm，$L=6.0$m，$P=1.1$kW		套	1
⑤	手动闸阀	DN350，Z45X-10 型		台	2
⑥	手动闸阀	DN300，Z45X-10 型		台	2
⑦	橡胶瓣止回阀	DN100，$PN=1.0$MPa		台	3
⑧	螺杆泵	$Q=75m^3/h$，$P=11$kW，$PN=0.2$MPa		台	3
⑨	污泥切割机	$Q=75m^3/h$，$P=3$kW		台	3
⑩	手动蝶阀	DN300，D341X-10		台	5
⑪	手动蝶阀	DN100，D341X-10		台	6
⑫	浮渣挡板	$H=500$mm，$L=73.0$m	不锈钢	套	2
⑬	手动闸阀	DN150，Z45X-10 型		台	2
⑭	低阻力倒流防止器	DN150，LHS745X 型		台	1

附属构筑物一览表

编号	名称	规格	材料	单位	数量
Ⓐ	闸阀井	$\phi1400$，$H=3.10$m	砖砌	座	2
Ⓑ	闸阀井	$\phi2000$，$H=1.70$m	砖砌	座	2
Ⓒ	储泥井	6000mm×6000mm，$H=6.30$m	钢筋混凝土	座	1
Ⓓ	排水检查井	$\phi1000$，$H=2.00$m	砖砌	座	1
Ⓔ	排水检查井	$\phi1000$，$H=1.50$m	砖砌	座	1
Ⓕ	排水检查井	$\phi1000$，$H=1.70$m	砖砌	座	1
Ⓖ	排水检查井	$\phi1000$，$H=1.60$m	砖砌	座	1
Ⓗ	排水检查井	$\phi1000$，$H=1.80$m	砖砌	座	1
Ⓘ	闸阀井	$\phi2000$，$H=1.40$m	砖砌	座	1

材料一览表

编号	名称	规格	材料	单位	数量
1	直管	DN400，$L=75.00$m	Q235B	根	1
2	直管	DN300，$L=90.00$m	Q235B	根	1
3	异径三通	DN400×300mm	Q235B	个	1
4	异径三通	DN200×100mm	Q235B	个	3
5	等径三通	DN200	Q235B	个	1
6	等径三通	DN300	Q235B	个	3
7	45°弯头	D325×8mm	Q235B	个	10
8	90°弯头	DN300	Q235B	个	8
9	90°弯头	DN100	Q235B	个	9
10	90°弯头	DN200	Q235B	个	1
11	异径管	DN400×DN300	Q235B	根	1
12	偏心异径管	DN300×DN125	Q235B	根	3
13	防水套管	DN350，$L=400$mm		个	2
14	防水套管	DN300，$L=200$mm		个	2
15	防水套管	DN500，$L=3.00$m		根	1
16	防水套管	DN300，$L=1100$mm		个	2
17	防水套管	DN300，$L=1100$mm		个	2

图面构成：平面图、剖面图、设备材料一览表、比例尺、风玫瑰（指北针）、图例及说明。剖面图需包含池体、管线和附属设备的纵向布置。
图面重点：重点表达污泥浓缩池池体工艺构成、尺寸及标高，搅拌机、螺杆泵等附属设备和管道布置。
图面线型：管线为粗线；构筑物外框线为中粗线；标注及其他为细线。
注：本图为剖面图。

说明：

1.本图尺寸单位以mm计，标高单位以m计，±0.00为设计污泥浓缩池底板标高，相当于1985国家高程基准24.30m。
2.材料表仅供下料参考，管道长度统计到构筑物外3.00m。
3.材料表中管径以mm计、管道长度均以m计。

××设计单位		项目名称	××给水工程初步设计
		子　项	净水工程
审　定	×××	污泥浓缩池工艺图（二）	图　别：初设
校　核	×××		分项号：03
设　计	×××		总　号：GS-22
制　图	×××		日　期：××××.××

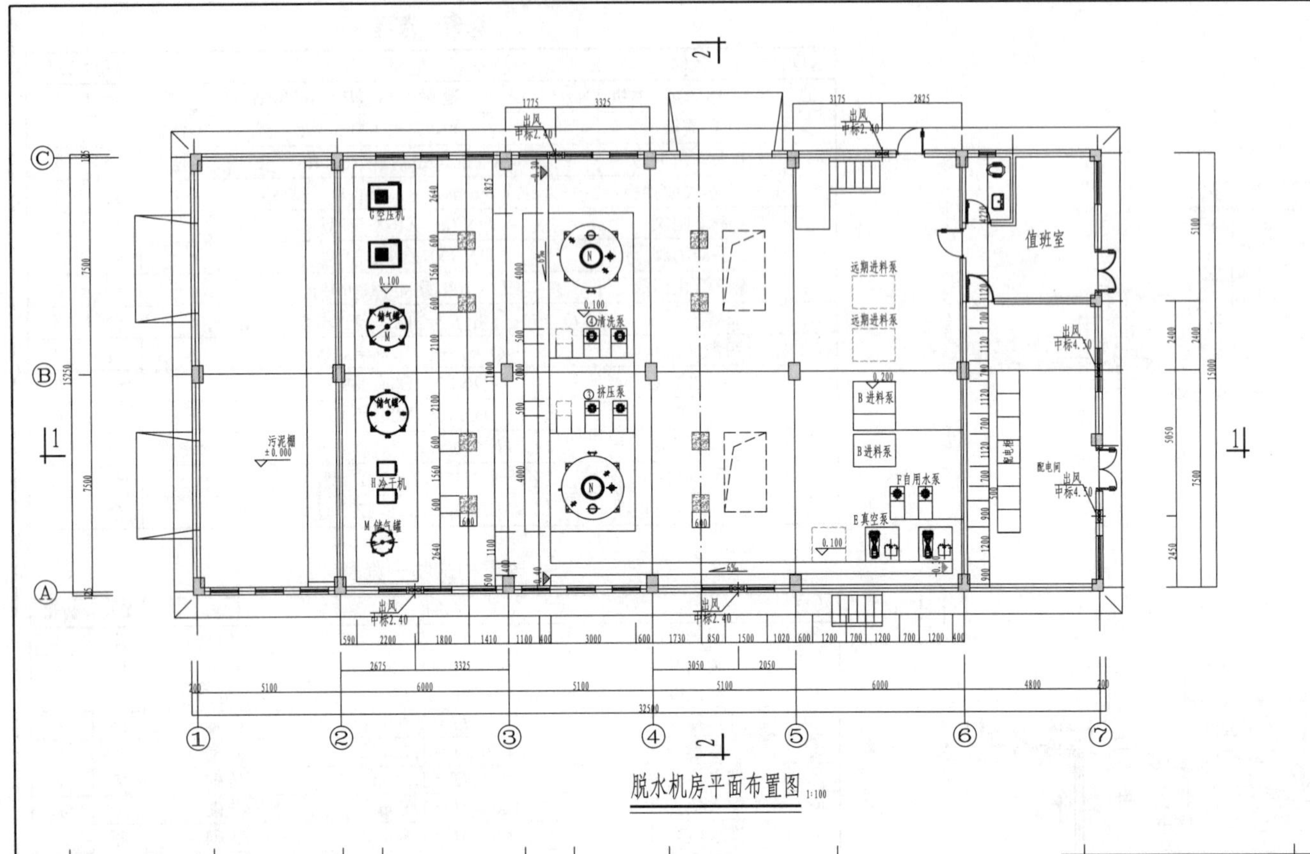

脱水机房平面布置图 1:100

设备一览表

编号	名称	规格	单位	数量	备注
A	滤布行走压滤机	过滤面积 167m^2,46 室,滤布驱动 5.5kW 液压泵 19.9L/min,20.6MPa,15kW	台	1	1用, 运行 16h/d
B	污泥进料渣浆泵	Q=70～85m^3/h,H=70～55m,N≤45kW	台	2	1用1备
C	隔膜挤压多级离心泵	Q=12～14.4m^3/h,H=160～140m,N≤11kW	台	2	1用1备
D	滤布清洗多级离心泵	Q=60m^3/h,H=60m,N≤22kW	台	2	1用1备
E	真空泵	Q=3.2m^3/min,93kPa,N≤5.5kW	台	2	1用1备
F	自用水泵	Q=5m^3/h,H=60m,N=2.2kW	台	2	1用1备
G	空压机	Q=2.5m^3/min,0.75MPa,N≤15kW	台	2	1用1备
H	冷干机	Q=6m^3/h,1.0MPa,N≤0.5kW	台	2	1用1备
I	无轴螺旋输送机	Q≥16m^3/h,L=16m,N=4.0kW	套	1	水平安装
J	污泥斗	V=8.0m^3	套	1	钢结构
K	空气过滤器	Q=7.5m^3/min	台	4	
L	起重机	起吊高度 6m,跨度 4m	套	2	
M	储气罐	V=0.5m^3,1个;V=3.0m^3,2个	个		
N	贮水罐	V=4.0m^3	个	2	
O	真空泵配套水箱	V=0.08m^3	个	2	
P	接泥槽	V=3.0m^3	个	1	
Q	机房一、二楼及配电间轴流风机	Q=3074m^3/h,n=2900r/min,N=0.25kW	台	10	叶轮 ϕ315
R	机房三楼轴流风机	Q=3810m^3/h,n=2900r/min,N=0.37kW	台	4	叶轮 ϕ315

图面构成：平面图、剖面图、设备材料一览表、比例尺、风玫瑰（指北针）、图例及说明。平面图需包含污泥脱水车间和设备的平面布置，剖面图需包含脱水车间和设备的纵向布置。
图面重点：重点表达污泥脱水车间内污泥脱水和输送设备布置及标高情况。
图面线型：管线为粗线；构筑物外框线为中粗线；标注及其他为细线。

说明：

1. 图中尺寸单位以mm计；标高单位以m计，脱水机房室内地坪为±0.00，相当于1985国家高程基准26.70m。
2. 脱水机房土建规模50万 m^3/d，设备安装规模25万 m^3/d。
3. 脱水车间属于建筑灭火器配置规范中的轻危险级A类火灾，采用手提式磷酸铵盐干粉灭火器，其防护面积以防火分区计，每层最小灭火器配置级别为4A，每层设置两个点，每瓶剂量4kg，两瓶一套，配电室属于建筑灭火器配置规范中的中危险级E类火灾，采用手提式磷酸铵盐干粉灭火器，其防护面积以防火分区计，最小灭火器配置级别为55B，每瓶剂量4kg。灭火器设置在落地式灭火器箱内，灭火器箱的底脚高度大于等于0.08m，灭火器箱不得上锁。
4. 脱水机房及配电间均为自然进风，出风采用轴流风机机械出风。
5. 未尽事宜严格遵照国家有关规范、规定执行。

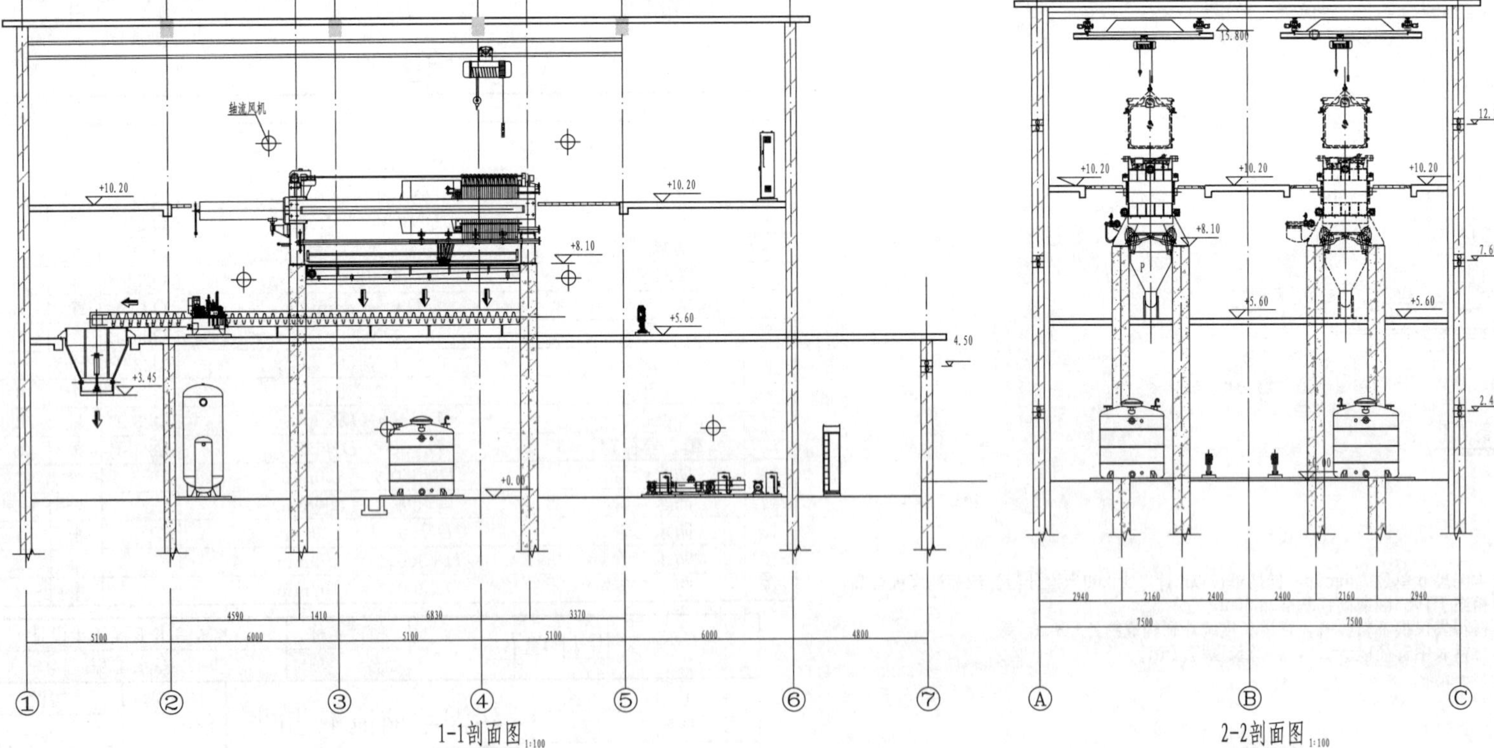

1-1剖面图 1:100

2-2剖面图 1:100

××设计单位		项目名称	××给水工程初步设计
		子　项	净水工程
审　定	×××	图　别	初设
校　核	×××	分项号	03
设　计	×××	总　号	GS-23
制　图	×××	日　期	××××.××

图名：污泥脱水机房工艺图

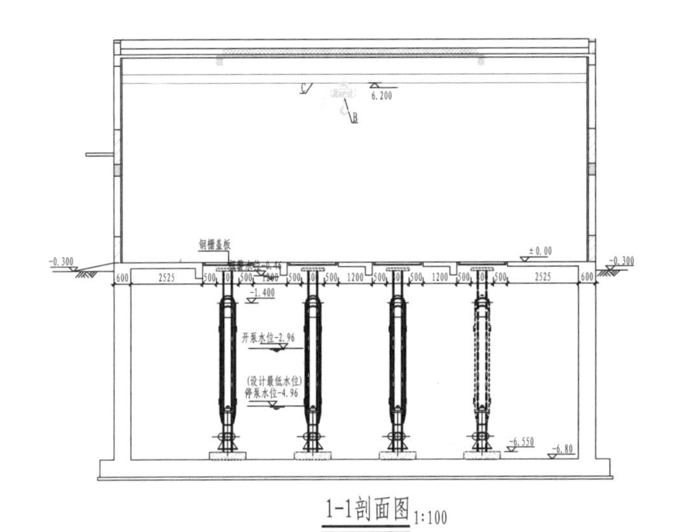

1-1剖面图 1:100

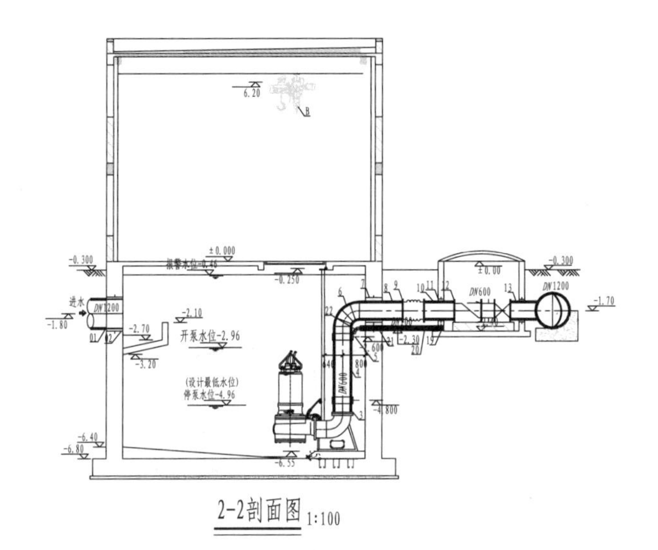

2-2剖面图 1:100

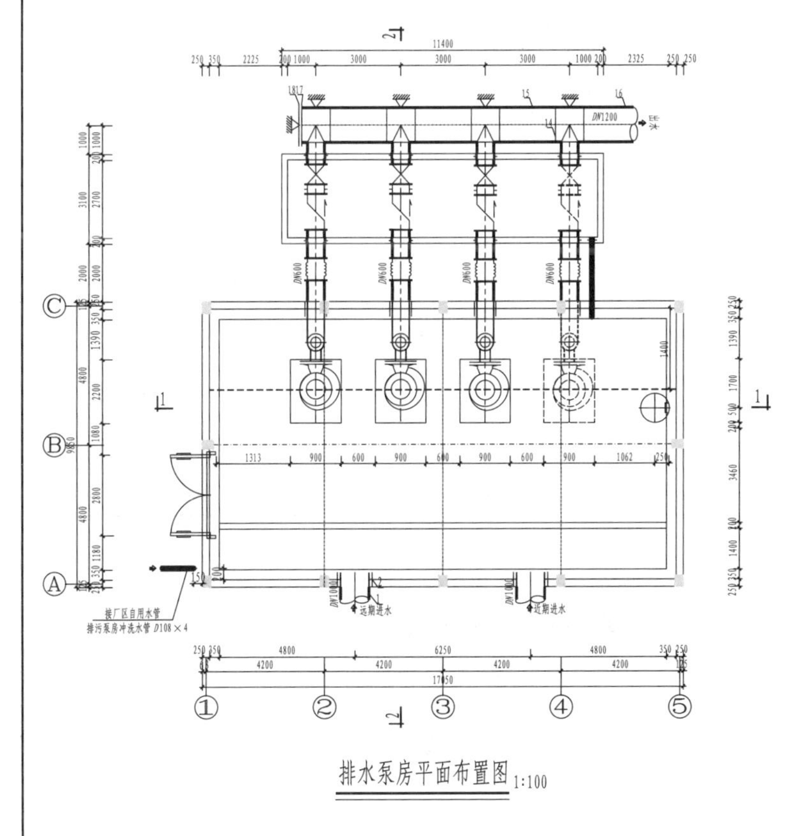

排水泵房平面布置图 1:100

主要设备一览表

编号	名称	规格	单位	数量	备注
1	潜水排污泵	Q=2200m³/h，H=12.6m，n=985r/min，P=132kW	台	3	2用1备
2	捯链	CD_1-3-12D，起重量3t，起升高度12m，配套电机功率4.5+0.4kW	套	1	
3	工字钢	Ⅰ32a，L=16.6m	根	1	
4	四球体可曲挠橡胶接头	DN600，PN=1.0MPa，GJQ(X)-4Q-Ⅱ型	台	3	
5	止回阀	DN600，HH44X-10	台	3	
6	管路补偿器	DN600，PN=1.0MPa，CC2F型	台	3	
7	手动闸阀	DN600，Z45X-10	台	3	
8	手动闸阀	DN100，Z45X-10	台	1	

图面构成：平面图、剖面图、设备材料一览表、比例尺、风玫瑰（指北针）、图例及说明。平面图需包含泵房内水泵、管路及附属工作间的平面布置，剖面图需包含泵房纵向布置情况。
图面重点：重点表达排水泵房尺寸及标高、设备型号、设备基础、进水和排水管路布置。
图面线型：管线为粗线；构筑物外框线为中粗线；标注及其他为细线。

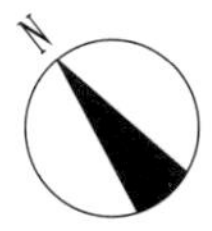

排水泵房主要材料表

类别	编号	名称	规格	材料	单位	数量
进水管	1	直管	D1020×10mm，L=6650mm	Q235B	根	2
	2	防水套管	DN1000，L=600mm	Q235B	个	2
出水管	3	法兰	D600，PN=1.0MPa	Q235B	块	3
	4	直管	D630×10mm，L=3000mm	Q235B	根	3
	5	立管支架	DN600		个	6
	6	弯头	DN600×90°	Q235B	个	3
	7	防水套管	DN600，L=600mm	Q235B	个	3
	8	直管	D630×10mm，L=1600mm	Q235B	根	3
	9	法兰	DN600，PN=1.0MPa	Q235B	块	6
	10	直管	D630×10mm，L=1200mm	Q235B	根	3
	11	防水套管	DN600，L=200mm	Q235B	个	6
	12	法兰	DN600，PN=1.0MPa	Q235B	块	6
	13	直管	D630×10mm，L=1000mm	Q235B	根	3
	14	异径三通	DN1200×600mm	Q235B	个	3
	15	直管	D1220×10mm，L=2500mm	Q235B	根	3
	16	直管	D1220×10mm，L=10000mm	Q235B	根	1
	17	法兰	DN1200，PN=1.0MPa	Q235B	块	1
	18	封头	DN1200，PN=1.0MPa	Q235B	块	1
阀门井排水管	19	防水套管	DN100，L=200mm	Q235B	个	1
	20	直管	D108×4mm，L=3000mm	Q235B	根	1
	21	防水套管	DN100，L=600mm	Q235B	个	1
	22	弯头	DN100×90°	Q235B	个	1
冲洗水管	23	直管	D108×4mm，L=2000mm	Q235B	根	1
	24	弯头	DN100×90°	Q235B	个	1
	25	直管	D108×4mm，L=1000mm	Q235B	根	1
	26	立管支架	DN100，管中心距墙300mm		个	1
	27	法兰	DN100，PN=1.0MPa	Q235B	块	1
其他	28	支墩	$L×B×H$=2500mm×1300mm×315mm	砖砌	个	3
	29	支墩		混凝土	m³	15

说明：

1.本图尺寸单位以mm计，标高单位以m计，±0.000相当于1985国家高程基准26.70m。
2.排水泵房近期设计流量为4400m³/h，远期设计流量为6600m³/h，土建部分按远期一次建成。潜水排污泵按近期流量进行设备选型及安装。

××设计单位		项目名称	××给水工程初步设计
		子　项	净水工程
审　定	×××	图　别	初设
校　核	×××	分项号	03
设　计	×××	总　号	GS-24
制　图	×××	日　期	××××.××

排水泵房工艺图

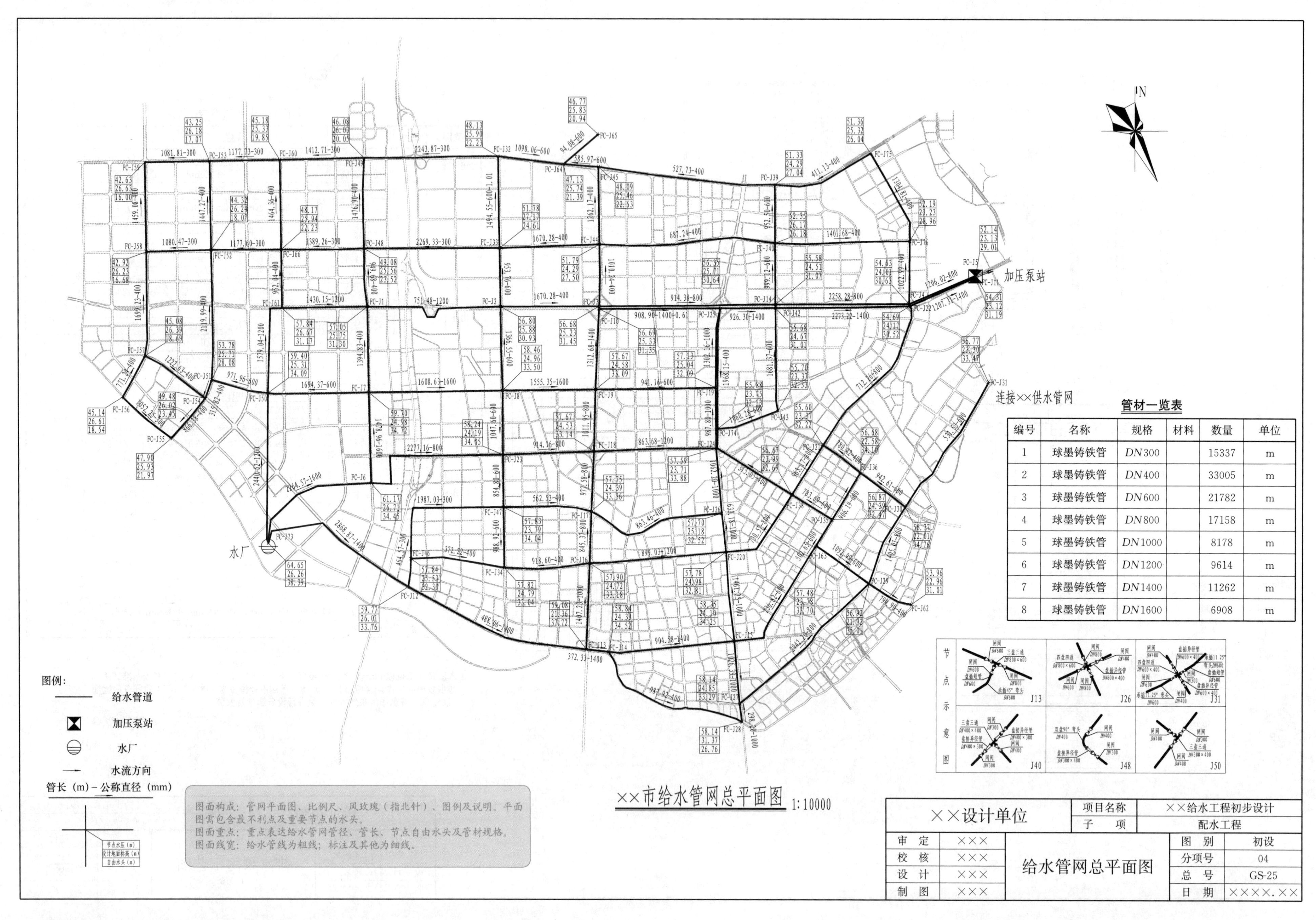

管材一览表

编号	名称	规格	材料	数量	单位
1	球墨铸铁管	DN300		15337	m
2	球墨铸铁管	DN400		33005	m
3	球墨铸铁管	DN600		21782	m
4	球墨铸铁管	DN800		17158	m
5	球墨铸铁管	DN1000		8178	m
6	球墨铸铁管	DN1200		9614	m
7	球墨铸铁管	DN1400		11262	m
8	球墨铸铁管	DN1600		6908	m

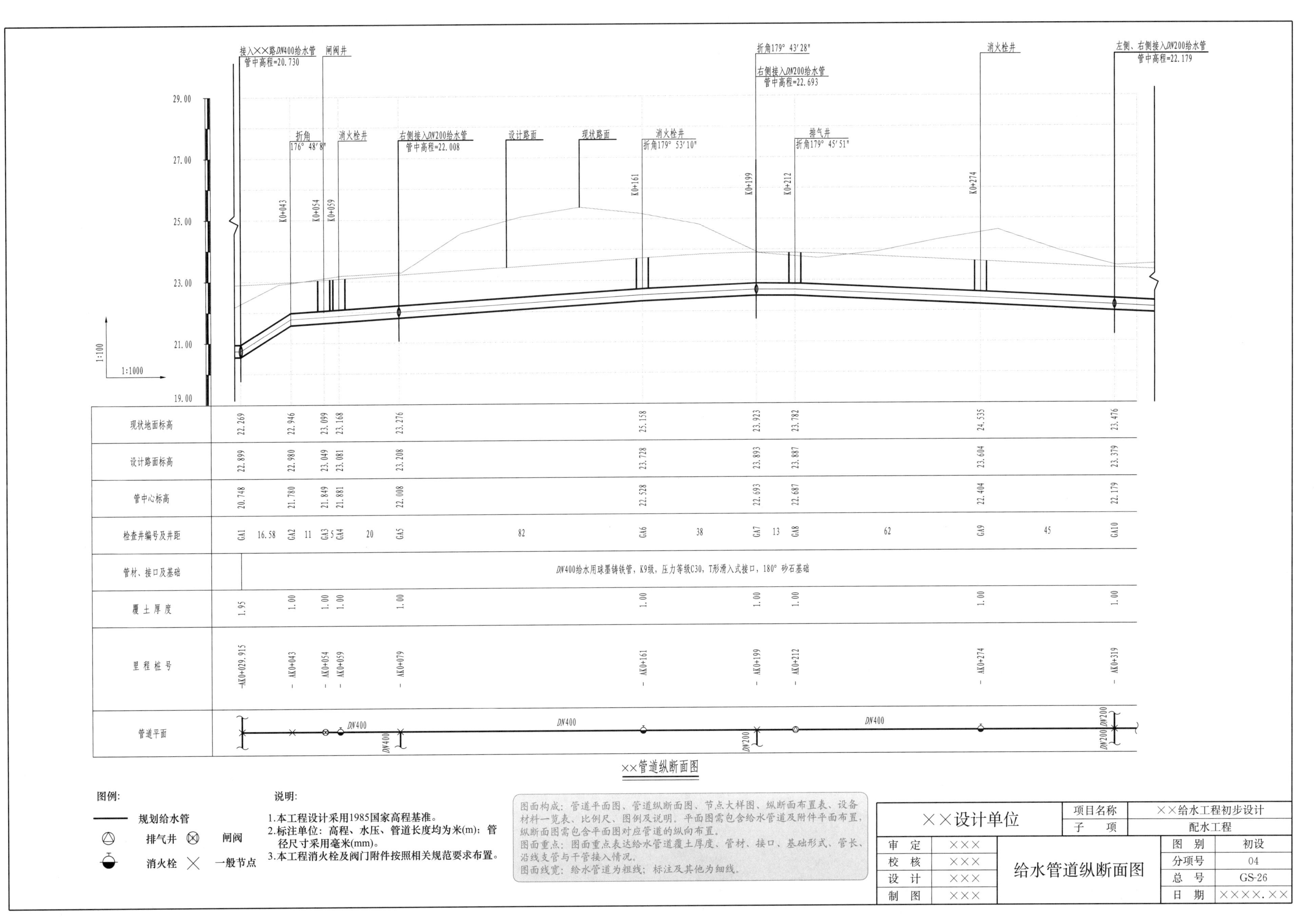

接入××路DN400给水管
管中高程=20.730
闸阀井
折角179° 43′28″
右侧接入DN200给水管
管中高程=22.693
消火栓井
左侧、右侧接入DN200给水管
管中高程=22.179
29.00
27.00
25.00
23.00
21.00
19.00
折角
176° 48′8″
消火栓井
右侧接入DN200给水管
管中高程=22.008
设计路面
现状路面
消火栓井
折角179° 53′10″
排气井
折角179° 45′51″
K0+043
K0+054
K0+059
K0+161
K0+199
K0+212
K0+274
1:100
1:1000
现状地面标高
22.269 22.946 23.099 23.168 23.276 25.158 23.923 23.782 24.535 23.476
设计路面标高
22.899 22.980 23.049 23.081 23.208 23.728 23.893 23.887 23.604 23.379
管中心标高
20.748 21.780 21.849 21.881 22.008 22.528 22.693 22.687 22.404 22.179
检查井编号及井距
GA1 16.58 GA2 11 GA3 5 GA4 20 GA5 82 GA6 38 GA7 13 GA8 62 GA9 45 GA10
管材、接口及基础
DN400给水用球墨铸铁管，K9级，压力等级C30，T形滑入式接口，180° 砂石基础
覆 土 厚 度
1.95 1.00 1.00 1.00 1.00 1.00 1.00 1.00 1.00 1.00
里 程 桩 号
AK0+029.915 AK0+043 AK0+054 AK0+059 AK0+079 AK0+161 AK0+199 AK0+212 AK0+274 AK0+319
管道平面
DN400
DN200
××管道纵断面图
图例:
规划给水管
排气井
闸阀
消火栓
一般节点
说明:
1.本工程设计采用1985国家高程基准。
2.标注单位：高程、水压、管道长度均为米(m)；管径尺寸采用毫米(mm)。
3.本工程消火栓及阀门附件按照相关规范要求布置。
图面构成：管道平面图、管道纵断面图、节点大样图、纵断面布置表、设备材料一览表、比例尺、图例及说明。平面图需包含给水管道及附件平面布置，纵断面图需包含平面图对应管道的纵向布置。
图面重点：图面重点表达给水管道覆土厚度、管材、接口、基础形式、管长、沿线支管与干管接入情况。
图面线宽：给水管道为粗线；标注及其他为细线。
××设计单位
项目名称
××给水工程初步设计
子 项
配水工程
审 定 ×××
校 核 ×××
设 计 ×××
制 图 ×××
给水管道纵断面图
图 别 初设
分项号 04
总 号 GS-26
日 期 ××××.××

第5章　给水工程其他图纸

(1)《浮船式取水头部工艺图》
(2)《网格絮凝斜管沉淀池工艺图》
(3)《气浮池工艺图》
(4)《虹吸滤池工艺图》
(5)《重力无阀滤池工艺图》
(6)《臭氧接触池工艺图》
(7)《生物活性炭滤池工艺图》

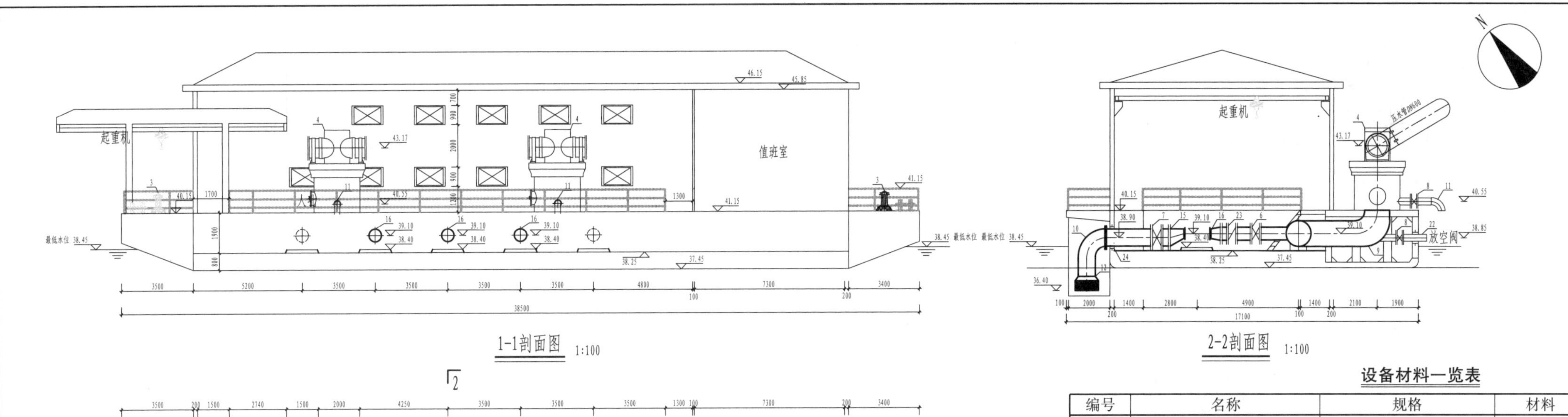

1-1剖面图 1:100

2-2剖面图 1:100

浮船式取水头部工艺图 1:100

设备材料一览表

编号	名称	规格	材料	单位	数量	备注
1	单级双吸中开式离心泵	$Q=2393\text{m}^3/\text{h}, H=37\text{m}$		台	3	2用1备
2	Y450-4	$N=315\text{kW}$		台	3	2用1备
3	锚固设备			套	2	
4	万向接头	DN1200		套	2	
5	电动蝶阀	DN1200		个	2	
6	电动蝶阀	DN800		个	3	
7	电动蝶阀	DN600		个	3	
8	电动蝶阀	DN300		个	5	
9	90°弯头	DN1200	Q235-B	个	2	
10	90°弯头	DN800	Q235-B	个	3	
11	90°弯头	DN300	Q235-B	个	2	
12	吸水喇叭口	$DN800\times DN1200$	Q235-B	个	3	
13	同径三通	DN1200	Q235-B	个	2	
14	异径三通	$DN600\times DN1200$	Q235-B	个	2	
15	偏心异径管	$DN400\times DN800$	Q235-B	个	3	
16	双盘异径管	$DN400\times DN600$	Q235-B	个	3	
17	钢管	DN800	Q235-B	个	2	
18	钢管	DN1200	Q235-B	个	2	
19	钢管	DN1200	Q235-B	m	100	
20	钢管	DN800	Q235-B	m	20	
21	钢管	DN600	Q235-B	m	12	
22	钢管	DN300	Q235-B	m	8	
23	止回阀	DN600	Q235-B	个	3	
24	穿墙套管	DN800	Q235-B	个	3	
25	穿墙套管	DN300	Q235-B	个	3	

说明：

1.图中尺寸标注单位以mm计，高程标注单位以m计，采用1985国家高程基准。
2.本设计近期规模为10万m³/d，远期规模为20万m³/d，土建按远期建造，设备按近期安装。
3.图中实线部分为近期设备，虚线部分为远期增设设备。
4.图中表格仅统计近期设备材料数量。
5.泵船采用下承式安装设备，采用万向接头与摇臂联络管将原水输送到给水处理厂。

图面构成：平面图、剖面图、设备材料一览表、比例尺、风玫瑰（指北针）、图例及说明。平面图需包含取水浮船和取水头部，水泵吸水和压水管路，附属工作间的平面布置。剖面图需包含取水浮船，取水头部和管路的纵向布置。
图面重点：重点表达浮船式取水头部工艺构成，取水泵型号及其基础定位尺寸、吸水管路与供水管路布置（管径、阀门等管道配件位置与标高）及浮船各部分尺寸。
图面线型：生产管线为粗线；构筑物外框线为中粗线；标注及其他为细线。

××设计单位		项目名称	××给水工程初步设计
		子 项	其他方案图纸
审 定	×××	图 别	初设
校 核	×××	分项号	05
设 计	×××	总 号	GS-27
制 图	×××	日 期	××××.××

浮船式取水头部工艺图

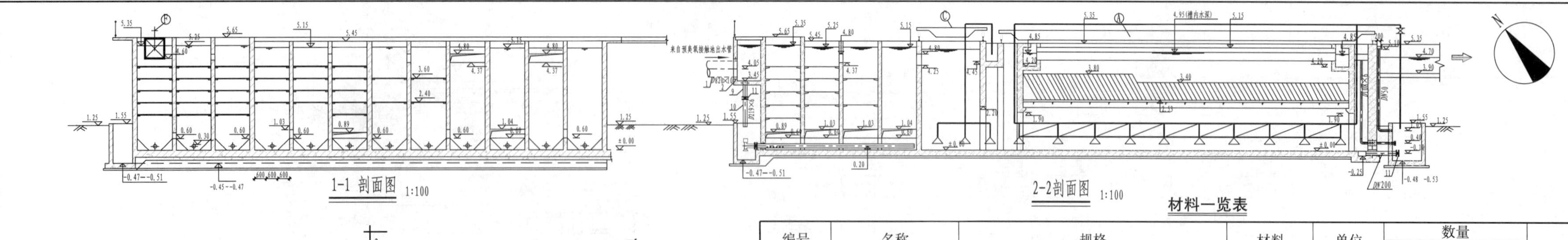

1-1 剖面图 1:100

2-2剖面图 1:100

材料一览表

编号	名称	规格	材料	单位	数量		备注
					单座	总数	
1	钢管	$D820\times10$mm，$L=4000$mm	钢	根	1	4	
2	防水套管	$DN800$，$L=200$mm	钢	个	1	4	参见 02S404/15
3	A 型格网	单块尺寸 $L\times B=1740$mm$\times$580mm	不锈钢	块	180	720	
4	B 型格网	单块尺寸 $L\times B=1740$mm$\times$580mm	不锈钢	块	96	384	
5	C 型格网	单块尺寸 $L\times B=1740$mm$\times$580mm	不锈钢	块	48	192	
6	D 型格网	单块尺寸 $L\times B=1740$mm$\times$580mm	不锈钢	块	60	240	
7	集水槽	$B\times H=300$mm$\times$550mm	不锈钢	套	17	68	15.45m 长
8	钢管	$D820\times10$mm，$L=5000$mm	钢	根	1	2	
9	钢管	$D219\times6$mm，$L=1900$mm	钢	根	2	8	带防水翼环
10	钢管	D219$\times$6mm，$L=1100$mm	钢	根	2	8	
11	闸阀	$DN200$，Z45T-10 型		个	4	16	
12	钢管	$D426\times10$mm	钢	m	5	20	
13	90°弯头	$DN400$	钢	个	1	4	参见 02S403/6
14	钢管	$D219\times6$mm，$L=2000$mm	钢	根	2	8	
15	钢管	$D108\times6$mm	钢	m	12	48	
16	90°弯头	$DN100$	钢	个	2	8	参见 02S403/6
17	闸阀	$DN100$，Z45T-10		个	2	8	阀杆 $L=1.0$m
18	直管	$DN50$，$L=4500$mm	UPVC	根	2	8	
19	90°弯头	$DN50$	UPVC	个	2	8	

设备一览表

编号	名称	规格	材料	单位	数量		备注
					单座	总数	
Ⓐ	排泥桁车(自制)	跨距 19.23m，泵吸式，带表面撇渣功能	钢	套	1	4	沉淀区
Ⓑ	潜水泥浆泵(泵筒式)	100ZSQ140-7-5.5，$N=5.5$kW，$V=380$V		台	4	16	
Ⓒ	排泥桁车(自制)	跨距 3.28m，泵吸式，带表面撇渣功能	钢	套	1	4	过渡区
Ⓓ	潜水泥浆泵(泵筒式)	100ZSQ140-7-5.5，$N=5.5$kW，$V=380$V		台	1	4	
Ⓔ	轻轨	$L=24.45$m，18 号(推荐)轨道	钢	根	4	16	
Ⓕ	手动方形闸门	孔口尺寸 $B\times H=1000$mm$\times$1000mm，渠道式安装	不锈钢	台	4	16	
Ⓖ	潜水泵(移动式)	WQ25-8-1.5，$N=1.5$kW，$V=380$V		台	1	4	库备

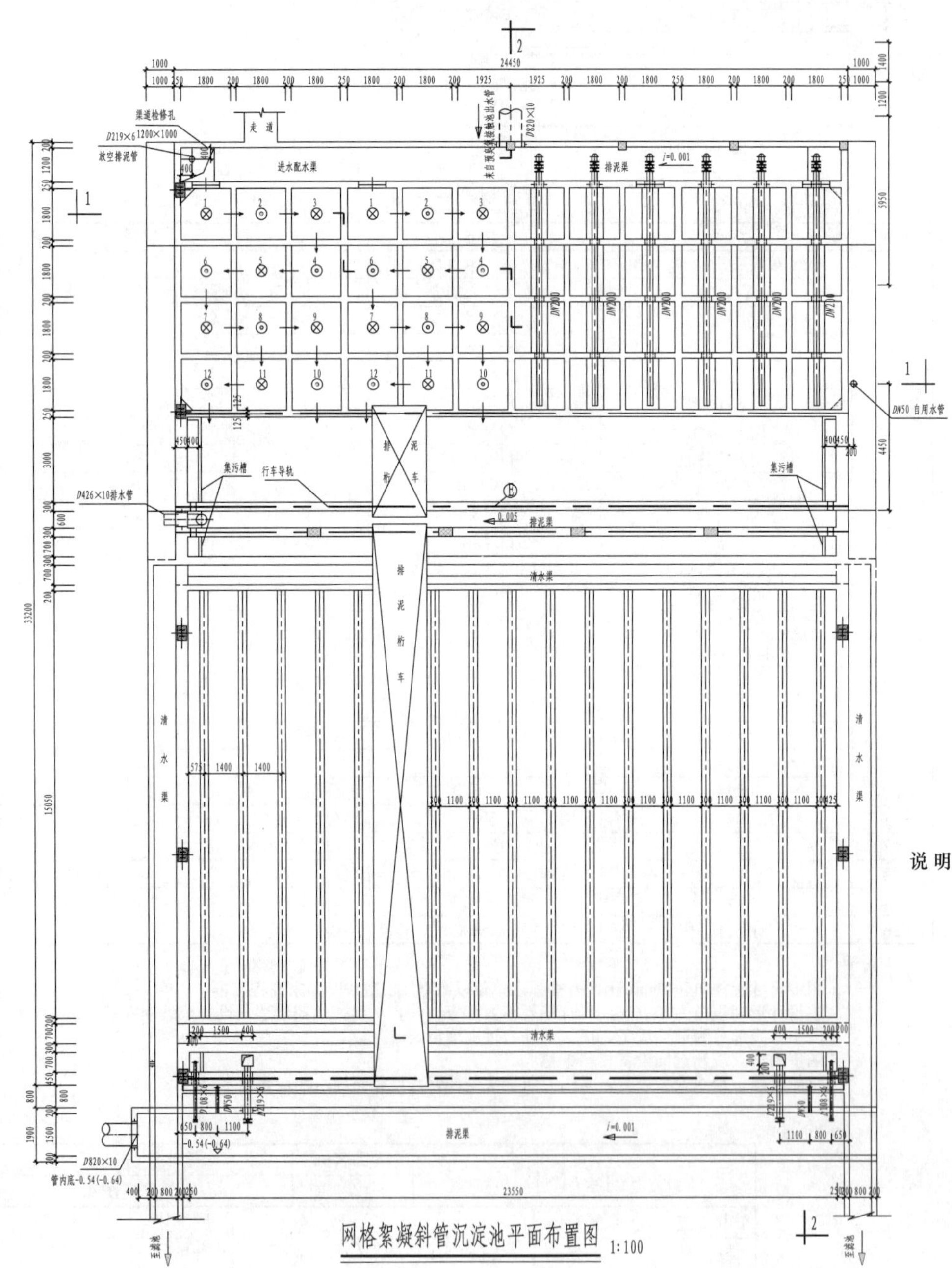

网格絮凝斜管沉淀池平面布置图 1:100

说 明:

1.本图尺寸单位以mm计，高程单位以m计，±0.00相当于1985国家高程基准28.55m。
2.本项目设计规模20万m^3/d，设置絮凝沉淀池4座，由北向南依次为1号、2号、3号、4号沉淀池，单座规模为5万m^3/d。本图为1号、2号沉淀池，3号、4号与此图相同。
3.絮凝池⊗表示水流向下，⊙表示水流向上，→ 表示水平流向。

图面构成：平面图、剖面图、设备材料一览表、比例尺、风玫瑰（指北针）、图例及说明。平面图需包含网格絮凝池、斜管沉淀池池体，进出水管、排泥管、放空管等管线，配水花墙、导流墙、集水槽、出水渠等附属设施的平面布置；剖面图需包含池体及管路的纵向布置。
图面重点：重点表达网格絮凝斜管沉淀池池体工艺构成与尺寸及标高、池体留孔、池体进出水及配水管、管道附件布置。
图面线型：管线为粗线；构筑物外框线为中粗线；标注及其他为细线。

××设计单位		项目名称	××给水工程初步设计	
		子　项	其他方案图纸	
审　定	×××	网格絮凝斜管沉淀池工艺图	图　别	初设
校　核	×××		分项号	05
设　计	×××		总　号	GS-28
制　图	×××		日　期	××××.××

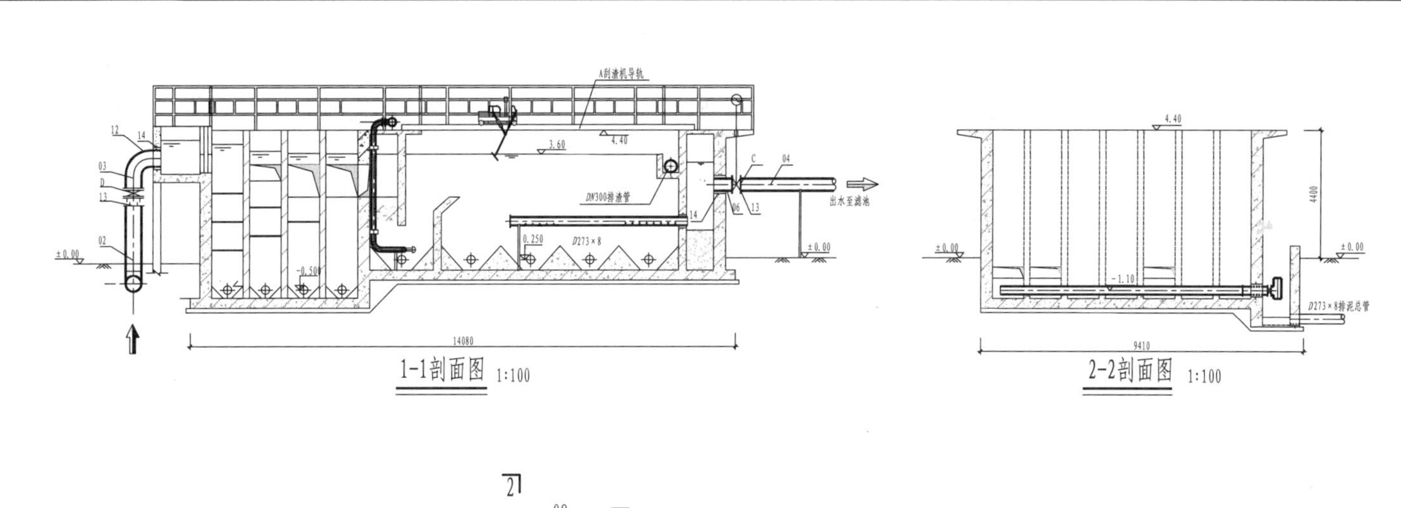

1-1剖面图 1:100

2-2剖面图 1:100

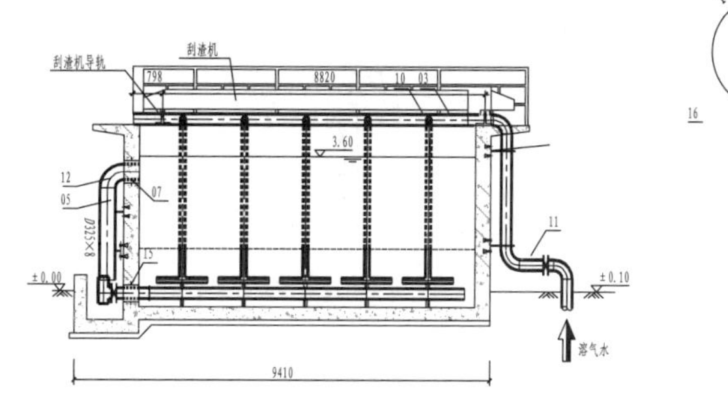

3-3剖面图 1:100

主要设备一览表

编号	名称	规格	单位	数量	备注
A	刮渣机	轨距6.3m,行走功率2×0.55kW,轨道型号15kg/m	台	2	单轨承重1.0t
	总功率	$P=8$kW			
B	搅拌器	64r/min,$P=1.5$kW	台	1	
C	伸缩式手动蝶阀	DN400,D341X-10	台	2	

材料一览表

编号	名称	规格	单位	数量	材料	备注
1	直管	D325×8mm,$L=3600$mm	根	1	Q235	进水管
2	直管	D325×8mm,$L=3000$mm	根	1	Q235	出水管
3	直管	D325×8mm,$L=2100$mm	根	1	Q235	排渣管
4	直管	D273×8mm,$L=2000$mm	根	1	Q235	排泥总管
5	直管	D108×4mm,$L=8600$mm	根	1	Q235	放空管
6	90°弯头	DN300	个	2	Q235	参见02S403/09
7	钢制法兰	DN300,$PN=1.0$MPa	块	2	Q235	参见02S403/78
8	穿墙套管	DN300,钢性A型,$L=300$mm	个	2		参见02S404
9	穿墙套管	DN250,钢性A型,$L=150$mm	个	1		参见02S404
10	管卡	DN200	个	4	Q235	

气浮池平面图 1:50

图面构成：平面图、剖面图、设备材料一览表、比例尺、风玫瑰（指北针）、图例及说明。平面图需包含气浮池池体，溶气水管、排泥管、排渣管、出水管等管线的平面布置。剖面图需包含气浮池池体、管线及刮渣设备的纵向布置。
图面重点：重点表达溶气气浮池加药絮凝部分与气浮部分池体工艺构成、尺寸、标高以及附属设备和管渠布置。
图面线型：管线为粗线；构筑物外框线为中粗线；标注及其他为细线。

说明：

1. 本图平面尺寸单位以mm计，标高单位以m计，±0.00相当于1985国家高程基准113.55m。
2. 气浮池与网格絮凝池合建，处理规模为5000m^3/d。

××设计单位		项目名称	××给水工程初步设计
		子 项	其他方案图纸
审 定	×××	图 别	初设
校 核	×××	分项号	05
设 计	×××	总 号	GS-29
制 图	×××	日 期	××××.××

气浮池工艺图

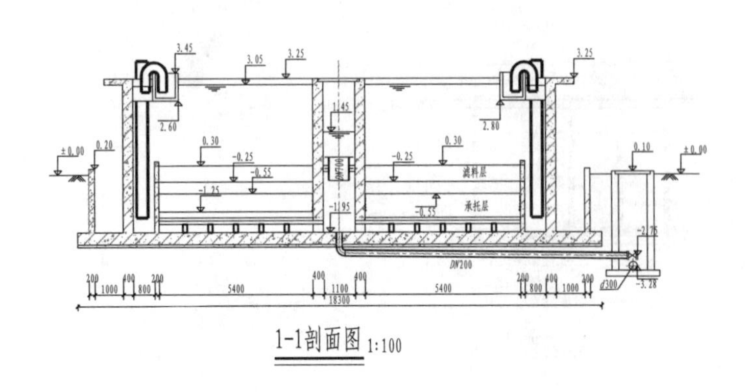

1-1剖面图 1:100

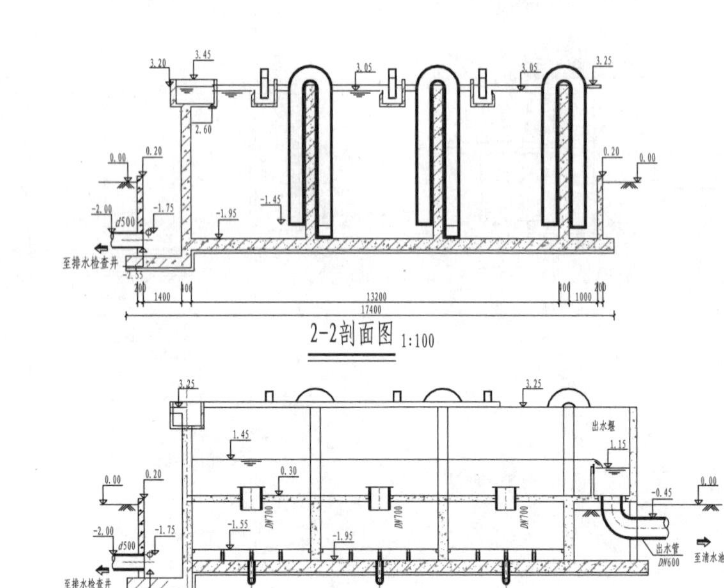

2-2剖面图 1:100

3-3剖面图 1:100

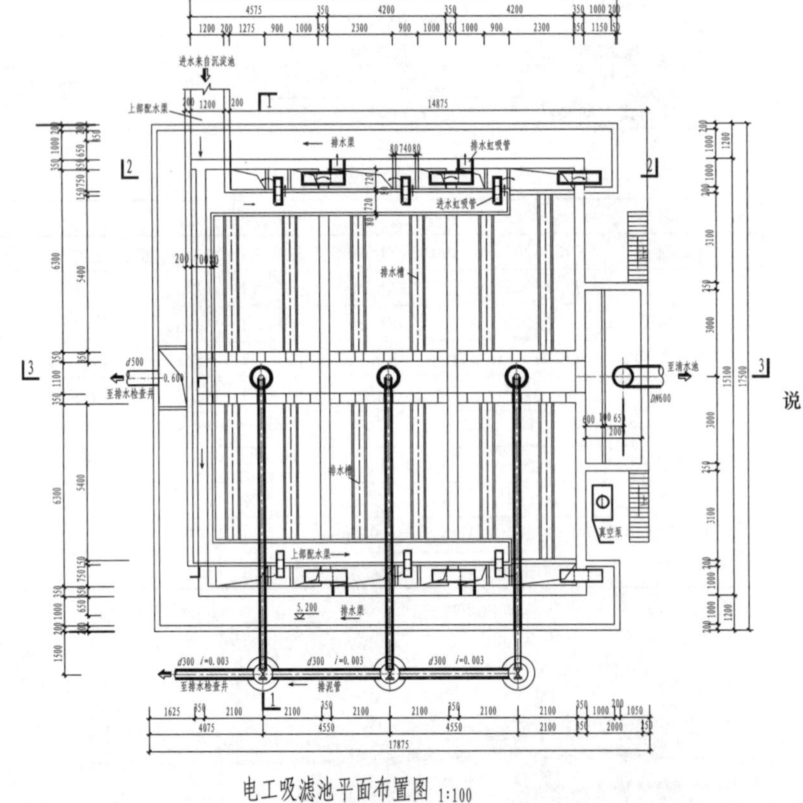

电工吸滤池平面布置图 1:100

说 明：

1. 本图平面尺寸以mm计，高程以m计，图中标高为相对标高，以滤池底为±0.00m计。
2. 图中给水排水管径的标注为公称直径，所注管道标高为管中心线标高。
3. 滤料材料表中未考虑损耗量，定货时需根据厂家提供的损耗率考虑损耗量。
4. 本图为虹吸滤池工艺图，滤池共6格，单格过滤面积为22.68m²，总过滤面积为136.08m²，设计规模为2.5万m³/d。
5. 工艺设计参数如下：正常滤速7.4m/h；冲洗方式水冲，冲洗时间5～7min。
6. 滤料为0.6～1.0mm单层石英砂，H=700mm，铺设高度要求比设计高度高50～100mm，以便反冲洗筛分后，刮去表层磨损的小颗粒，保证石英砂粒径要求。
7. 图中主要设备真空泵1台（配套电机），其规格为抽气量3.4m³/min，极限真空760mmHg，功率7.5kW。

材料一览表

编号	名称	规格	单位	数量	材料	备注
1	排水虹吸管	400mm×500mm	根	6	钢	
2	进水虹吸管	250mm×300mm	根	6	钢	
3	钢管	D159×5mm，L=1300mm	根	1	钢	
4	弯头	DN150×90°	个	1	钢	
5	钢管	D159×5mm，L=1600mm	根	2	钢	
6	闸阀	DN150，Z45T-10	个	1		
7	钢管	D1020×10mm，L=600mm	根	1	钢	
8	弯头	DN1000×90°	个	1	钢	
9	钢管	D1020×10mm，L=2000mm	根	1	钢	
10	弯头	DN200×90°	个	4	钢	
11	钢管	D219×6mm，L=10000mm	根	4	钢	
12	闸阀	DN200，Z45T-10	个	4		
13	混凝土排水管	d300	m	20		
14	混凝土排水管	d500	m	2		
15	清水出水堰板	5980mm×350mm	块	1	不锈钢	
16	进水堰板	700mm×350mm	块	7	ABS	
17	滤板		块	118	钢筋混凝土	

滤料材料表

分类	材料	粒径(mm)	厚度(mm)	总厚度(mm)	体积(m³)
滤料层	石英砂	d_{10}=0.55	700	700	222.3
承托层	砾石	2～4	100	200	31.8
	砾石	4～8	100		31.8

图面构成：平面图、剖面图、设备材料一览表、比例尺、风玫瑰（指北针）、图例及说明，平面图需包含虹吸滤池池体，进出水管、排水管、进水及排水虹吸管等管线，真空系统等附属设施的平面布置，剖面图需包含虹吸滤池池体、管渠及附属设施的纵向布置。
图面重点：重点表达虹吸滤池池体工艺构成、尺寸及标高；进出水管与虹吸管布置、滤层厚度、滤料组成、滤速与反冲洗方式。
图面线宽：管线为粗线；构筑物外框线为中粗线；标注及其他为细线。

××设计单位		项目名称	××给水工程初步设计
		子　项	其他方案图纸
审　定	×××	图　别	初设
校　核	×××	分项号	05
设　计	×××	总　号	GS-30
制　图	×××	日　期	××××.××

虹吸滤池工艺图

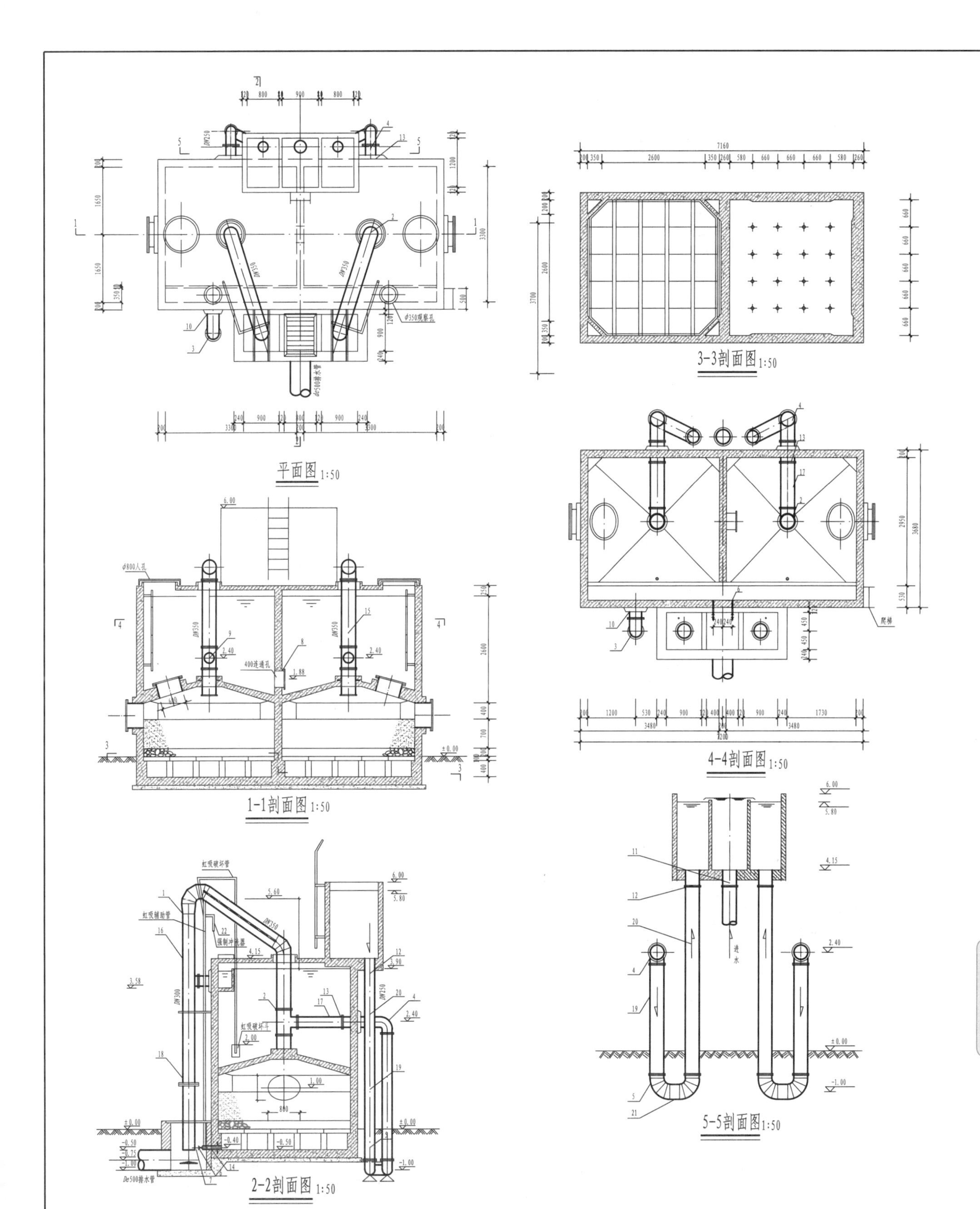
平面图 1:50

1-1剖面图 1:50

2-2剖面图 1:50

3-3剖面图 1:50

4-4剖面图 1:50

5-5剖面图 1:50

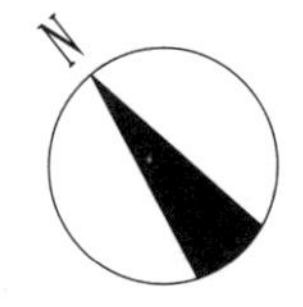

设备及材料一览表

序号	名称	规格	材料	数量	单位	备注
1	虹吸弯管	$DN350, \delta=9$mm	钢	2	根	
2	法兰三通	$DN350\times250$mm	钢	2	只	
3	双法兰 90°弯头	$DN300, \delta=9$mm	钢	1	只	
4	双法兰 90°弯头	$DN250, \delta=7$mm	钢	2	只	
5	单法兰 90°弯头	$DN250, \delta=7$mm	钢	4	只	
6	闸阀	$DN80$		2	只	
7	90°弯头	$DN80, \delta=4$mm	白铁	2	只	
8	墙管	$DN80, \delta=4$mm	白铁	2	只	$L=0.2$m
9	直管	$DN250, \delta=7$mm	钢	2	根	$L=0.25$m
10	强制冲洗器	$DN32$		2	只	
11	虹吸破坏斗	$\phi200$	钢	2	只	
12	检修孔	800mm×600mm	钢	4	只	
13	圆环	内 325mm,外 425mm,厚 6mm	钢	2	只	
14	透明水位管	$\phi10$	塑料	2	根	
15	配水板	$\phi550$	钢	2	块	
16	冲洗强度调节器	$DN200$	钢	2	只	
17	钢筋混凝土板孔	$DN100$		5	块	
18	支架		钢	2	只	
19	石英砂滤料	$d_{10}=0.55$mm		15.25	m^3	
20	承托层		卵石	5	m^3	
21	排水管	$DN500$	混凝土		m	数量按总平面布置决定
22	白铁管	$\delta=4$mm		40	m	

说明：

1.本图尺寸以mm计，标高以m计，采用1985国家高程基准。
2.相对标高±0.00对应地面标高51.00m(黄海高程系)。
3.辅助虹吸管在排水井内淹没入水中10mm。
4.滤板采用ABS型，滤板制作安装要求孔壁光滑，防止堵塞。

图面构成：平面图、剖面图、设备材料一览表、比例尺、风玫瑰（指北针）、图例及说明、平面图需包含重力无阀滤池池体，进水管、虹吸管、排水管等管线，检查孔等附属设施的平面布置，剖面图需包含滤池池体，管线及滤料层纵向布置。
图面重点：重点表达重力无阀滤池池体工艺构成、尺寸和管道布置。
图面线型：管线为粗线；构筑物外框线为中粗线；标注及其他为细线。

××设计单位		项目名称	××给水工程初步设计
		子　项	其他方案图纸
审　定	×××	重力无阀滤池工艺图	图　别	初设
校　核	×××		分项号	05
设　计	×××		总　号	GS-31
制　图	×××		日　期	××××.××

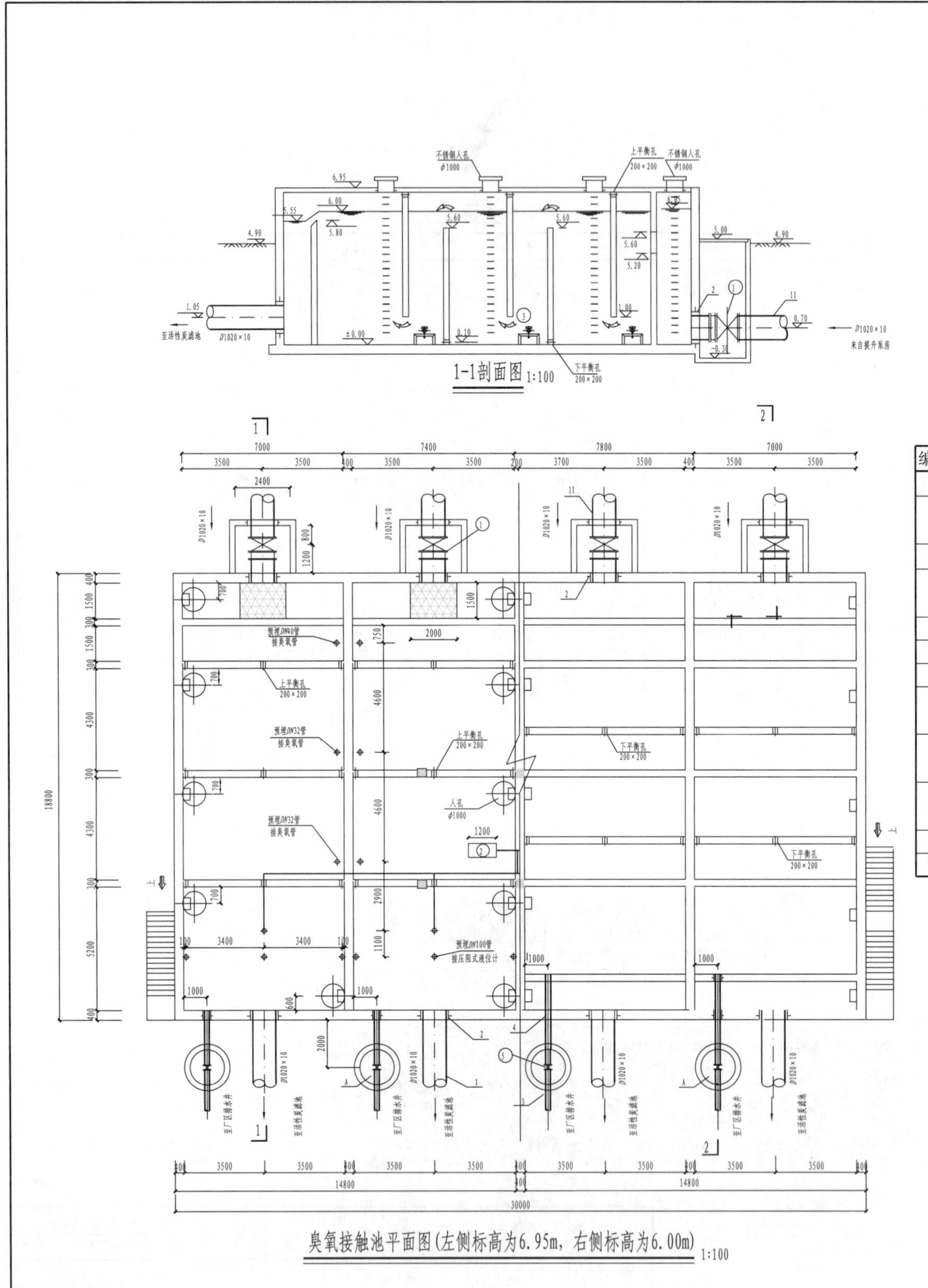

1-1剖面图 1:100

臭氧接触池平面图(左侧标高为6.95m，右侧标高为6.00m) 1:100

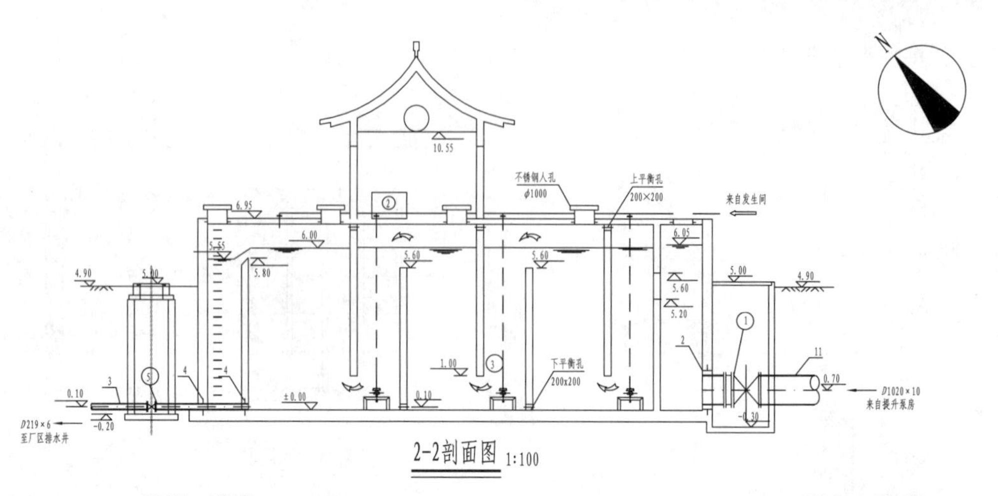

2-2剖面图 1:100

材料一览表

编号	名称	规格	材料	单位	数量	备注
1	直管	D1020×10mm	SS304	m	4	
2	防水套管(A型)	DN1000，L=400mm	SS304	个	8	02S404/16
3	直管	D219×6mm	SS316	m	20	
4	止水翼环	DN200，L=400mm/300mm	SS316	个	4/4	02S404/22
5	预埋带翼环短管	D108×4.5mm	SS316	m	6	
6	预埋带翼环短管	DN40	SS316	m	4	
7	预埋带翼环短管	DN32	SS316	m	4	
8	防水翼环	DN100	SS316	个	12	翼环详见02S404/25
9	防水翼环	DN40	SS316	个	8	翼环详见02S404/25
10	防水翼环	DN32	SS316	个	8	翼环详见02S404/25
11	直管	D1020×10mm	钢	m	8	
12	不锈钢爬梯		SS304	套	20	

设备一览表

编号	名称	规格	材料	单位	数量	备注
1	法兰式电动蝶阀	DN1000，1.0MPa		个	4	带伸缩器
2	成套尾气破坏装置	单台处理能力 $8kgO_3/h$		套	2	加热分解消除方式
3	圆盘扩散器	通气量0.2～$2.0Nm^3/(h·个)$	陶瓷	个	120	臭氧吸收率大于等于95%
4	吸排气安全阀	DN100	316	个	4	设定压力+2kPa及-3kPa
5	手动闸阀	DN200，1.0MPa	316	个	4	P=0.6MPa
6	电动调节球阀	同配套臭氧投加管管径	316	个	12	同三级臭氧投加管管径
7	臭氧质量流量计	0～200kg/h，精度小于等于0.1kg/h	316	套	12	同三级臭氧投加管管径
8	压阻式液位计	0～7m		个	4	详见电气仪表图

阀门井一览表

编号	名称	规格	材料	单位	数量	备注
A	阀门井	ϕ1200	砖砌	座	4	见21ZZ06

说明:

1. 本图尺寸单位以mm计，标高单位以m计，±0.00相当于1985国家高程基准91.40m。
2. 后臭氧接触池设计规模30万m^3/d，总接触时间10min，分三段接触室，第一段接触室接触时间3min，第二段接触室接触时间3min，第三段接触室接触时间4min，后臭氧投加量1.0～2.5mg/L。
3. 设备材料表为30万m^3/d后臭氧接触池的设备材料量。
4. 臭氧尾气破坏装置、圆盘扩散器、尾气收集管、臭氧投加管、安全阀及管道、液位计及预埋管道均在设备招标后由厂家提供图纸，预埋管管径可根据厂家图纸调整。
5. 穿池壁管道除已标注的管道外，均采用带翼环的管道。

图面构成：平面图、剖面图、设备材料一览表、比例尺、风玫瑰（指北针）、图例及说明。平面图需包含臭氧发生车间及臭氧接触池的平面布置，包括臭氧接触池池体尺寸，臭氧发生设备及附属设备、进出水管、放空管、人孔及通气孔布置。剖面图需包含臭氧发生车间和臭氧接触池的纵向布置、设备及管路高程。
图面重点：重点表达臭氧接触池池体工艺构成、尺寸及标高；进出水管（渠）布置；臭氧接触时间与扩散装置以及附属设备。
图面线型：管线为粗线；构筑物外框线为中粗线；标注及其他为细线。

××设计单位		项目名称	××给水工程初步设计
		子　项	其他方案图纸
审　定	×××	图　别	初设
校　核	×××	分项号	05
设　计	×××	总　号	GS-32
制　图	×××	日　期	××××.××

臭氧接触池工艺图

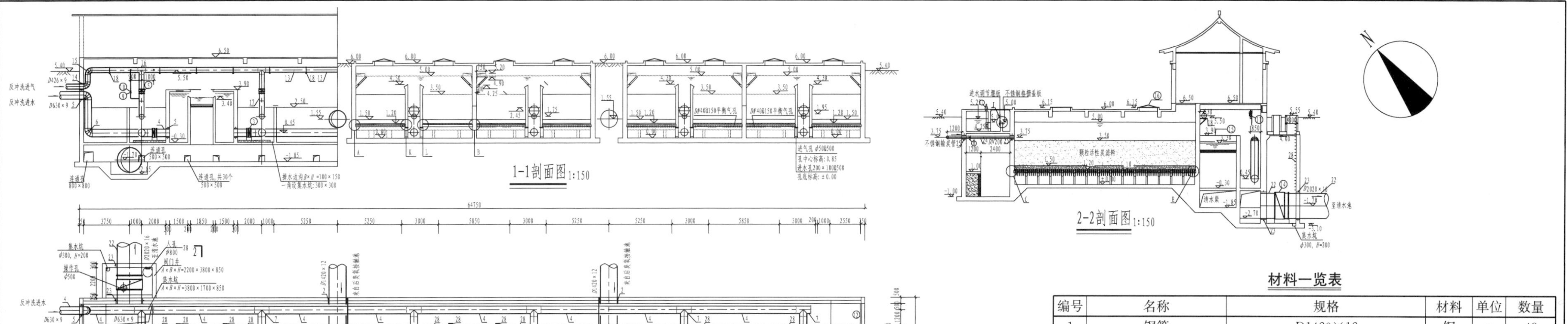
1-1剖面图 1:150

2-2剖面图 1:150

生物活性炭滤池平面图 1:150

材料一览表

编号	名称	规格	材料	单位	数量
1	钢管	$D1420\times12$	钢	m	48
2	刚性防水套管(A型)	$DN1400, L=500mm/350mm$	钢	个	2/4
3	11°弯头	$DN1400$	钢	个	4
4	钢管	$D630\times9$	钢	m	160
5	刚性防水套管(A型)	$DN600, L=350mm/300mm$	钢	个	21/20
6	90°弯头	$DN600$	钢	个	2
7	钢制等径三通	$DN600$	钢	个	20
8	钢管	$D720\times9$	钢	m	12+10
9	刚性防水套管(A型)	$DN700, L=350mm$	钢	个	30
10	90°弯头	$DN700$	钢	个	10
11	钢制三通	$DN700\times DN600$	钢	个	10
12	吸水喇叭支架(C型)	$D=720mm, H=800mm$	钢	个	10
13	钢管	$D426\times10$	钢	m	158
14	刚性防水套管(A型)	$DN400, L=350mm$	钢	个	11
15	90°弯头	$DN400$	钢	个	12
16	钢制等径三通	$DN400$	钢	个	10
17	钢制三通	$DN400\times DN80$	钢	个	10
18	单管托架	$DN400$	钢	套	26
19	钢管	$D89\times4$	钢	m	30
20	刚性防水套管(A型)	$DN80, L=350mm$	钢	个	10
21	90°弯头	$DN80$	钢	个	30
22	钢管	$D2020\times16$	钢	m	4
23	刚性防水套管(A型)	$DN2000, L=500mm/300mm$	钢	个	1/1
24	不锈钢管	$DN200$	不锈钢	m	200
25	刚性防水套管(A型)	$DN200, L=350mm$	钢	个	20
26	90°弯头	$DN200, R=1000mm$	不锈钢	个	1
27	等径三通弯管	$DN200$	不锈钢	个	19
28	塑钢爬梯	$\Delta L=300mm, \Delta H=360mm$	塑钢	个	270
29	调节堰板	5990mm×300mm×4000mm	不锈钢	套	10

设备一览表

编号	名称	规格	材料	单位	数量
①	手动方闸门	500mm×500mm	不锈钢	套	20
②	气动方闸门	500mm×500mm	不锈钢	套	10
③	气动法兰式蝶阀	$D641, DN600$, 1.0MPa	不锈钢	套	10
④	气动法兰式蝶阀	$D641, DN500$, 1.0MPa	不锈钢	套	10
⑤	气动法兰式蝶阀	$D641, DN400$, 1.0MPa	不锈钢	套	10
⑥	气动法兰式伸缩蝶阀	$SD641X, DN600$, 1.0MPa	不锈钢	套	10
⑦	气动法兰式伸缩蝶阀	$SD641X, DN700$, 1.0MPa	不锈钢	套	10
⑧	手动闸阀	$Z345X-16, DN200$	不锈钢	套	10
⑨	手动闸阀	$Z345X-16, DN80$	不锈钢	套	10
⑩	电磁阀	$DN80$	不锈钢	套	10
⑪	SG-1型手动单轨小车	$W=1t, H=3.5m$	钢	套	1
⑫	SG-1型手动单轨小车	$W=1t, H=7.5m$	钢	套	1
⑬	工字钢	I25a, $L_1=104.9m, L_2=7.4m$	钢	根	1/1
⑭	手动法兰式蝶阀	$D341, DN2000$, 1.0MPa	不锈钢	套	1
⑮	玻璃钢盖板	$A\times B=3300mm\times2150mm$	玻璃钢	套	5
⑯	玻璃钢盖板	$A\times B=1800mm\times1800mm$	玻璃钢	套	20
⑰	气动法兰式蝶阀	$D641, DN100$, 1.0MPa		套	20

滤料表

序号	名称	规格	材料	单位	数量	备注
1	整浇滤板	$B\times L=4050mm\times15000mm$	ABS	套	20	配套长柄滤头
2	碎石承托层	$d=4\sim8mm$		m^3	121.5	厚度 $h=100mm$
3	石英砂垫层	$d=0.8\sim1.2mm$		m^3	364.5	厚度 $h=300mm$
4	颗粒活性炭(GAC)	详见GAC特性参数		m^3	2430	厚度 $h=2000mm$

说明：

1. 本图尺寸、管径单位以mm计，标高单位以m计；±0.00相当于1985国家高程基准90.90m。
2. 设计规模Q=100000m³/d，滤速v=8.5m/h，空床接触时间t=14.1min，反冲洗周期T=6d，水冲冲洗强度q=3.5L/(s·m²)，气冲冲洗强度q=11L/(s·m²)。

图面构成：平面图、剖面图、设备材料一览表、比例尺、风玫瑰（指北针）、图例及说明。平面图需包含生物活性炭滤池池体，进出水管、放空管、废水管、反冲洗管、空气管等管线，进水孔、进出水渠道等附属设施的平面布置，剖面图需包含滤池池体、管线、滤料层的纵向布置。
图面重点：重点表达生物活性炭滤池池体工艺构成、尺寸、进出水管与反冲洗管布置，颗粒活性炭特性参数与滤层构成。
图面线型：管线为粗线；构筑物外框线为中粗线；标注及其他为细线。

××设计单位		项目名称	××给水工程初步设计
		子项	净水厂工程
审定	×××	图别	初设
校核	×××	分项号	05
设计	×××	总号	GS-33
制图	×××	日期	××××.××

生物活性炭滤池工艺图

第3篇　排水工程设计

第6章　排水工程设计案例说明书

污水处理厂一期工程设计规模为$4\times10^4m^3/d$，2006年试运行，主要接纳服务范围内的生产废水，目前实际服务面积达$32km^2$。污水处理厂一期工程采用以DE氧化沟为主体的二级污水处理工艺，污泥处理采用机械浓缩脱水工艺。出水执行一级B标准，尾水受纳水体为××湖。

污水处理厂二期扩建工程设计年限为近期2015年，远期2020年，服务面积为$42.2km^2$，远期2020年服务人口为29万人，远期规模为$6\times10^4m^3/d$。

所有设计参考资料、规范、标准均以工程设计年（2013年）为准，实际设计计算时需参照现行最新规范。

6.1　总论

6.1.1　编制依据及基础资料

1. 编制依据

(1)《市发展和改革委员会关于××污水处理厂改扩建工程可行性研究报告的批复》

(2)《××科技新城总体规划》(2005年～2020年)

(3)《××国家自主创新示范区总体发展规划》(2010年～2020年)

(4)《××科技新城排水专项规划》(2008年～2020年)

(5)《××市主城排水专项规划》(2010年～2020年)

(6)《××市城市供水专项规划》(2010年～2020年)

(7)《××市节约用水规划》(2010年～2020年)

(8)《××市中心城区湖泊"三线一路"保护规划》

(9)《××湖水污染治理排水专项规划》

(10)《××市城市污水处理厂污泥处置合作经营协议》(××市城市排水发展有限公司)

(11)《××市主城区污水收集与处理专项规划》(2009年～2020年)

2. 基础资料

(1) ××污水处理厂1∶500测量地形图

(2)《××污水处理厂改扩建工程岩土工程初步勘察中间报告》

(3) 业主方提供的其他相关资料

6.1.2　采用的主要规范及标准

1.《城镇给水排水技术规范》GB 50788—2012

2.《室外排水设计规范（2011年版）》GB 50014—2006

3.《建筑给水排水设计规范（2009年版）》GB 50015—2003

4.《建筑设计防火规范》GB 50016—2006

5.《城市防洪工程设计规范》GB/T 50805—2012

6.《地表水环境质量标准》GB 3838—2002

7.《城镇污水处理厂污染物排放标准》GB 18918—2002

8.《泵站设计规范》GB 50265—2010

9.《城市污水处理工程项目建设标准（修订）》建标〔2001〕77号

10.《城市生活垃圾处理和给水与污水处理工程项目建设用地指标》建标〔2005〕157号

11.《城镇污水处理厂运行、维护及安全技术规程》CJJ 60—2011

12.《污水排入城镇下水道水质标准》CJ 343—2010

6.1.3　区域概况

新城内现状人口约20.7万人。新城地域广阔。地形基本形态为北高南低，北部最高，南部最低，区域内主要有两个山体组团：北部组团由众多山头组成，呈正东西向排列，高程（黄海高程，以下均是）为60～100m；中部组团走向呈东西偏南排列，高程为20～30m。

6.1.4　排水现状

污水处理厂一期工程采用以DE氧化沟为主体的二级污水处理工艺，污泥处理采用机械浓缩脱水工艺。出水执行一级B标准，尾水受纳水体为××湖。脱水污泥送至水泥厂进一步处理。

污水处理厂的收集系统已基本形成。按主要干管的位置大致可以分为北区主干管和南区主干管，其中北区主干管主要收集城区以北地区的污水，南区主干管主要收集城区以南地区的污水。

一期工艺流程图如图6-1所示。

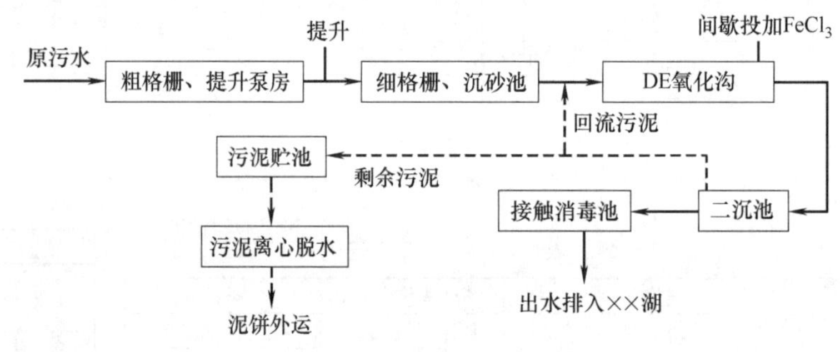

图6-1　一期工艺流程图

一期工程包括粗格栅、提升泵房、细格栅、沉砂池、DE氧化沟、二沉池、配水集泥池、接触消毒池、污泥贮池、污泥脱水机房、变配电间、化学除磷及消毒间、综合楼、大门、围墙、道路、绿化等。其中粗格栅、提升泵房、污泥脱水机房、化学除磷及消毒间等构（建）筑物的土建按$4\times10^4m^3/d$规模建设，设备均按$4\times10^4m^3/d$安装。

1. 区域水环境状况

根据环保局发布的环境状况公报显示，新城周边湖泊的水质状况较差。湖泊的水质均为Ⅴ类，个别湖泊的水质甚至恶化到了劣Ⅴ类，区域水环境质量不容乐观。

2. 污水处理厂运行现状及存在问题

(1) 处理水量已达到设计规模

污水处理厂于2006年3月试运行，一期工程设计规模为$4\times10^4m^3/d$。污水处理厂自建成投产以来，对区域水环境的综合治理起到了重要作用。但由于服务范围内城市建设的不断发展，该厂日处理水量不断增加。自 2009 年以来，月平均处理污水量超过 $4\times10^4m^3/d$ 的月份达到 3～4 个。

（2）进水 COD 浓度上升且波动较大，冲击负荷高

由于污水处理厂接纳大量工业废水，进水 COD 浓度波动较大，且冲击负荷高。2013 年起，污水处理厂对进水 COD 进行在线监测。以 2013 年 1 月～5 月进水 COD 在线实时监测数据为例，进水平均 COD 浓度接近 400mg/L，最高浓度高达 908mg/L。

（3）氧化沟运行效果有待提升

DE 氧化沟属于间歇脱氮，在保证不低于硝化所需的最小好氧容积基础上，通过调节不同阶段的运行时间来获得不同的缺氧/好氧容积比，从而得到不同的脱氮速率。因此，DE 氧化沟的良好运行对仪表的精度、工艺设备的质量和设施的自控可靠性都提出了很高的要求。但现状设施和自控系统的质量良莠不齐，实际按常规的具有除磷脱氮功能的氧化沟运行。

（4）出水水质无法满足一级 A 标准，污水处理厂出水水质月平均值统计见表 6-1。

污水处理厂出水水质月平均值统计表（单位：mg/L） 表 6-1

时间	BOD_5	SS	COD	TN	NH_3-N	TP	pH
2009.1～2009.12	7.45	8.91	24.44	11.20	1.29	0.96	6.95
2010.1～2010.12	7.22	6.67	31.83	12.27	3.47	0.56	6.47
2011.1～2011.6	6.42	7.25	33.19	15.13	7.26	0.67	6.85
2011.7～2011.12	6.36	8.32	34.15	18.04	7.43	0.71	6.74
2012.1～2012.6	6.61	10.50	29.31	13.40	7.48	0.80	7.27
2012.7～2012.12	6.71	9.20	28.56	14.46	6.01	0.88	7.22
2013.1～2013.3	7.46	10.00	30.09	14.38	2.69	0.87	7.09
平均值	6.88	8.69	30.22	14.13	5.09	0.87	6.94
设计值(一级 B 标准)	20	20	60	20	8	1.0	6～8
一级 A 标准	10	10	50	15	5	0.5	6～8

分析出水水质统计数据，各项指标均满足一级 B 标准，但 TN、NH_3-N、TP 等指标无法满足一级 A 标准。

6.2 方案论证

6.2.1 工程服务范围及设计年限

根据《××市主城区污水收集与处理专项规划》（2009 年～2020 年），污水处理厂服务面积为 $42.2km^2$，远期 2020 年服务人口为 29 万人。工程设计年限与《××科技新城排水专项规划》（2008 年～2020 年）保持一致，近期 2015 年，远期 2020 年。

6.2.2 排水体制

依据《××科技新城排水专项规划》（2008 年～2020 年），同时结合《××市主城区污水收集与处理专项规划》（2009 年～2020 年）对排水体制建设的展望，服务范围内的排水体制为分流制。

6.2.3 设计水量

根据污水量预测结果，结合污水处理厂一期工程设计规模及污水处理厂总控制用地指标，近、远期设计规模宜与一期工程设计规模相协调以便于污水处理厂运行管理。同时考虑本工程设计年限较短，并适当留有余地，确定总规模为 $10\times10^4m^3/d$。其中一期已建设规模 $4\times10^4m^3/d$（当年部分构筑物设备按照 5 万 m^3/d 规模安装），故二期规模确定为 $6\times10^4m^3/d$。

6.2.4 厂址选择

依据《城市生活垃圾处理和给水与污水处理工程项目建设用地指标》（建标〔2005〕157 号）中关于污水处理厂建设用地指标的规定，总处理规模为 10×10^4～$20\times10^4m^3/d$ 的污水处理厂（Ⅲ类、含二级处理、深度处理）的用地指标为 0.80～0.95$m^2/(m^3\cdot d)$。因此，$10\times10^4m^3/d$ 污水处理厂的总用地规模为 8.0～9.5ha；$15\times10^4m^3/d$ 污水处理厂的总用地规模为 12.00～14.25ha；$20\times10^4m^3/d$ 污水处理厂的总用地规模为 16.0～19.0ha。

污水处理厂总占地规模为 11.91ha，基本可满足远期 $15\times10^4m^3/d$ 规模的用地需求。因此，本次污水处理厂改扩建工程用地位于现状厂内，扩建至 $20\times10^4m^3/d$ 规模时需另行征地。

6.2.5 污水进出水水质

污水进出水水质见表 6-2。

设计进、出水水质指标一览表 表 6-2

项 目	BOD_5	COD	TN	NH_3-N	SS	TP
设计进水水质(mg/L)	130	400	35	30	200	4
设计出水水质(mg/L)	≤10	≤50	≤15	≤5(8)	≤10	≤0.5
去除率(%)	≥92.3	≥87.5	≥57	≥83	≥95	≥87.5

6.2.6 污水处理工艺选择

本次扩建设施按照 $6\times10^4m^3/d$ 规模设计，深度处理设施按照 $10\times10^4m^3/d$ 规模设计，总体工艺方案如图 6-2 所示。

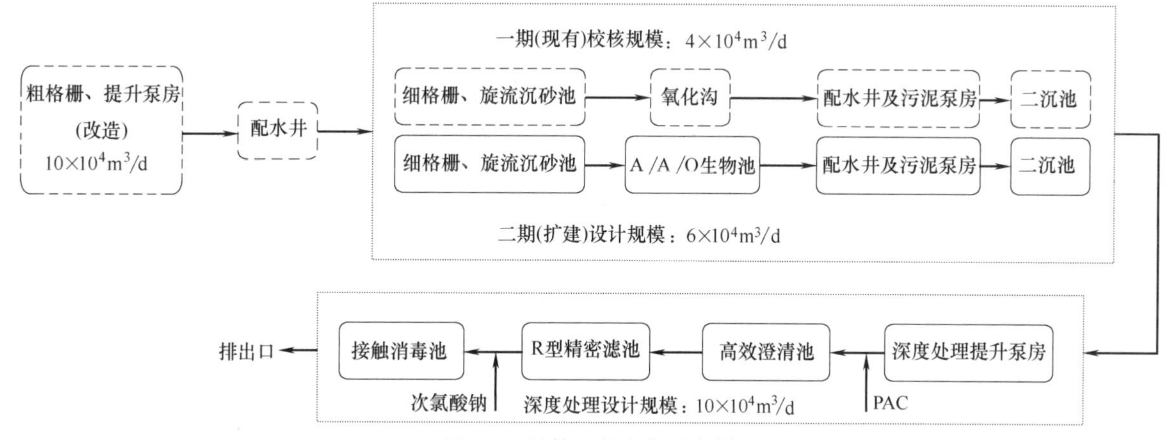

图 6-2 总体工艺方案示意图

针对污水处理厂的实际情况，在满足用地要求的前提下，污水处理构筑物的选择应该考虑技术的先进可靠性、运行的稳定性、管理的方便程度，同时综合考虑运行费用和占地面积。故对本次新建的处理构筑物形式进行比选。

1. 沉砂池

沉砂池有平流式、竖流式、曝气式和旋流式4种形式。平流沉砂池具有构造简单、处理效果较好的优点；竖流沉砂池是污水由中心管进入池内后自下向上流动，无机物颗粒借重力沉于池底，处理效果一般较差；曝气沉砂池可以通过调节曝气量，控制污水的旋流速度，使除砂效果较稳定，受流量变化影响小，同时，由于曝气产生旋流，砂粒间产生摩擦作用，可使砂粒上悬浮性有机物得以有效分离，且不使细小悬浮物沉淀，便于砂粒和有机物的分别处理和处置；旋流沉砂池具有投资省、运行费用低和除砂效果好等优点。

鉴于以上特点本设计推荐采用旋流沉砂池以满足后续处理工艺要求。

2. 生物池

目前，具有一定脱氮除磷效果的污水处理活性污泥工艺可以分为两大类：第一类为按时间进行分割的间歇式活性污泥法，较成熟的工艺有传统SBR、CAST工艺等；第二类为按空间进行分割的连续流活性污泥法，较成熟的工艺有A/A/O、氧化沟和AB工艺。

根据上述多种工艺的特点及要求，结合本项目一期工程的运行情况、设计水质以及用地条件，针对进水COD、TN等指标波动较大的现实条件，本扩建工程对改良型A/A/O工艺和SBR（CAST）工艺进行技术经济比较。

方案一：改良型A/A/O工艺

改良型A/A/O工艺是在传统A/A/O工艺基础上的优化，其主要体现在：

(1) 实现多点进水，依据进水水质的变化和生物处理目的的不同，调整进入厌氧区和缺氧区的污水量，能根据需求合理利用进水碳源，提高处理效率。

(2) 增加设置了进水选择区，部分污水进入选择区后，与回流的污泥进行混合，能降低回流污泥中的硝态氮，减少其在厌氧区中对聚磷菌释磷不充分的影响。

(3) 采用氧化沟形式的池型，通过增设水下推流器加强池内水体循环，提高抗冲击负荷的能力。

该工艺使得脱氮除磷的效果得到强化，同时运行调度也更为灵活。

方案二：CAST工艺

CAST工艺是SBR工艺的一种变形，该工艺将可变容积活性污泥法过程和生物选择器原理进行有机结合。CAST池分为生物选择区、预反应区和主反应区。运行时按进水、曝气、沉淀、撇水、进水、闲置完成一个周期。运行方式为连续进水、间歇排水。

CAST工艺是在一个或多个平行运行且反应容积可变的池子中完成生物降解和泥水分离过程，因此无需设置单独的沉淀池，可以省去传统活性污泥法中曝气池和二沉池之间的连接管道。完成泥水分离后，利用滗水器排出每一操作循环中的处理出水。根据活性污泥实际增殖情况，在每一处循环的最后阶段（滗水阶段）自动排出剩余污泥。循环式活性污泥法工艺可以深度去除有机物（BOD_5、COD），通过同时硝化/反硝化过程去除大量的氮，同时完成生物除磷过程，适用于脱氮除磷要求较高的污水处理系统。

根据上述两种工艺的不同特点，按照6万m^3/d规模进行技术经济比较见表6-3、表6-4。

通过上述分析，CAST工艺一次性投资较低，且占地面积略小于A/A/O处理工艺。然而由于受结构沉降缝和抗浮等因素的限制，CAST池的体积每格不宜超过1万m^3，当水量增加时，处理单元增多数也会增加，致使配水、出水、污泥回流和剩余污泥排放等设备随着单元数增多而增加，大大提高了实际运行和自动控制的复杂程度，该工艺在规模较大处理厂应用时，应进行全面考虑和权衡。

鉴于上述分析，本次二期扩建工程拟推荐采用改良型A/A/O处理工艺。

主要经济技术指标对照 表6-3

项目		单位	方案一 A/A/O	方案二 CAST
工程费用	生物池	万元	3353	3806
	鼓风机房		316	316
	二沉池		1150	—
	合计		4819	4122
年运行电耗		万元	287.8	287.8
占地面积		m^2	10152	9384
占地机会成本		万元	761.4	703.8

工艺综合性能比较 表6-4

项目	方案一 A/A/O	方案二 CAST
处理效果	好	好
技术先进性和成熟性	先进且成熟	先进且成熟
动力效率	高	高
构(建)筑物数量	多	少
工艺流程	复杂	简单
操作、管理及维护	简单	复杂
运转可靠性和灵活性	高	高
设备闲置率	低	高
占地面积	较大	较小

3. 混凝池

(1) 混合方式

一般采用机械混合和管式静态混合器混合。

机械混合有不受水量、水温、浊度等因素变化的影响、混合效果好、能耗较低等优点，但投资大，管理复杂；管式静态混合器占地小，无须外加动力，具有正反切割水流、双向回流、旋涡混流3个作用，混合效率为94%以上，无需日常管理，其缺点是水头损失大。考虑本工程特点，推荐采用机械混合，混合池与絮凝池合建。

(2) 絮凝方式

机械絮凝效果较好，占地面积小，但增加了机械设备，维修工作量大。水力絮凝形式在给水工程中应用较多，有折板絮凝、网格絮凝、栅条絮凝等多种水力絮凝形式，优点是能有效地扰动水流，增加颗粒碰撞的机会，絮凝效果比较稳定，但土建投资较高，占地面积大，有时排泥不够彻底。

考虑本工程用地及设计规模情况，推荐采用机械絮凝形式，与下述沉淀池合建。

4. 沉淀池

本工程可选择的沉淀池池型有平流沉淀池、斜管沉淀池、机械搅拌加速澄清池、高效澄清池等。从经济因素考虑，机械搅拌加速澄清池单池处理能力不宜过大，当处理水量有一定规模时，使用池数较多，导致管理不便，同时圆形池池数过多也导致布置上占地面积增加。另外，该池型机械设备较多，管理复杂，故不采用机械搅拌加速澄清池。本设计主要对以下池型进行比较，见表6-5。

沉淀池池型比较 表 6-5

比较项目	平流沉淀池	斜管沉淀池	高效澄清池
适用处理规模	一般用于大中规模	一般用于中小规模	一般用于中小规模
池体构造	简单	复杂	复杂
排泥方式	排泥机排泥	排泥机或穿孔管排泥	排泥机排泥
投资	高	低	低
占地面积	大	小	小
耐冲击负荷能力	强	稍差	很强
出水稳定性	稳定性好	稳定性稍差	稳定性好
运行管理及维护	简单	复杂，斜管需定期更换	稍复杂

高效澄清池占地面积小，并且对进水水质的适应性也比其他池型强，在中水处理中已有较多应用。同时，高效澄清池作为絮凝及二次沉淀的场所，可抵抗进水 SS 及 TP 较高时的冲击负荷，且避免了二沉池前加药对污泥活性的影响，有效确保后续滤池（特别是高速滤池）的稳定运行，故本工程沉淀池推荐采用高效澄清池。

5. 滤池

应用于污水深度处理工艺中的过滤工艺可分为常规过滤和高速过滤，常规过滤形式主要有气水反冲均粒滤料滤池、D 型滤池、纤维转盘滤池、R 型精密滤池等。

（1）气水反冲均粒滤料滤池

该滤池优点是可采用较粗较厚滤层以增加过滤周期，由于反冲时滤层不膨胀，故整个滤层在深度方向的粒径分布基本均匀，不发生水力分级现象，即所谓“均质滤料”，使滤层含污能力提高，同时气、水反冲再加始终存在的横向表面扫洗，冲洗效果好，冲洗水量大大减少；处理效果比较稳定，管理经验丰富；其缺点是工程投资高，施工复杂，操作管理水平要求较高，水头损失大，滤速小，纳污能力稍低，易串层。

（2）D 型滤池

该滤池具备传统快滤池的优点，同时其设计滤速可达 20m/h，是一般 V 型滤池的 2～3 倍。故而与 V 型滤池相比可大大减少滤池面积，降低反冲洗水量和能量的消耗，是一种实用、新型、高效的滤池。

（3）纤维转盘滤池

各盘片独立出水，可监测每个过滤盘片的工作状况，并可独立更换；独特的过滤和反抽吸结构设计，系统更加节能；模块化的设计使系统更加灵活；水头损失比砂滤池小很多；占地面积小，土建工程量少，建设周期短。

（4）R 型精密滤池

滤网更换方便；反冲洗消耗水量小；处理效果好；耐冲击负荷强；过滤可连续运行；水头损失小；运行全自动化控制；占地面积小。

从对比分析结果可以看出，D 型滤池总造价最低，R 型精密滤池年运行费用最低。综合总造价及 20 年运行费用，R 型精密滤池更具比较优势，且日常管理自动化程度高，检修维护简易方便。通过上述比较分析，本次深度处理过滤环节推荐采用 R 型精密滤池。

6. 污泥浓缩工艺

污泥浓缩、脱水有两种方案可供选择，处理后的污泥含水率均能在 80%以下。

方案一：污泥机械浓缩、机械脱水；方案二：污泥重力浓缩、机械脱水。

将两种方案的优缺点进行比较，见表 6-6。

污泥浓缩、脱水方案比较表 表 6-6

项目	方案一	方案二
主要构(建)筑物	污泥贮泥池 浓缩、脱水机房 污泥堆棚	污泥浓缩池 脱水机房 污泥堆棚
主要设备	污泥浓缩脱水机 加药设备	浓缩池浓缩机 脱水机 加药设备
占地面积	小	大
絮凝剂总用量	3.0～5.0kg/(t·DS)	≤4.0kg/(t·DS)
对环境影响	无大的污泥敞开式构筑物，对周围环境影响小	污泥浓缩池露天布置，气味难闻，对周围环境影响大
总土建费用	小	大
设备费用	稍高	一般
投资	一般	较高
剩余污泥中磷的释放	无	有
用水量(水费)	小	大
电费	一般	小

从表 6-6 可看出，两个方案土建与设备投资之和相近，但方案一在占地面积、环境保护、确保出水水质方面明显优于方案二。方案二采用重力浓缩过程中会出现污泥中磷的释放，需要设置专门的除磷池，从而使系统复杂化；重力浓缩效率低、占地面积大；浓缩池的臭气需要处理，增加了除臭设备的容量。因此，本工程污泥处理工艺推荐采用机械浓缩池。

7. 污泥脱水工艺

污泥脱水一般采用机械脱水。主要的脱水机械有离心脱水机、带式压滤机等。带式压滤机具有脱水效果好，设备费用低，能耗、药剂耗量低等优点，但是占地面积大、环境卫生差；离心脱水机尽管投资大、电耗高，但是占地面积小、环境卫生好。根据一期工程使用的离心脱水机脱水效果较好，本设计推荐采用离心式浓缩脱水机进行浓缩脱水，技术经济比较见表 6-7。

带式浓缩脱水一体化机械与离心式浓缩脱水机技术经济比较表 表 6-7

项目	带式浓缩脱水一体化机械	离心式浓缩脱水机
操作环境	较差，需设排气罩或考虑除臭措施	较好
噪声	小	较大[88dB(A)]
泥饼含固率	20%～25%	20%～25%
反冲洗水	量大，需设加压泵连续冲洗	很小，只需开停机时清洗，无需加压
总装机容量	小	大
设备费	小	大
占用场地	较大	较小
维护管理运行费用	低	稍高

8. 污泥最终处置

城市污水处理厂污泥的处置方法主要有：堆肥还田、干化与焚烧、材料化、卫生填埋。本工程沿用现有污泥处置方式，将脱水污泥运送至水泥厂进行下一步处置。

9. 消毒工艺

生活污水中的病原菌主要来自粪便，以肠道传染病菌为主。消毒作用主要是杀死绝大多数病原微生物，防止导致传染病危害。根据《城镇污水处理厂污染物排放标准》GB 18918—2002 规定，污水处理厂出水必须进行消毒处理。

常用的消毒方法有加氯消毒法、臭氧消毒法、紫外线消毒法等，下面对这 3 种方式进行具体说明及比较。

（1）加氯法

加氯法主要是投加液氯或含氯化合物。

液氯是迄今为止最常用的方法，优点为：成本低；工艺成熟；效果稳定可靠。缺点为：接触池容积较大；设备成本较高，一次性投资大；氯气是剧毒危险品，行业安全管理部门对液氯消毒执行许可证制度，对生产管理人员有相当高的要求。

含氯化合物包括次氯酸钠、漂白粉和二氧化氯等。其特点与液氯相似，但危险性小，对环境影响较小。

（2）臭氧

臭氧消毒优点是杀菌彻底可靠，危险性较小，对环境基本上无副作用，接触时间比氯消毒小，缺点是基建投资大，运行成本高。目前一般只用于游泳池水和饮用水的消毒。

（3）紫外线

紫外线是近十多年来发展最快的一种方法。在一些国家，紫外线有逐步取代氯消毒、成为污水处理厂主要消毒方式的趋势。

紫外线消毒的主要优点是：灭菌效率高，作用时间短，危险性小，无二次污染，且消毒时间短，不需建造较大的接触池，紫外线消毒渠占地面积和土建费用大大减少。缺点是：灯管质量、水流态的稳定程度以及水中 SS 的含量，对消毒效果十分敏感，且后续无持续消毒能力。同时，设备投资高，灯管需要定期更换，维护费用高。

针对目前污水处理厂消毒方式的使用实际，改扩建工程中主要对液氯、成品次氯酸钠和紫外线 3 种方式进行比较，具体见表 6-8。

消毒工艺性能比较表 **表 6-8**

性能	液氯	成品次氯酸钠	紫外线
灭细菌	优良	优良	优良
灭病毒	一般	一般	优良
消毒稳定性	pH 对消毒效果有一定影响	pH 对消毒效果有一定影响	灯管质量、流态稳定性和 SS 浓度对消毒效果产生影响
剩余消毒作用	有	有	无
副产物生成 THMs	可生成	可生成	不生成
投加量(mg/L)	5～10	5～10	
接触时间	30min	30min	1～2min
维护管理	需要一定人数的管理人员，系统安全性要求较高	需要少量管理人员，系统安全性要求一般	基本可不需要管理人员，系统安全性要求较低

结合本工程设计规模及现有消毒设施情况，3 种消毒工艺的技术经济比较见表 6-9。

消毒工艺技术经济比较表 **表 6-9**

成本	液氯	成品次氯酸钠	紫外线
新增一次性投资(万元)	170	6	180
药剂、电耗及人员成本(元/t)	0.025	0.039	0.010
运行成本(万元/年)	91.3	142.3	36.5

综合上述 3 种消毒工艺的比较，液氯消毒需新建氯库及加氯间，增设氯气投加设备、安全防护设施及定岗人员，一次性投资较高，且厂区紧邻××市交通学校，使用中存在一定的安全隐患，并且对系统安全性要求很高；成品次氯酸钠消毒可沿用现状储药设施，投资较省，但运行成本较高；紫外线消毒管理方便，但一次性投资高，对灯管质量、流态稳定性和 SS 浓度的要求较高，且消毒效果无持久性。综合运行成本、消毒效果、生产安全性及现有使用习惯，本项目出水消毒方式推荐沿用现有消毒方式，即采用成品次氯酸钠消毒法。

10. 化学除磷

化学除磷大多与生物处理工艺相结合。生物处理工艺与化学处理工艺的先后位置，对化学除磷效果有重要的影响，排列顺序有 3 种：化学单元在生物单元之前的化学预沉方案（化学强化一级处理）、化学单元在生物单元之后的化学后沉方案（三级处理）、生物单元与化学单元合并的方案（生物化学联合处理，协同沉淀）。

由于本工程项目不设初沉池，仅存在采用协同沉淀方案或化学后沉方案的可能性。结合深度处理工艺的高效澄清池，本工程推荐采用化学后沉方案。

在药剂选择方面，磷酸铁沉淀物最低溶解度的 pH 为 5.5，磷酸铝沉淀物最低溶解度的 pH 为 6.5，污水 pH 一般在 6.5～7.5。铁盐的腐蚀性强、处理出水色度较高，聚铁对悬浮物的去除效果较差。硫酸亚铁（或酸洗废液）需要氧化预处理（加氧）转化成高铁，才能发挥絮凝沉淀作用。因此一般采用铝盐。

铝盐中应用较广泛的有硫酸铝（明矾）和碱式氯化铝（PAC），两者比较如下：

（1）碱式氯化铝溶解性好，易于配制，配制时产渣量少。

（2）碱式氯化铝是一种无机高分子化合物，絮凝体较硫酸铝的致密度大，形成快，易于沉降。

（3）碱式氯化铝含 Al_2O_3 成分高，投药量少，节省药耗，单价虽较硫酸铝稍贵，但综合价格与硫酸铝相似。

因此推荐沿用一期除磷药剂，即采用碱式氯化铝作为附加化学除磷药剂。

11. 除臭工艺

在工艺流程中所有暴露的污水及污泥，以及暴露的粘有污水及污泥的设备表面均会向空气中散发臭气。一般生活污水处理厂内，对公众影响最严重的是污泥浓缩脱水过程中产生的臭气，其次是暴露的未经处理的城市生活污水，再次是生物处理过程中产生的毒臭气体。

一般需进行防臭处理的建（构）筑物及设备有：粗、细格栅，集水井，提升泵房，沉砂池，污泥贮池，污泥脱水设备等。生物反应池由于不断充氧曝气，进行好氧生物反应，异味较少，且体积较庞大，故一般不进行除臭。

同污水处理一样，污水处理厂臭味的处理方法有很多种。除臭方法经历了一个发展过程，从最初采用的水洗法，逐步发展到效果较好的微生物脱臭法。常见的除臭方法有水洗法、酸碱洗净法、焚烧法、活性炭吸附法、臭氧氧化法、催化剂氧化法、生物除臭法、离子除臭法等。

在我国，采用化学法对污水处理厂进行除臭处理的历史较长，并有很多先例，但由于种种原因，如需要消耗大量的水、化学药剂和动力；产生二次污染物；对装备、管道腐蚀严重等；对臭气的处理效果和运行状态不甚理想，近年来，已经渐渐被新兴的生物法所取代。

其中生物滤床作为生物法的一种主要形式，其适用范围广，从低浓度到高浓度的臭气都可处理。另外，因臭气成分的不同，相应微生物能自然地增长，所以维护管理容易，运转费用也比较低，却能达到较好的除臭效果。

综合上述比较，本工程推荐采用生物滤床除臭工艺。

6.3 污水处理厂

6.3.1 平面布置

本次扩建后，污水处理厂近期设计规模将达到 $10\times10^4m^3/d$，远景控制规模为 $20\times10^4m^3/d$。

污水处理厂平面布置原则：厂区构筑物布置紧凑、功能分区合理、处理流程通畅、有利于生产、方便管理。

污水处理厂按远景控制规模 $20\times10^4m^3/d$ 考虑平面布局。

本次扩建一、二级处理用地位于现状构筑物北侧。污水经进水泵房提升至配水井，扩建一、二级处理构筑物由东向西依处理流程布置，与一期流程方向一致。

深度处理用地位于一、二级处理用地西侧。污水经二级处理后，由深度处理提升泵房提升至高效澄清池，深度处理构筑物由南向北依处理流程布置。

鼓风机房紧邻二期生物池布置。

远期预留用地及远景控制用地位于本次扩建用地北侧，其中远期扩建 $5\times10^4m^3/d$，一、二级处理构筑物及深度处理构筑物位于现状厂区与高新四路之间，远景扩建 $5\times10^4m^3/d$，一、二级处理构筑物位于××四路北侧。远期及远景总用地面积为 $3.72\times10^4m^2$。

6.3.2 高程布置

本污水处理厂竖向设计的主要原则是充分利用现有地形，减少挖方和填方量，实现污水处理流程顺畅，尽量减少污水提升的次数。改扩建部分的各构筑物要与现状高程统一。二级处理以后，再统一进入深度处理单元。

厂区标高确定：厂区标高布置基本与一期保持一致，自东向西逐步由 24.0m 递减至 22.0m。厂区挖方 $2513m^3$；厂区填方 $9088m^3$。

6.3.3 粗格栅

粗格栅及进水泵房合建，土建部分一期已按 $10\times10^4m^3/d$ 规模实施，只装设了 $5\times10^4m^3/d$ 规模的设备，本次扩建只需新增 $5\times10^4m^3/d$ 规模的设备即可。

污水量总变化系数 $K_z=1.3$；单格设计流量 $Q_{max}=2708.3m^3/h$；过栅流速 $v=0.9m/s$；栅条间隙 $b=20mm$；栅前水深 $h=1.10m$；格栅倾角 75°；栅格宽度 1.2m；槽深 8.2m。

格栅根据前后水位差或按时间周期自动控制清渣，也可手动控制清渣。当污水处理厂发生事故时，污水将通过设置于进水干管上的溢流管排入厂区西侧的排水系统。粗格栅间总尺寸为 10.00m×6.60m

6.3.4 进水泵房

粗格栅及进水泵房合建，土建部分一期已按 $10\times10^4m^3/d$ 规模实施，近期仅装设了 $5\times10^4m^3/d$ 规模的设备，本次扩建只需新增 $5\times10^4m^3/d$ 规模的设备即可。进水泵房内现安装有潜污泵 4 台，3 用 1 备，采用变频控制，并预留有 1 个泵位。潜污泵参数为 $Q=1042m^3/h$，$H=15.0m$，$P=58kW$。

本次扩建保留 2 台现状潜污泵，2 用，库备 1 台，$Q=1042m^3/h$，$H=15.0m$，$N=58kW$，新增 3 台大泵，2 用 1 备，$Q=1500m^3/h$，$H=15m$，$P=90kW$。进水泵房平面总尺寸为 13.70m×10.00m。

6.3.5 细格栅

细格栅及旋流沉砂池合建 1 座，单座设计规模为 $6.0\times10^4m^3/d$，每座分 2 格，单格设计规模为 $3.0\times10^4m^3/d$。

单格设计流量 $Q_{max}=1625m^3/h$；网板宽度为 2000mm；栅条间隙 $b=3mm$ ；栅前水深 $h=1.10m$；格栅倾角 $\alpha=90°$。采用内进流式网板细格栅 2 套，配用电机功率 1.3kW。配套中压冲洗水泵 2 台，$Q=32.0m^3/h$，$H=80m$，$N=11kW$；高压冲洗水泵 1 台，$Q=2.0m^3/h$，$H=100bar$，$N=7.5kW$。细格栅间平面总尺寸为 4.50m×9.70m。

6.3.6 旋流沉砂池

细格栅及旋流沉砂池合建 1 座，单座设计规模为 $6.0\times10^4m^3/d$，每座分 2 格，单格设计规模为 $3.0\times10^4m^3/d$。

沉砂池设有提砂泵，沉砂经提砂泵提升后，进入砂水分离器，分离后的干砂外运，剩余污水流入厂区进水泵房。

单格设计流量 $Q_{max}=1625m^3/h$；水力表面负荷为 $169m^3/(m^2\cdot h)$；水力停留时间为 35s。

旋流沉砂池直径为 3.50m，有效水深（砂斗以上部分）为 1.65m，砂斗直径为 1.50m，砂斗深度为 1.70m。每池设 1 台提砂泵（$Q=14\sim17.6\sim21m^3/h$，$H=10\sim9\sim8.5m$，$P=1.5kW$），1 台立式桨叶分离机 $P=1.5kW$，12～20r/min。旋流沉砂池平面总尺寸 $D=4.00m$。

6.3.7 改良型 A/A/O 生物池

设 2 座改良型 A/A/O 生物池，设计流量 $6.0\times10^4m^3/d$，单座设计流量 $3.0\times10^4m^3/d$；有效水深 6.0m；预缺氧区停留时间 0.5h，单池有效容积 $625m^3$；厌氧区停留时间 1.5h，单池有效容积 $1875m^3$；缺氧区停留时间 4.0h，单池有效容积 $5000m^3$；好氧区停留时间 8.0h，单池有效容积 $10000m^3$；总停留时间 $HRT=14.0h$；污泥回流比小于等于 100%；混合液回流比小于等于 300%；污泥龄 14d；总需氧量 $437.36kgO_2/h$；设计水温 12℃。改良型 A/A/O 生物池平面总尺寸为 71.00m×44.90m。

6.3.8 配水井及污泥泵房

设 1 座配水井及污泥泵房，配水井与污泥泵房合建，其构造为内外两个同心半圆，内圈为配水井，外圈为污泥泵房。

设计流量 $Q_{max}=3250m^3/h$；最大回流比为 100%；剩余污泥总量为 6509.86kgSS/d，含水率为 99.3%，总计 $929.98m^3/d$。

污泥泵房内设回流污泥泵3台，2用1备，单泵流量Q=1250m^3/h，H=10.0m，N=45kW；剩余污泥泵2台，1用1备，单泵流量Q=60m^3/h，H=14.0m，N=5.5kW。每台水泵出水管上装有闸阀和橡胶瓣止回阀。内圈配水井直径为11.4m，深3.7m；外圈污泥泵房直径为19.2m，深3.7m。

6.3.9 二沉池

设2座二沉池，单座设计流量Q=3.0×10^4 m^3/d；最高时表面负荷1.17m^3/(m^2·h)；沉淀时间2.6h；有效水深3.0m。

两座周边进水、周边出水的辐流式沉淀池，共用一座配水排泥井。每座池内径42.0m，有效水深2.35m，沉淀池出水采用环形集水槽，单侧溢流堰出水，集水槽宽0.35～0.90m，最大堰上负荷为3.42L/(s·m)。每座沉淀池内设一台半桥式中心传动单管吸泥机，R=21m，周边线速度3.0m/min，驱动功率0.55kW。吸泥机桥架上附带有刮除表面浮渣的刮板，随着桥的移动，将池内表面浮渣刮至排渣斗内。二沉池平面总尺寸D=43.00m。

6.3.10 深度处理提升泵房

厂区一期和二期共用一座深度处理提升泵房，土建及设备安装均按10×10^4 m^3/d规模一次建成。设计流量Q_{max}=5417m^3/h；深度处理提升泵房内设潜水泵3台，2用1备，2台变频控制，Q=2400～2700～3200m^3/h，H=7.5～6.2～5.6m，P=75kW，W=3800kg。每台水泵出水管上装有闸阀和橡胶瓣止回阀。深度处理提升泵房平面总尺寸为11.80m×9.00m。

6.3.11 高效澄清池

设1座高效澄清池（分2格），设计规模10×10^4 m^3/d；设计流量Q_{max}=5417m^3/h；混合反应时间100s；速度梯度G=540s^{-1}；絮凝停留时间10min；斜板内上升流速15m/h；高效澄清池平面总尺寸为33.60m×33.60m。

6.3.12 R型精密滤池

设1座R型精密滤池，设计规模10×10^4 m^3/d；设计流量Q_{max}=5417m^3/h；设计滤速265m/h；平面总尺寸17.10m×11.10m，高度H=2.6m。安装5套R200Ⅱ转鼓微过滤设备，滤筒直径1.29m；每套设备安装反冲洗水泵1台，反冲洗水量30m^3/d，功率2.2kW。

6.3.13 接触消毒池

新建1座接触消毒池，设计流量10.0×10^4 m^3/d。水力停留时间0.35h。接触消毒池平面总尺寸为29.55m×15.45m，池高4.60m。安装3台中水回用泵，Q=30～50～60m^3/h，H=35～32～28m，P=7.5kW，变频控制。

6.3.14 巴氏计量槽

污水处理厂设计规模10×10^4 m^3/d；设置标准型咽喉式巴氏计量槽1套，测流范围0.250～1.800m^3/s，咽喉宽度W=0.90m。巴氏计量槽平面总尺寸为20.45m×2.16m。

6.3.15 鼓风机房

为减少鼓风扬程并节省能耗，鼓风机房应尽可能靠近用气点。结合厂区布局、用地条件以及远期预留情况，本次新建鼓风机房仅用于二期扩建生物池曝气，设计规模为6×10^4 m^3/d。

设计所需空气量：Q_{max}=252m^3/min；设置磁浮式离心式鼓风机3台，2用1备，单台流量Q=125.00m^3/min，出口风压68.3kPa，P=190kW。鼓风机房平面总尺寸为17.05m×10.75m。

6.3.16 脱水机房

现状脱水机房土建规模为10×10^4 m^3/d，设备安装规模为5×10^4 m^3/d。本次改造设备安装规模为10×10^4 m^3/d。

剩余污泥干重12726kg/d；需浓缩脱水污泥量1818m^3/d，含水率99.3%；脱水后污泥量64m^3/d，含水率80%；设计每日运行时间20h；絮凝剂（PAM）投加标准4.0kg/t干固体；絮凝剂（PAM）投加量2.52kg/h；絮凝剂（PAM）溶液投加量（浓度0.1%）2520L/h。脱水机房平面总尺寸为25.80m×11.60m。

6.3.17 化学除磷及消毒间

现状化学除磷及消毒间土建规模为10×10^4 m^3/d，设备安装规模为5×10^4 m^3/d。本次改造设备安装规模为10×10^4 m^3/d。

去除单位TP消耗有效矾的投加量为5.2mg/mg，投加浓度为6%。采用成品次氯酸钠溶液消毒，投加量为50mg/L（有效氯含量5mg/L）。

在室外新建储矾池1座，容积为13d的投加量。储矾池分2格，单格净空尺寸为7.5m×7.0m，有效深度2.5m，则总容积为262.5m^3。设耐腐蚀液下泵2台，单台Q=25m^3/h，H=8m，P=2.2kW。

将现状PAC投加计量泵拆除，更换3台计量泵，2用1备，单泵Q=500L/h，H=0.50MPa，P=0.37kW。

储矾池、溶液池采用空气搅拌，将现状加药间的溶解池和平台拆除作为新增鼓风机的安装位置。选用2台鼓风机，1用1备，单台Q=13.4m^3/min，H=29.4kPa，P=15kW。

新增1台次氯酸钠溶液投加计量泵，与现有设备2用1备，单泵Q=120L/h，H=0.35MPa，P=0.09kW。化学除磷及消毒间平面总尺寸为25.50m×13.00m。

6.4 排水管网

6.4.1 管网布置及定线

排水体制采用分流制，将生活污水、工业废水、雨水分别在两个各自独立的管渠内排除，生活污水及工业废水通过污水排水系统输送至污水处理厂，雨水通过雨水排水系统排入河流。

根据具体的地形地势，地势低处布置污水主干管、干管和支管，尽量能够使得污水在重力作用下流动，少使用或者不使用提升设备。在布置时要尽量避开直接穿山，尽量远离农田和耕地，防止污染农作物。保证污水管道能够在长时间内保持其物理性质不发生较大的改变，管道的埋深在一定区间内尽量小。敷设管道不能妨碍已经铺设的其他管道，并且要符合城市的道路规划，具体参见第8章设计图纸《污水管网平面布置图》。

6.4.2 管材选择

管材比选见表6-10。

管材比选　　表 6-10

名称	钢筋混凝土排水管	预应力钢筋混凝土管	PVC-U 双壁波纹塑料排水管
优点	承受压力能力强，土方回填技术要求不高，经济性好	比普通钢筋混凝土管承受压力能力更强，防水性能好	重量轻、耐酸碱废水腐蚀、内壁粗糙系数较小
缺点	易被酸碱废水腐蚀，同时质量大，运输较为困难，内壁粗糙系数较大	质量大、运输困难、易被酸碱废水腐蚀以及粗糙系数大	能承载的压力较小，且土方回填要求高，且价格较贵

考虑优缺点，钢筋混凝土管承受压力大，且在施工的过程中，对施工要求也不高，成本方面也比其他种类的管道经济性更好，故本工程采用钢筋混凝土管。

6.4.3 管道工程量

污水及雨水管管材一览见表 6-11、表 6-12。

污水管管材一览　　表 6-11

编号	名称	规格	材料	单位	数量	备注
1	污水管	DN400	钢筋混凝土	m	27483	
2	污水管	DN500	钢筋混凝土	m	2623	
3	污水管	DN600	钢筋混凝土	m	1488	
4	污水管	DN800	钢筋混凝土	m	4527	
5	污水管	DN1000	钢筋混凝土	m	1007	
6	污水管	DN1200	钢筋混凝土	m	470	

雨水管管材一览　　表 6-12

编号	名称	规格	材料	单位	数量	备注
1	雨水管	DN800	钢筋混凝土	m	5216	
2	雨水管	DN1000	钢筋混凝土	m	10964	
3	雨水管	DN1200	钢筋混凝土	m	4534	
4	雨水管	DN1350	钢筋混凝土	m	947	
5	雨水管	DN1500	钢筋混凝土	m	4333	
6	雨水管	DN1800	钢筋混凝土	m	4954	
7	雨水管	DN2000	钢筋混凝土	m	712	
8	暗渠	$B\times H$=2200mm×2000mm	钢筋混凝土	m	470	
9	暗渠	$B\times H$=3500mm×2000mm	钢筋混凝土	m	470	

6.4.4 附属构筑物

1. 检查井

检查井的位置应设在管道交会处、转弯处、管径或坡度改变处、跌水处及直线管段上每隔一定距离处。污水管道、雨水管道和合流管道的检查井井盖应有标识。检查井宜采用成品井，其位置应充分考虑成品管节的长度，避免现场切割。检查井不得使用实心黏土砖砌检查井。砖砌和钢筋混凝土检查井应采用钢筋混凝土底板。

2. 跌水井

管道跌水水头为 1.0～2.0m 时，宜设跌水井；跌水水头大于 2.0m 时，应设跌水井。管道转弯处不宜设跌水井。跌水井的进水管管径不大于 200mm 时，一次跌水水头高度不得大于 6m；管径为 300～600mm 时，一次跌水水头高度不宜大于 4m，跌水方式可采用竖管或矩形竖槽；管径大于 600mm 时，其一次跌水水头高度和跌水方式应按水力计算确定。污水管道和合流管道上的跌水井，宜设排气通风措施，并应在该跌水井和上下游各一个检查井的井室内部及这 3 个检查井之间的管道内壁采取防腐蚀措施。

3. 水封井

当工业废水能产生引起爆炸或火灾的气体时，其管道系统中必须设置水封井。水封井位置应设在产生上述废水的排出口处及其干管上适当间隔距离处。水封深度不应小于 0.25m，井上宜设通风设施，井底应设沉泥槽。水封井及同一管道系统中的其他检查井，均不应设在车行道和行人众多的地段，并应适当远离产生明火的场地。

4. 雨水口

雨水口的形式、数量和布置，应按汇水面积所产生的流量、雨水口的泄水能力和道路形式确定。立算式雨水口的宽度和平算式雨水口的开孔长度、开孔方向应根据设计流量、道路纵坡和横坡等参数确定。合流制系统中的雨水口应采取防止臭气外逸的措施。雨水口和雨水连接管流量应为雨水管渠设计重现期计算流量的 1.5～3.0 倍。雨水口间距宜为 25～50m。连接管串联雨水口不宜超过 3 个。雨水口连接管长度不宜超过 25m。道路横坡坡度不应小于 1.5%，平算式雨水口的路面标高应比周围路面标高低 3～5cm，立算式雨水口进水处路面标高应比周围路面标高低 5cm。

5. 出水口

排水管渠出水口位置、形式和出口流速应根据受纳水体的水质要求、水体流量、水位变化幅度、水流方向、波浪状况、稀释自净能力、地形变迁和气候特征等因素确定。出水口应采取防冲刷、消能、加固等措施，并设置警示标识。受冻胀影响地区的出水口应考虑采用耐冻胀材料砌筑，出水口的基础应设在冰冻线以下。

6.5 工程经济估算与成本分析

1. 工程投资估算

本工程第一部分工程费用为 44567.35 万元，工程建设其他费用为 5733.48 万元，基本预备费为 2516.17 万元，专项费用为 2148.64 万元，建设期贷款利息为 1260.91 万元，铺底流动资金为 316.64 万元，工程总投资为 56543.19 万元。

2. 资金筹措

项目总投资为 56543.19 万元，资本金比例占 30%，其余申请银行贷款。资金来源：污水处理费和市城建资金。

3. 成本分析

项目单位处理成本为 1.143 元/t，年处理成本为 2660.99 万元。

第7章　排水工程设计案例计算书

7.1　工程建设规模计算

居民生活污水设计最大流量：

$$Q_1=\frac{qNK_z}{86400}=\frac{245\times29\times10^4\times1.3}{86400}=1069.04\text{L/s}=92365\text{m}^3/\text{d} \tag{7-1}$$

式中　q——每人每日平均污水量定额，L/(人·d)，取 245 L/(人·d)；

N——设计人口数，人；

K_z——总变化系数。

工业企业工业废水设计最大流量：

$$Q_2=\frac{mMK_g}{3600T}=\frac{10^5\times15\times1.7}{3600\times8}=88.5\text{L/s}=7646.4\text{m}^3/\text{d} \tag{7-2}$$

式中　m——生产过程中单位产品的废水量定额，L；

M——每日的产品数量；

K_g——总变化系数，根据工艺或经验确定；

T——工业企业每日工作小时数，h。

工业企业生活污水设计最大流量：

$$Q_3=\frac{q_1N_1K_z+q_2N_2K_z}{3600T}=\frac{30\times150\times3.0+50\times100\times2.5}{3600\times8}=0.9\text{L/s}=77.8\text{m}^3/\text{d} \tag{7-3}$$

式中　q_1——一般车间每班每人污水量定额，L/(人·班)，一般以 30L/(人·班) 计；

q_2——热车间每班每人污水量定额，L/(人·班)，一般以 50L/(人·班) 计；

N_1——一般车间最大班工人数，人；

N_2——热车间最大班工人数，人；

T——每班工作小时数，h。

工业企业淋浴用水设计最大流量：

$$Q_4=\frac{q_3N_3+q_4N_4}{3600}=\frac{40\times110+60\times50}{3600}=2.1\text{L/s}=181.4\text{m}^3/\text{d} \tag{7-4}$$

式中　q_3——不太脏车间每班每人淋浴水量定额，L/(人·班)，一般以 40L/(人·班) 计；

q_4——较脏车间每班每人淋浴水量定额，L/(人·班)，一般以 60L/(人·班) 计；

N_3——不太脏车间最大班使用淋浴的工人数，人；

N_4——较脏车间最大班使用淋浴的工人数，人。

污水设计流量为：

$$Q=Q_1+Q_2+Q_3+Q_4=92365+7646.4+77.8+181.4=100270.6\text{m}^3/\text{d} \tag{7-5}$$

取 10 万 m^3/d（该设计流量不包含入渗地下水量）。

7.2　污水处理厂设计计算

7.2.1　粗格栅及进水泵房

粗格栅及进水泵房合建，土建部分一期已按 10 万 m^3/d 规模实施，近期仅装设了 5 万 m^3/d 规模的设备，本次扩建于格栅间增设一台同型号回转式格栅除污机，2 用 1 备。污水量总变化系数 $K_z=1.3$。

单格设计流量：$Q_{max}=2708.3\text{m}^3/\text{h}=0.75\text{m}^3/\text{s}$。

1. 格栅尺寸

栅条宽度：栅条宽度 $S=0.01$m。

栅条间隙数：栅前水深 $h=1.10$m，过栅流速 $v=0.9$m/s，栅条间隙 $b=0.02$m，格栅倾角 $\alpha=75°$。

$$n=\frac{Q_{max}\sqrt{\sin\alpha}}{bhv}=\frac{0.75\times\sqrt{\sin75°}}{0.02\times1.10\times0.9}\approx38\text{ 个} \tag{7-6}$$

$$B=S(n-1)+bn=0.01\times(38-1)+0.02\times38=1.13\text{m，取 }1.2\text{m} \tag{7-7}$$

式中　B——栅格宽度，m；

S——栅条宽度，m；

b——栅条间隙，m；

n——栅条间隙数，个；

Q_{max}——最大设计流量，m^3/s；

α——格栅倾角，°；

h——栅前水深，m；

v——过栅流速，m/s。

2. 通过格栅的水头损失

$$\xi=\beta\left(\frac{S}{b}\right)^{\frac{4}{3}}=2.42\times\left(\frac{0.01}{0.02}\right)^{\frac{4}{3}}=0.96 \tag{7-8}$$

$$h_0=\xi\frac{v^2}{2g}\sin\alpha=0.96\times\frac{0.9^2}{2\times9.8}\times\sin75°=0.038\text{m} \tag{7-9}$$

$$h_1=h_0k=0.038\times3=0.114\text{m} \tag{7-10}$$

式中　h_1——污水通过格栅的水头损失，m；

h_0——计算水头损失，m；

g——重力加速度，m/s^2；

k——系数，格栅受污物堵塞时水头损失增大倍数，一般采用 3；

ξ——阻力系数，其值与栅条断面形状有关；

β——栅条形状系数，其值与栅条断面形状有关。

3. 栅后槽总高度

$$H=h+h_1+h_2=1.10+0.114+0.50=1.71\text{m} \tag{7-11}$$

本设计中粗格栅及进水泵房合建，槽深取 8.2m。

式中　H——栅后槽总高度，m；

h_2——栅前渠道超高，一般采用0.50m。

4. 栅槽总长度

$$L=1.2+2.3+0.5+2.0=6.0\text{m} \tag{7-12}$$

5. 每日栅渣量

$$W=\frac{Q_{max}W_1\times 86400}{K_z\times 1000}=\frac{0.75\times 0.07\times 86400}{1.2\times 1000}=3.78\text{m}^3/\text{d} \tag{7-13}$$

式中　W——每日栅渣量，m^3/d；

W_1——单位栅渣量，$m^3/10^3m^3$ 污水，栅条间隙为1.5～10mm时，$W_1=0.150\sim0.120$，栅条间隙为10～25mm时，$W_1=0.120\sim0.050$，栅条间隙为25～100mm时，$W_1=0.050\sim0.004$；

K_z——生活污水流量总变化系数。

采用机械清渣，选取回转式格栅除污机，井宽 $B=1200$mm，栅条间隙 $b=20$mm，渠深 $H=8200$mm，安装角度75°，$P=1.5$kW。

6. 水泵扬程

集水井最高水位 $h_1=2.7$m，最低水位 $h_2=1.2$m，水泵静扬程：

$$H_1=25.1-13.5=11.6\text{m} \tag{7-14}$$

则水泵扬程：

$$H=H_1+\sum h+h=11.6+2+1=14.6\text{m} \tag{7-15}$$

取15.0m。

式中　H_1——水泵静扬程；

$\sum h$——总水头损失，一般采用1～3m；

h——自由水头，一般采用1～1.5m。

7. 水泵选型

进水泵房内已有潜污泵4台，3用1备，并预留有1个泵位，本次扩建保留2台现状潜污泵，2用，库备1台，$Q=1042m^3/h$，$H=15.0$m，$N=58$kW，新增3台大泵，2用1备，$Q=1500m^3/h$，$H=15$m，$P=90$kW，泵重2390kg。

设计流量 $Q_{max}=2708.3m^3/h$，设计扬程 $H=15.0$m。

进水泵房平面总尺寸为13.70m×10.00m。泵房下部结构深10.0m，上部结构为框架，保留现有电动单梁悬挂起重机1套，起重量3t，顶部设遮阳雨棚。

7.2.2　细格栅和旋流沉砂池

细格栅及旋流沉砂池合建1座，单座设计规模为 $6.0\times10^4m^3/d$，每座分2格，单格设计规模为 $3.0\times10^4m^3/d$。单格设计流量 $Q_{max}=\frac{30000}{24}\times1.3=1625m^3/h=0.45m^3/s$。

1. 格栅尺寸

栅条间隙 $b=3$mm，格栅倾角 $\alpha=90°$。

栅条宽度 $S=0.005$m。

栅条间隙数：栅前水深 $h=1.10$m，过栅流速 $v=0.7$m/s。

$$n=\frac{Q_{max}\sqrt{\sin\alpha}}{bhv}=\frac{0.45\times\sqrt{\sin 90°}}{0.003\times1.10\times0.7}\approx 195\text{个} \tag{7-16}$$

$$B=S(n-1)+bn=0.005\times(195-1)+0.003\times195=1.56\text{m} \tag{7-17}$$

取2.0m。

式中　B——栅格宽度，m；

S——栅条宽度，m；

b——栅条间隙，m；

n——栅条间隙数，个；

Q_{max}——最大设计流量，m^3/s；

α——格栅倾角，°；

h——栅前水深，m；

v——过栅流速，m/s。

2. 通过格栅的水头损失

$$\xi=\beta\left(\frac{S}{b}\right)^{\frac{4}{3}}=2.42\times\left(\frac{0.005}{0.003}\right)^{\frac{4}{3}}=4.78 \tag{7-18}$$

$$h_0=\xi\frac{v^2}{2g}\sin\alpha=4.78\times\frac{0.7^2}{2\times9.8}\times\sin 90°=0.120\text{m} \tag{7-19}$$

$$h_1=h_0k=0.120\times3=0.36\text{m} \tag{7-20}$$

式中　h_1——污水通过格栅的水头损失，m；

h_0——计算水头损失，m；

g——重力加速度，m/s^2；

k——系数，格栅受污物堵塞时水头损失增大倍数，一般采用3；

ξ——阻力系数，其值与栅条断面形状有关；

β——栅条形状系数，其值与栅条断面形状有关。

3. 栅后槽总高度

$$H=h+h_1+h_2=1.10+0.36+0.70=2.16\text{m} \tag{7-21}$$

取2.2m。

式中　H——栅后槽总高度，m；

h_2——栅前渠道超高，采用0.70m。

4. 栅槽总长度

$$L=1.37+2.33+0.5+2.0=6.2\text{m} \tag{7-22}$$

5. 每日栅渣量

$$W=\frac{Q_{max}W_1\times 86400}{K_z\times 1000}=\frac{0.45\times 0.12\times 86400}{1.4\times 1000}=3.33\text{m}^3/\text{d} \tag{7-23}$$

式中　W——每日栅渣量，m^3/d；

W_1——单位栅渣量，$m^3/10^3m^3$ 污水；

K_z——生活污水流量总变化系数。

6. 设备选型

采用机械清渣，选取高排水螺旋压榨机，螺旋直径为300mm，$P=1.5$kW，3mm细格栅配套。选取内进流式网板细格栅，网板宽度为2000mm，栅条间隙 $b=3$mm，$P=1.3$kW，2套细格栅配套

1台控制柜。

采用内进流式网板细格栅2套，配用电机功率1.3kW。配套中压冲洗水泵2台，$Q=32.0m^3/h$，$H=80m$，$N=11kW$；高压冲洗水泵1台，$Q=2.0m^3/h$，$H=100bar$，$N=7.5kW$。

细格栅及旋流沉砂池合建1座，单座设计规模为$6.0\times10^4m^3/d$，每座分2格，单格设计规模为$3.0\times10^4m^3/d=0.35m^3/s$。沉砂池设有提砂泵，沉砂经提砂泵提升后，进入砂水分离器，分离后的干砂外运，剩余污水流入厂区进水泵房。

7. 旋流沉砂池

旋流沉砂池单格设计流量$Q_{max}=1625m^3/h$，水力表面负荷为$169m^3/(m^2\cdot h)$，水力停留时间为35s。

旋流沉砂池直径为3.50m，有效水深（砂斗以上部分）为1.65m，砂斗直径为1.50m，砂斗深度为1.70m。每池设1台提砂泵（$Q=14\sim17.6\sim21m^3/h$，$H=10\sim9\sim8.5m$，$P=1.5kW$），1台立式桨叶分离机$P=1.5kW$，12～20r/min。

设砂水分离器1台（$Q=20L/s$，$P=0.37kW$），砂水混合物由提砂泵输送至砂水分离器，分离后的干砂外运。按$0.03L/m^3$的沉砂量计算，排砂量约为$2.34m^3/d$，含水率约60%。

为确保沉砂池内的水位，在沉砂池出水端设置溢流堰1座。桨叶分离机连续运转，提砂泵按程序控制定时运转，砂水分离器与提砂泵同步运转。

7.2.3 A/A/O生物池

设2座改良型A/A/O生物池，单座设计流量$3.0\times10^4m^3/d=0.35m^3/s$。

1. 预缺氧区、厌氧区容积

生物反应池中厌氧区（池）的容积，可按式（7-24）计算：

$$V_p=\frac{t_{py}Q}{24}=\frac{1.5\times30000}{24}=1875m^3 \tag{7-24}$$

式中　V_p——厌氧区（池）容积，m^3；

t_{py}——厌氧区（池）水力停留时间，h，宜为1～2，此处取1.5；

Q——设计污水流量，m^3/d。

预缺氧区容积计算同上，水力停留时间为0.5h，容积$V_1=625m^3$。

2. 缺氧区容积

$$V_n=\frac{t_{pq}Q}{24}=\frac{4.0\times30000}{24}=5000m^3 \tag{7-25}$$

式中　V_n——缺氧区（池）容积，m^3；

t_{pq}——缺氧区（池）水力停留时间，h，宜为0.5～4.0，此处取4.0；

Q——设计污水流量，m^3/d。

缺氧区（池）容积，也可按式（7-26）计算：

$$V_n=\frac{0.001Q(N_k-N_{te})-0.12\Delta X_v}{K_{de}X} \tag{7-26}$$

$$\Delta X_v=yY_t\frac{Q(S_0-S_e)}{1000} \tag{7-27}$$

式中　V_n——缺氧区（池）容积，m^3；

Q——生物反应池的设计流量，m^3/d；

X——生物反应池内混合液悬浮固体平均浓度，gMLSS/L，此处取3.5；

N_k——生物反应池进水总凯氏氮浓度，mg/L；

N_{te}——生物反应池出水总氮浓度，mg/L；

ΔX_v——排出生物反应池系统的微生物量，kgMLVSS/d；

K_{de}——脱氮速率，$kgNO_3\text{-}N/(kgMLSS\cdot d)$，宜根据试验资料确定。无试验资料时，20℃的$K_{de}$可采用$0.03\sim0.06kgNO_3\text{-}N/(kgMLSS\cdot d)$；

y——MLSS中MLVSS所占比例；

S_0——生物反应池进水BOD_5浓度，mg/L；

S_e——生物反应池出水BOD_5浓度，mg/L；

Y_t——污泥总产率系数，$kgMLSS/kgBOD_5$，宜根据试验资料确定。无试验资料时，系统有初次沉淀池时取0.3，无初次沉淀池时取0.6～1.0。

3. 好氧区容积

$$V_0=\frac{t_{ph}Q}{24}=\frac{8.0\times30000}{24}=10000m^3 \tag{7-28}$$

式中　V_0——好氧区（池）容积，m^3；

t_{ph}——好氧区（池）水力停留时间，h，宜为7～14，此处取8.0；

Q——设计污水流量，m^3/d。

好氧区（池）容积，也可按式（7-29）计算：

$$V_0=\frac{Q(S_0-S_e)\theta_{co}Y_t}{1000X} \tag{7-29}$$

$$\theta_{co}=F\frac{1}{\mu}$$

$$\mu=0.47\frac{N_a}{K_n+N_a}e^{0.098(T-15)} \tag{7-30}$$

式中　V_0——好氧区（池）容积，m^3；

θ_{co}——好氧区（池）设计污泥龄，d；

F——安全系数，为1.5～3.0；

μ——硝化细菌比生长速率，d^{-1}；

N_a——生物反应池中氨氮速率，mg/L；

K_n——硝化作用中氮的半速率常数，mg/L。

4. 生物池总容积

$$V=V_1+V_p+V_n+V_0=625+1875+5000+10000=17500m^3 \tag{7-31}$$

取生物池有效水深6.0m，生物池面积：

$$A=\frac{V}{h}=\frac{17500}{6}=2916.7m^2 \tag{7-32}$$

预缺氧区取宽度10.0m，长10.8m；厌氧区宽度取9.5m，长32.2m；缺氧区宽度取20.60m，长44.90m；好氧区宽度取39.00m，长44.90m，则单座平面总尺寸为71.00m×44.90m。

5. 生物污泥产量

$$P_X=\frac{YQ(S_0-S_e)}{1+K_d\theta_c}=\frac{0.6\times30000\times(0.13-0.001)}{1+0.05\times14}=1365.9kg/d \tag{7-33}$$

式中 Y——污泥产率系数，kgUSS/kgBOD$_5$；

θ_c——污泥龄，d；

K_d——衰减系数，d^{-1}。

6. 设计需氧量AOR

$$AOR=碳化需氧量+硝化需氧量$$

(1) 碳化需氧量 D_1

$$D_1=\frac{Q(S_0-S_e)}{1-e^{-kt}}-1.42P_X \tag{7-34}$$

式中 k——BOD的分解速率常数，d^{-1}，取 $k=0.23$d^{-1}；

t——BOD$_5$ 试验的时间，d，取 $t=5$d；

P_X——生物污泥产量。

$$D_1=\frac{30000\times(0.13-0.001)}{1-e^{-0.23\times5}}-1.42\times1365.9=3723.6\text{kgO}_2/\text{d} \tag{7-35}$$

(2) 硝化需氧量 D_2

$$D_2=4.6Q(N_0-N_e)-4.6\times12.4\%\times P_X \tag{7-36}$$

式中 N_0——进水总氮浓度，mg/L；

N_e——出水 NH_3-N 浓度，mg/L。

$$D_2=4.6\times30000\times(0.038-0.005)-4.6\times12.4\%\times1365.9=3774.9\text{kgO}_2/\text{d} \tag{7-37}$$

总需氧量：

$$AOR=3723.6+3774.9=7498.5\text{kgO}_2/\text{d}=312.4\text{kgO}_2/\text{h} \tag{7-38}$$

最大需氧量与平均需氧量之比为1.4，则：

$$AOR_{max}=1.4\times312.4=437.36\text{kgO}_2/\text{h} \tag{7-39}$$

标准状态下供气量：

$$G_s=\frac{AOR_{max}}{0.28E_A}\times2=\frac{437.36}{0.28\times20.6\%}\times2=16984.9\text{m}^3/\text{min}=238\text{m}^3/\text{h} \tag{7-40}$$

式中 0.28——标准状态下每立方米空气中含氧量，kgO$_2$/m^3；

E_A——曝气器氧的利用率，%。

7. 设备选型

总停留时间 $HRT=14.0$h，污泥回流比小于等于100%，混合液回流比小于等于300%，污泥龄14d，总需氧量437.36kgO$_2$/h，设计水温12℃。

每座预缺氧池内设1台潜水搅拌机，每台功率4.0kW，ϕ400，转速680r/min。

每座厌氧池内设2台潜水推进器，每台功率4.5kW，ϕ2500，转速56r/min。

每座缺氧池内设4台潜水推进器，每台功率4.5kW，ϕ2500，转速56r/min；池内设1台潜水搅拌机，每台功率4.0kW，ϕ400，转速680r/min。

每座好氧池内设4台潜水推进器，每台功率4.0kW，ϕ2300，转速56r/min。

每座氧化沟好氧区内设2500个 ϕ178 全球型刚玉曝气器。

每座池内设置2台混合液回流泵，变频控制，1用1备，单泵 $Q=4000$m^3/h，$H=0.5$m，$P=22$kW，由好氧池向缺氧池进行混合液回流。

生物池内预缺氧区、厌氧区、缺氧区进行加盖，并设置除臭管道通向生物除臭装置。

7.2.4 配水排泥井

设1座配水井及污泥泵房，配水井与污泥泵房合建，其构造为内外两个同心半圆，内圈为配水井，外圈为污泥泵房。设计流量 $Q_{max}=3250$m^3/h，最大回流比为100%。

1. 剩余污泥量

剩余污泥量，可按式 (7-41)、式 (7-42) 计算：

(1) 按污泥泥龄计算

$$\Delta X=\frac{VX}{\theta_c}=6509.86\text{kgSS/d} \tag{7-41}$$

式中 ΔX——剩余污泥量，kgSS/d；

V——生物反应池的容积，m^3；

X——生物反应池内混合液悬浮固体平均浓度，gMLSS/L；

θ_c——污泥泥龄，d。

含水率99.3%，总计929.98m^3/d。

(2) 按污泥产率系数、衰减系数及不可生物降解和惰性悬浮物计算

$$\Delta X=YQ(S_0-S_e)-K_dVX+fQ(SS_0-SS_e) \tag{7-42}$$

式中 Y——污泥产率系数，kgVSS/kgBOD$_5$，20℃时为0.3～0.8kgVSS/kgBOD$_5$；

Q——设计平均日污水量，m^3/d；

S_0——生物反应池进水 BOD$_5$ 浓度，kg/m^3；

S_e——生物反应池出水 BOD$_5$ 浓度，kg/m^3；

K_d——衰减系数，d^{-1}；

f——SS的污泥转换率，gMLVSS/gSS，宜根据试验资料确定，无试验资料时可取0.5～0.7gMLVSS/gSS；

SS_0——生物反应池进水悬浮物浓度，kg/m^3；

SS_e——生物反应池出水悬浮物浓度，kg/m^3。

2. 排泥井容积

$$V=\frac{Qt}{24n}=\frac{2080\times8}{24}=693.3\text{m}^3 \tag{7-43}$$

式中 V——贮泥池计算容积，m^3；

Q——每日产泥量，m^3/d；

t——贮泥时间，h，一般采用8～12h；

n——配水排泥井个数。

配水排泥井采用圆柱形，外圈直径为19.2m，内圈直径为11.4m，则井高度为

$$H=\frac{V}{A}=\frac{693.3}{\pi\times\left[\left(\frac{19.2}{2}\right)^2-\left(\frac{11.4}{2}\right)^2\right]}=3.7\text{m} \tag{7-44}$$

3. 设备选型

污泥泵房内设回流污泥泵3台，2用1备，单泵流量 $Q=1250$m^3/h，$H=10.0$m，$N=45$kW；剩余污泥泵2台，1用1备，单泵流量 $Q=60$m^3/h，$H=14.0$m，$N=5.5$kW。每台水泵出水管上装有闸阀和橡胶瓣止回阀。内圈配水井直径为11.4m，深3.7m；外圈污泥泵房直径为19.2m，

深 3.7m。

回流污泥泵连续运转，剩余污泥泵与污泥浓缩脱水机协调运行。

7.2.5 二沉池

设 2 座二沉池，单座设计流量 $Q=3.0\times10^4 m^3/d=0.35m^3/s$，最高时表面负荷 $1.17m^3/(m^2\cdot h)$，沉淀时间 2.6h，有效水深 3.0m。

单池设计流量 $Q_{max}=30000\times1.3/24=1625m^3/h=0.45m^3/s$。

1. 沉淀部分水面面积

$$F=\frac{Q_{max}}{q}=\frac{30000\times1.3}{1.17\times24}=1389m^2 \tag{7-45}$$

$$G=\frac{24(1+R)Q_0X}{F}=\frac{24\times(1+1)\times30000\times3.5}{24\times1389}=151kg/(m^2\cdot d) \tag{7-46}$$

式中 F——二沉池表面积，m^2；

Q_{max}——最大设计流量，m^3/h；

q——表面负荷，$m^3/(m^2\cdot h)$；

G——固体负荷，$kg/(m^2\cdot d)$；

R——回流比；

Q_0——单池设计流量，m^3/h；

X——混合液悬浮固体浓度，kg/m^3。

2. 二沉池直径

$$D=\sqrt{\frac{4F}{\pi}}=\sqrt{\frac{4\times1389}{3.14}}\approx42m \tag{7-47}$$

3. 沉淀部分有效水深

$$h_2=qt=1.17\times2.6=3.0m \tag{7-48}$$

式中 t——沉淀时间，h。

4. 污泥区的容积

$$V=\frac{2T(1+R)QX}{(X+X_r)\times24}=\frac{2\times2\times(1+1)\times30000\times3500}{(3500+10000)\times24}=2592.6m^3 \tag{7-49}$$

式中 Q——平均日污水量，m^3/d；

T——贮泥时间，h；

X_r——沉淀池底流污泥浓度，kg/m^3。

5. 污泥区高度

池底的径向坡度为 0.05，污泥斗底部直径 $D_2=1.5m$，上部直径 $D_1=3.0m$，倾角 60°，则：

$$h_4'=\frac{D_1-D_2}{2}\times\tan60°=1.3m \tag{7-50}$$

$$V_1=\frac{\pi h_4'}{12}\times(D_1^2+D_1D_2+D_2^2)=\frac{3.14\times1.3}{12}\times(3.0^2+3.0\times1.5+1.5^2)=5.36m^3 \tag{7-51}$$

圆锥体高度：

$$h_4''=\frac{D-D_1}{2}\times0.05=\frac{42-3}{2}\times0.05=0.98m \tag{7-52}$$

$$V_2=\frac{\pi h_4''}{12}\times(D^2+DD_1+D_1^2)=\frac{3.14\times0.98}{12}\times(42^2+42\times3+3^2)=487.0m^3 \tag{7-53}$$

竖直段污泥部分的高度：

$$h_4'''=\frac{V-V_1-V_2}{F}=\frac{2592.6-5.36-487.0}{1389}=1.51m \tag{7-54}$$

式中 V_1——污泥斗容积，m^3；

V_2——污泥斗以上圆锥体部分容积，m^3；

h_4'——污泥斗的高度，m；

h_4''——圆锥体部分高度，m；

h_4'''——竖直段污泥部分的高度，m；

D_1——污泥斗上部的直径，m；

D_2——污泥斗底部的直径，m。

6. 沉淀池总高

取沉淀池超高 $h_1=0.5m$，缓冲层高度 $h_3=0.5m$，则：

$$H=h_1+h_2+h_3+h_4''=0.5+3.0+0.5+0.98\approx5.0m \tag{7-55}$$

式中 h_1——超高，m；

h_3——缓冲层高度，m。

两座周边进水、周边出水的辐流式沉淀池，共用一座配水排泥井。每座池内径 42.0m，有效水深 2.35m，沉淀池出水采用环形集水槽，单侧溢流堰出水，集水槽宽 0.35～0.90m，最大堰上负荷为 $3.42L/(s\cdot m)$。

每座沉淀池内设一台半桥式中心传动单管吸泥机，$R=21m$，周边线速度 3.0m/min，驱动功率 0.55kW。吸泥机桥架上附带有刮除表面浮渣的刮板，随着桥的移动，将池内表面浮渣刮至排渣斗内。

7.2.6 深度处理提升泵房

厂区一期和二期共用一座深度处理提升泵房，土建及设备安装均按 $10\times10^4 m^3/d$ 规模一次建成。设计流量 $Q_{max}=5417m^3/h$。

泵房最高水位为 21.25m，停泵水位为 18.6m，澄清池水位为 23.55m，则水泵静扬程：

$$H_1=23.55-18.6=4.95m \tag{7-56}$$

水泵扬程：

$$H=H_1+\sum h+h=4.95+2+1=7.95m \tag{7-57}$$

选用 3 台潜水泵，2 用 1 备，2 台变频控制，$Q=2400\sim2700\sim3200m^3/h$，$H=7.5\sim6.2\sim5.6m$，$P=75kW$，$W=3800kg$。每台水泵出水管上装有闸阀和橡胶瓣止回阀。

捯链起重量 5t，配套电机功率 7.5+0.8kW。

7.2.7 高效澄清池

设置 1 座高效澄清池（分 2 格），设计流量为 $10\times10^4 m^3/d$，有效水深 7.8m，设计流量 $Q_{max}=$

$5417m^3/h$，速度梯度 $G=540s^{-1}$。

1. 混合池

混合反应时间一般采用1～5min，本设计采取100s。

流量 Q：

$$Q=\frac{5417}{3600\times1.3}=1.16m^3/s \tag{7-58}$$

总有效容积：

$$V=1.16\times100=116m^3 \tag{7-59}$$

平面有效面积：

$$A=\frac{V}{H}=\frac{116}{7.8}=14.87m^2 \tag{7-60}$$

单池边长：

$$a=\sqrt{A}=\sqrt{14.87}=3.86m，取4.0m \tag{7-61}$$

体积：

$$V=4.0\times4.0\times7.8=124.8m^3 \tag{7-62}$$

2. 絮凝池

絮凝水力停留时间取10min。

总有效容积：

$$V=1.16\times10\times60=696m^3 \tag{7-63}$$

平面有效面积：

$$A=\frac{696}{7.8}=89.23m^2 \tag{7-64}$$

取絮凝池长16.2m，宽6.0m，则有效容积：

$$6.0\times16.2\times7.8=758.16m^3 \tag{7-65}$$

3. 沉淀区

斜板内上升流速为15m/h，沉淀段入口流速60m/h，斜板 $L=1.5m$，$H=1.3m$，安装角度60°，斜板厚度 $d=2mm$，支撑等符合300kg/m。

沉淀入口段的面积为 $30.4m^2$，尺寸为1.9m×16m。

4. 污泥回流

污泥循环系数一般采用0.02～0.05，取0.03，则污泥回流量：

$$Q=1.16\times0.03=0.0348m^3/s=125.28m^3/h \tag{7-66}$$

污泥泵选用 $Q=20\sim120m^3/h$，$H=20m$，$P=15kW$，用于污泥回流，2用1备。

7.2.8 R型精密滤池

设1座R型精密滤池，设计规模 $10\times10^4m^3/d$；对混凝沉淀后污水进行过滤，进一步去除SS，设计流量 $Q_{max}=5417m^3/h$，设计滤速265m/h，平面总尺寸17.10m×11.10m，高度 $H=2.6m$。

安装5套R200Ⅱ转鼓微过滤设备，处理规模 $2\times10^4m^3/d$，总处理规模为 $10\times10^4m^3/d$，滤筒直径1.29m；设备安装间隔为3.0m，每套设备安装反冲洗水泵一台，反冲洗水量 $30m^3/d$，功率2.2kW。

过滤设备及反冲洗水泵均连续运行。

7.2.9 接触消毒池

新建1座接触消毒池，采用次氯酸钠消毒，设计流量 $Q=10\times10^4m^3/d=4166.67m^3/h=1.16m^3/s$，水力停留时间 $T=0.35h$（现标准要求接触时间至少30min），平均水深 $h=4.0m$，超高 $h_1=0.6m$。

1. 接触消毒池容积

$$V=QT=\frac{10\times10^4}{24}\times0.35=1458.3m^3 \tag{7-67}$$

2. 接触消毒池表面积

$$F=\frac{V}{h}=\frac{1458.3}{4.0}=364.6m^2 \tag{7-68}$$

3. 接触消毒池池长

$$L'=\frac{F}{B}=\frac{364.6}{3.5}=104m \tag{7-69}$$

接触池采用4廊道式，则接触池长：

$$L=\frac{L'}{4}=\frac{104}{4}=26m \tag{7-70}$$

4. 池高

$$H=h+h_1=4.0+0.6=4.6m \tag{7-71}$$

池外墙厚0.35m，廊道隔墙厚0.25m，则消毒池总宽为0.35×2+0.25×3+3.5×4=15.45m。

安装3台中水回用泵，$Q=30\sim50\sim60m^3/h$，$H=35\sim32\sim28m$，$P=7.5kW$，变频控制。

7.2.10 脱水机房

现状脱水机房土建规模为 $10\times10^4m^3/d$，设备安装规模为 $5\times10^4m^3/d$，本次改造设备安装规模为 $10\times10^4m^3/d$；将污水处理过程中产生的污泥进行浓缩、脱水，降低含水率，便于污泥运输和最终处置。

需浓缩脱水污泥量 $1818m^3/d$，含水率99.3%。

1. 浓缩脱水污泥量

$$Q=Q_0\frac{(100-P_1)}{(100-P_2)}=1818\times\frac{100-99.3}{100-80}=63.63m^3/d \tag{7-72}$$

$$M=Q(1-P_2)\times1000=63.63\times(1-0.8)\times1000=12726kg/d \tag{7-73}$$

式中 Q——浓缩脱水后污泥量，m^3/d；

Q_0——浓缩脱水前污泥量，m^3/d；

P_1——浓缩脱水前污泥含水率，%；

P_2——浓缩脱水后污泥含水率，%；

M——浓缩脱水后干污泥重量，kg/d。

剩余污泥干重12726kg/d，需浓缩脱水污泥量 $1818m^3/d$，含水率99.3%，脱水后污泥量 $64m^3/d$，含水率80%，设计每日运行时间20h，絮凝剂（PAM）投加标准4.0kg/t干固体，絮凝剂（PAM）投加量2.52kg/h，絮凝剂（PAM）溶液投加量（浓度0.1%）2520L/h。

新增2台脱水机型号为：$Q=10\sim80m^3/h$，配套电机功率 $P=55kW$。增加配套的污泥无轴螺旋输送机、污泥切割机、污泥进泥泵和污泥进料流量计 2 套，型号如下：污泥无轴螺旋输送机 $Q=6m^3/h$，$\alpha=20°$，$L=6m$，$P=3kW$；污泥切割机 $Q=50\sim100m^3/h$，$P=5.5kW$；污泥进泥泵 $Q=10\sim80m^3/h$，$P=22kW$；污泥进料流量计 $Q=10\sim80m^3/h$。

2. 溶液罐

$$V=\frac{Ma}{1000bn}=\frac{12726\times0.002}{1000\times0.01\times2}=1.27m^3 \tag{7-74}$$

式中 V——溶液罐体积，m^3；

M——脱水后干污泥重量，kg/d；

a——絮凝剂投加量，%，一般采用污泥干重的 0.009%～0.2%；

b——溶液池药剂浓度，%，一般采用 1%～2%；

n——溶液池个数。

本次改造拆除现状 1 号脱水机并更换，2 号脱水机保留，并在预留机位上增加 3 号脱水机。更换后的 1 号脱水机，增加的 3 号脱水机同型号，1 用 1 备，改造后 3 台脱水机 2 用 1 备；现状与 2 号脱水机配套的污泥切割机、污泥进料泵保留，更换与 1 号脱水机配套的污泥切割机、污泥进料泵各 1 台，增加与 3 号脱水机配套的污泥切割机、污泥进料泵各 1 台；增加与现状同型号的 PAM 投加装置 1 套。

7.2.11 鼓风机房

为减少鼓风扬程并节省能耗，鼓风机房应尽可能靠近用气点。结合厂区布局、用地条件以及远期预留情况，本次新建鼓风机房仅用于二期扩建生物池曝气，设计规模为 $6\times10^4m^3/d$。

设计所需空气量 $Q_{max}=252m^3/min$。

设置磁浮式离心式鼓风机 3 台，2 用 1 备，单台流量 $Q=125.00m^3/min$，出口风压 68.3kPa，$P=190kW$。

Lx 型电动单梁悬挂起重机 1 套，$L_k=5m$，起重量 5t，起吊高度 6m，$P=7.5+0.4\times2kW$。

轴流风机 4 台，$Q=4700m^3/h$，$P=0.37kW$。

鼓风机房平面总尺寸为 17.05m×10.75m，室内净空高度 8.40m。

鼓风机采用变频控制，由好氧池内的溶解氧浓度参数进行控制。

7.2.12 化学除磷及消毒间

现状化学除磷及消毒间土建规模为 $10\times10^4m^3/d$，设备安装规模为 $5\times10^4m^3/d$。本次改造设备安装规模为 $10\times10^4m^3/d$。

1. 设计参数

去除单位 TP 消耗有效矾的投加量为 5.2mg/mg，投加浓度为 6%。

采用成品次氯酸钠溶液消毒，投加量为 50mg/L（有效氯含量 5mg/L）。

2. 改造方案

将现状储矾池、矾液前池和溶液池改造成溶液池，则溶液池的总容积为 $42m^3$，为 2d 的投矾量。在室外新建储矾池 1 座，容积为 13d 的投加量。储矾池分 2 格，单格净空尺寸为 7.5m×7.0m，有效深度 2.5m，则总容积为 $262.5m^3$。设耐腐蚀液下泵 2 台，单台 $Q=25m^3/h$，$H=8m$，$P=2.2kW$。将现状 PAC 投加计量泵拆除，更换 3 台计量泵，2 用 1 备，单泵 $Q=500L/h$，$H=0.50MPa$，$P=0.37kW$。

储矾池、溶液池采用空气搅拌，将现状加药间的溶解池和平台拆除作为新增鼓风机的安装位置。选用 2 台鼓风机，1 用 1 备，单台 $Q=13.4m^3/min$，$H=29.4kPa$，$P=15kW$。

现状有次氯酸钠溶液池 1 座，分 2 格，单格有效容积为 $27m^3$，为 11d 的储备量。次氯酸钠溶液池不做扩建，夏季 2 格 1 用 1 备，冬季 2 格同时使用。

新增 1 台次氯酸钠溶液投加计量泵，与现有设备 2 用 1 备，单泵 $Q=120L/h$，$H=0.35MPa$，$P=0.09kW$。

7.2.13 巴氏计量槽

污水处理厂设计规模 $10\times10^4m^3/d$，即 $1.157m^3/s$；出水采用巴氏计量槽计量，测流范围 $0.250\sim1.800m^3/s$。确定计量槽的基本尺寸。

1. 上游渠道

上游渠道流速 v_1 取 0.93m/s，水深 H_1 取 0.8m，则上游渠道宽度：

$$B_1=\frac{Q}{v_1H_1}=\frac{1.157}{0.93\times0.8}=1.56m \tag{7-75}$$

上游渠道长度：

$$L_1=4.7B_1=7.3m \tag{7-76}$$

2. 计量槽

计量槽基本尺寸见表 7-1。

计量槽尺寸表 **表 7-1**

测量范围(m^3/s)	W(m)	C(m)	A(m)	D(m)	B_2(m)	B_1(m)
0.010～0.150	0.15	1.275	1.300	0.867	0.45	0.66
0.018～0.250	0.20	1.300	1.326	0.884	0.50	0.72
0.030～0.400	0.25	1.325	1.352	0.901	0.55	0.78
0.040～0.500	0.30	1.350	1.377	0.918	0.60	0.84
0.055～0.650	0.40	1.400	1.428	0.952	0.70	0.96
0.080～0.900	0.50	1.450	1.479	0.986	0.80	1.08
0.100～1.100	0.60	1.500	1.530	1.020	0.90	1.20
0.170～1.300	0.75	1.575	1.606	1.071	1.05	1.38
0.250～1.800	0.90	1.650	1.683	1.122	1.20	1.56
0.300～2.100	1.00	1.700	1.734	1.156	1.30	1.68
0.400～2.800	1.25	1.825	1.841	1.241	1.55	1.98
0.600～3.500	1.50	1.950	1.989	1.326	1.80	2.28
0.800～4.200	1.75	2.075	2.116	1.411	2.05	2.58
1.000～4.800	2.00	2.200	2.244	1.496	2.30	2.88

根据计量槽尺寸规格表，选择咽喉宽度 $W=0.90m$，上游渐缩段长度 $C=1.650m$，上游渐缩段渠道壁长度 $A=1.683m$，上游水位观测孔位置 $D=2/3A=1.122m$。上游渠道宽度 $B_1=1.56m$，渐扩段出口宽度 $B_2=1.20m$。

咽喉段长度 0.6m，下游渐扩段长度 0.9m，巴氏槽总长度 L_2 为

$$L_2=C+0.6+0.9=3.15m \tag{7-77}$$

3. 下游渠道长度

$$L_3=6B_1\approx9.40m \tag{7-78}$$

4. 上下游渠道及巴氏槽总有效长度

$$L=L_1+L_2+L_3=19.85\text{m} \tag{7-79}$$

$L/B_1=12.72>10$，符合要求。

巴氏槽布置如图 7-1 所示。

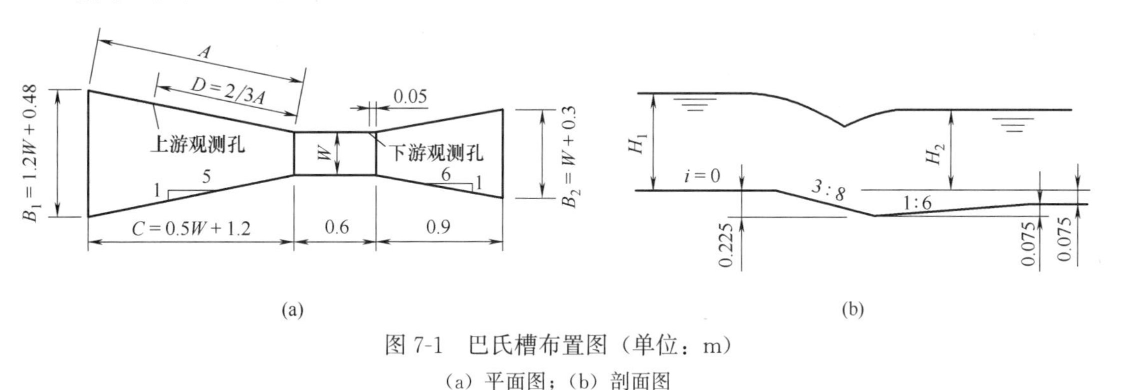

图 7-1　巴氏槽布置图（单位：m）

（a）平面图；（b）剖面图

7.2.14　平面布置

本次扩建后，污水处理厂近期设计规模将达到 $10\times10^4\text{m}^3/\text{d}$，远景控制规模为 $20\times10^4\text{m}^3/\text{d}$。

污水处理厂平面布置原则：厂区构筑物布置紧凑、功能分区合理、处理流程通畅、有利于生产、方便管理。

污水处理厂按远景控制规模 $20\times10^4\text{m}^3/\text{d}$ 考虑平面布局。

本次扩建一、二级处理用地位于现状构筑物北侧。污水经进水泵房提升至配水井，扩建一、二级处理构筑物由东向西依处理流程布置，与一期流程方向一致。

深度处理用地位于一、二级处理用地西侧。污水经二级处理后，由深度处理提升泵房提升至高效澄清池，深度处理构筑物由南向北依处理流程布置。

鼓风机房紧邻二期生物池布置。

远期预留用地及远景控制用地位于本次扩建用地北侧，其中远期扩建 $5\times10^4\text{m}^3/\text{d}$，一、二级处理构筑物及深度处理构筑物位于现状厂区与高新四路之间，远景扩建 $5\times10^4\text{m}^3/\text{d}$，一、二级处理构筑物位于高新四路北侧。远期及远景总用地面积 $3.72\times10^4\text{m}^2$。

7.2.15　高程布置

1. 设计原则

本污水处理厂竖向设计的主要原则是充分利用现有地形，减少挖方和填方量，实现污水处理流程顺畅，尽量减少污水提升的次数。改扩建部分的各构筑物要与现状高程统一。二级处理以后，再统一进入深度处理单元。

2. 厂区竖向设计

厂区标高确定：厂区标高布置基本与一期保持一致，自东向西逐步由 24.0m 递减至 22.0m。厂区挖方 2513m^3；厂区填方 9088m^3。

现状排水口底标高为 19.34m。

（1）管道沿程水头损失

$$h_f=iL \tag{7-80}$$

式中　i——单位长度水头损失；

L——管线长度。

（2）局部水头损失

$$h_\xi=\xi\frac{v^2}{2g} \tag{7-81}$$

式中　ξ——局部阻力系数。

水力计算以接受处理后污水水体的最高水位作为起点，沿污水处理流程向上推算，以使处理后的污水能自流排出，本次设计结合现场实际情况，同时根据各处理构筑物的水头损失，确定各构筑物的水面标高见表 7-2。

厂区高程布置表　　　　表 7-2

名称	进水液面标高(m)	水头损失(m)	出水液面标高(m)	到上一构筑物水头损失(m)
巴氏计量槽	20.7	0.32	20.38	0.40
接触消毒池	21.5	0.4	21.1	0.45
R 型精密滤池	22.85	0.9	21.95	0.30
高效澄清池	23.55	0.4	23.15	
深度处理提升泵房	21.25			0.50
二沉池	22.15	0.4	21.75	0.45
配水井及污泥泵房	22.6			0.65
改良型 A/A/O 生物池	23.65	0.4	23.25	0.55
沉砂池	24.2			0.45
细格栅	24.65			0.2
配水井	25.1	0.25	24.85	
进水提升泵房	15.05			0.2
粗格栅	15.25			

7.3　排水管网设计计算

7.3.1　污水管网设计

排水管渠系统根据城镇总体规划和建设情况统一布置，分期建设。排水管渠断面尺寸按远期规划设计流量设计，按现状水量复核，并考虑城镇远景发展的需要。

1. 污水管网平面布置

管渠平面位置和高程根据地形、土质、地下水位、道路情况、原有的和规划的地下设施、施工条件及养护管理方便等因素综合考虑确定，并与源头减排设施和排涝除险设施的平面和竖向设计相协调，排水干管布置在排水区域内地势较低或便于雨污水汇集的地带；排水管沿城镇道路敷设，并与道路中心线平行，设在快车道以外；截流干管沿受纳水体岸边布置；管渠高程设计考虑地形坡度，与其他地下设施的关系及接户管的连接方便。具体布置如图 7-2 所示。

计算以接入污水处理厂主干管为例，如图 7-3 所示。

街区面积见表 7-3。

街区面积　　　　表 7-3

街区编号	①	②
街区面积(hm^2)	2.17	4.65

图 7-2　污水管网布置图

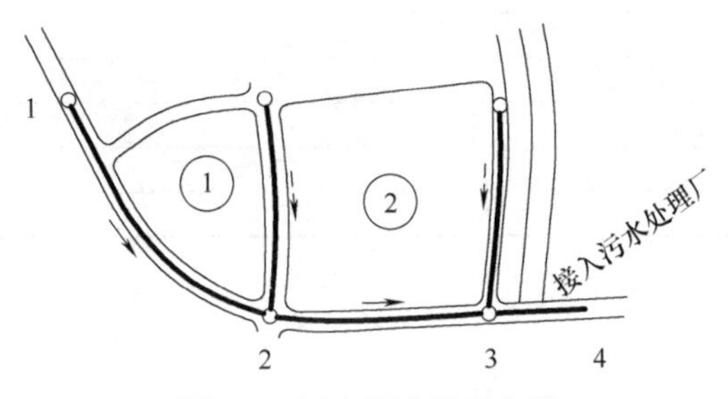

图 7-3　污水管道平面布置

居住区人口密度为 350 人/hm²，居民生活污水定额为 245L/(人·d)，则 1hm² 街区面积的生活污水平均流量（比流量）为：

$$q=\frac{350\times245}{86400}=1.0\text{L/(s}\cdot\text{hm}^2) \tag{7-82}$$

2. 污水管网流量计算

根据流量变化情况，将主干管划分为 1～2、2～3、3～4，3 个设计管段，见表 7-4、表 7-5。

污水干管设计流量计算表　　**表 7-4**

管段编号	居民区生活污水量								集中流量		设计流量(L/s)
	本段流量				转输流量(L/s)	合计平均流量(L/s)	总变化系数 K_z	生活污水设计流量(L/s)	本段(L/s)	转输(L/s)	
	街区编号	街区面积(hm²)	比流量[L/(s·hm²)]	流量(L/s)							
1～2	1	2.17	1.0	2.17	633.7	365.9	1.3	826.7			826.7
2～3	2	4.65	1.0	4.65	758.5	763.2	1.3	992.1			992.1
3～4					890.3	890.3	1.3	1157.4			1157.4

流量公式：

$$Q=Av \tag{7-83}$$

流速公式：

$$v=C\sqrt{RI} \tag{7-84}$$

式中　Q——流量，m³/s；

A——过水断面面积，m²；

v——流速，m/s；

R——水力半径（过水断面面积与湿周的比值），m；

I——水力坡度（等于水面坡度，也等于管底坡度）；

C——流速系数或谢才系数。

C 一般按照曼宁公式计算：

$$C=\frac{1}{n}\cdot R^{\frac{1}{6}} \tag{7-85}$$

$$Q=\frac{1}{n}\cdot A\cdot R^{\frac{2}{3}}\cdot I^{\frac{1}{2}} \tag{7-86}$$

污水主干管水力计算表　　**表 7-5**

编号	长度(m)	设计流量(L/s)	管径D(mm)	坡度I	流速v(m/s)	充满度		降落量(m)	标高(m)						埋设深度(m)	
						h/D	h		地面		水面		管内底		上端	下端
									上端	下端	上端	下端	上端	下端		
1～2	648	826.7	1000	0.017	1.26	0.75	0.75	11.016	32.41	22.10	29.096	18.080	28.346	17.330	4.06	4.77
2～3	470	992.1	1200	0.002	0.90	0.7	0.84	0.940	22.10	22.30	18.170	17.230	17.330	16.390	4.77	5.91
3～4	1095	1157.4	1400	0.002	0.65	0.7	0.98	2.190	22.30	22.00	17.370	14.900	16.390	14.200	5.91	7.80

污水管道最大设计流速、最大设计充满度、最小设计流速见表 7-6。最小管径与相应最小设计坡度见表 7-7。

污水管道最大设计流速、最大设计充满度、最小设计流速　　**表 7-6**

管径(mm)	最大设计流速(m/s)		最大设计充满度	在设计充满度下最小设计流速(m/s)
	金属管	非金属管		
200～300	≤10	≤5	0.55	0.6
350～450			0.65	
500～900			0.70	
≥1000			0.75	

最小管径与相应最小设计坡度　　**表 7-7**

管道类别	最小管径(mm)	相应最小设计坡度
工业废水管道	200	0.004
污水管	300	塑料管 0.002,其他管 0.003
合流管	300	塑料管 0.002,其他管 0.003
压力输泥管	150	
重力输泥管	200	0.01

3. 管道覆土厚度

管道最小覆土厚度，一般在人行道下不小于0.6m，在车行道下不小于0.7m；但在土壤冰冻线很浅（或冰冻线虽深，但有保温及加固措施）时，在采取结构加固措施，保证管道不受外部荷载损坏的情况下，也可小于0.7m，但应考虑是否需要保温。

冰冻层内管道埋设深度：

（1）无保温措施时，管内底可埋设在冰冻线以上0.15m；

（2）有保温措施或水温较高的管道，管内底埋设在冰冻线以上的距离可以加大，其数值应根据该地区或条件相似地区的经验确定。

7.3.2 雨水管网设计

1. 参考公式

雨水流量：

$$Q_s = q\Psi F \tag{7-87}$$

式中 Q_s——雨水设计流量，L/s；

q——设计暴雨强度，L/(s·hm²)；

Ψ——综合径流系数；

F——汇水面积，hm²。

径流系数：

$$\Psi_{av} = \frac{\sum F_i \cdot \Psi_i}{F} \tag{7-88}$$

式中 F_i——汇水面积上各类地面的面积，hm²；

Ψ_i——相应于各类地面的径流系数；

F——全部汇水面积，hm²。

暴雨强度：

$$q = \frac{167A_1(1+C\lg P)}{(t+b)^n} \tag{7-89}$$

式中 q——设计暴雨强度，L/(s·hm²)；

t——降雨历时，min；

P——设计重现期，a；

A_1——重现期为1年的设计降雨的雨力；

C——雨力变动系数，是反映设计降雨各历时不同重现期的强度变化程度的参数之一；

b，n——地方参数，根据统计方法进行计算确定，b、n两个参数联用，共同反映同重现期的设计降雨随历时延长其强度递减变化的情况。

按照《室外排水设计标准（2011年版）》GB 50015—2006附录B，设计降雨重现期一般选取2～5年，内涝防治设计重现期一般选取50～100年。

设计降雨历时：

雨水管渠的设计降雨历时，根据推理公式的极限强度原理，即按设计汇流时间计算，它包括地面集水时间和管渠内雨水流行时间两部分，计算公式为：

$$t = t_1 + t_2 \tag{7-90}$$

式中 t——设计降雨历时，min；

t_1——地面集水时间，min，应根据汇水距离、地形坡度和地面种类计算确定，一般采用2～15min；

t_2——管渠内雨水流行时间，min。

地面集水时间是管渠起点断面在设计重现期、设计降雨历时的条件下达到设计流量的时间，确定这个时间，要考虑地面集水距离、汇水面积、地面覆盖、地面坡度和降雨强度等因素。在地面坡度皆属平缓、地面覆盖相互接近、降雨强度差不多的情况下（我国多数平原大中城市即属这种情况），地面集水距离成为主要因素。从汇水量上考察，平坦地形的地面集水距离的合理范围是50～150m，比较适中的是80～120m。

2. 暴雨强度公式

$$q = \frac{938(1+0.65\lg P)}{(t+4)^{0.56}} \tag{7-91}$$

雨水管道布置如图7-4所示，汇水面积及雨水管道水力计算见表7-8、表7-9。

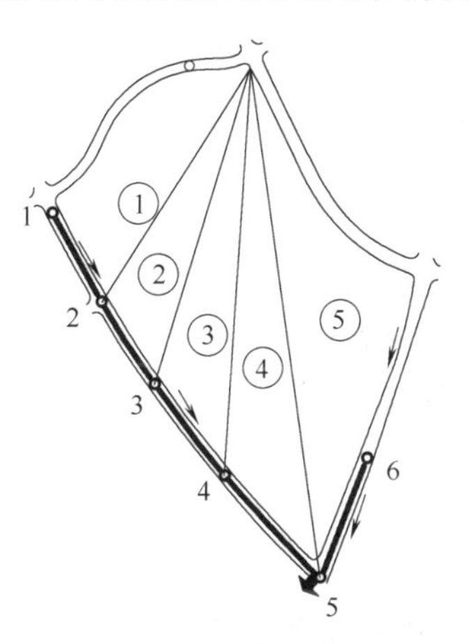

图7-4 雨水管道布置图

汇水面积 **表7-8**

管段编号	本段汇水面积(hm²)	转输汇水面积(hm²)	总汇水面积(hm²)
1～2	4.2		4.2
2～3	3.6	4.2	7.8
3～4	3.4	7.8	11.2
4～5	3.1	11.2	14.3
6～5	7.4		7.4

雨水管道水力计算表 **表7-9**

编号	管长(m)	汇水面积(hm²)	管渠内雨水流行时间(min)		设计流量 Q_i (L/s)	管径 D (mm)	坡度(%)	流速 v (m/s)	坡降 IL (m)	设计地面标高(m)		设计管内底标高(m)		埋深(m)	
			Σt_2	t_2						起点	终点	起点	终点	起点	终点
1-2	300	4.2	0.00	3.04	1292.52	1000	0.0024	1.65	0.72	26.500	25.749	25.200	24.480	1.30	1.27
2-3	300	7.8	3.04	6.05	2102.32	1800	0.0020	0.83	0.60	25.849	25.162	24.480	23.880	1.37	1.28
3-4	300	11.2	9.09	5.10	2494.90	1800	0.0020	0.98	0.60	25.260	24.580	23.880	23.280	1.38	1.30
4-5	436	14.3	14.18	6.53	2829.89	1800	0.0020	1.11	0.87	24.530	23.688	23.280	22.408	1.25	1.28
6-5	375	7.4	20.71	3.78	1299.43	1000	0.0020	1.66	0.75	23.862	23.094	22.480	21.730	1.38	1.36

7.4 工程投资估算与成本分析

7.4.1 工程总投资

新增的二级处理规模为 $6\times10^4m^3/d$，深度处理规模为 $10\times10^4m^3/d$，其中粗格栅、进水泵房、污泥脱水机房只增加设备，化学除磷及消毒间局部进行土建改造并增加设备，其余建（构）筑物按新建考虑。

7.4.2 估算依据

1. 项目初步设计有关技术资料及图纸
2.《建设项目总投资组成及其他费用定额》
3.《建设项目设计概算编审规程》
4.《建设项目全过程造价咨询规程》
5.《市政工程设计概算编制办法》
6.《建筑安装工程费用定额》
7.《土石方工程消耗量定额及统一基价表》
8.《市政工程消耗量定额及统一基价表》
9.《建筑工程消耗量定额及统一基价表》
10.《安装工程消耗量定额及单位估价表》

7.4.3 工程费用构成

本项目总投资为 56543.19 万元。资本金比例占 30%，其余申请银行贷款。资金来源：污水处理费和市城建资金。

第一部分工程费用为 44567.35 万元，工程建设其他费用为 5733.48 万元，基本预备费为 2516.17 万元，专项费用（电源外线费用）为 2148.64 万元，建设期贷款利息为 1260.91 万元，铺底流动资金为 316.64 万元，工程总投资为 56543.19 万元，工程投资估算汇总、费用构成分析见表 7-10、表 7-11。

工程投资估算汇总表 **表 7-10**

序号	工程或费用名称	估算金额(万元)			技术经济指标				
		建筑工程	安装工程	设备	其他费用	合计	单位	数量	单位价值(元)
一	第一部分　工程费用	39344.97	370.37	4852.01		44567.35			
A	污水处理工程	7211.31	370.37	4852.01		12433.69			
1	粗格栅及进水泵房	201.65	7.53	177.95		387.13	座	1	3871341
2	细格栅和旋流沉砂池	76.84	2.87	152.11		231.82	座	1	2318188
2	AAO 生物池	4210.58	157.33	48.51		4416.42	座	2	22082053
3	配水排泥井	47.97	1.79	62.33		112.09	座	1	1120894
4	二沉池	647.74	24.20	155.22		827.16	座	2	4135800

续表

序号	工程或费用名称	估算金额(万元)			技术经济指标				
		建筑工程	安装工程	设备	其他费用	合计	单位	数量	单位价值(元)
5	深度处理提升泵房	661.82	24.73	197.24		883.79	座	1	8837901
6	高效澄清池	376.26	11.08	222.76		610.10	座	1	6100897
7	R 型精密滤池	136.96	108.39	1435.65		1681.00	座	1	16809959
8	接触消毒池	245.45	5.98	7.90		259.33	座	1	2593338
9	脱水车间	256.56	11.21	1814.06		2081.83	座	1	20818276
10	鼓风机房	96.47	4.21	496.82		597.50	座	1	5974989
11	化学除磷及消毒间	31.81	1.39	68.67		101.87	座	1	1018645
12	巴氏计量槽	221.20	9.66	12.79		243.65	座	1	2436465
B	排水管网工程	5363.50				5363.50			
1	钢筋混凝土管 *DN*400	1941.40				1941.40	m	27483	706.4
2	钢筋混凝土管 *DN*500	395.71				395.71	m	2623	1508.6
3	钢筋混凝土管 *DN*600	367.21				367.21	m	1488	2467.8
4	钢筋混凝土管 *DN*800	1661.14				1661.14	m	4527	3669.4
5	钢筋混凝土管 *DN*1000	563.52				563.52	m	1007	5596
6	钢筋混凝土管 *DN*1200	434.52				434.52	m	470	9245.2
C	雨水管网工程	26770.16				26770.16			
1	钢筋混凝土管 *DN*800	1913.96				1913.96	m	5216	3669.4
2	钢筋混凝土管 *DN*1000	6135.45				6135.45	m	10964	5596
3	钢筋混凝土管 *DN*1200	4191.77				4191.77	m	4534	9245.2
4	钢筋混凝土管 *DN*1350	923.85				923.85	m	947	9755.5
5	钢筋混凝土管 *DN*1500	4449.25				4449.25	m	4333	10268.3
6	钢筋混凝土管 *DN*1800	6251.11				6251.11	m	4954	12618.3
7	钢筋混凝土管 *DN*2000	1143.63				1143.63	m	712	16062.2
8	钢筋混凝土暗梁 $B\times H=2200\times2000$	819.48				819.48	m	470	17435.8
9	钢筋混凝土暗渠 $B\times H=3500\times2000$	941.66				941.66	m	470	20035.4
	第一部分合计	39344.97	370.37	4852.01		44567.35			

费用构成分析表 **表 7-11**

序号	项目名称	费用(万元)	占总投资比例
1	第一部分费用	44567.35	78.82%
2	第二部分　工程建设其他费用	5733.48	10.14%
3	基本预备费	2516.17	4.45%
4	专项费用	2148.64	3.80%
5	建设期贷款利息	1260.91	2.23%

续表

序号	项目名称	费用(万元)	占总投资比例
6	铺底流动资金	316.64	0.56%
7	工程总投资	56543.19	100.00%

7.4.4 运营成本分析

本工程项目总成本包括运营成本及其他费用，其中运营成本包含人工费、电费、药剂费、污泥处置费，其他费用包括固定资产折旧、设备修理维护费等。

运营成本基本参数如下：

人工费：厂区共设管理人员20人，每人工资为4000元/月。

电费：水厂吨水耗电量取0.2kWh，电价为0.9元/kWh。

药剂费：絮凝剂PAM单价为25000元/t；混凝剂PAC单价为780元/t；次氯酸钠单价为300元/t。

污泥处置费：按200元/t处置费计。

其他费用参数如下：

固定资产折旧：折旧率取4.8%。

设备修理维护：修理及维护费率取2%。

处理成本分析见表7-12。

处理成本分析表 **表7-12**

序号	项目名称	单位	金额
1	药剂费	万元/年	385.08
2	电费	万元/年	573.93
3	人员工资及福利费	万元/年	60
4	深度处理过滤介质更换	万元/年	8.4
5	污泥处理费	万元/年	331.13
6	修理及维护费	万元/年	306.57
7	管理费	万元/年	241.9
8	折旧费	万元/年	752.64
9	摊销费	万元/年	1.34
10	经营成本	万元/年	1907.01
11	总成本(8+9+10)	万元/年	2660.99
12	年处理污水量	m^3	5840
13	单位经营成本	元/m^3	0.831
14	单位成本	元/m^3	1.143

第 8 章　排水工程设计案例图纸

(1)《排水图纸目录》
(2)《设计总说明》
(3)《污水工程总体布置图》
(4)《污水处理厂平面布置图》
(5)《污水处理厂管线布置图》
(6)《污水处理工艺流程图》
(7)《粗格栅及进水泵房工艺图》
(8)《细格栅及旋流沉砂池工艺图》
(9)《A/A/O 生物池上层平面布置图》
(10)《A/A/O 生物池下层平面布置图》
(11)《A/A/O 生物池剖面图》
(12)《配水排泥井工艺图》
(13)《二沉池工艺图》
(14)《深度处理提升泵房工艺图》
(15)《高效澄清池平面布置图》
(16)《高效澄清池剖面图》
(17)《R 型精密滤池工艺图》
(18)《接触消毒池工艺图》
(19)《巴氏计量槽工艺图》
(20)《脱水机房工艺图》
(21)《鼓风机房工艺图》
(22)《化学除磷及消毒间工艺图》
(23)《污水管网平面布置图》
(24)《雨水管网平面布置图》
(25)《污水管道纵断面图》
(26)《雨水管道纵断面图》

××排水工程初步设计图纸目录

分项号	子项名称	图纸名称	总号
00	目录	排水图纸目录	PS-00
01	总图工程	设计总说明	PS-01
		污水工程总体布置图	PS-02
		污水处理厂平面布置图	PS-03
		污水处理厂管线布置图	PS-04
		污水处理工艺流程图	PS-05
02	污水处理厂工程	粗格栅及进水泵房工艺图	PS-06
		细格栅及旋流沉砂池工艺图	PS-07
		A/A/O 生物池上层平面布置图	PS-08
		A/A/O 生物池下层平面布置图	PS-09
		A/A/O 生物池剖面图	PS-10
		配水排泥井工艺图	PS-11
		二沉池工艺图	PS-12
		深度处理提升泵房工艺图	PS-13
		高效澄清池平面布置图	PS-14
		高效澄清池剖面图	PS-15
		R 型精密滤池工艺图	PS-16
		接触消毒池工艺图	PS-17
		巴氏计量槽工艺图	PS-18
		脱水机房工艺图	PS-19
		鼓风机房工艺图	PS-20
		化学除磷及消毒间工艺图	PS-21

分项号	子项名称	图纸名称	总号
03	排水管网工程	污水管网平面布置图	PS-22
		雨水管网平面布置图	PS-23
		污水管道纵断面图	PS-24
		雨水管道纵断面图	PS-25

××设计单位		项目名称	××排水工程初步设计
		子　项	目录
审　定	×××	图　别	初设
校　核	×××	分项号	00
设　计	×××	总　号	PS-00
制　图	×××	日　期	××××.××

排水图纸目录

××排水工程初步设计总说明

一、项目概况

项目名称：××排水工程初步设计。

项目地点：××地区。

主管单位：××市住房和城乡建设局。

建设规模：扩建污水处理厂1座，现状设计规模为4万m^3/d，本次扩建规模为6万m^3/d，远期规划控制规模共20万m^3/d。对排水管网进行改扩建。

二、服务范围

根据××地区城市规划，本污水处理厂服务范围主要在××区和××区，西南到××湖、东到××路、北到三环线，服务面积为××km^2，远期服务人口为××万人。

三、设计依据

(1)《中华人民共和国城乡规划法》；

(2)《中华人民共和国土地管理法》；

(3)《中华人民共和国环境保护法》；

(4)《中华人民共和国水污染防治法》；

(5)《中华人民共和国水污染防治法实施细则》；

(6)《中华人民共和国水法》；

(7)《城市规划编制办法》；

(8)《"十四五"城镇污水处理及资源化利用发展规划》；

(9)《室外排水设计规范（2011年版）》GB 50014—2006；

(10)《城市排水工程规划规范》GB 50318—2000；

(11)《城镇污水处理厂污染物排放标准》GB 18918—2002；

(12)《给水排水设计手册》；

(13)《给水排水构筑物工程施工及验收规范》GB 50141—2008；

(14)《城市工程管线综合规划规范》GB 50289—1998；

(15)《工业企业噪声控制设计规范》GB/T 50087—2013；

(16)《泵站设计规范》GB 50265—2010；

(17) 其他相关的标准、规范文件及资料。

四、污水处理厂设计

1. 设计进出水水质

项目	COD_{Cr} (mg/L)	BOD_5 (mg/L)	SS (mg/L)	NH_3-N (mg/L)	TN (mg/L)	TP (mg/L)	pH
进水浓度	≤400	≤130	≤200	≤30	≤35	≤4	6～9
出水浓度	≤50	≤10	≤10	≤5(8)	≤15	≤0.5	6～9

2. 进水水质技术性能分析

(1) 本工程污水处理厂进水水质BOD_5/COD=0.325，属于较易生物降解范畴。

(2) 本工程污水处理厂进水水质BOD_5/TN=3.71，属于碳源较充足污水。

(3) 本工程BOD_5/TP=32.5，可以采用生物除磷工艺。

3. 构筑物设计

(1) 粗格栅间：改造后规模达到10万m^3/d。过栅流速0.9m/s，栅条间隙20mm，格栅倾角75°。

(2) 进水泵房：改造后规模达到10万m^3/d。设计扬程15.0m。

(3) 配水井：新建1座，单座规模10万m^3/d。堰上水头0.2m，出水堰总长12.5m。

(4) 细格栅及旋流沉砂池：新建1座，单座设计规模6万m^3/d。细格栅，网板宽度2000mm，栅条间隙3mm，栅前水深1.10m，格栅倾角90°。旋流沉砂池水力表面负荷169$m^3/(m^2 \cdot h)$，水力停留时间35s。

(5) 改良型A/A/O生物池：新建2座，单座设计流量3万m^3/d。有效水深6.0m，预缺氧区停留时间0.5h、单池有效容积625m^3，厌氧区停留时间1.5h、单池有效容积1875m^3，缺氧区停留时间4.0h、单池有效容积5000m^3，好氧区停留时间8.0h、单池有效容积10000m^3，总停留时间$HRT=14.0h$，污泥回流比小于等于100%，混合液回流比小于等于300%，污泥龄14d，总需氧量437.36kgO_2/h，设计水温12℃。

(6) 配水井及污泥泵房：新建1座，单座设计规模6万m^3/d。最大回流比100%，污泥含水率99.3%。

(7) 二沉池：新建2座，单座设计流量3万m^3/d。最高时表面负荷1.17$m^3/(m^2 \cdot h)$，沉淀时间2.6h，有效水深3.0m。

(8) 深度处理提升泵房：新建1座，单座设计规模10万m^3/d。潜水泵3台，2用1备。

(9) 高效澄清池：新建1座，单座设计规模10万m^3/d。混合反应时间100s，速度梯度540s^{-1}，絮凝停留时间10min，斜板内上升流速15m/h。

(10) R型精密滤池：新建1座，设计规模10万m^3/d。设计滤速265m/h。

(11) 接触消毒池：新建1座，设计流量10万m^3/d。水力停留时间0.35h。

(12) 鼓风机房：新建1座，设计规模6万m^3/d。空气量252m^3/min。

(13) 污泥浓缩脱水机房：改造后规模达到10万m^3/d。污泥脱水99.3%至80%，设计每日运行时间20h，PAM投加量2.52kg/h。

(14) 化学除磷及消毒间：改造后规模达到10万m^3/d。去除单位TP消耗有效矾的投加量为5.2mg/mg，投加浓度为6%。采用有效氯含量5mg/L的成品次氯酸钠溶液消毒，投加量为50mg/L。

(15) 离子除臭装置：新建2座，设计规模5万m^3/d。具体设计由招标厂家负责。

(16) 巴氏计量槽：新建1座，设计规模10万m^3/d。测流范围0.250～1.800m^3/s。

4. 工艺流程图

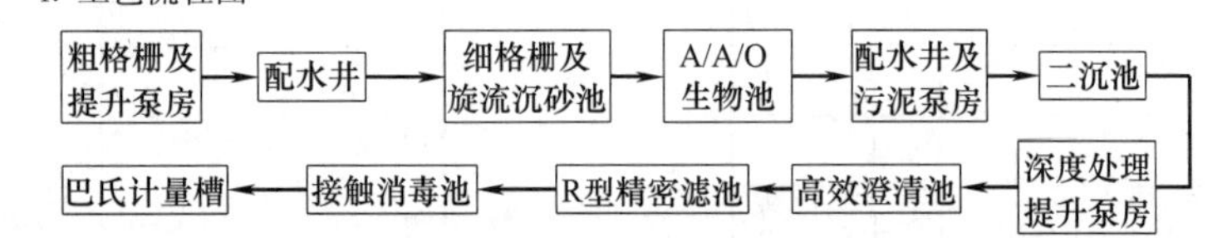

5. 平面布置

(1) 给水：在现有给水管线基础上新增DN100给水管，作为扩建厂区消防用水。设置室外消火栓1套，安装于新建变配电间室外。消毒池出水作为厂内杂用水进行回用，远期纳入城市（区域）中水系统一并考虑。

(2) 排水：各池放空管排水接入新增的污水管线，输送至提升泵房前池。

(3) 雨水：根据新建道路设置雨水管系统，利用现有排出口排入××湖。

6. 竖向设计

充分利用地形地势及城市排水系统，使污水经两次提升便能顺利自流通过污水处理构筑物，排出厂外。协调好新老厂区高程布置与平面布置的关系。做好污水高程布置和污泥高程布置的配合，尽量同时减少两者的提升次数和高度。协调好污水处理厂总体高程布置与单体竖向设计，既便于正常排放，又有利于检修排空。

7. 道路设计

新建厂区道路与现状厂区道路形成环通，为便于交通运输和设备的安装、维护和与原有厂区道路的衔接，新建厂区道路宽度均为4m，道路转弯半径一般在6m以上。道路布置成网格状的交通网络。

五、排水管网设计

1. 排水体制：雨污分流制

2. 管网布置原则

(1) 充分结合××地区的实际地形，科学、合理地划分排水系统，布置污/雨水收集管道。

(2) 合理利用现有的排水管道。

(3) 管渠系统的布置、主次干管走向、污水处理厂及出水口位置等应能满足城镇规划布局的要求。

(4) 合理安排干管走向，使主干管的长度尽可能短，以减少埋深，减少对当地居民生活的影响。

3. 管材、接口及基础

(1) 污水管、雨水管均采用钢筋混凝土管，管径经过计算确定。

(2) 采用弹性密封橡胶圈连接的承插式接口。基础根据管道埋深按标准规范选择。

六、经济估算

估算包括新增的二级处理规模6×$10^4m^3/d$，深度处理规模10×$10^4m^3/d$，其中粗格栅、进水泵房、污泥脱水机房只增加设备，化学除磷及消毒间局部进行土建改造并增加设备。第一部分工程费用为44567.35万元，工程建设其他费用为5733.48万元，基本预备费为2516.17万元；专项费用（电源外线费用）为2148.64万元，建设期贷款利息1260.91万元，铺底流动资金为316.64万元。工程总投资为56543.19万元。

七、其他说明

(1) 工艺图中所注尺寸除标高以m计外，其余尺寸均以mm计。

(2) 钢管连接，DN≤50mm时采用丝扣连接，DN>50mm时采用法兰连接或焊接。

(3) 钢管及钢制零件加工后均应除锈，除锈标准要求达到Sa2.5或St3级，除锈后做防腐处理。管径大于等于DN250钢管做内、外防腐，管径小于DN250钢管只做外防腐。埋地钢管外防腐采用"四油一布"加强防腐处理；设于井中的采用除锈后刷无毒环氧漆进行防腐；采用IPN8710高分子无毒涂料钢管内防腐。UPVC管和PE管无需做防腐处理。

(4) 预埋件和现场制作的设备需要在安装完毕后进行防腐，预埋件和现场制作的设备均应除锈，除锈标准要求达到Sa2.5或St3级，与原水无接触的采用除锈后刷无毒环氧漆进行防腐，与原水有接触的采用刷涂IPN8710高分子无毒涂料防腐。

(5) 厂区内露天管道需做保温处理，具体做法见图集03S401。

(6) 所有水池套管采用A型刚（柔）性防水套管，做法参见标准图集02S404，防水套管具体型号见土建施工图。

(7) 阀门井参照标准图集05S502进行安装，检查井及阀门井设在路面下时用重型铸铁井盖，其他地方采用轻型铸铁井盖。

(8) 设备安装严格按照说明书及有关规定安装，经厂家调试运行达到设计出水标准后方可正式投入运行。

(9) 除以上说明外，施工中还应严格遵守国家其他有关规定及验收标准。

××设计单位			项目名称	××排水工程初步设计
			子　项	总图工程
审　定	×××	设计总说明	图　别	初设
校　核	×××		分项号	01
设　计	×××		总　号	PS-01
制　图	×××		日　期	××××.××

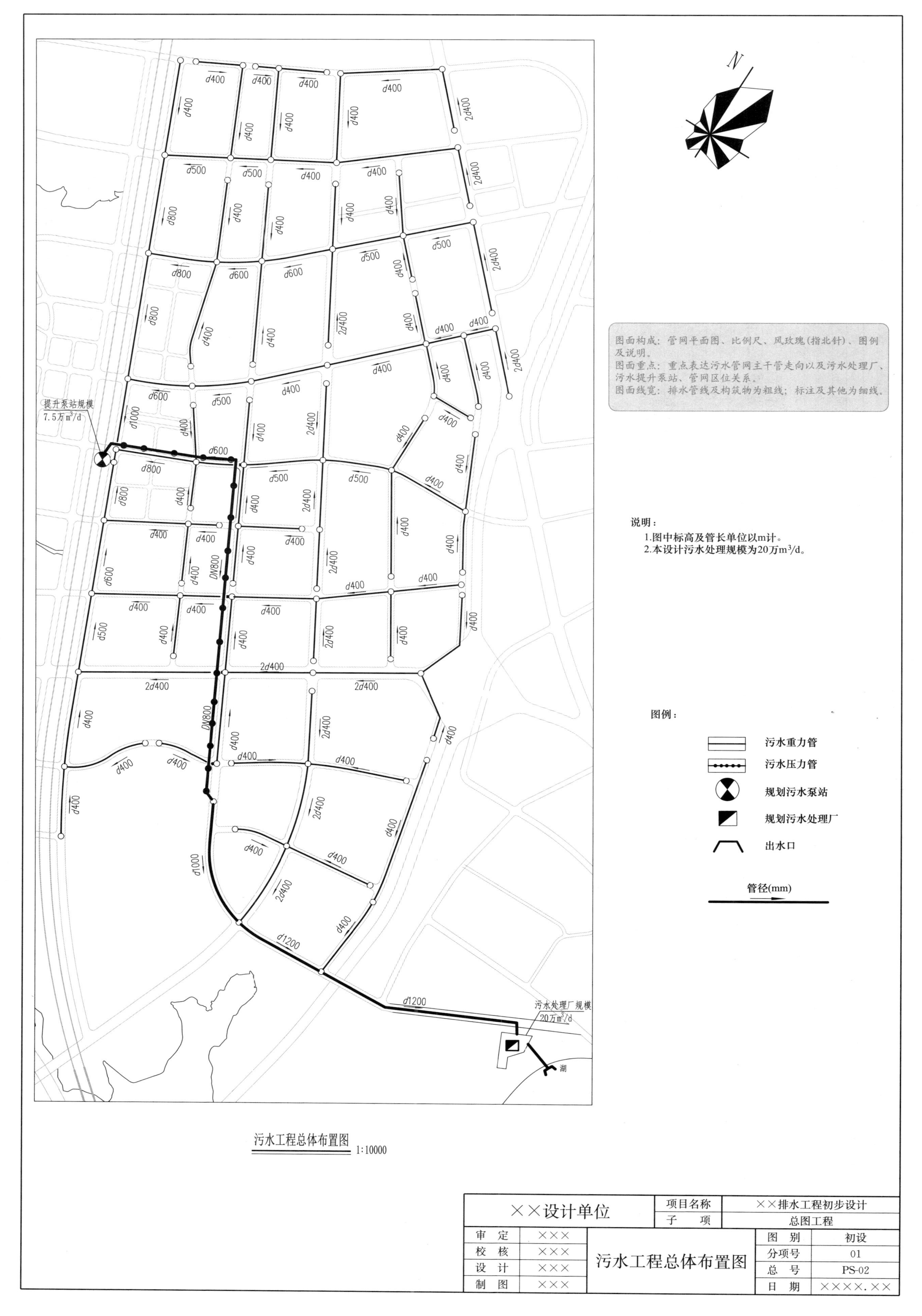

图面构成：管网平面图、比例尺、风玫瑰(指北针)、图例及说明。
图面重点：重点表达污水管网主干管走向以及污水处理厂、污水提升泵站、管网区位关系。
图面线宽：排水管线及构筑物为粗线；标注及其他为细线。
N
提升泵站规模
7.5万m³/d
污水处理厂规模
20万m³/d
湖
DN800
d1000
d1200
说明：
1.图中标高及管长单位以m计。
2.本设计污水处理规模为20万m³/d。
图例：
污水重力管
污水压力管
规划污水泵站
规划污水处理厂
出水口
管径(mm)
污水工程总体布置图 1:10000
××设计单位
项目名称
××排水工程初步设计
子　项
总图工程
审　定 ×××
校　核 ×××
设　计 ×××
制　图 ×××
污水工程总体布置图
图　别 初设
分项号 01
总　号 PS-02
日　期 ××××.××

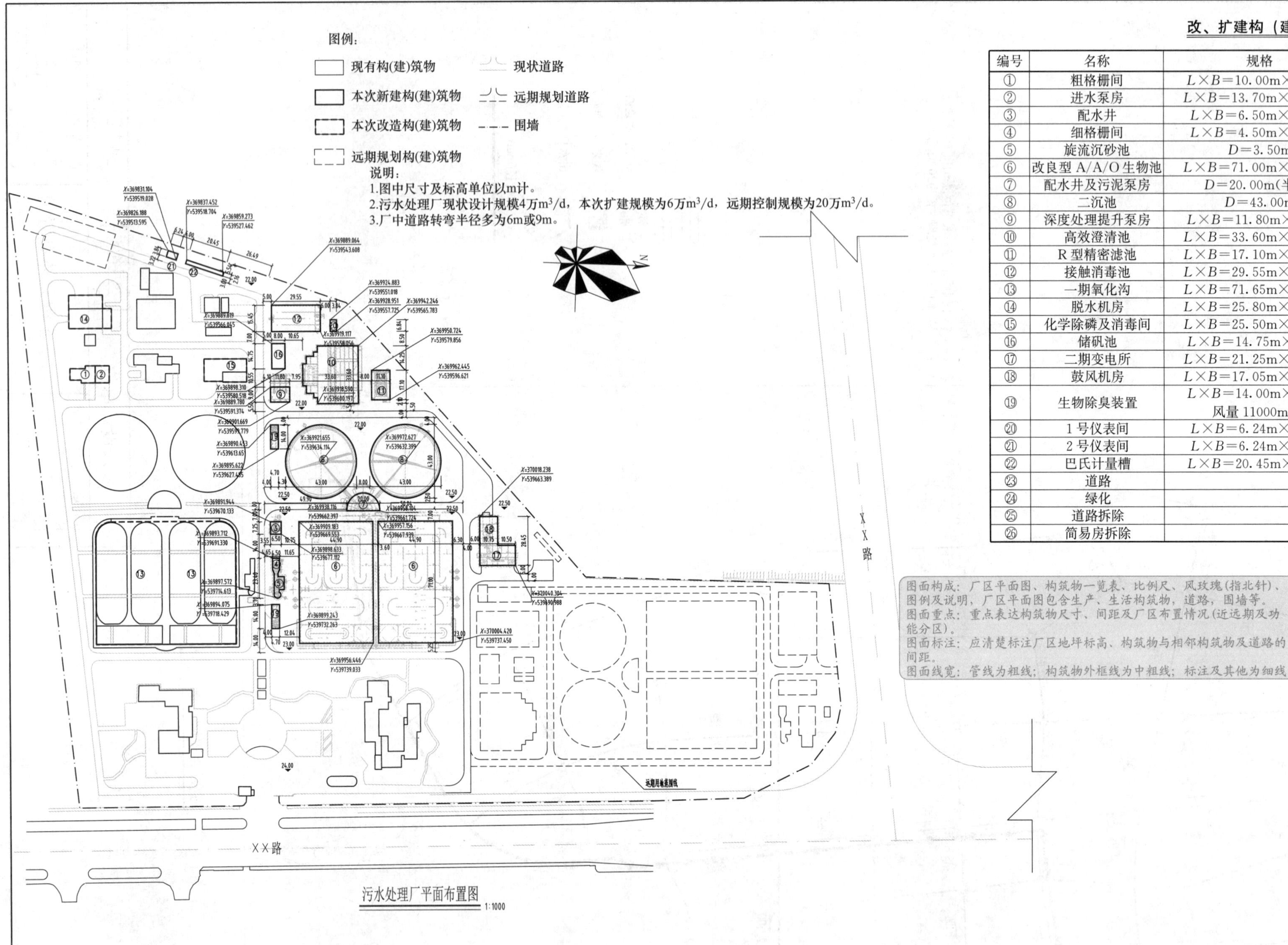

污水处理厂平面布置图 1:1000

改、扩建构（建）筑物一览表

编号	名称	规格	结构型式	单位	数量	备注
①	粗格栅间	$L\times B=10.00\mathrm{m}\times 6.60\mathrm{m}$	钢筋混凝土	座	1	改造
②	进水泵房	$L\times B=13.70\mathrm{m}\times 10.00\mathrm{m}$	钢筋混凝土	座	1	
③	配水井	$L\times B=6.50\mathrm{m}\times 7.25\mathrm{m}$	钢筋混凝土	座	1	新建
④	细格栅间	$L\times B=4.50\mathrm{m}\times 9.70\mathrm{m}$	钢筋混凝土	座	1	
⑤	旋流沉砂池	$D=3.50\mathrm{m}$	钢筋混凝土	座	2	
⑥	改良型A/A/O生物池	$L\times B=71.00\mathrm{m}\times 44.90\mathrm{m}$	钢筋混凝土	座	2	
⑦	配水井及污泥泵房	$D=20.00\mathrm{m}$(半圆)	钢筋混凝土	座	1	
⑧	二沉池	$D=43.00\mathrm{m}$	钢筋混凝土	座	2	
⑨	深度处理提升泵房	$L\times B=11.80\mathrm{m}\times 9.00\mathrm{m}$	钢筋混凝土	座	1	
⑩	高效澄清池	$L\times B=33.60\mathrm{m}\times 33.60\mathrm{m}$	钢筋混凝土	座	1	
⑪	R型精密滤池	$L\times B=17.10\mathrm{m}\times 11.10\mathrm{m}$	钢筋混凝土	座	1	
⑫	接触消毒池	$L\times B=29.55\mathrm{m}\times 15.45\mathrm{m}$	钢筋混凝土	座	1	
⑬	一期氧化沟	$L\times B=71.65\mathrm{m}\times 40.20\mathrm{m}$	钢筋混凝土	座	2	改造
⑭	脱水机房	$L\times B=25.80\mathrm{m}\times 11.60\mathrm{m}$	框架	座	1	另行设计
⑮	化学除磷及消毒间	$L\times B=25.50\mathrm{m}\times 13.00\mathrm{m}$	框架	座	1	改造
⑯	储矾池	$L\times B=14.75\mathrm{m}\times 8.00\mathrm{m}$	钢筋混凝土	座	1	新建
⑰	二期变电所	$L\times B=21.25\mathrm{m}\times 11.65\mathrm{m}$	框架	座	1	
⑱	鼓风机房	$L\times B=17.05\mathrm{m}\times 10.75\mathrm{m}$	框架	座	1	
⑲	生物除臭装置	$L\times B=14.00\mathrm{m}\times 4.70\mathrm{m}$ 风量 $11000\mathrm{m}^3/\mathrm{h}$	成品	项	2	
⑳	1号仪表间	$L\times B=6.24\mathrm{m}\times 3.84\mathrm{m}$	砖混	座	1	
㉑	2号仪表间	$L\times B=6.24\mathrm{m}\times 3.84\mathrm{m}$	砖混	座	1	
㉒	巴氏计量槽	$L\times B=20.45\mathrm{m}\times 2.16\mathrm{m}$	钢筋混凝土	座	1	
㉓	道路			m^2	2790	
㉔	绿化			m^2	11872	
㉕	道路拆除			m^2	280	
㉖	简易房拆除			m^2	50	

图面构成：厂区平面图、构筑物一览表、比例尺、风玫瑰(指北针)、图例及说明，厂区平面图包含生产、生活构筑物，道路，围墙等。
图面重点：重点表达构筑物尺寸、间距及厂区布置情况（近远期及功能分区）。
图面标注：应清楚标注厂区地坪标高、构筑物与相邻构筑物及道路的间距。
图面线宽：管线为粗线；构筑物外框线为中粗线；标注及其他为细线。

××设计单位		项目名称	××排水工程初步设计
		子　项	总图工程
审　定	×××	图　别	初设
校　核	×××	分项号	01
设　计	×××	总　号	PS-03
制　图	×××	日　期	××××.××

污水处理厂平面布置图

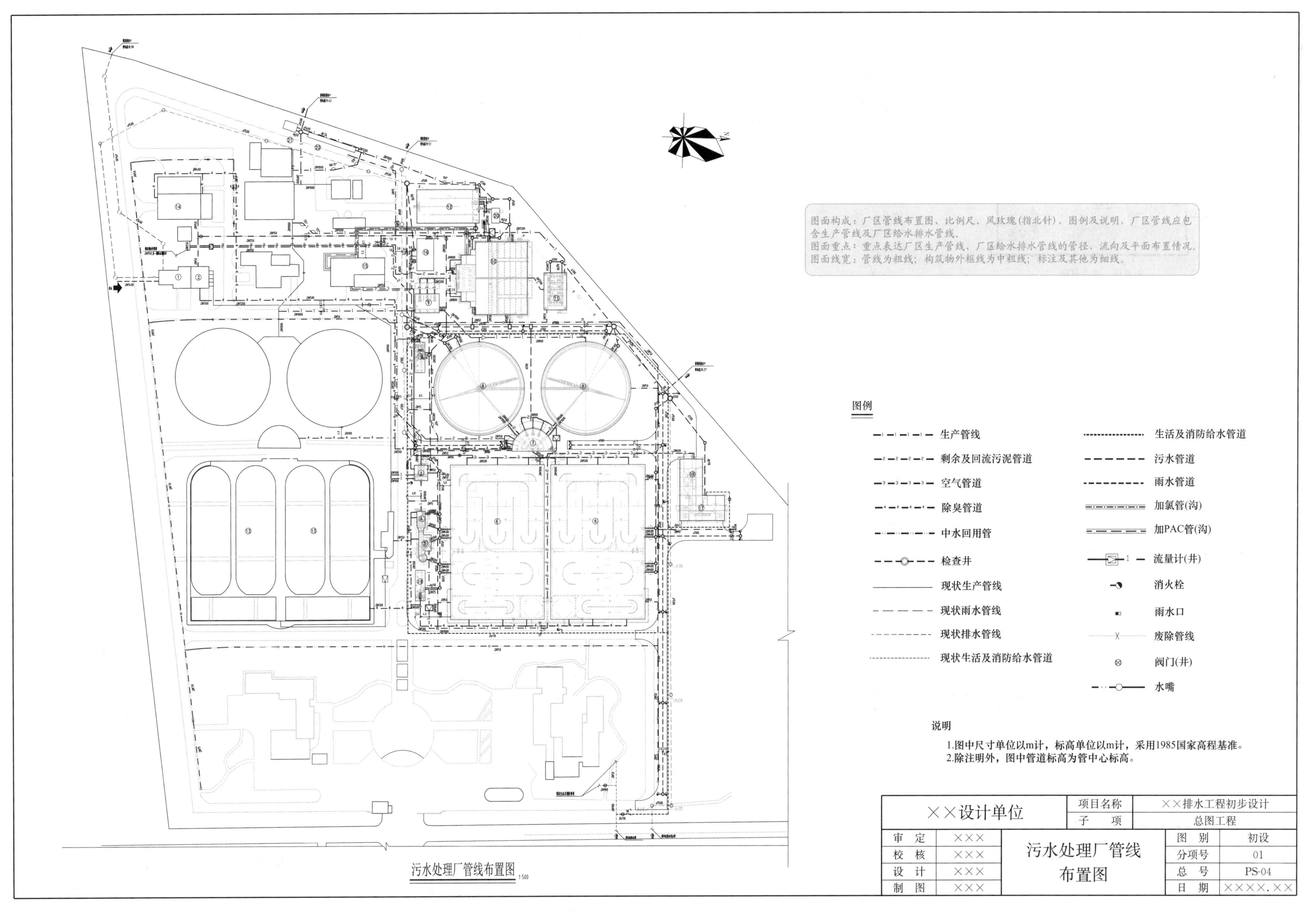

图面构成：厂区管线布置图、比例尺、风玫瑰（指北针）、图例及说明，厂区管线应包含生产管线及厂区给水排水管线。
图面重点：重点表达厂区生产管线、厂区给水排水管线的管径、流向及平面布置情况。
图面线宽：管线为粗线；构筑物外框线为中粗线；标注及其他为细线。
图例
生产管线
剩余及回流污泥管道
空气管道
除臭管道
中水回用管
检查井
现状生产管线
现状雨水管线
现状排水管线
现状生活及消防给水管道
生活及消防给水管道
污水管道
雨水管道
加氯管(沟)
加PAC管(沟)
流量计(井)
消火栓
雨水口
废除管线
阀门(井)
水嘴
说明
1.图中尺寸单位以m计，标高单位以m计，采用1985国家高程基准。
2.除注明外，图中管道标高为管中心标高。
××设计单位
项目名称
××排水工程初步设计
子　项
总图工程
审　定
×××
校　核
×××
设　计
×××
制　图
×××
污水处理厂管线布置图
图　别
初设
分项号
01
总　号
PS-04
日　期
××××.××
污水处理厂管线布置图
1:500

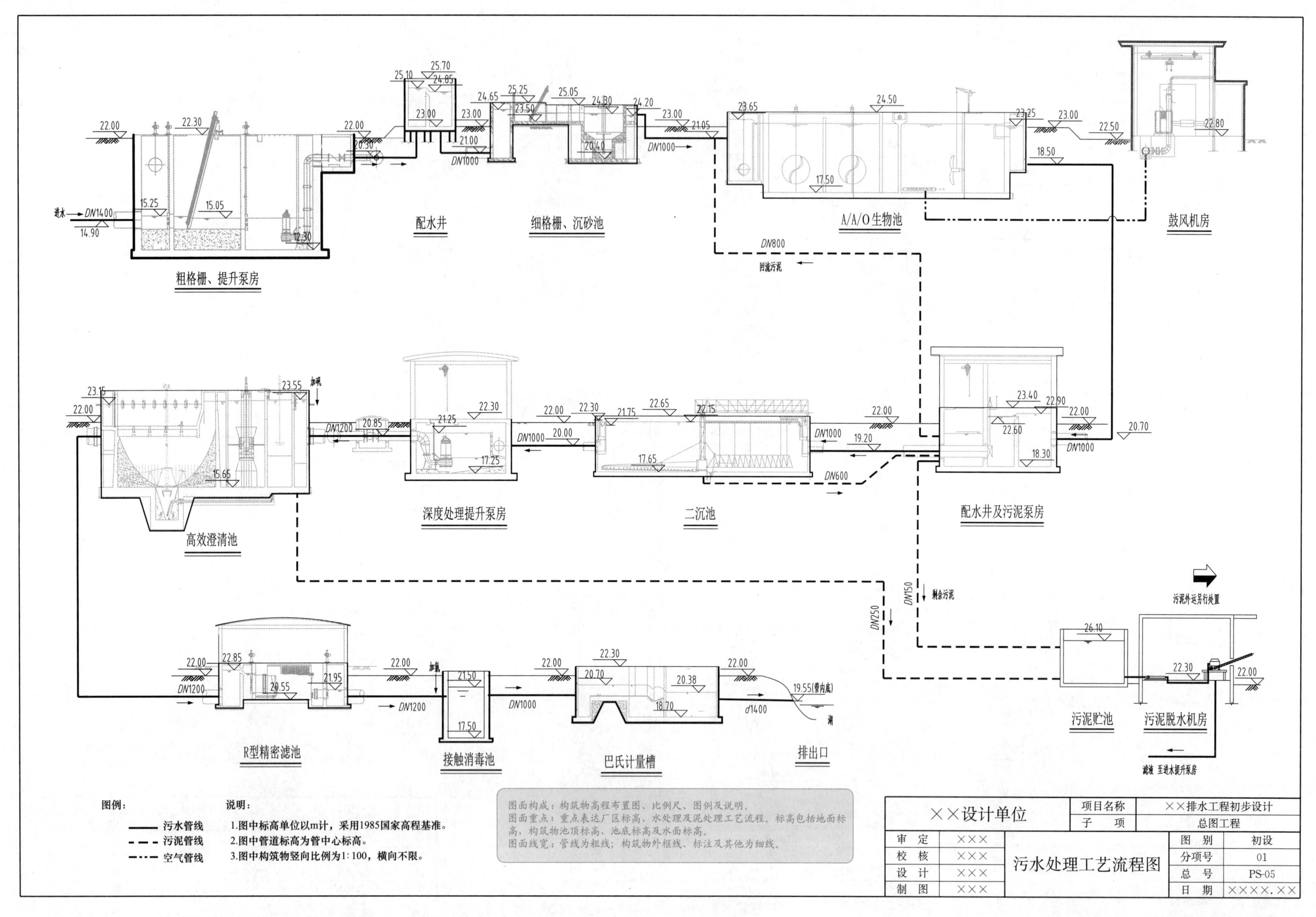

粗格栅、提升泵房
配水井
细格栅、沉砂池
A/A/O生物池
鼓风机房
高效澄清池
深度处理提升泵房
二沉池
配水井及污泥泵房
R型精密滤池
接触消毒池
巴氏计量槽
排出口
污泥贮池
污泥脱水机房
进水
回流污泥
剩余污泥
污泥外运另行处置
滤液 至进水提升泵房
加矾
加氯
图例：
污水管线
污泥管线
空气管线
说明：
1.图中标高单位以m计，采用1985国家高程基准。
2.图中管道标高为管中心标高。
3.图中构筑物竖向比例为1:100，横向不限。
图面构成：构筑物高程布置图、比例尺、图例及说明。
图面重点：重点表达厂区标高、水处理及泥处理工艺流程，标高包括地面标高，构筑物池顶标高、池底标高及水面标高。
图面线宽：管线为粗线；构筑物外框线、标注及其他为细线。
××设计单位
项目名称 ××排水工程初步设计
子 项 总图工程
审 定 ×××
校 核 ×××
设 计 ×××
制 图 ×××
污水处理工艺流程图
图 别 初设
分项号 01
总 号 PS-05
日 期 ××××.××

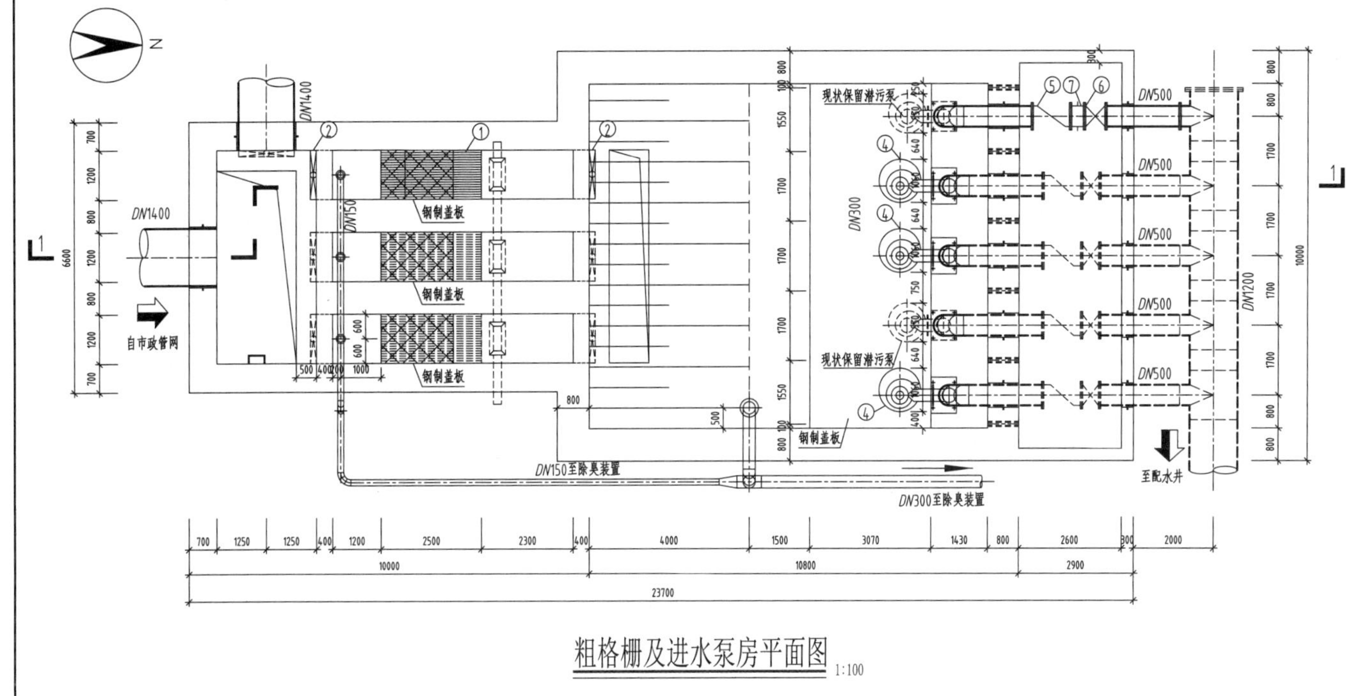

粗格栅及进水泵房平面图 1:100

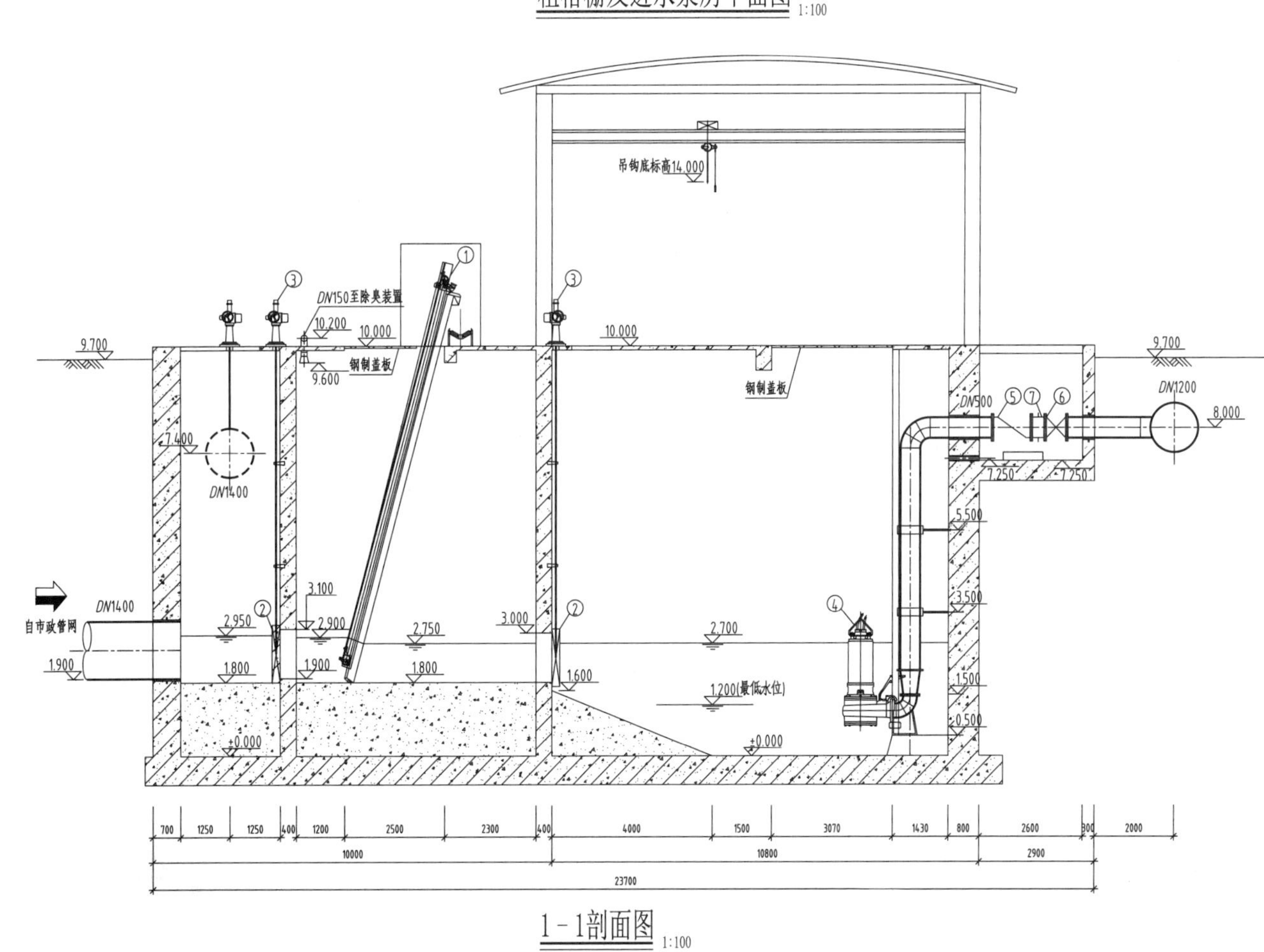

1-1剖面图 1:100

新增设备一览表

编号	名称	规格	材料	单位	数量	备注
①	回转式格栅除污机	渠宽 B=1200mm，栅条间隙 b=20mm，渠深 H=8200mm		台	1	P=1.5kW，安装角度75°
②	方形闸门	$B\times H$=1200mm×1200mm，P=4kW		台	2	
③	启闭机	启闭力6t，N=1.1kW		台	2	
④	潜污泵	Q=1500m³/h，H=15m，n=735r/min，P=90kW，泵重2390kg		套	3	2用1备，2台变频
⑤	橡胶瓣止回阀	DN500，L=980mm，H44X-10型		套	1	
⑥	电动闸阀	DN500，L=540mm，Z945T-10型		套	1	
⑦	管路补偿接头	DN500，L=350mm，CC2F型		套	1	

说明：

1.图中尺寸单位以mm计，标高单位以m计，±0.00相当于1985国家高程基准12.300m。
2.粗格栅及进水泵房合建，土建部分一期已按10万m³/d规模实施，但仅装设了5万m³/d规模的设备，本次扩建于格栅间增设1台同型号回转式格栅除污机，2用1备。进水泵房内现状安装有潜污泵4台，3用1备，并预留有1个泵位，本次扩建保留2台现状潜污泵，2用，库备1台，新增3台大泵，2用1备。

图例：

----- 一期已建部分　　—— 本次扩建部分

图面构成：平面图、剖面图、设备一览表、比例尺、指北针、图例及说明；平、剖面图需包含格栅及泵房的工艺尺寸及管路布置(管径、间距)、闸门和盖板等布置、主要位置的标高；设备一览表需统计选用的设备的数量及规格；图面说明应包括标注单位、标高高程系、近远期规模等。
图面重点：重点表达池体工艺构成、尺寸、标高和管渠布置。
图面线宽：管线为粗线，构筑物外框线为中粗线，标注及其他为细线。

××设计单位		项目名称	××排水工程初步设计
		子　项	污水处理厂工程
审　定	×××	粗格栅及进水泵房工艺图	图　别：初设
校　核	×××		分项号：02
设　计	×××		总　号：PS-06
制　图	×××		日　期：××××.××

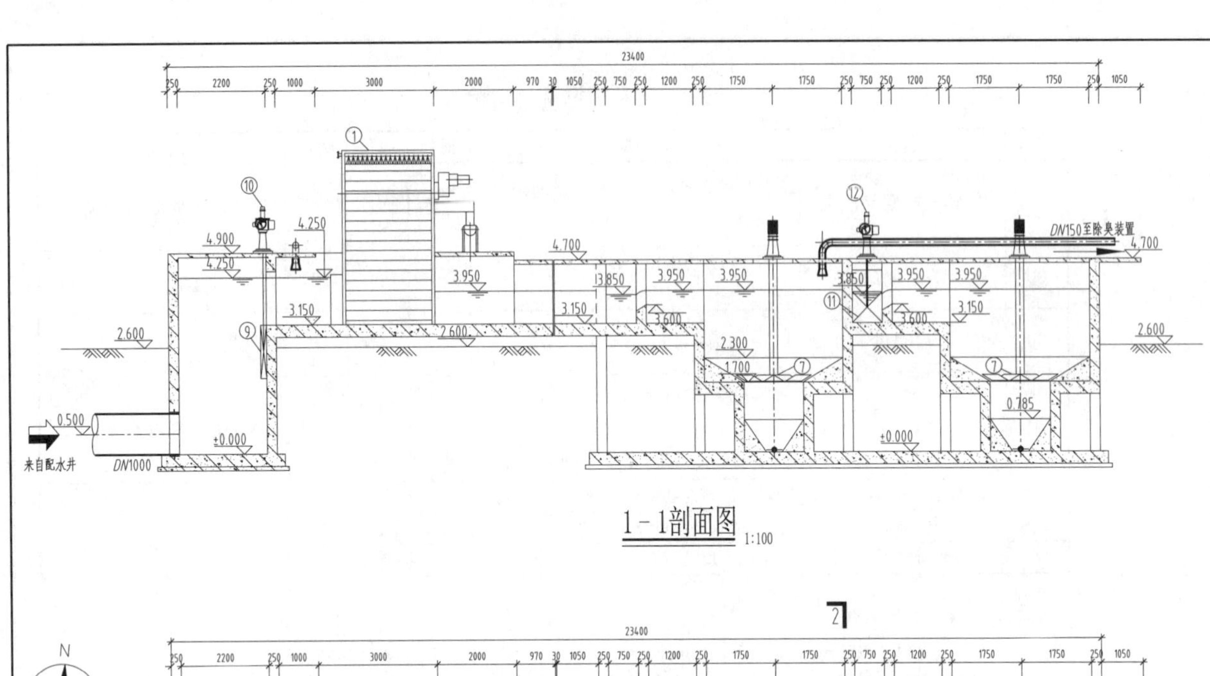

1-1剖面图 1:100

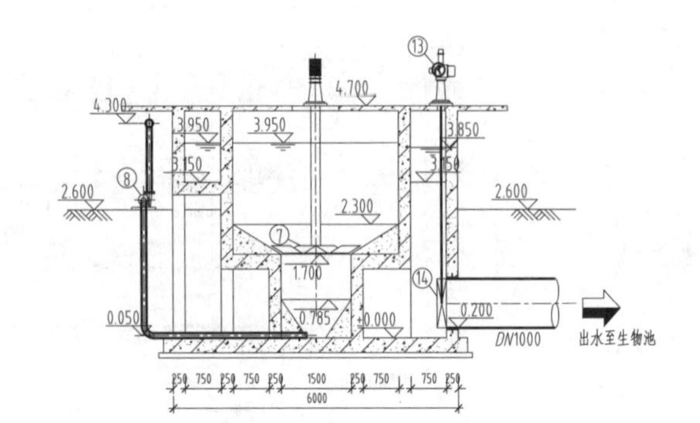

2-2剖面图 1:100

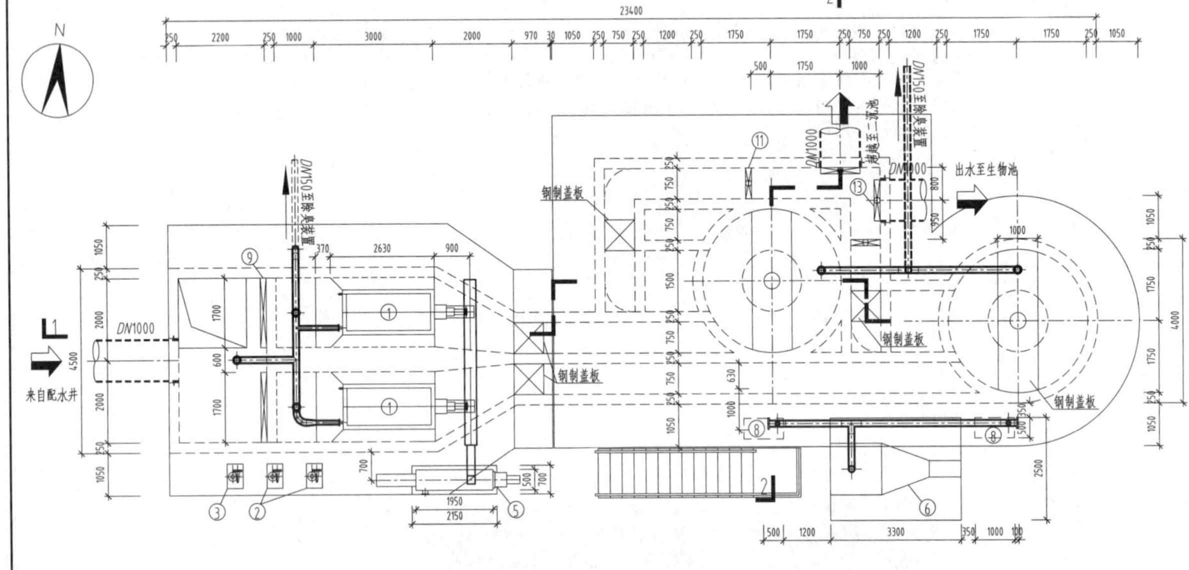

细格栅及旋流沉砂池平面图 1:100

图面构成：平面图、至少2张剖面图，设备材料一览表，比例尺、指北针、说明。平剖面图需包含池体的工艺尺寸及管路布置（管径、间距）、主要位置的标高；设备材料一览表需统计选用的设备、阀门和附件的数量、规格及管道规格和长度；图面说明应包括标注单位、标高高程系等。
图面重点：重点表达池体工艺构成、尺寸、标高和管渠布置。
图面线宽：管线为粗线，构筑物外框线为中粗线，标注及其他为细线。

主要设备一览表

序号	名称	规格	单位	数量	材料	备注
①	内进流式网板细格栅	网板宽度=2000mm，孔径 e=3mm，P=1.3kW	套	2	成品	2套细格栅配套1台控制柜
②	中压冲洗水泵	Q=32.0m^3/h，H=80m，N=11kW	套	2	成品	配管道及冲洗系统附件
③	高压冲洗水泵	Q=2m^3/h，H=100bar，N=7.5kW	套	1	成品	3mm细格栅配套，配管道及冲洗系统附件
④	溜槽	L=6500mm，B=300mm	套	1	成品	3mm细格栅配套
⑤	高排水螺旋压榨机	螺旋直径=300mm，P=1.5kW	套	1	成品	3mm细格栅配套
⑥	砂水分离器	Q=20L/s，P=0.37kW	套	1		
⑦	立式桨叶分离机	P=1.5kW，12～20r/min	套	2		
⑧	提砂泵	Q=14m^3/h，H=10m，P=1.5kW	套	2		
⑨	方形闸门	B×H=1700mm×1300mm	套	2		
⑩	启闭机	启闭力6t，N=1.1kW	套	2		手电两用
⑪	方形闸门	B×H=750mm×750mm	套	2		
⑫	启闭机	启闭力2t，N=0.37kW	套	2		手电两用
⑬	圆形闸门	ϕ1000	套	2		
⑭	启闭机	启闭力2t，N=0.37kW	套	2		手电两用
⑮	偏心半球阀	DN100	套	2		提砂泵配套提供
⑯	管路补偿接头	DN100，CC2F型	套	2		提砂泵配套提供

主要管材一览表

序号	名称	规格	单位	数量	材料	备注
1	钢管	D1220×10mm	m	2	Q235B	
2	钢管	D1020×10mm	m	4	Q235B	
3	钢管	D108×4mm	m	15	Q235B	
4	钢管	D159×4mm	m	18	Q235B	
5	管配件		项	1		

说 明：

1.图中尺寸单位以mm计，标高单位以m计，±0.00相当于1985国家高程基准20.400m。
2.新建细格栅及旋流沉砂池设1座，分成2格，单座设计规模为6.0万m^3/d。

××设计单位		项目名称	××排水工程初步设计
		子 项	污水处理厂工程
审 定	×××	图 别	初设
校 核	×××	分项号	02
设 计	×××	总 号	PS-07
制 图	×××	日 期	××××.××

细格栅及旋流沉砂池工艺图

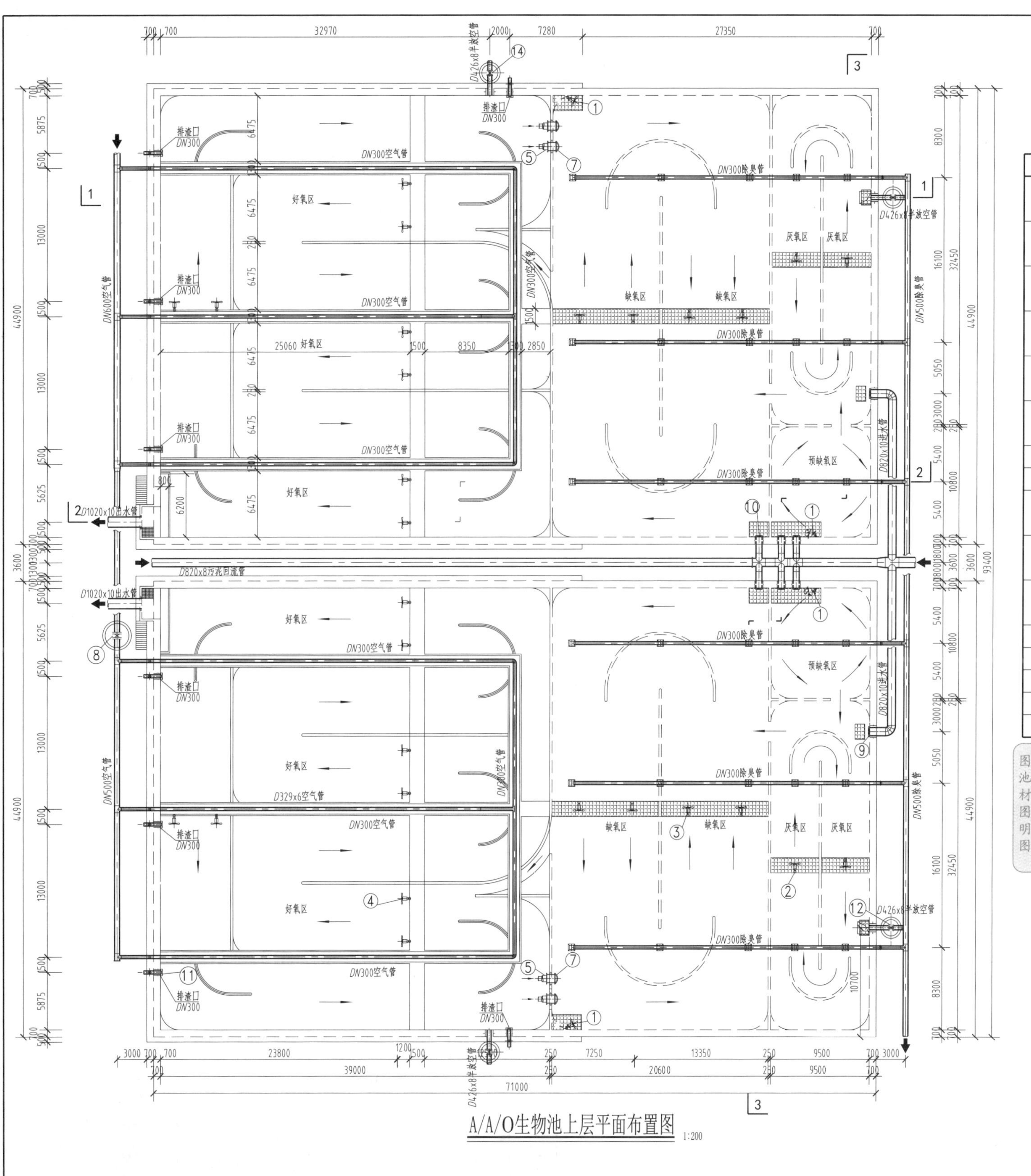

A/A/O生物池上层平面布置图 1:200

主要设备一览表（2座池）

编号	名称	规格	单位	数量	材料	备注
①	潜水搅拌器	额定功率 $P=4.0$kW，ϕ400	套	4	不锈钢	预缺氧区，缺氧区，带起吊架
②	潜水推流器	额定功率 $P=4.5$kW，ϕ2500	套	4	不锈钢	厌氧区，带起吊架
③	潜水推流器	额定功率 $P=4.5$kW，ϕ2500	套	8	不锈钢	缺氧区，带起吊架
④	潜水推流器	额定功率 $P=3.5$kW，ϕ1800	套	16	不锈钢	好氧区，带起吊架
⑤	混合液回流泵（变频调速）	$Q=4000\text{m}^3/\text{h}$，$H=0.5$m，$P=22$kW 2用2备	套	4	不锈钢	缺氧区，带起吊架
⑥	全球型刚玉微孔曝气器	ϕ178 曝气量 $3.0\text{m}^3/(个\cdot\text{h})$	个	5000		
⑦	轻质拍门	DN800	套	4		
⑧	电动空气调节蝶阀	DN500	个	1		带橡胶接头
⑨	圆形闸门	DN800	套	2	不锈钢	闸门中心至启闭平台距离5m
⑩	圆形闸门	DN600	套	6	不锈钢	闸门中心至启闭平台距离5m
⑪	圆形闸门	DN300	套	8	不锈钢	闸门中心至启闭平台距离1m
⑫	启闭机	启闭力3t	套	8		手电两用
⑬	启闭机	启闭力0.5t	套	8		手电两用
⑭	手动闸阀	DN400，Z45X-10	个	4		
⑮	手动蝶阀	DN300，D371X-10	个	12		
⑯	手动蝶阀	DN150，D371X-10	个	84		

图面构成：平面图、设备材料一览表、比例尺、指北针、说明。平面图中需包含A/A/O生物池工艺尺寸及管路布置（管径、间距）；设备一览表需统计选用的设备、阀门和附件的数量，材料一览表需统计管道规格和长度；图面说明应包括标注单位、标高高程系等。
图面重点：重点表达池体工艺构成、尺寸和管渠设备布置。用箭头表示水流方向，文字标明分区。
图面线宽：管线为粗线，构筑物外框线为中粗线，标注及其他为细线。

说明：

1.尺寸单位以mm计，高程单位以m计，±0.00相当于1985国家高程基准17.30m。
2.共设生物池2座，表中所列设备材料为2座池(6万m^3/d)所需。

××设计单位		项目名称	××排水工程初步设计
		子　项	污水处理厂工程
审　定	×××	图　别	初设
校　核	×××	分项号	02
设　计	×××	总　号	PS-08
制　图	×××	日　期	××××.××

A/A/O生物池上层平面布置图

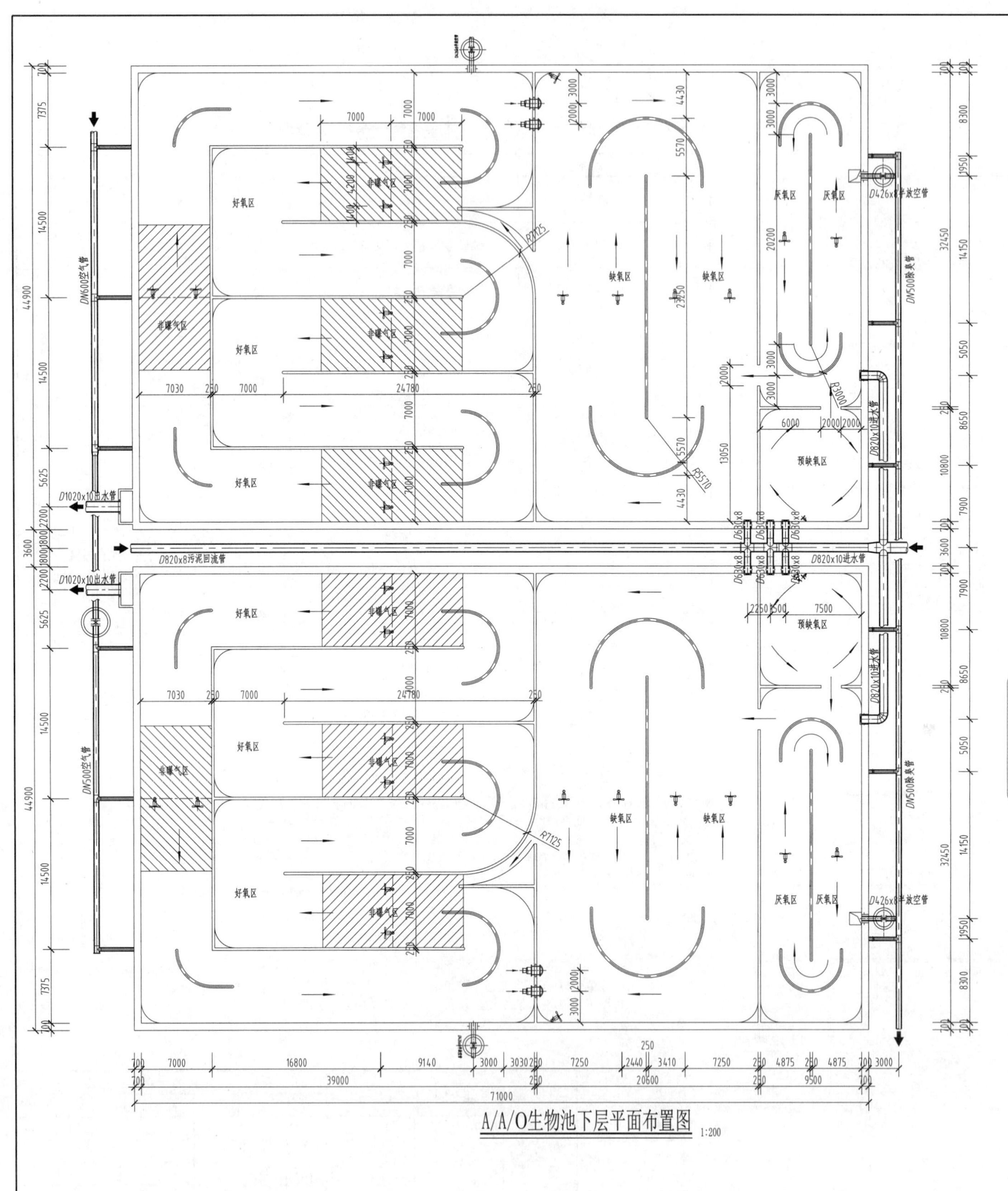

A/A/O生物池下层平面布置图 1:200

主要材料一览表（2座池）

序号	名称	规格	单位	数量	材料	备注
1	直管	D1020×10mm	m	25	Q235B	
2	直管	D820×10mm	m	80	Q235B	
3	直管	D426×8mm	m	15	Q235B	
4	直管	D329×6mm	m	20	Q235B	
5	直管	DN300	m	210	玻璃钢	
6	直管	DN500	m	90	玻璃钢	
7	直管	DN300	m	300	不锈钢	空气管
8	直管	DN500	m	50	不锈钢	空气管
9	直管	DN600	m	40	不锈钢	空气管
10	曝气管	DN80～DN150	套	2		
11	管配件		项	1		

图面构成：平面图、设备材料一览表、比例尺、指北针、说明。平面图中需包含A/A/O生物池工艺尺寸及管路布置（管径、间距）；设备一览表需统计选用的设备、阀门和附件的数量，材料一览表需统计管道规格和长度；图面说明应包括标注单位、标高高程系等。
图面重点：重点表达池体工艺构成、尺寸和管渠设备布置。用箭头表示水流方向，文字标明分区。
图面线宽：管线为粗线，构筑物外框线为中粗线，标注及其他为细线。

说明:

1.尺寸单位以mm计，高程单位以m计，±0.00相当于1985国家高程基准17.30m。
2.共设生物池2座，表中所列设备材料为2座池(6万m^3/d)所需。

××设计单位		项目名称	××排水工程初步设计
		子　项	污水处理厂工程
审　定	×××	图　别	初设
校　核	×××	分项号	02
设　计	×××	总　号	PS-09
制　图	×××	日　期	××××.××

A/A/O 生物池
下层平面布置图

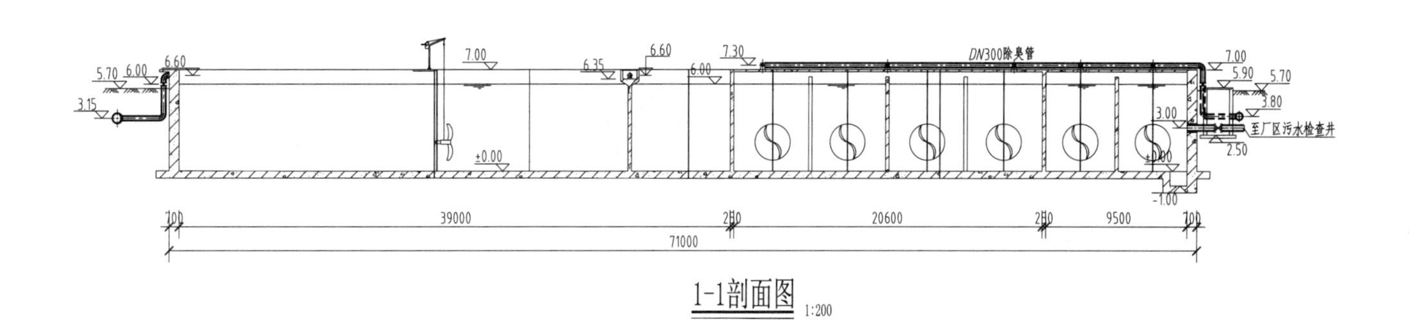

1-1剖面图 1:200

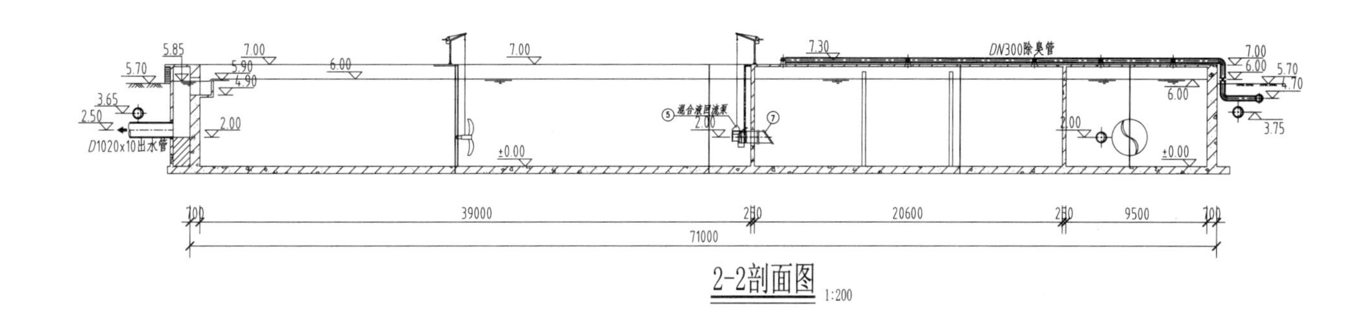

2-2剖面图 1:200

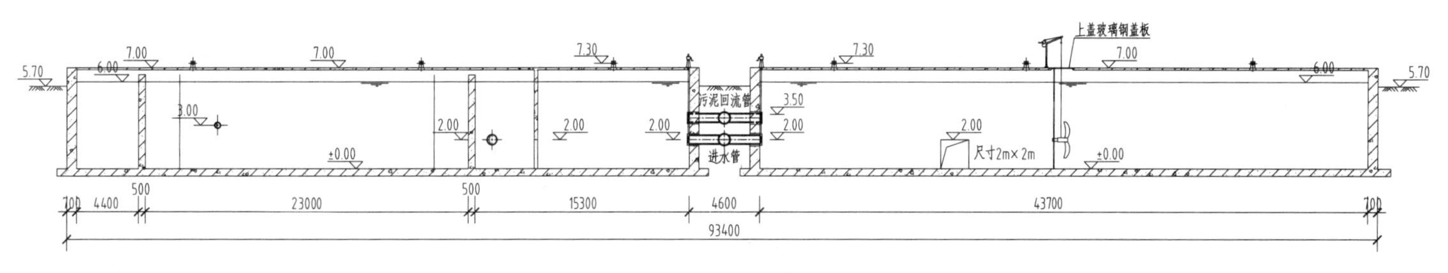

3-3剖面图 1:200

图面构成：剖面图、比例尺、说明，剖面图中需包含A/A/O生物池工艺尺寸及管路布置(管径、间距)、主要位置的标高；图面说明应包括标注单位、标高高程系等。
图面重点：重点表达池体工艺构成、尺寸、标高和管渠布置。
图面线宽：管线为粗线，构筑物外框线为中粗线，标注及其他为细线。

说明：

尺寸单位以mm计，高程单位以m计，±0.00相当于1985国家高程基准17.30m。

××设计单位		项目名称	××排水工程初步设计
		子　项	污水处理厂工程
审　定	×××	图　别	初设
校　核	×××	分项号	02
设　计	×××	总　号	PS-10
制　图	×××	日　期	××××.××

A/A/O生物池剖面图

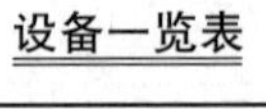
设备一览表

序号	名称	规格	单位	数量	材料	备注
①	回流污泥泵	$Q=1250m^3/h$，$H=10m$，$P=45kW$，$W=1295kg$	台	3	成品	2用1备，变频控制
②	剩余污泥泵	$Q=60m^3/h$，$H=14m$，$P=5.5kW$，$W=200kg$	台	2	成品	1用1备，工频运行
③	捯链	起吊高度9m，起重量2t，电机功率3+0.4kW	套	1	成品	
④	圆形闸门	口径$\phi1000$	台	2	不锈钢	闸门中心至启闭平台3.8m
⑤	启闭机	启闭力8t，功率1.5kW	台	2		手电两用
⑥	圆形闸门	口径$\phi600$	台	2	不锈钢	闸门中心至启闭平台3.8m

主要材料一览表

编号	名称	规格	单位	材质	数量	备注
1	直管	D1020×10mm	m	Q235B	22	统计至池壁外2m
2	直管	D820×10mm	m	Q235B	15	统计至检查井壁外2m
3	直管	D630×10mm	m	Q235B	22	
4	直管	D159×5mm	m	Q235B	25	
5	橡胶瓣止回阀	DN600，H44X-10型	台	成品	3	
6	橡胶瓣止回阀	DN150，H44X-10型	台	成品	2	
7	管路补偿接头	DN600，CC2F，PN=1.0MPa	台	成品	3	
8	管路补偿接头	DN150，CC2F，PN=1.0MPa	台	成品	2	
9	电动明杆楔式闸阀	DN600，Z941T-10	台	成品	3	阀杆长1.1m
10	手动明杆楔式闸阀	DN150，Z41T-10	台	成品	2	阀杆长1.0m
11	环形工字钢	I 36a，L=23.56m	套	成品	1	环形半径7.5m
12	钢栅盖板	尺寸见平面图	套	Q235B	1	现场定制
13	钢栅盖板	A×B=1.2m×1.8m	套	Q235B	2	现场定制
14	钢栅盖板	A×B=1.2m×1.0m	套	Q235B	1	现场定制
15	钢栅盖板	A×B=1.0m×1.5m	套	Q235B	1	现场定制
16	钢栅盖板	A×B=1.0m×1.0m	套	Q235B	1	现场定制

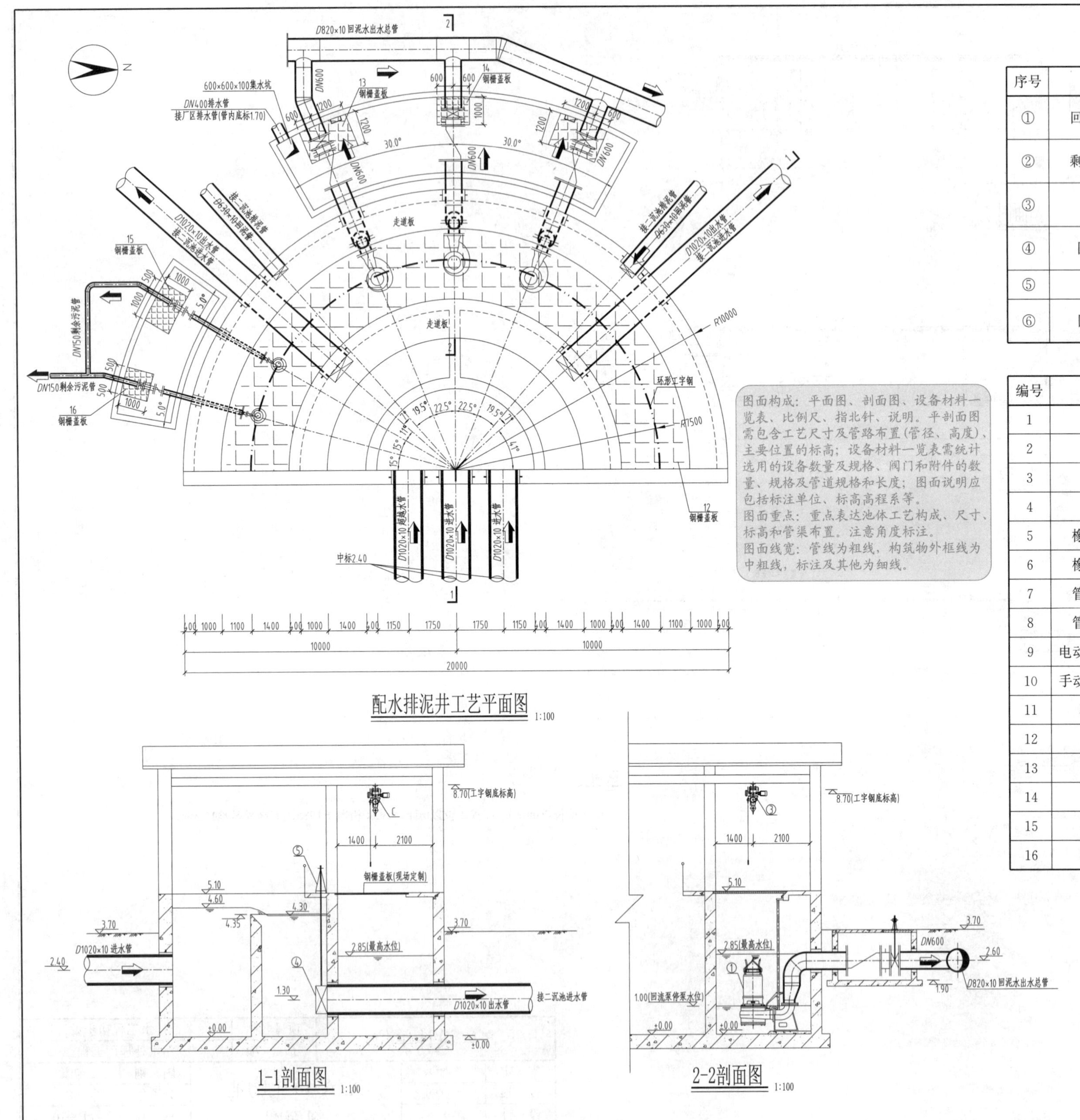

说 明:

1.本图尺寸单位以mm计，标高单位以m计，±0.00相当于1985国家高程基准18.30m。
2.所有钢制管件必须做防腐处理，具体处理方法详见工艺总说明。

××设计单位		项目名称	××排水工程初步设计
		子 项	污水处理厂工程
审 定	×××	图 别	初设
校 核	×××	分项号	02
设 计	×××	总 号	PS-11
制 图	×××	日 期	××××.××

配水排泥井工艺图

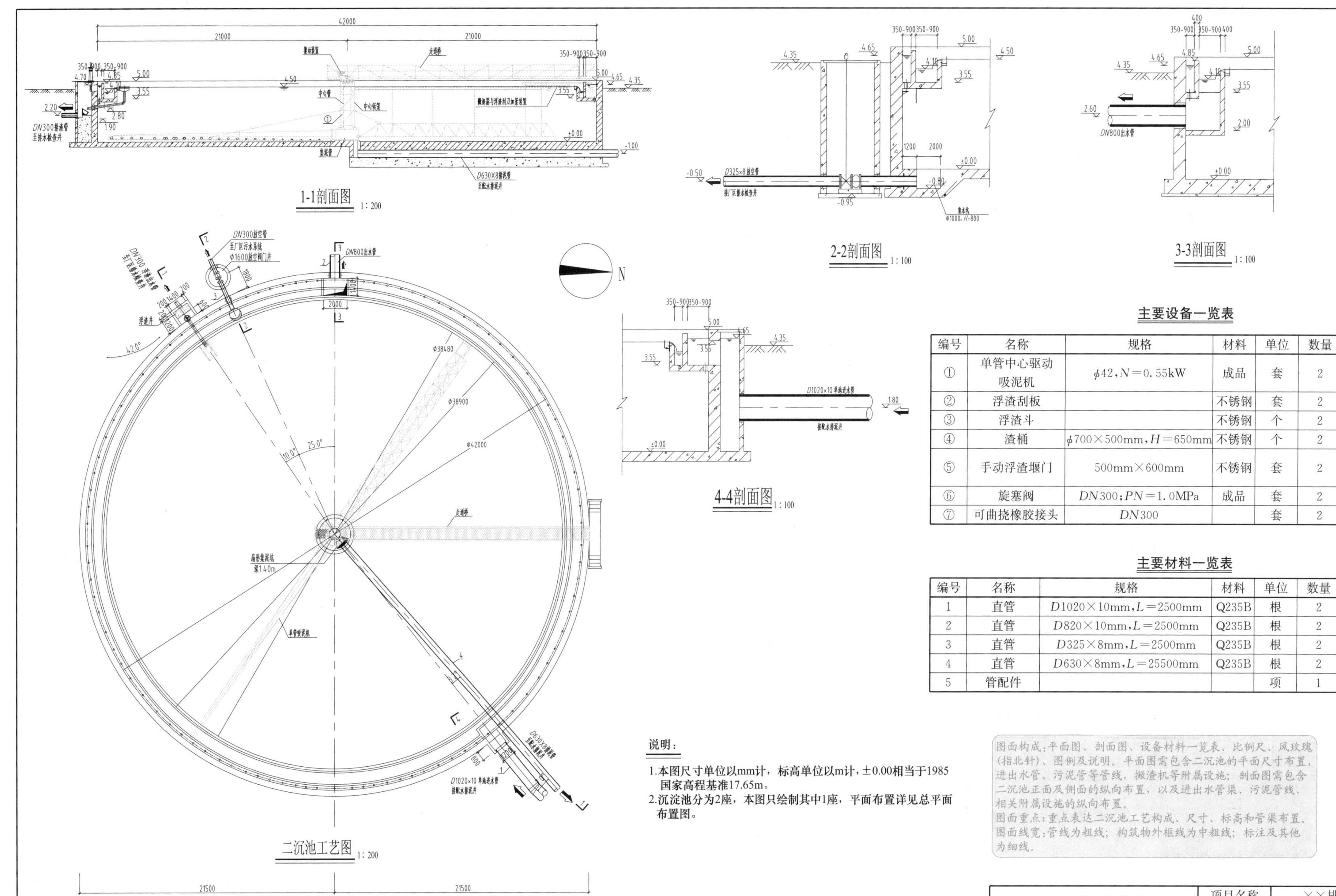

主要设备一览表

编号	名称	规格	材料	单位	数量	备注
①	单管中心驱动吸泥机	ϕ42,N=0.55kW	成品	套	2	
②	浮渣刮板		不锈钢	套	2	与刮泥机配套
③	浮渣斗		不锈钢	个	2	与刮泥机配套
④	渣桶	ϕ700×500mm,H=650mm	不锈钢	个	2	
⑤	手动浮渣堰门	500mm×600mm	不锈钢	套	2	包括启闭机，与刮泥机配套
⑥	旋塞阀	DN300;PN=1.0MPa	成品	套	2	
⑦	可曲挠橡胶接头	DN300		套	2	

主要材料一览表

编号	名称	规格	材料	单位	数量	备注
1	直管	D1020×10mm,L=2500mm	Q235B	根	2	统计至池壁外2m
2	直管	D820×10mm,L=2500mm	Q235B	根	2	统计至池壁外2m
3	直管	D325×8mm,L=2500mm	Q235B	根	2	统计至池壁外2m
4	直管	D630×8mm,L=25500mm	Q235B	根	2	带防水翼环
5	管配件			项	1	

说明：

1.本图尺寸单位以mm计，标高单位以m计，±0.00相当于1985国家高程基准17.65m。

2.沉淀池分为2座，本图只绘制其中1座，平面布置详见总平面布置图。

图面构成：平面图、剖面图、设备材料一览表、比例尺、风玫瑰（指北针）、图例及说明。平面图需包含二沉池的平面尺寸布置，进出水管、污泥管等管线，撇渣机等附属设施；剖面图需包含二沉池正面及侧面的纵向布置，以及进出水管渠、污泥管线、相关附属设施的纵向布置。

图面重点：重点表达二沉池工艺构成、尺寸、标高和管渠布置。

图面线宽：管线为粗线；构筑物外框线为中粗线；标注及其他为细线。

××设计单位		项目名称	××排水工程初步设计
		子　项	污水处理厂工程
审　定	×××	二沉池工艺图	图　别	初设
校　核	×××		分项号	02
设　计	×××		总　号	PS-12
制　图	×××		日　期	××××.××

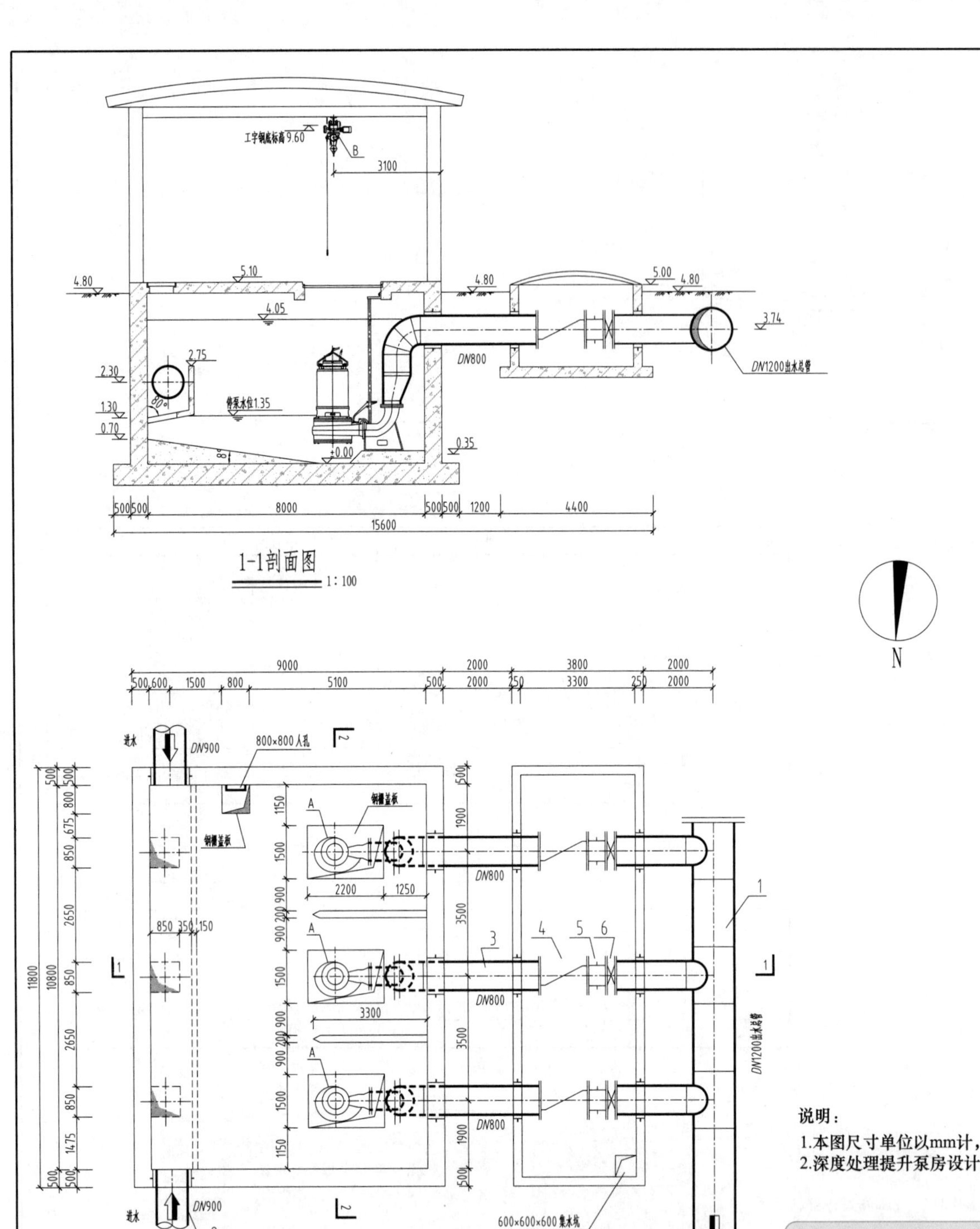

1-1剖面图 1:100

深度处理提升泵房工艺图 1:100

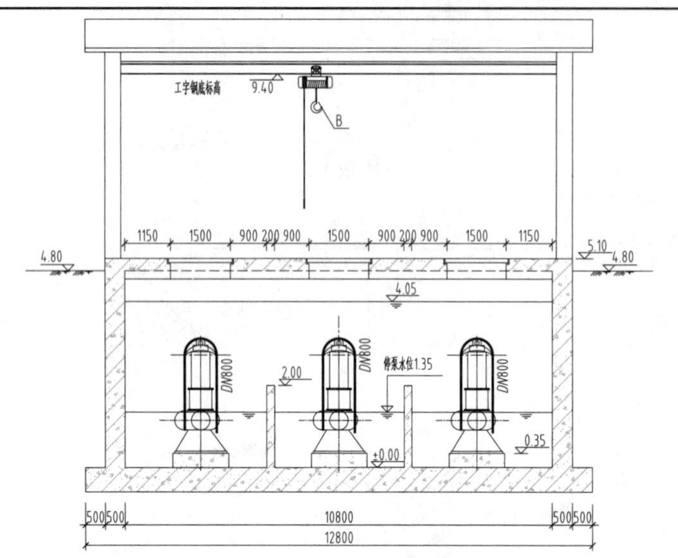

2-2剖面图 1:100

N

设备一览表

编号	名称	规格	单位	数量	备注
A	潜污泵	Q=2400～2700～3200m^3/h H=7.5～6.2～5.6m、 P=75kW、W=3800kg	台	3	2用1备，2台变频控制
B	捯链	起重量5t，配套电机功率 7.5+0.8kW	套	1	配套单轨小车

材料一览表

编号	名称	规格	单位	材质	数量	备注
1	直管	D1220×10mm	m	Q235B	12	
2	直管	D920×10mm	m	Q235B	5	
3	直管	D820×10mm	m	Q235B	20	
4	橡胶瓣止回阀	DN800，H44X-10型	台	成品	3	
5	管路补偿接头	DN800，CC2F，PN=1.0MPa	台	成品	3	
6	手动蝶阀	DN800，D371X-10	台	成品	3	
7	钢栅盖板	A×B=2.2m×1.5m	套	Q235B	3	
8	钢栅盖板	A×B=0.8m×0.8m	套	Q235B	2	
9	工字钢	Ⅰ28a，L=10.8m	根	Q235B	1	

说明：

1.本图尺寸单位以mm计，标高单位以m计，±0.00相当于1985国家高程基准17.20m。
2.深度处理提升泵房设计规模10万m^3/d。

图面构成：平面图、剖面图、设备材料一览表、比例尺、风玫瑰(指北针)、图例及说明。平面图需包含提升泵房的平面尺寸布置，进出水管、提升管路等管线，进出水管渠等附属设施。剖面图需包含提升泵房正面及侧面的纵向布置，提升管路及附属设施的纵向布置。
图面重点：重点表达提升泵房工艺构成、尺寸和管渠布置。
图面线宽：管线为粗线；构筑物外框线为中粗线；标注及其他为细线。

××设计单位		项目名称	××排水工程初步设计
		子　项	污水处理厂工程
审　定	×××	图　别	初设
校　核	×××	分项号	02
设　计	×××	总　号	PS-13
制　图	×××	日　期	××××.××

图名：深度处理提升泵房工艺图

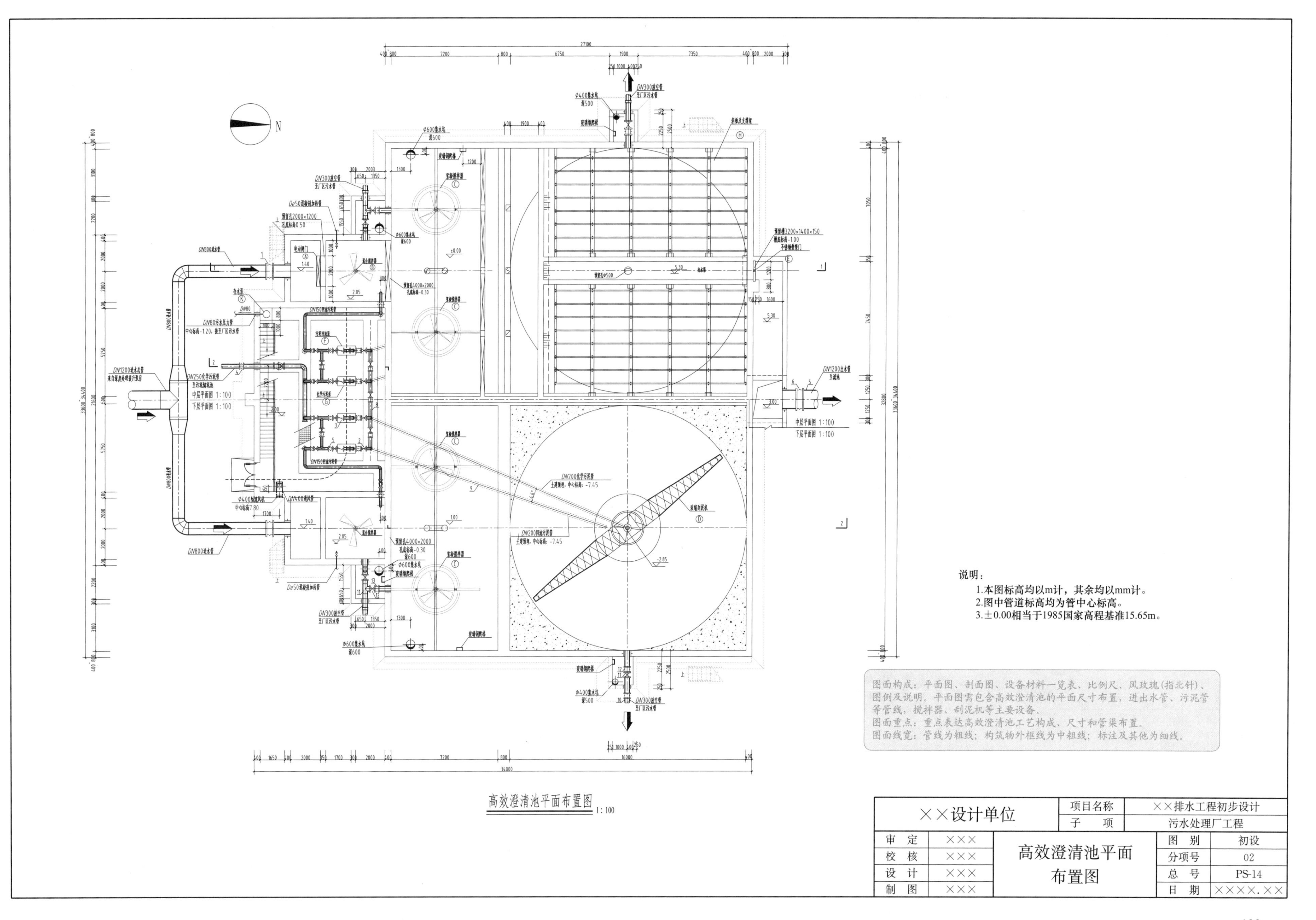
说明：
1.本图标高均以m计，其余均以mm计。
2.图中管道标高均为管中心标高。
3.±0.00相当于1985国家高程基准15.65m。
图面构成：平面图、剖面图、设备材料一览表、比例尺、风玫瑰(指北针)、图例及说明。平面图需包含高效澄清池的平面尺寸布置，进出水管、污泥管等管线，搅拌器、刮泥机等主要设备。
图面重点：重点表达高效澄清池工艺构成、尺寸和管渠布置。
图面线宽：管线为粗线；构筑物外框线为中粗线；标注及其他为细线。
高效澄清池平面布置图 1:100
××设计单位
项目名称
××排水工程初步设计
子 项
污水处理厂工程
审 定
×××
校 核
×××
设 计
×××
制 图
×××
高效澄清池平面布置图
图 别
初设
分项号
02
总 号
PS-14
日 期
××××.××

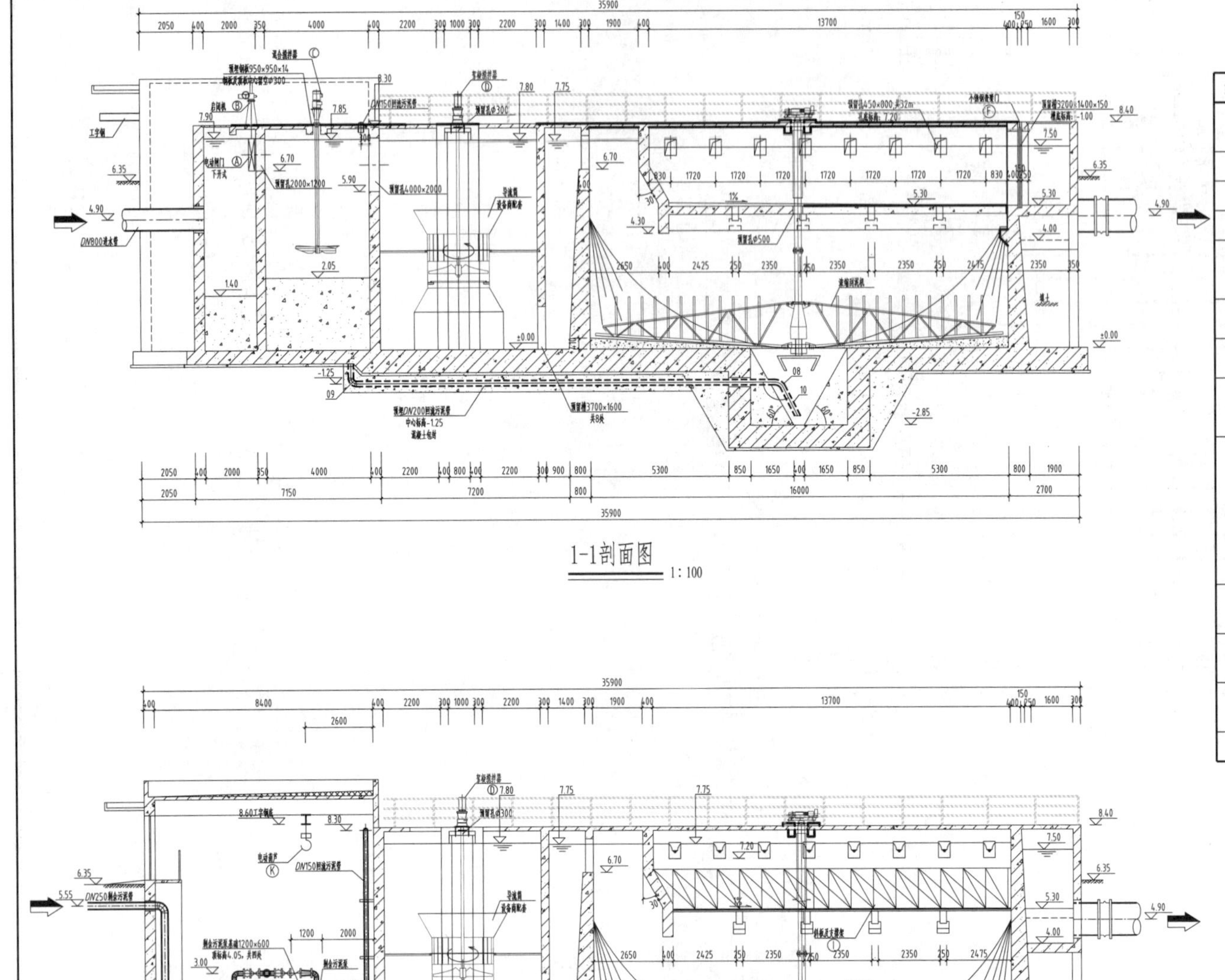

1-1剖面图 1:100

2-2剖面图 1:100

主要设备一览表

编号	名称	规格	材料	单位	数量	备注
Ⓐ	方形闸门	$B\times H=2000\text{mm}\times1200\text{mm}$	不锈钢	套	2	下开式
	启闭机	启闭力 3.0t		套	2	手、电两用
Ⓑ	搅拌器	$D=2500\text{mm}, P=11\text{kW}$		台	2	用于混合,安装于混凝池中,变频调速
Ⓒ	搅拌器	$D=3500\text{mm}, P=2.2\text{kW}$		台	4	用于絮凝,安装于絮凝池中,变频调速
Ⓓ	刮泥机	$D=16\text{m}, P=1.1\text{kW}, n=0.039\text{r/min}$		台	2	用于浓缩,安装于沉淀池中
Ⓔ	叠梁门	$B\times H=1200\text{mm}\times3100\text{mm}$	不锈钢	套	2	出水,用于检修临时挡水
	启闭机	启闭力 2.0t		套	2	手动式
Ⓕ	污泥泵	$Q=20\sim120\text{m}^3/\text{h}, H=20\text{m}, P=15\text{kW}$		台	3	用于污泥回流,2用1备
Ⓖ	污泥泵	$Q=20\sim120\text{m}^3/\text{h}, H=20\text{m}, P=15\text{kW}$		台	3	用于剩余污泥排放,2用1备
Ⓗ	斜板及支架	斜板:$L=1.5\text{m}, H=1.3\text{m}$,安装角度60°,斜板厚度 $d=2\text{mm}$,支撑等符合300kg/m		m^2	832	防紫外线
Ⓘ	集水槽	$L\times B\times H=7300\text{mm}\times400\text{mm}\times400\text{mm}$,厚5mm	不锈钢	套	16	
	集水槽	$L\times B\times H=7400\text{mm}\times400\text{mm}\times400\text{mm}$,厚5mm	不锈钢	套	16	
	出水堰板	$L=7100\text{mm}, H=290\text{mm}$,厚3mm	不锈钢	套	32	
	出水堰板	$L=7200\text{mm}, H=290\text{mm}$,厚3mm	不锈钢	套	32	
Ⓙ	捯链	起重量1t,起重高度7.5m,$P=3+0.4\times2\text{kW}$		台	1	
Ⓚ	潜水泵	$Q=22\text{m}^3/\text{h}, H=7\text{m}, P=1.5\text{kW}$		台	1	
Ⓛ	方形平面闸门	$B\times H=1600\text{mm}\times3100\text{mm}$	不锈钢	套	1	超越用
	启闭机	启闭力 5.0t		套	1	手电两用
Ⓜ	轴流风机	$\phi400, Q=4080\text{m}^3/\text{h}, P=0.18\text{kW}$		台	1	

主要设备一览表

编号	名称	规格	材料	单位	数量	备注
1	可曲挠橡胶接头	DN800,PN=1.0MPa		台	2	
2	手动闸阀	DN150,Z45X-10		台	6	
3	止回阀	DN150,PN=1.0MPa		台	4	
4	伸缩接头	DN150,PN=1.0MPa		台	8	
5	可曲挠橡胶接头	DN150,PN=1.0MPa		台	6	
6	直管	D1220×10mm	Q235B	m	5	
7	可曲挠橡胶接头	DN1200,PN=1.0MPa		台	1	
8	直管	D159×4.5mm	Q235B	m	120	
9	直管	D219×6mm	Q235B	m	30	
10	直管	D325×8mm	Q235B	m	40	
11	手动闸阀	DN300,Z45X-10		台	6	
12	伸缩器	DN300,C2F 型		台	6	
13	直管	D89×4mm	Q235B	m	15	
14	直管	De110	UPVC	m	60	
15	直管	De50	UPVC	m	60	
16	直管	De32	PE	m	20	
17	直管	D426×8mm	Q235B	m	10	通风管
18	管配件			项	1	

说明:

1.本图标高均以m计,其余均以mm计。
2.图中管道标高均为管中心标高。
3.±0.00相当于1985国家高程基准15.65m。

图面构成:平面图、剖面图、设备材料一览表、比例尺、风玫瑰(指北针)、图例及说明。剖面图需包含高效澄清池正面及侧面的纵向布置,以及配水管渠、污泥管线、相关设备的纵向布置。
图面重点:重点表达高效澄清池工艺构成、尺寸和管渠布置。
图面线宽:管线为粗线;构筑物外框线为中粗线;标注及其他为细线。

××设计单位		项目名称	××排水工程初步设计
		子 项	污水处理厂工程
审 定	×××	图 别	初设
校 核	×××	分项号	02
设 计	×××	总 号	PS-15
制 图	×××	日 期	××××.××

高效澄清池剖面图

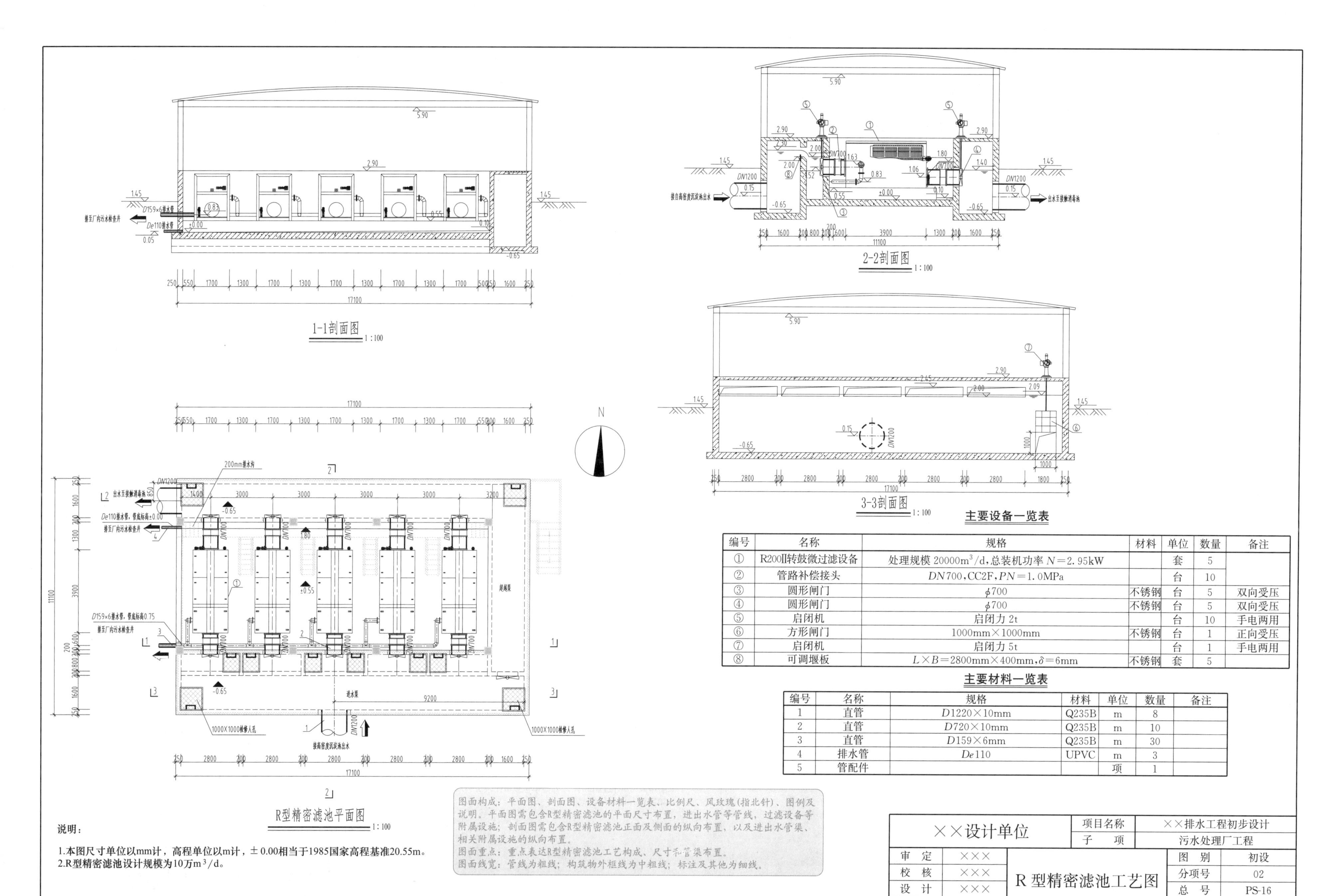

主要设备一览表

编号	名称	规格	材料	单位	数量	备注
①	R200Ⅱ转鼓微过滤设备	处理规模 20000m^3/d，总装机功率 N=2.95kW		套	5	
②	管路补偿接头	DN700，CC2F，PN=1.0MPa		台	10	
③	圆形闸门	ϕ700	不锈钢	台	5	双向受压
④	圆形闸门	ϕ700	不锈钢	台	5	双向受压
⑤	启闭机	启闭力 2t		台	10	手电两用
⑥	方形闸门	1000mm×1000mm	不锈钢	台	1	正向受压
⑦	启闭机	启闭力 5t		台	1	手电两用
⑧	可调堰板	$L\times B$=2800mm×400mm，δ=6mm	不锈钢	套	5	

主要材料一览表

编号	名称	规格	材料	单位	数量	备注
1	直管	D1220×10mm	Q235B	m	8	
2	直管	D720×10mm	Q235B	m	10	
3	直管	D159×6mm	Q235B	m	30	
4	排水管	De110	UPVC	m	3	
5	管配件			项	1	

说明：

1.本图尺寸单位以mm计，高程单位以m计，±0.00相当于1985国家高程基准20.55m。
2.R型精密滤池设计规模为10万m^3/d。

图面构成：平面图、剖面图、设备材料一览表、比例尺、风玫瑰(指北针)、图例及说明。平面图需包含R型精密滤池的平面尺寸布置，进出水管等管线，过滤设备等附属设施；剖面图需包含R型精密滤池正面及侧面的纵向布置，以及进出水管渠、相关附属设施的纵向布置。
图面重点：重点表达R型精密滤池工艺构成、尺寸和管渠布置。
图面线宽：管线为粗线；构筑物外框线为中粗线；标注及其他为细线。

××设计单位		项目名称	××排水工程初步设计
		子　项	污水处理厂工程
审　定	×××	图　别	初设
校　核	×××	分项号	02
设　计	×××	总　号	PS-16
制　图	×××	日　期	××××.××

R 型精密滤池工艺图

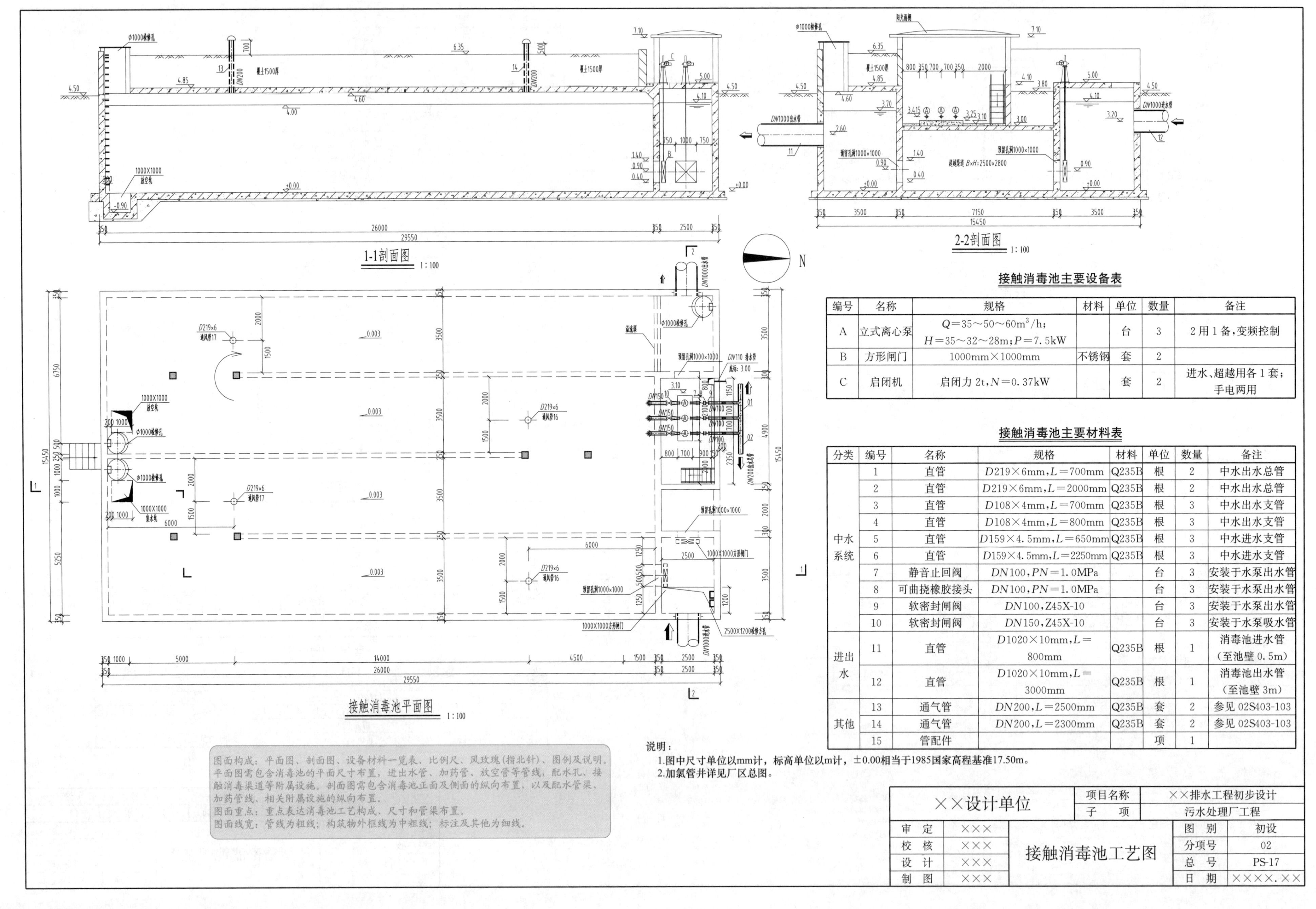

接触消毒池主要设备表

编号	名称	规格	材料	单位	数量	备注
A	立式离心泵	Q=35～50～60m^3/h；H=35～32～28m；P=7.5kW		台	3	2用1备，变频控制
B	方形闸门	1000mm×1000mm	不锈钢	套	2	
C	启闭机	启闭力2t，N=0.37kW		套	2	进水、超越用各1套；手电两用

接触消毒池主要材料表

分类	编号	名称	规格	材料	单位	数量	备注
中水系统	1	直管	D219×6mm，L=700mm	Q235B	根	2	中水出水总管
	2	直管	D219×6mm，L=2000mm	Q235B	根	2	中水出水总管
	3	直管	D108×4mm，L=700mm	Q235B	根	3	中水出水支管
	4	直管	D108×4mm，L=800mm	Q235B	根	3	中水出水支管
	5	直管	D159×4.5mm，L=650mm	Q235B	根	3	中水进水支管
	6	直管	D159×4.5mm，L=2250mm	Q235B	根	3	中水进水支管
	7	静音止回阀	DN100，PN=1.0MPa		台	3	安装于水泵出水管
	8	可曲挠橡胶接头	DN100，PN=1.0MPa		台	3	安装于水泵出水管
	9	软密封闸阀	DN100，Z45X-10		台	3	安装于水泵出水管
	10	软密封闸阀	DN150，Z45X-10		台	3	安装于水泵吸水管
进出水	11	直管	D1020×10mm，L=800mm	Q235B	根	1	消毒池进水管（至池壁0.5m）
	12	直管	D1020×10mm，L=3000mm	Q235B	根	1	消毒池出水管（至池壁3m）
其他	13	通气管	DN200，L=2500mm	Q235B	套	2	参见02S403-103
	14	通气管	DN200，L=2300mm	Q235B	套	2	参见02S403-103
	15	管配件			项	1	

说明：

1. 图中尺寸单位以mm计，标高单位以m计，±0.00相当于1985国家高程基准17.50m。
2. 加氯管井详见厂区总图。

图面构成：平面图、剖面图、设备材料一览表、比例尺、风玫瑰(指北针)、图例及说明。平面图需包含消毒池的平面尺寸布置，进出水管、加药管、放空管等管线，配水孔、接触消毒渠道等附属设施。剖面图需包含消毒池正面及侧面的纵向布置，以及配水管渠、加药管线、相关附属设施的纵向布置。
图面重点：重点表达消毒池工艺构成、尺寸和管渠布置。
图面线宽：管线为粗线；构筑物外框线为中粗线；标注及其他为细线。

××设计单位		项目名称	××排水工程初步设计
		子　项	污水处理厂工程
审　定	×××	图　别	初设
校　核	×××	分项号	02
设　计	×××	总　号	PS-17
制　图	×××	日　期	××××.××

接触消毒池工艺图

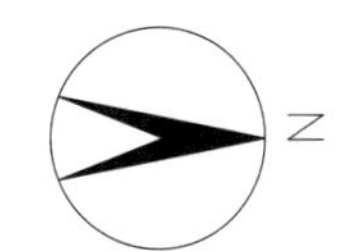

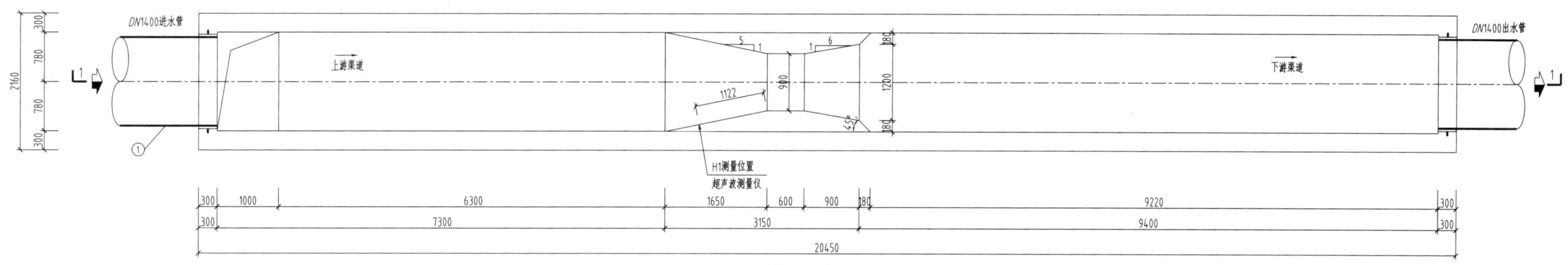

巴氏计量槽平面布置图 1:50

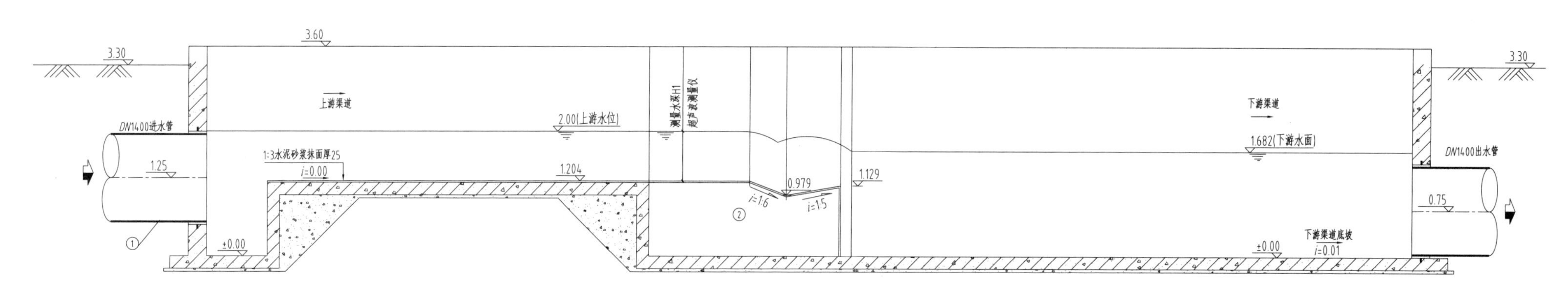

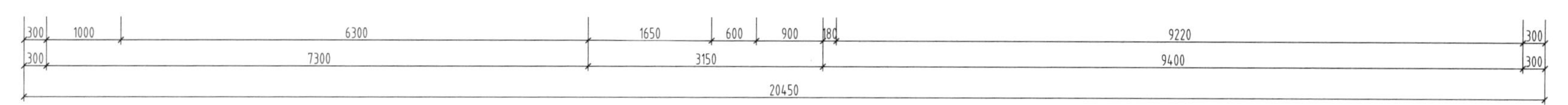

1-1剖面图 1:50

说 明:

1.图中尺寸单位以mm计，标高单位以m计，±0.00相当于1985国家高程基准18.70m。
2.本工程设计规模为10万m^3/d。
3.本次设计巴氏计量槽采用成品设施，上游水位测量采用配套超声波测量装置。
4.本次设计巴氏计量槽为咽喉式计量槽，咽喉宽为0.9m，流量Q(L/s)与上游水深H_1(m)的关系为$Q=2.152H_1^{1.566}$。

图面构成：平面图、剖面图、设备材料一览表、比例、指北针、说明。平剖面图需包含巴氏计量槽的工艺尺寸及管路布置（管径等）、主要位置的标高，各部分标高及角度、坡度要完整；设备材料一览表需统计选用设备的数量、规格及管道规格和长度；图面说明应包括标注单位、标高高程系。
图面重点：重点表达池体工艺构成、尺寸、标高和管渠布置。
图面线宽：管线为粗线，构筑物外框线为中粗线，标注及其他为细线。

主要设备材料一览表

编号	名称	规格	材料	单位	数量	备注
①	进出水钢管	$D1420\times10$mm，$L=2000$mm	Q235B	根	2	进出水管道
②	成品巴氏计量槽	5416.7m^3/h		套	1	含超声波液位测控装置及传感器

××设计单位		项目名称	××排水工程初步设计
		子 项	污水处理厂工程
审 定	×××	巴氏计量槽工艺图	图 别	初设
校 核	×××		分项号	02
设 计	×××		总 号	PS-18
制 图	×××		日 期	××××.××

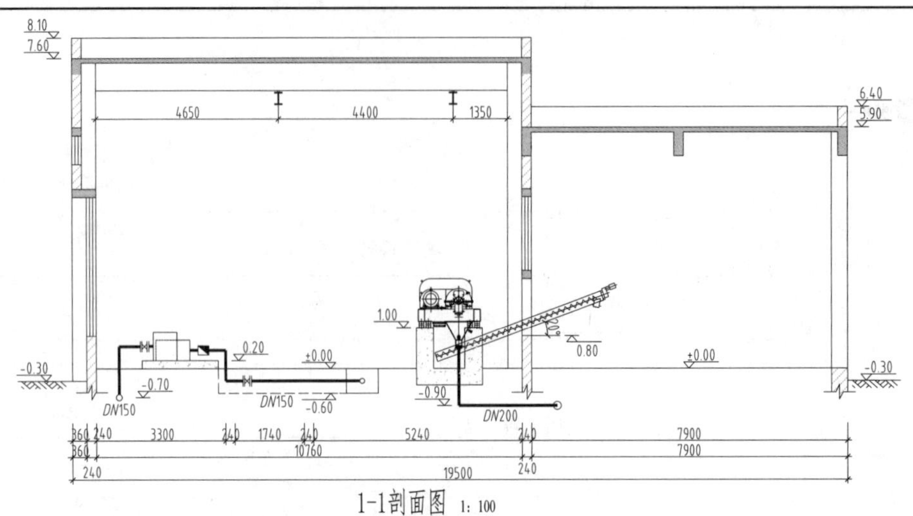

1-1剖面图 1:100

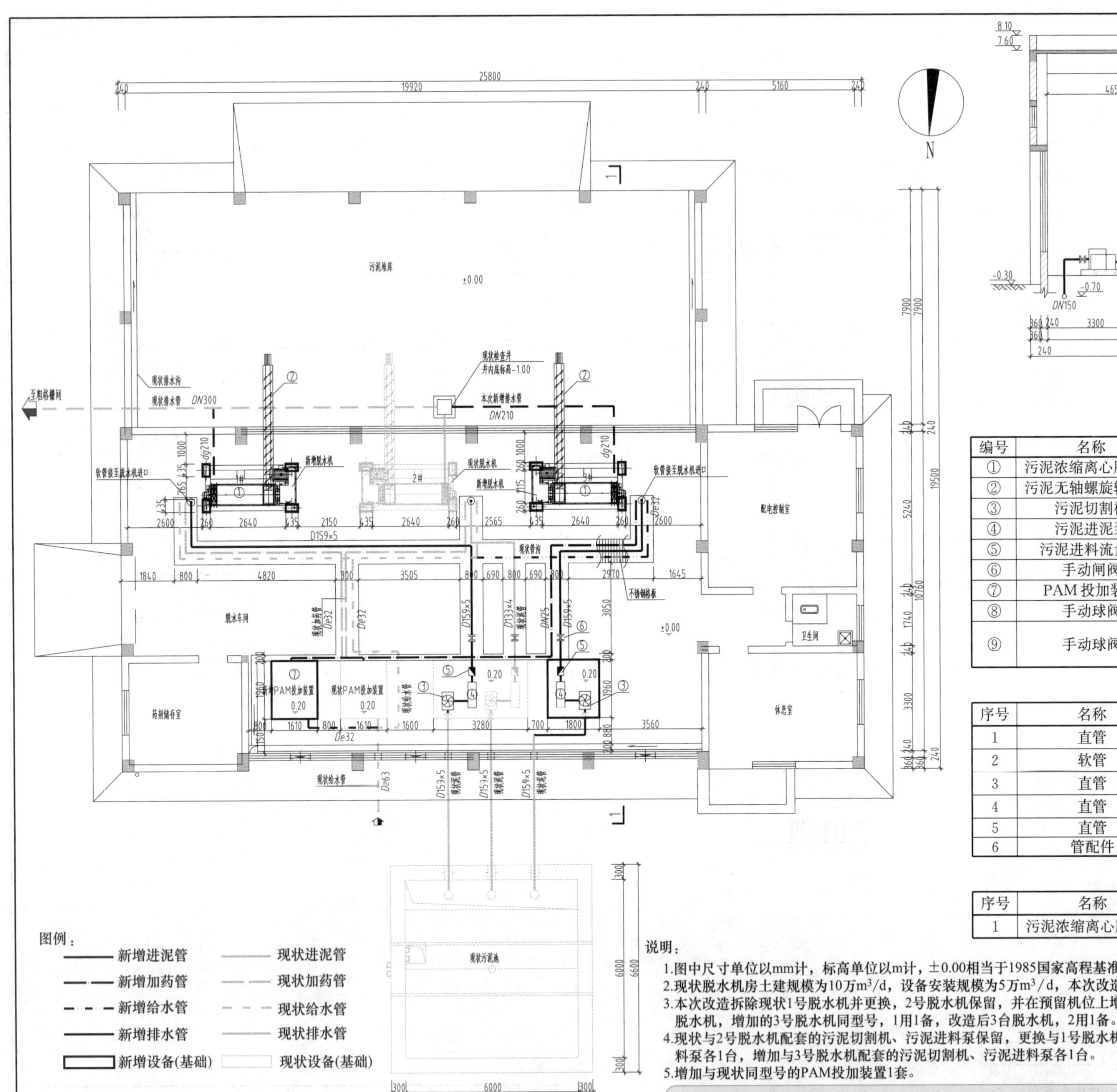

脱水机房平面布置图 1:100

脱水机房设备表

编号	名称	规格	材料	单位	数量	备注
①	污泥浓缩离心脱水机	$Q=10\sim80m^3/h$, $P=55kW$		台	2	1用1备
②	污泥无轴螺旋输送机	$Q=6m^3/h$, $\alpha=20°$, $L=6m$, $P=3kW$		台	2	
③	污泥切割机	$Q=50\sim100m^3/h$, $P=5.5kW$		台	2	
④	污泥进泥泵	$Q=10\sim80m^3/h$, $P=22kW$		台	2	
⑤	污泥进料流量计	$Q=10\sim80m^3/h$		台	2	
⑥	手动闸阀	DN150,Z45X-10		台	2	
⑦	PAM投加装置	$Q=1500L/h$, $H=0.5MPa$, $P=2.3kW$		套	1	
⑧	手动球阀	d32	UPVC	台	4	脱水机PAM投加管
⑨	手动球阀	De32	PP-R	台	2	脱水机反冲洗水管，PAM投加装置进水管上安装

脱水机房材料表

序号	名称	规格	材料	单位	数量	备注
1	直管	D159×5mm	Q235B	m	30	进泥管
2	软管	DN150	橡胶	m	20	
3	直管	d32	UPVC	m	20	加药管
4	直管	De32	PP-R	m	12	给水管
5	直管	DN210	UPVC	m	12	排水管
6	管配件					按主管材的15%计

脱水机房拆除工程量

序号	名称	规格	材料	单位	数量	备注
1	污泥浓缩离心脱水机	$Q=10\sim80m^3/h$, $P=55kW$		台	1	1用1备

图例：

- 新增进泥管 / 现状进泥管
- 新增加药管 / 现状加药管
- 新增给水管 / 现状给水管
- 新增排水管 / 现状排水管
- 新增设备(基础) / 现状设备(基础)

说明：

1. 图中尺寸单位以mm计，标高单位以m计，±0.00相当于1985国家高程基准22.30m。
2. 现状脱水机房土建规模为10万m^3/d，设备安装规模为5万m^3/d，本次改造设备安装规模为10万m^3/d。
3. 本次改造拆除现状1号脱水机并更换，2号脱水机保留，并在预留机位上增加3号脱水机，更换后的1号脱水机，增加的3号脱水机同型号，1用1备，改造后3台脱水机，2用1备。
4. 现状与2号脱水机配套的污泥切割机、污泥进料泵保留，更换与1号脱水机配套的污泥切割机、污泥进料泵各1台，增加与3号脱水机配套的污泥切割机、污泥进料泵各1台。
5. 增加与现状同型号的PAM投加装置1套。

图面构成：平面图、剖面图、设备材料一览表、比例尺、风玫瑰（指北针）、图例及说明。平面图需包含脱水车间的平面尺寸布置，进出水管、进泥管、加药管等管线，脱水机等附属设施。剖面图需包含脱水车间正面及侧面的纵向布置，以及管线及附属设备的纵向布置。
图面重点：重点表达车间工艺构成、尺寸、标高和管渠布置。
图面线宽：管线为粗线；构筑物外框线为中粗线；标注及其他为细线。

××设计单位		项目名称	××排水工程初步设计
		子项	污水处理厂工程
审定	×××	图别	初设
校核	×××	分项号	02
设计	×××	总号	PS-19
制图	×××	日期	××××.××

脱水机房工艺图

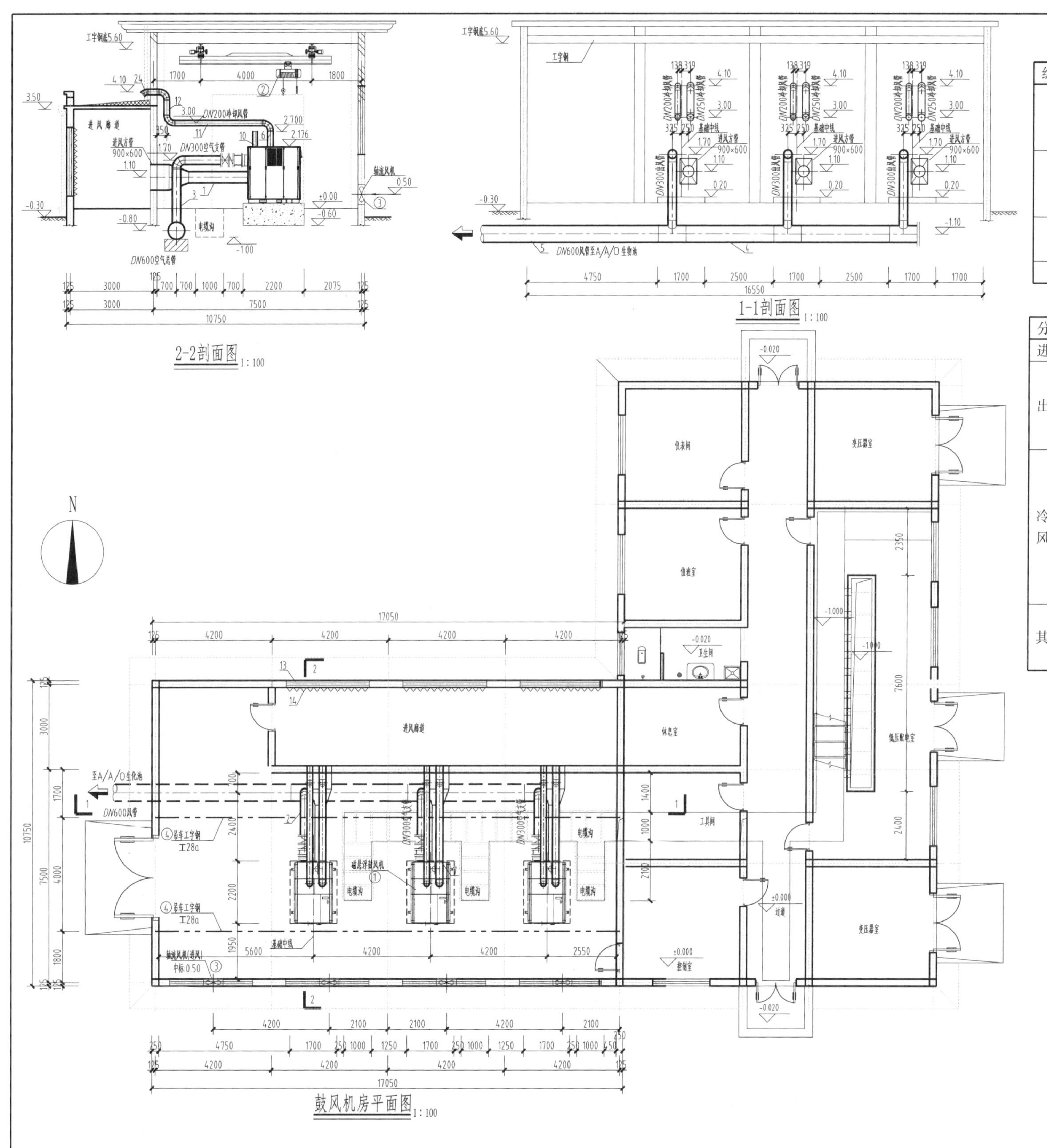

2-2剖面图 1:100

1-1剖面图 1:100

鼓风机房平面图 1:100

主要设备一览表

编号	名称	规格	单位	数量	备注
①	磁悬浮鼓风机主机	风量 125m^3/min,风压 68.3kPa P=190kW,2用1备变频控制	台	3	
②	LX 型电动单梁悬挂起重机	L_k=4.0m,起重量 2t, 起吊高度 5.0m P=3.0+2×0.4kW	套	1	
③	轴流风机(进风)	ϕ500,Q=4700m^3/h, 风压 124Pa,P=0.37kW	台	4	
④	工字钢	I 28a,L=16800mm	根	2	

材料一览表

分类	编号	名称	规格	材料	单位	数量	备注
进风	1	直管	DN400,L=2500mm	不锈钢	根	3	
出风	2	直管	DN300,L=1500mm	不锈钢	根	3	需保温材料包裹
	3	直管	DN300,L=2400mm	不锈钢	根	3	需保温材料包裹
	4	直管	DN600,L=4200mm	不锈钢	根	2	
	5	直管	DN600,L=5000mm	不锈钢	根	1	
冷却风管	6	直管	DN200,L=500mm	不锈钢	根	3	
	7	直管	DN250,L=800mm	不锈钢	根	3	
	8	直管	DN250,L=3800mm	不锈钢	根	3	
	9	直管	DN250,L=1100mm	不锈钢	根	3	
	10	直管	DN200,L=800mm	不锈钢	根	3	
	11	直管	DN200,L=3800mm	不锈钢	根	3	
	12	直管	DN200,L=1100mm	不锈钢	根	3	
其他	13	进风百叶窗	2400mm×3000mm		套	4	
	14	过滤网	2400mm×3000mm		套	4	
	15	管配件			项	1	

图面构成：平面图、剖面图、设备材料一览表、比例尺、风玫瑰(指北针)、图例及说明。平面图需包含鼓风机房的平面尺寸布置，风管等管线，鼓风机等附属设施；剖面图需包含鼓风机房正面及侧面的纵向布置，以及风管、鼓风机、相关附属设施的纵向布置。
图面重点：重点表达鼓风机房工艺构成、尺寸。
图面线宽：管线为粗线；构筑物外框线为中粗线；标注及其他为细线。

说明：

1.本图尺寸单位以mm计，标高单位以m计。
2.图中管道标高均为管中心标高。
3.±0.00相当于1985国家高程基准22.80m。

××设计单位		项目名称	××排水工程初步设计
		子 项	污水处理厂工程
审 定	×××	图 别	初设
校 核	×××	分项号	02
设 计	×××	总 号	PS-20
制 图	×××	日 期	××××.××

鼓风机房工艺图

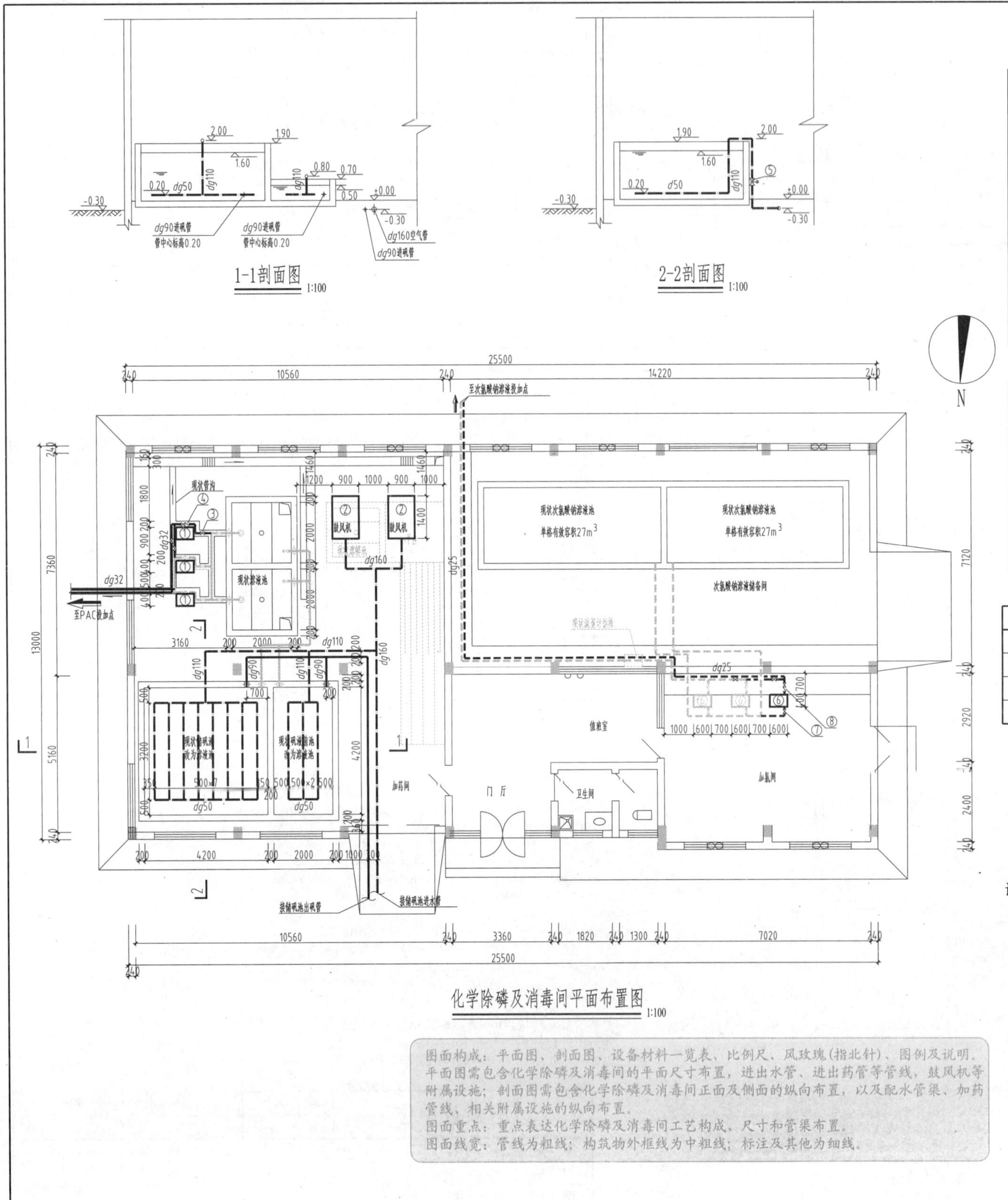

1-1剖面图 1:100

2-2剖面图 1:100

化学除磷及消毒间平面布置图 1:100

图面构成：平面图、剖面图、设备材料一览表、比例尺、风玫瑰(指北针)、图例及说明。平面图需包含化学除磷及消毒间的平面尺寸布置，进出水管、进出药管等管线，鼓风机等附属设施；剖面图需包含化学除磷及消毒间正面及侧面的纵向布置，以及配水管渠、加药管线、相关附属设施的纵向布置。
图面重点：重点表达化学除磷及消毒间工艺构成、尺寸和管渠布置。
图面线宽：管线为粗线；构筑物外框线为中粗线；标注及其他为细线。

化学除磷及消毒间新增主要设备表

编号	名称	规格	材料	单位	数量	备注
①	隔膜式计量泵	Q=500L/h，H=0.50MPa，P=0.37kW		台	3	2用1备，投加PAC用
②	鼓风机	Q=13.4m^3/min，H=29.4kPa，P=15kW		台	2	1用1备，配套进、出口消声器，弹性接头，安全阀，压力表和止回阀
③	手动球阀	d32	UPVC	台	4	
④	截止阀	d32	UPVC	台	1	
⑤	电动球阀	d110	UPVC	台	2	
⑥	隔膜式计量泵	Q=120L/h，H=0.35MPa，P=0.09kW		台	1	投加次氯酸钠溶液用，与现状设备2用1备
⑦	手动球阀	d25	UPVC	台	4	
⑧	截止阀	d32	UPVC	台	1	

化学除磷及消毒间新增主要材料表

序号	名称	规格	材料	单位	数量	备注
1	直管	d90	UPVC	m	14	加矾管
2	直管	d32	UPVC	m	12	
3	直管	d160	UPVC	m	15	空气管
4	直管	d110	UPVC	m	14	
5	开孔直管	d50	UPVC	m	45	
6	直管	d25	UPVC	m	24	加氯管
7	管配件			项	1	按主管材的15%计

化学除磷及消毒间拆除工程量

序号	名称	规格	材料	单位	数量	备注
a	现状溶解池	$L\times B\times H$=2.00m×2.00m×1.10m	钢筋混凝土	座	1	地上式
b	现状平台		混凝土	m^2	13	
c	现状加矾计量泵	Q=315L/h，H=0.50MPa，P=0.37kW		台	2	
d	现状加氯流量计			台	1	

图例：
- 新增加矾管
- 现状加矾管
- 新增加氯管
- 现状加氯管
- 空气管
- 现状构筑物
- 新增(改造)设备基础

说明：

1.图中尺寸单位以mm计，标高单位以m计，±0.00相当于1985国家高程基准22.30m；
2.现状化学除磷及消毒间土建规模为10万m^3/d，设备安装规模为5万m^3/d，本次改造设备安装规模为10万m^3/d；
3.本次设计去除单位TP消耗有效矾的投加量为5.2mg/mg，投加浓度为6%，采用成品次氯酸钠溶液消毒，投加量为50mg/L；
4.本次设计将现状储矾池和矾液前池改造成溶液池，并在室外新建储矾池1座，将现状PAC投加计量泵拆除更换为3台计量泵，2用1备；
5.本次设计储矾池和溶液池采用空气搅拌，将现状加药间的溶解池和平台拆除作为新增鼓风机的安装位置；
6.本次设计保留现状2台次氯酸钠溶液投加计量泵，新增1台投加计量泵，2用1备。

××设计单位		项目名称	××排水工程初步设计
		子　项	污水处理厂工程
审　定	×××	图　别	初设
校　核	×××	分项号	02
设　计	×××	总　号	PS-21
制　图	×××	日　期	××××.××

化学除磷及消毒间工艺图

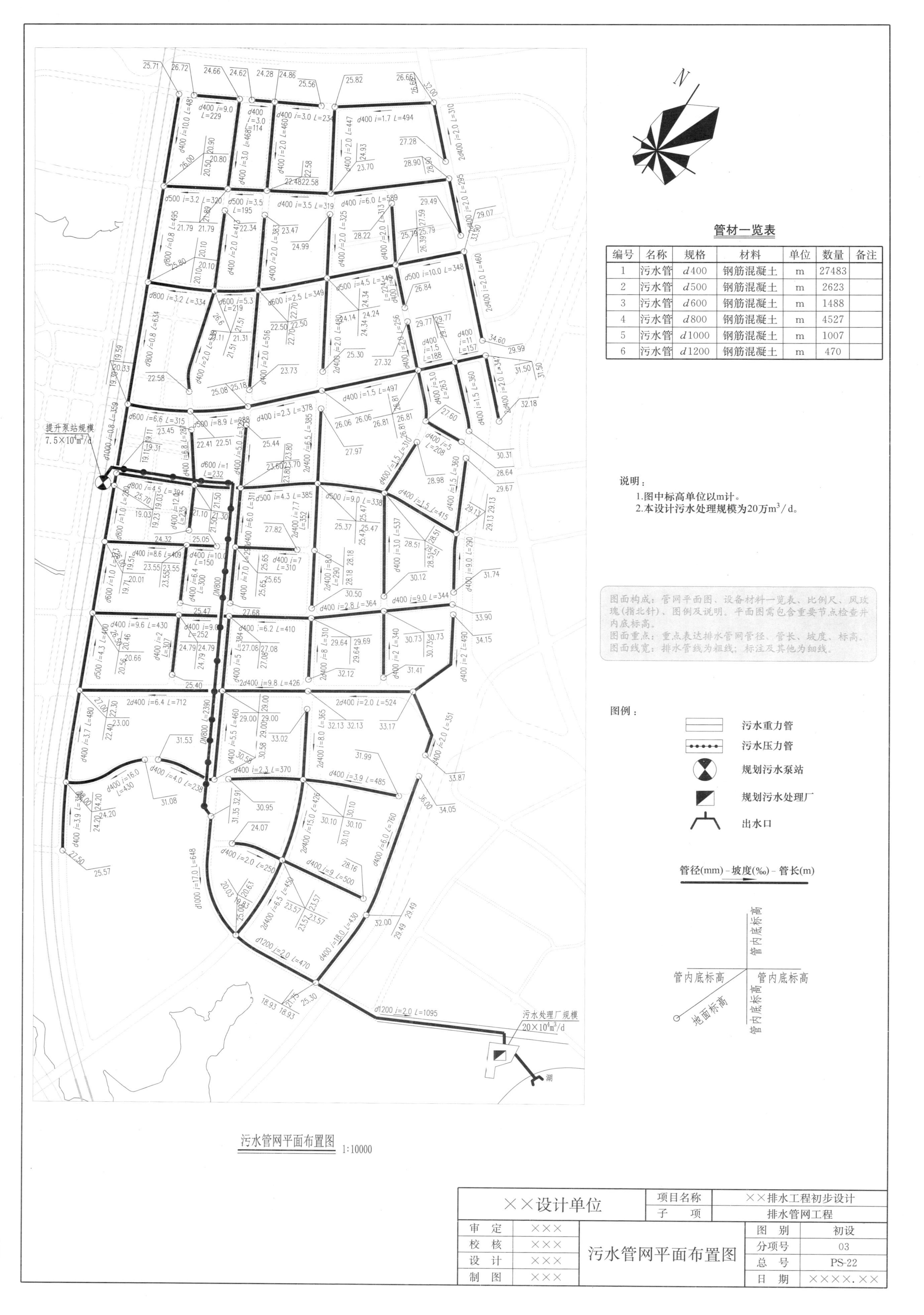

管材一览表

编号	名称	规格	材料	单位	数量	备注
1	污水管	d400	钢筋混凝土	m	27483	
2	污水管	d500	钢筋混凝土	m	2623	
3	污水管	d600	钢筋混凝土	m	1488	
4	污水管	d800	钢筋混凝土	m	4527	
5	污水管	d1000	钢筋混凝土	m	1007	
6	污水管	d1200	钢筋混凝土	m	470	

说明：

1. 图中标高单位以m计。
2. 本设计污水处理规模为20万m^3/d。

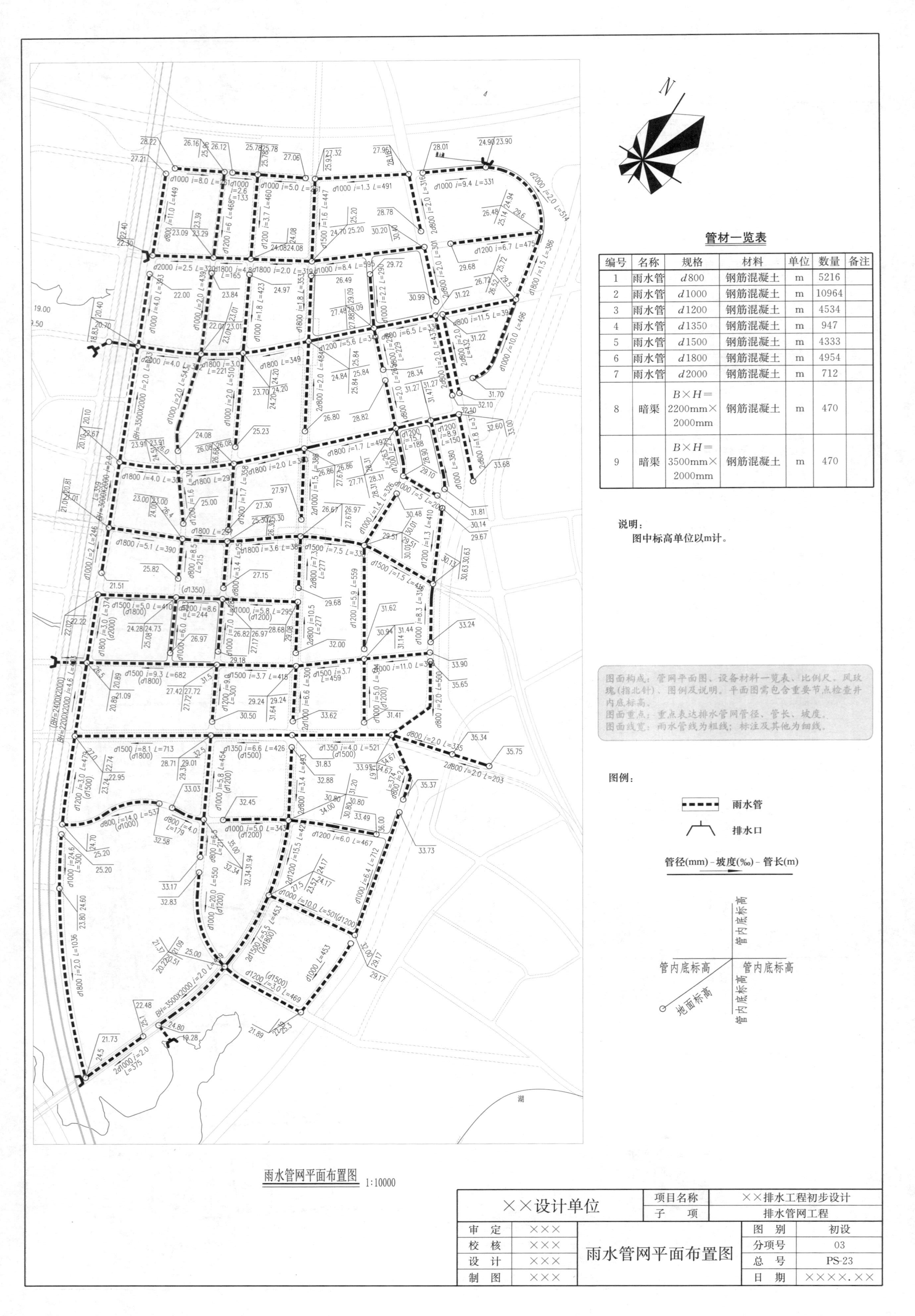

管材一览表

编号	名称	规格	材料	单位	数量	备注
1	雨水管	d800	钢筋混凝土	m	5216	
2	雨水管	d1000	钢筋混凝土	m	10964	
3	雨水管	d1200	钢筋混凝土	m	4534	
4	雨水管	d1350	钢筋混凝土	m	947	
5	雨水管	d1500	钢筋混凝土	m	4333	
6	雨水管	d1800	钢筋混凝土	m	4954	
7	雨水管	d2000	钢筋混凝土	m	712	
8	暗渠	$B\times H=$ 2200mm× 2000mm	钢筋混凝土	m	470	
9	暗渠	$B\times H=$ 3500mm× 2000mm	钢筋混凝土	m	470	

说明：
图中标高单位以m计。

图面构成：管网平面图、设备材料一览表、比例尺、风玫瑰(指北针)、图例及说明。平面图需包含重要节点检查井内底标高。
图面重点：重点表达排水管网管径、管长、坡度。
图面线宽：雨水管线为粗线；标注及其他为细线。

图例：

雨水管网平面布置图 1:10000

××设计单位		项目名称	××排水工程初步设计
		子　项	排水管网工程
审　定	×××	图　别	初设
校　核	×××	分项号	03
设　计	×××	总　号	PS-23
制　图	×××	日　期	××××.××

雨水管网平面布置图

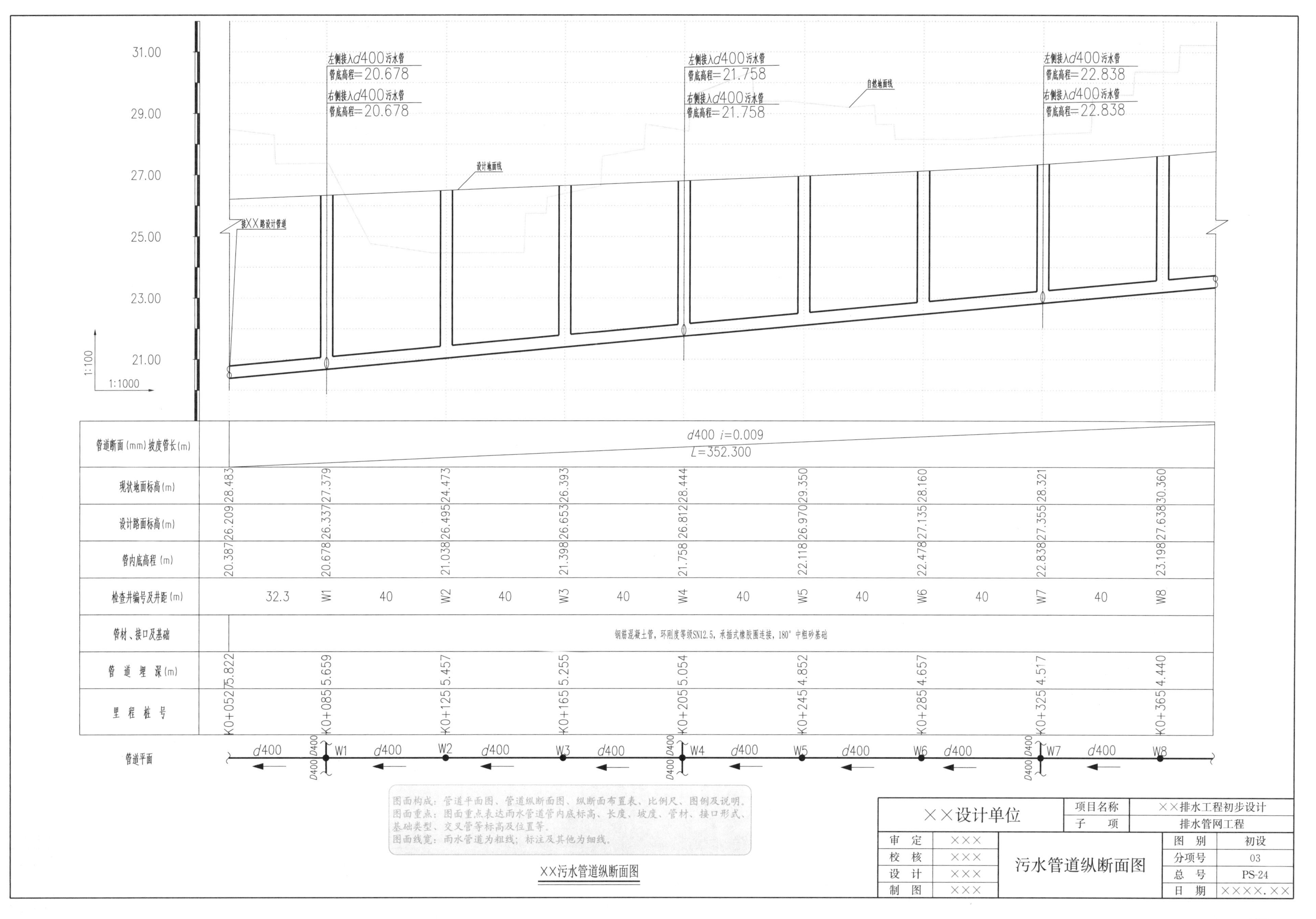
31.00
29.00
27.00
25.00
23.00
21.00
1:100
1:1000
左侧接入d400污水管
管底高程=20.678
右侧接入d400污水管
管底高程=20.678
左侧接入d400污水管
管底高程=21.758
右侧接入d400污水管
管底高程=21.758
左侧接入d400污水管
管底高程=22.838
右侧接入d400污水管
管底高程=22.838
自然地面线
设计地面线
接XX路设计管道
管道断面(mm)坡度管长(m)
d400 i=0.009
L=352.300
现状地面标高(m)
28.483 27.379 24.473 26.393 28.444 29.350 28.160 28.321 30.360
设计路面标高(m)
26.209 26.337 26.495 26.653 26.812 26.970 27.135 27.355 27.638
管内底高程(m)
20.387 20.678 21.038 21.398 21.758 22.118 22.478 22.838 23.198
检查井编号及井距(m)
32.3 W1 40 W2 40 W3 40 W4 40 W5 40 W6 40 W7 40 W8
管材、接口及基础
钢筋混凝土管，环刚度等级SN12.5，承插式橡胶圈连接，180°中粗砂基础
管道埋深(m)
5.822 5.659 5.457 5.255 5.054 4.852 4.657 4.517 4.440
里程桩号
K0+052 K0+085 K0+125 K0+165 K0+205 K0+245 K0+285 K0+325 K0+365
管道平面
d400 D400 W1 d400 W2 d400 W3 d400 D400 W4 d400 W5 d400 W6 d400 D400 W7 d400 W8
图面构成：管道平面图、管道纵断面图、纵断面布置表、比例尺、图例及说明。
图面重点：图面重点表达雨水管道管内底标高、长度、坡度、管材、接口形式、基础类型、交叉管等标高及位置等。
图面线宽：雨水管道为粗线；标注及其他为细线。
XX设计单位
项目名称 XX排水工程初步设计
子项 排水管网工程
审定 XXX
校核 XXX
设计 XXX
制图 XXX
污水管道纵断面图
图别 初设
分项号 03
总号 PS-24
日期 XXXX.XX
XX污水管道纵断面图

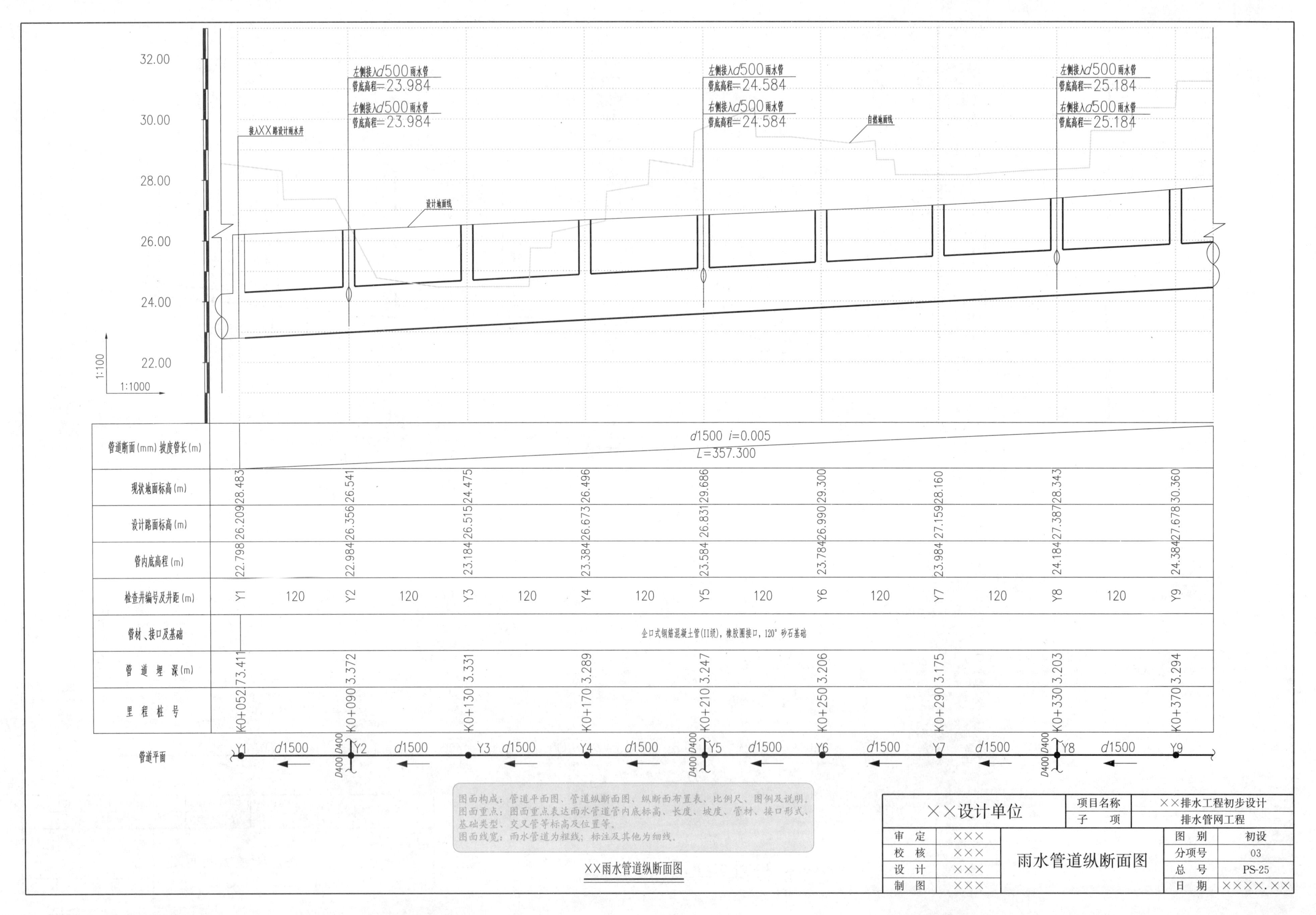

32.00
30.00
28.00
26.00
24.00
22.00
1:100
1:1000
接入XX路设计雨水井
左侧接入d500雨水管 管底高程=23.984
右侧接入d500雨水管 管底高程=23.984
左侧接入d500雨水管 管底高程=24.584
右侧接入d500雨水管 管底高程=24.584
左侧接入d500雨水管 管底高程=25.184
右侧接入d500雨水管 管底高程=25.184
自然地面线
设计地面线
管道断面(mm) 坡度管长(m)
d1500 i=0.005
L=357.300
现状地面标高(m)
28.483 26.541 24.475 26.496 29.686 29.300 28.160 28.343 30.360
设计路面标高(m)
26.209 26.356 26.515 26.673 26.831 26.990 27.159 27.387 27.678
管内底高程(m)
22.798 22.984 23.184 23.384 23.584 23.784 23.984 24.184 24.384
检查井编号及井距(m)
Y1 120 Y2 120 Y3 120 Y4 120 Y5 120 Y6 120 Y7 120 Y8 120 Y9
管材、接口及基础
企口式钢筋混凝土管(II级)，橡胶圈接口，120° 砂石基础
管道埋深(m)
73.411 3.372 3.331 3.289 3.247 3.206 3.175 3.203 3.294
里程桩号
K0+052 K0+090 K0+130 K0+170 K0+210 K0+250 K0+290 K0+330 K0+370
管道平面
Y1 d1500 Y2 d1500 Y3 d1500 Y4 d1500 Y5 d1500 Y6 d1500 Y7 d1500 Y8 d1500 Y9
D400 D400 D400 D400 D400 D400
图面构成：管道平面图、管道纵断面图、纵断面布置表、比例尺、图例及说明。
图面重点：图面重点表达雨水管道管内底标高、长度、坡度、管材、接口形式、基础类型、交叉管等标高及位置等。
图面线宽：雨水管道为粗线；标注及其他为细线。
XX雨水管道纵断面图
××设计单位
项目名称 ××排水工程初步设计
子 项 排水管网工程
审 定 ×××
校 核 ×××
设 计 ×××
制 图 ×××
雨水管道纵断面图
图 别 初设
分项号 03
总 号 PS-25
日 期 ××××.××

第 9 章　排水工程其他图纸

(1)《细格栅及曝气沉砂池工艺图（一）》
(2)《细格栅及曝气沉砂池工艺图（二）》
(3)《氧化沟平面布置图》
(4)《氧化沟剖面图》
(5)《CASS 生物池工艺图（一）》
(6)《CASS 生物池工艺图（二）》
(7)《MBR 池工艺图（一）》
(8)《MBR 池工艺图（二）》
(9)《MBR 池工艺图（三）》
(10)《MBR 池工艺图（四）》
(11)《生物滤池工艺图（一）》
(12)《生物滤池工艺图（二）》
(13)《生物滤池工艺图（三）》
(14)《纤维转盘滤池工艺图》
(15)《污泥浓缩池工艺图》

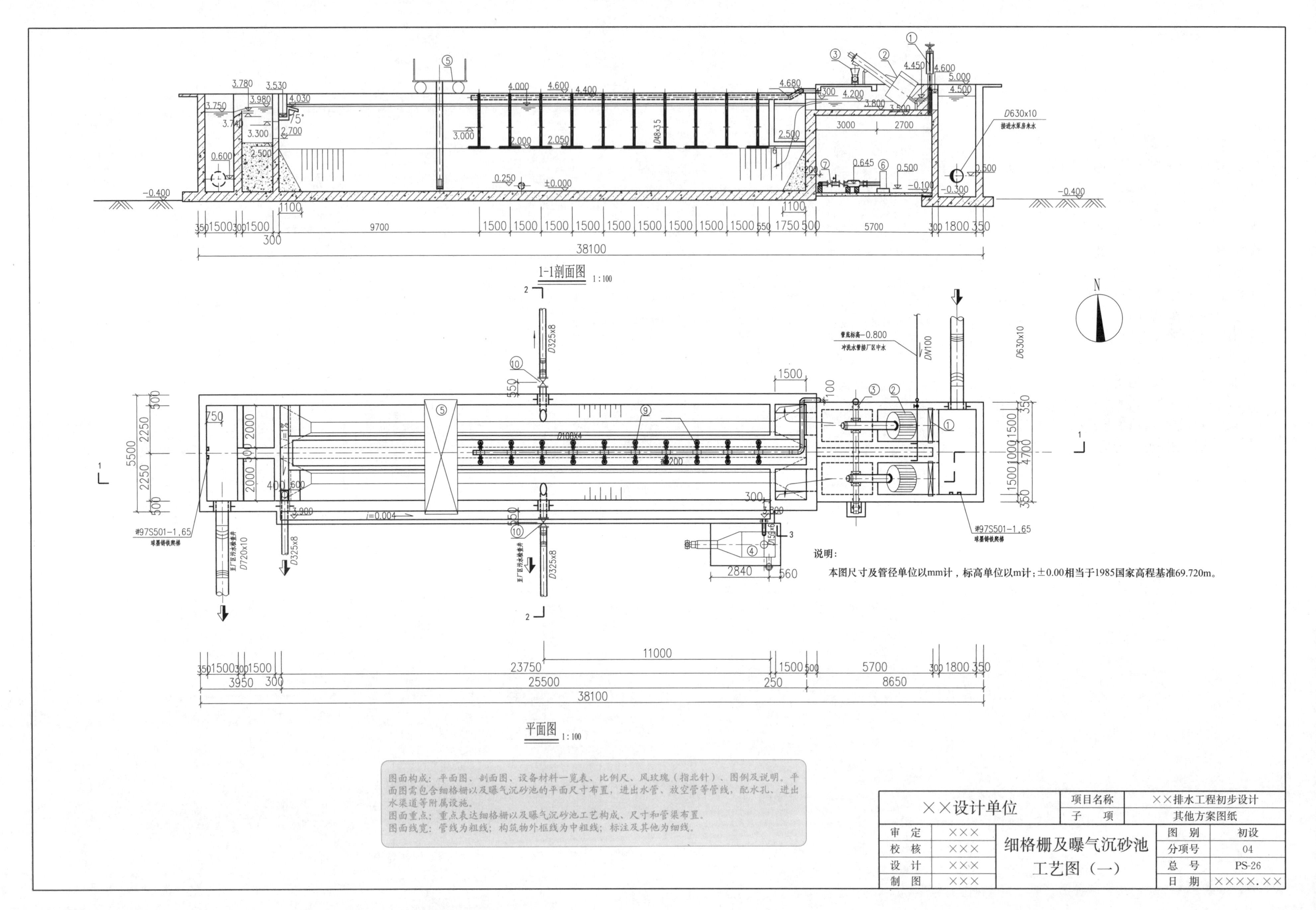

1-1剖面图 1:100
平面图 1:100
说明：
本图尺寸及管径单位以mm计，标高单位以m计；±0.00相当于1985国家高程基准69.720m。
D630x10
接进水泵房来水
管底标高−0.800
冲洗水管接厂区中水
DN100
D325x8
D720x10
D48x35
D100x4
#97S501−1,65
球墨铸铁爬梯
i=0.004
38100
25500
23750
11000
8650
5700
3950
5500
4700
图面构成：平面图、剖面图、设备材料一览表、比例尺、风玫瑰（指北针）、图例及说明。平面图需包含细格栅以及曝气沉砂池的平面尺寸布置，进出水管、放空管等管线，配水孔、进出水渠道等附属设施。
图面重点：重点表达细格栅以及曝气沉砂池工艺构成、尺寸和管渠布置。
图面线宽：管线为粗线；构筑物外框线为中粗线；标注及其他为细线。
××设计单位
项目名称
××排水工程初步设计
子 项
其他方案图纸
审 定 ×××
校 核 ×××
设 计 ×××
制 图 ×××
细格栅及曝气沉砂池
工艺图（一）
图 别 初设
分项号 04
总 号 PS-26
日 期 ××××.××

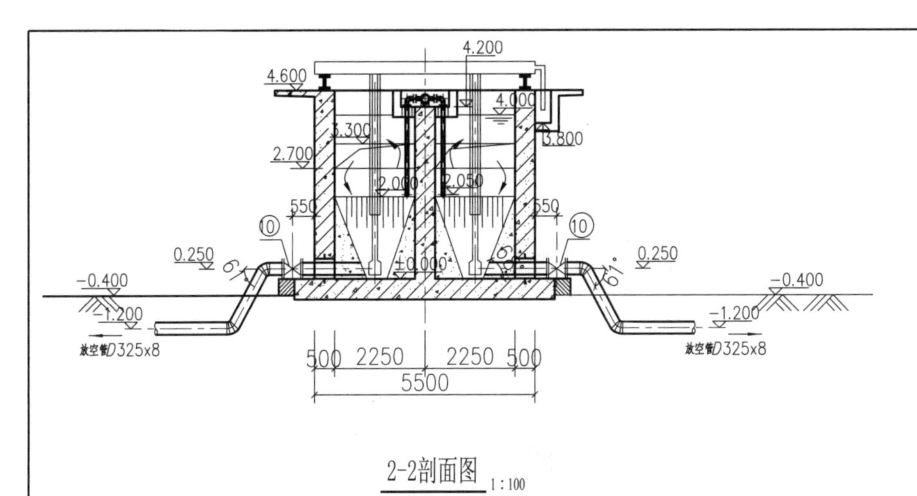

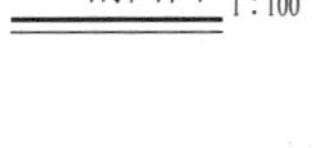

2-2剖面图 1:100

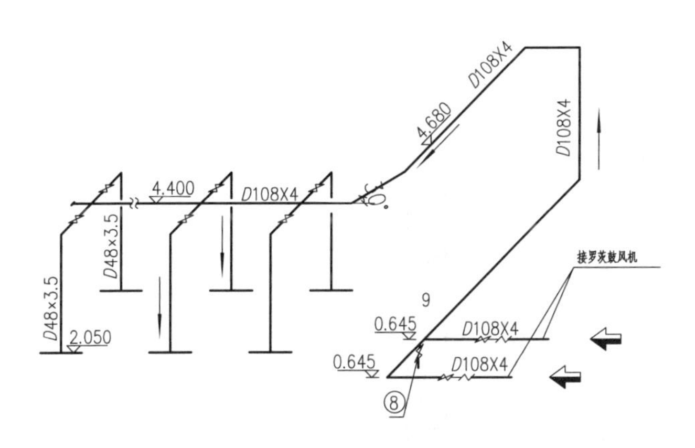

曝气管系统图 1:100

设备一览表

编号	名称	规格	材料	单位	数量	备注
①	渠道闸门	$B\times H$＝1.5m×0.8m	不锈钢	套	2	手电两用
②	转鼓式细格栅	ϕ1000，栅隙b＝5mm，α＝35°，渠宽1500mm，渠深1200mm，N＝1.1＋3kW(含冲洗系统功率)	不锈钢	套	2	配套冲洗水系统(40m/h，0.6MPa)
③	螺旋输送机	Q＝3.0m^3/h，L＝5300mm，N＝1.1kW	不锈钢	套	1	
④	砂水分离器	Q＝18～43m^3/h，N＝0.37kW	不锈钢	套	1	
⑤	移动桥式吸砂机	L_k＝4800mm，行驶功率：1.1kW，砂泵：Q＝22m^3/h，H＝7m，P＝3.5kW	成品	套	1	带刮/撇渣装置，2台除砂泵等
⑥	罗茨鼓风机	流量Q＝2.8m^3/min，P＝44.1kPa	成品	套	2	
⑦	手动蝶阀	DN100	铸铁	个	2	带伸缩器，PN＝1.0MPa
⑧	手动蝶阀	DN50	铸铁	个	1	PN＝1.0MPa，风机厂家配套提供
⑨	对夹式手动蝶阀	DN40	铸铁	个	20	PN＝1.0MPa
⑩	手动闸阀	DN300，L＝420mm	铸铁	个	2	PN＝1.0MPa
⑪	手推小车			辆	2	

材料一览表

编号	名称	规格	材料	单位	数量	备注
1	直管	D820×10mm，L＝2000mm	Q235-A	根	2	
2	单盘直管	DN325×8mm，L＝2490mm	Q235-A	根	2	法兰详见02S403，78～79
3	单盘直管	DN325×8mm，L＝890mm	Q235-A	根	2	法兰详见02S403，78～79
4	直管	D159×6mm	Q235-A	m	36	
5	直管	D325×8mm，L＝2368mm	Q235-A	根	1	
6	直管	D325×8mm，L＝869mm	Q235-A	根	1	
7	直管	D159×6mm，L＝950mm	Q235-A	根	1	
8	直管	D325×8mm，L＝250mm	Q235-A	根	1	
9	直管	D325×8mm，L＝950mm	Q235-A	根	1	
10	直管	D325×8mm，L＝4850mm	Q235-A	根	1	
11	直管	D325×8mm，L＝2000mm	Q235-A	根	1	
12	直管	D820×10mm，L＝1200mm	Q235-A	根	2	
13	直管	D820×10mm，L＝3563mm	Q235-A	根	2	
14	直管	D325×8mm，L＝3018mm	Q235-A	根	2	
15	直管	D325×8mm，L＝1000mm	Q235-A	根	2	

图面构成：平面图、剖面图、设备材料一览表、比例尺、风玫瑰（指北针）、图例及说明。剖面图需包含细格栅及曝气沉砂池正面及侧面的纵向布置，以及配水管线、相关附属设施的纵向布置。
图面重点：重点表达细格栅及曝气沉砂池工艺构成、尺寸和管渠布置。
图面线宽：管线为粗线；构筑物外框线为中粗线；标注及其他为细线。

说明：

本图尺寸及管径单位以mm计，标高单位以m计；±0.00相当于1985国家高程基准69.720m。

××设计单位		项目名称	××排水工程初步设计
		子　项	其他方案图纸
审　定	×××	细格栅及曝气沉砂池工艺图（二）	图　别：初设
校　核	×××		分项号：04
设　计	×××		总　号：PS-27
制　图	×××		日　期：××××.××

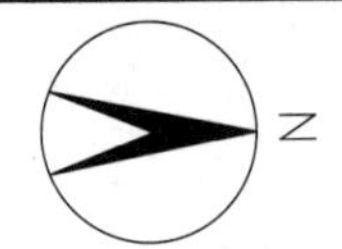

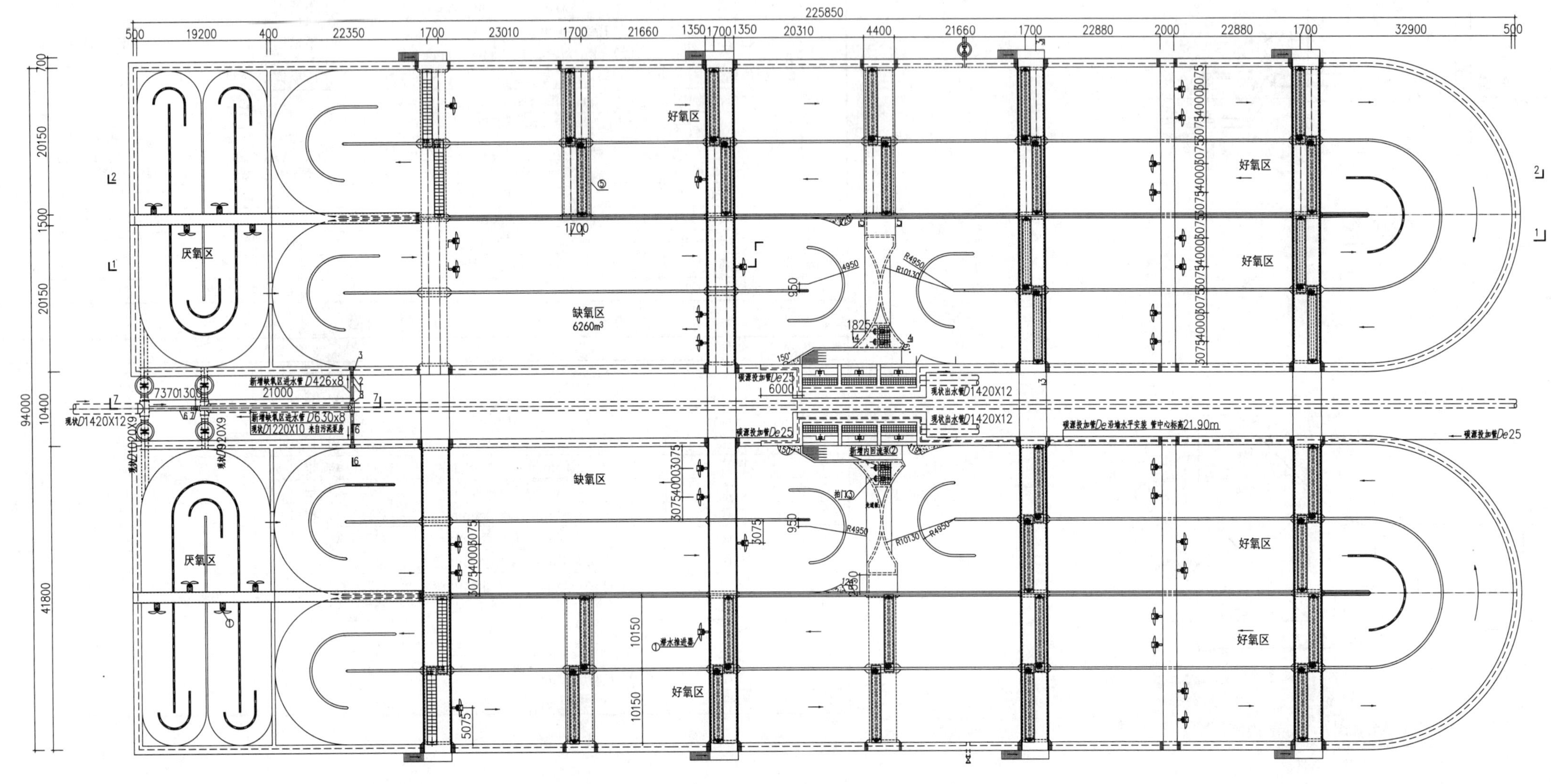

氧化沟平面布置图 1:200

图面构成：平面图、设备材料一览表、比例尺、指北针、说明。平面图需包含氧化沟的工艺尺寸及管路布置（管径、间距），标明管路及墙体等；设备材料一览表需统计选用的设备、阀门和附件的数量、规格及管道规格和长度；图面说明应包括标注单位、标高高程系等。
图面重点：重点表达池体工艺构成、尺寸和管渠布置；用箭头表示水流方向，文字标明分区。
图面线宽：管线为粗线，构筑物外框线为中粗线，标注及其他为细线。

××设计单位			项目名称	××排水工程初步设计
			子　项	其他方案图纸
审　定	×××	氧化沟平面布置图	图　别	初设
校　核	×××		分项号	04
设　计	×××		总　号	PS-28
制　图	×××		日　期	××××.××

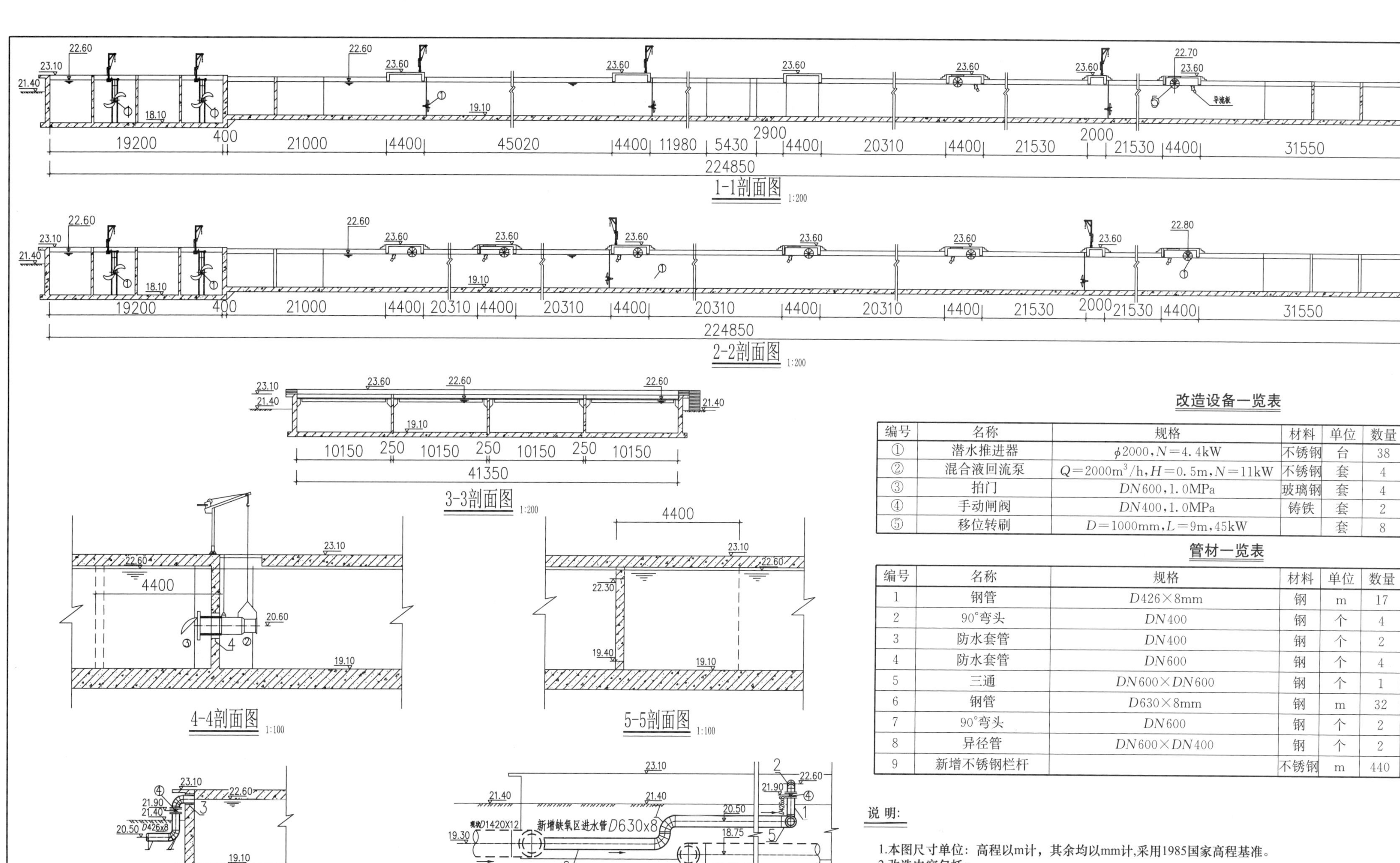

改造设备一览表

编号	名称	规格	材料	单位	数量	备注
①	潜水推进器	ϕ2000，N=4.4kW	不锈钢	台	38	新增14台，更换24台
②	混合液回流泵	Q=2000m³/h，H=0.5m，N=11kW	不锈钢	套	4	带起吊架，详见施-污903
③	拍门	DN600，1.0MPa	玻璃钢	套	4	内回流泵配套
④	手动闸阀	DN400，1.0MPa	铸铁	套	2	
⑤	移位转刷	D=1000mm，L=9m，45kW		套	8	利用原有设备

管材一览表

编号	名称	规格	材料	单位	数量	备注
1	钢管	D426×8mm	钢	m	17	带法兰盘4个
2	90°弯头	DN400	钢	个	4	详见02S403
3	防水套管	DN400	钢	个	2	详见02S404
4	防水套管	DN600	钢	个	4	详见02S404
5	三通	DN600×DN600	钢	个	1	详见02S403
6	钢管	D630×8mm	钢	m	32	
7	90°弯头	DN600	钢	个	2	详见02S403
8	异径管	DN600×DN400	钢	个	2	详见02S403
9	新增不锈钢栏杆		不锈钢	m	440	详见05ZJ401

说 明：

1.本图尺寸单位：高程以m计，其余均以mm计，采用1985国家高程基准。

2.改造内容包括：

(1)对氧化沟反应区进行重新分隔，使之具有单独的缺氧区和好氧区，配合前置厌氧区，形成完整的A²/O工艺提高脱氮除磷功能。

(2)缺氧区增加DN400进水管。

(3)更换现有2座氧化沟内潜水推流器24台，另每池增加7台，D=2.0m，N=4.4kW，增加及更换合计38台。

(4)每池有4套转刷移位。

(5)增加内回流泵4台，Q=2000m³/h，N=11kW。

图面构成：剖面图、设备材料一览表、比例尺、说明。剖面图需包含氧化沟的工艺尺寸及管路布置（管径、间距）、主要位置的标高；设备材料一览表需统计选用的设备、阀门和附件的数量及规格及管道规格和长度；图面说明应包括标注单位、标高高程系等。
图面重点：重点表达池体工艺构成、尺寸、标高和管渠布置。
图面线宽：管线为粗线，构筑物外框线为中粗线，标注及其他为细线。

××设计单位		项目名称	××排水工程初步设计
		子　项	其他方案图纸
审　定	×××	氧化沟剖面图	图　别：初设
校　核	×××		分项号：04
设　计	×××		总　号：PS-29
制　图	×××		日　期：××××.××

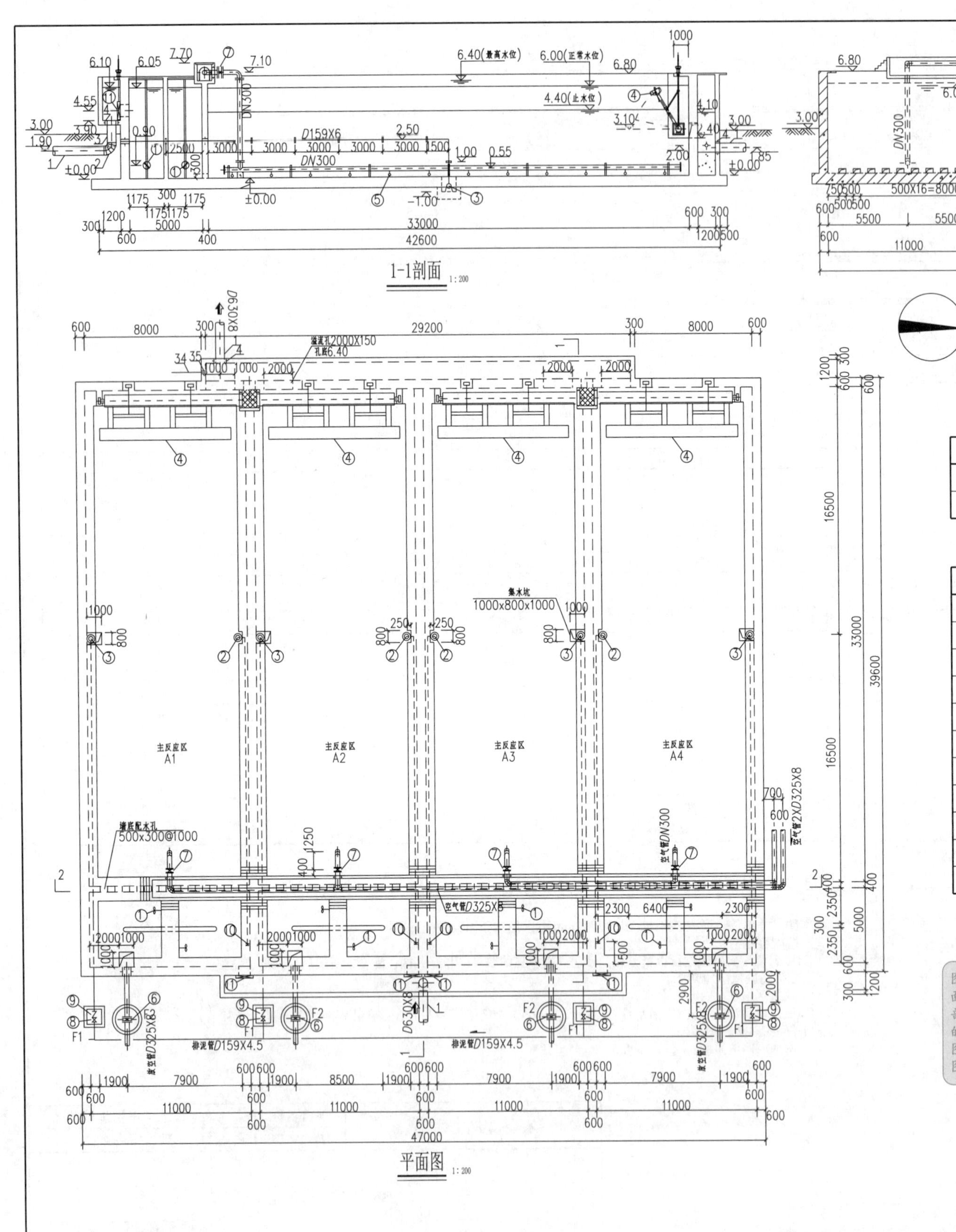

2-2剖面 1:200

阀门井一览表

编号	名称	规格	结构型式	单位	数量	备注
F1	矩形阀门井	$B\times L=1000$mm$\times$1000mm，$H=1050$mm	砖砌	座	4	
F2	圆形阀门井	ϕ1600，$H=4200$mm	砖砌	座	4	

主要设备材料表

编号	名称	规格	材料	单位	数量	备注
①	水下搅拌器	ϕ580，$N=5.5$kW	不锈钢	台	8	进口
②	回流污泥泵	$Q=60\sim160$m^3/h，$H=5$m，$N=5.9$kW		台	5	进口，1台库存备用
③	剩余污泥泵	$Q=14$m^3/h，$H=10$m，$N=1.7$kW		台	5	国产，1台库存备用
④	旋转式滗水器	$Q=910$m^3/h，$H=3$m，$N=1.1$kW，堰口 $L=9.0$m	不锈钢	台	4	
⑤	管膜式曝气器	ϕ64，$L=1000$mm，$Q=9$m^3/(h·个)		个	1504	
⑥	手动闸阀	DN300，$L=356$mm	铸铁	台	4	
⑦	对夹式电动蝶阀	DN300，$L=78$mm	铸铁	台	4	$P=0.6$MPa
⑧	手动蝶阀	DN150，$L=140$mm	铸铁	台	4	$P=0.6$MPa
⑨	止回阀	DN150，$L=381$mm	铸铁	台	4	$P=0.6$MPa
⑩	橡胶止回阀	DN200	橡胶	台	4	
⑪	电动闸门	$B\times H=0.8$m$\times$0.8m	不锈钢	台	4	

说明：本图尺寸单位以mm计，标高单位以m计；±0.00相当于1985国家高程基准15.00m。

图面构成：平面图、剖面图、设备材料一览表、比例尺、风玫瑰（指北针）、图例及说明。平面图需包含CASS生物池的平面尺寸布置，进出水管、空气管等管线，滗水器等附属设施；剖面图需包含CASS生物池正面及侧面的纵向布置，以及配水管渠、空气管、相关附属设施的纵向布置。
图面重点：重点表达CASS生物池工艺构成、尺寸和管渠布置。
图面线宽：管线为粗线；构筑物外框线为中粗线；标注及其他为细线。

××设计单位		项目名称	××排水工程初步设计
		子 项	其他方案图纸
审 定	×××	CASS生物池工艺图（一）	图 别：初设
校 核	×××		分项号：04
设 计	×××		总 号：PS-30
制 图	×××		日 期：××××.××

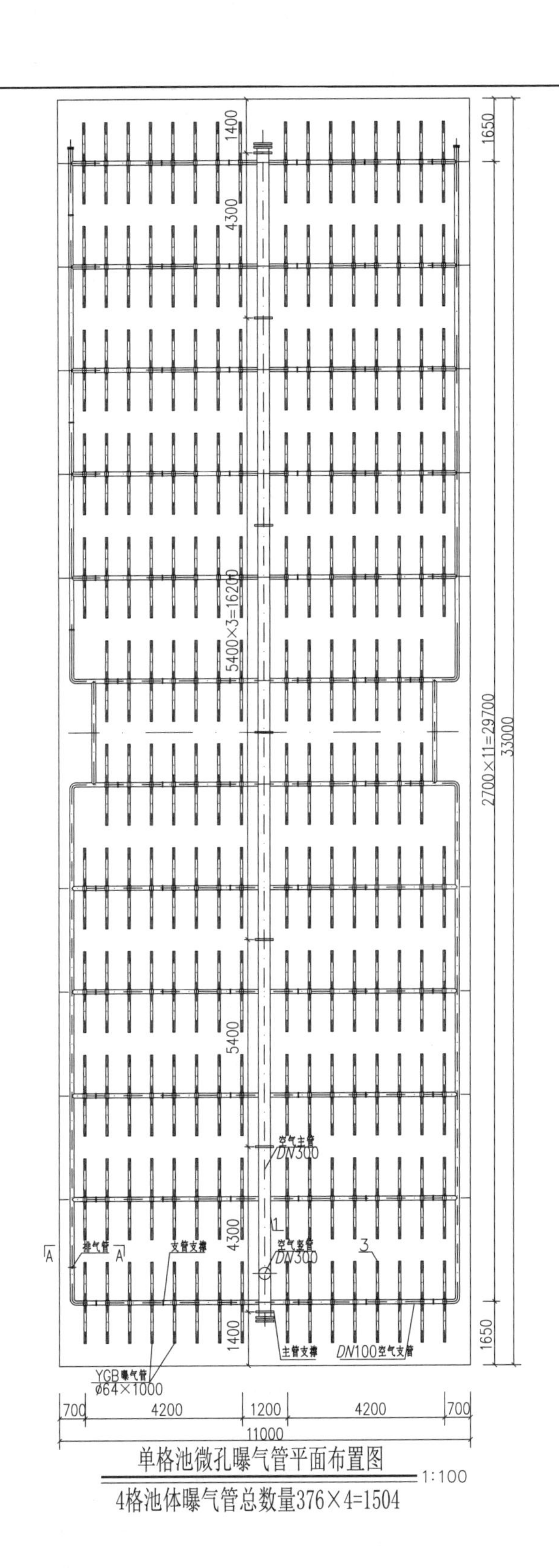

单格池微孔曝气管平面布置图 1:100

4格池体曝气管总数量376×4=1504

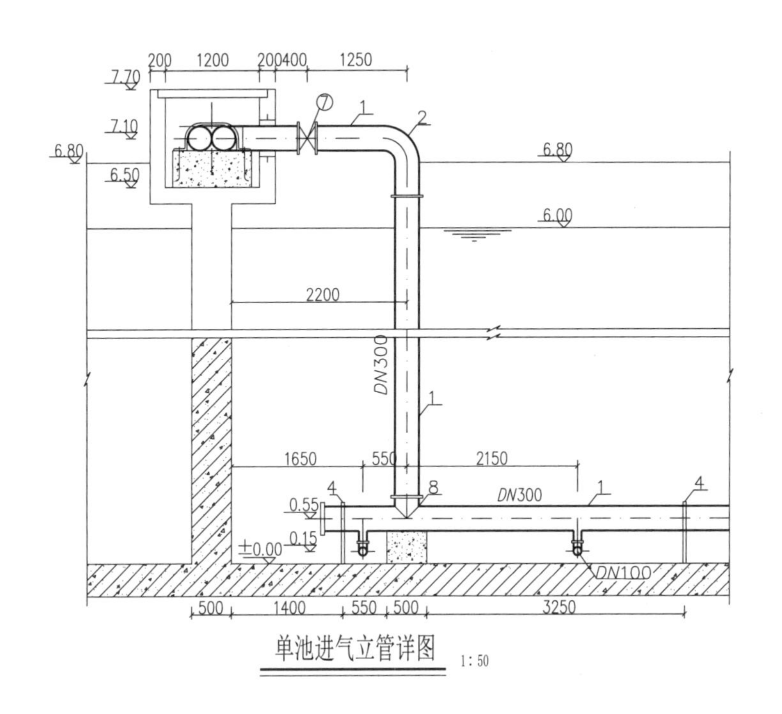

单池进气立管详图 1:50

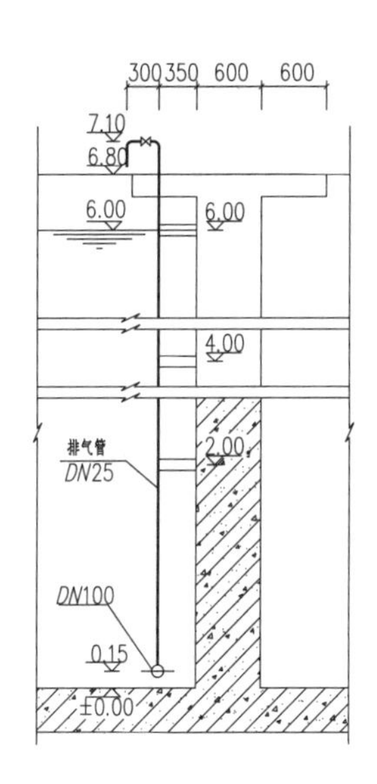

A-A剖面 1:50

说明：

1.本图尺寸：管径单位以mm计，标高单位以m计，±0.00相当于1985国家高程基准15.00m。

2.本滗水机由一台左机及一台右机并联安装为一组，使用于两格工艺池。

3.本滗水机可实现双机同步滗水，也可单机独立恒流滗水,并有水位跟踪功能。

图面构成：平面图、剖面图、设备材料一览表、比例尺、风玫瑰（指北针）、图例及说明。
剖面图需包含CASS生物池正面及侧面的纵向布置，曝气管的平面布置，以及配水管渠、空气管、相关附属设施的纵向布置。
图面重点：重点表达CASS生物池工艺构成、尺寸和管渠布置。
图面线宽：管线为粗线；构筑物外框线为中粗线；标注及其他为细线。

××设计单位		项目名称	××排水工程初步设计
		子 项	其他方案图纸
审 定	×××	CASS生物池工艺图（二）	图 别	初设
校 核	×××		分项号	04
设 计	×××		总 号	PS-31
制 图	×××		日 期	××××.××

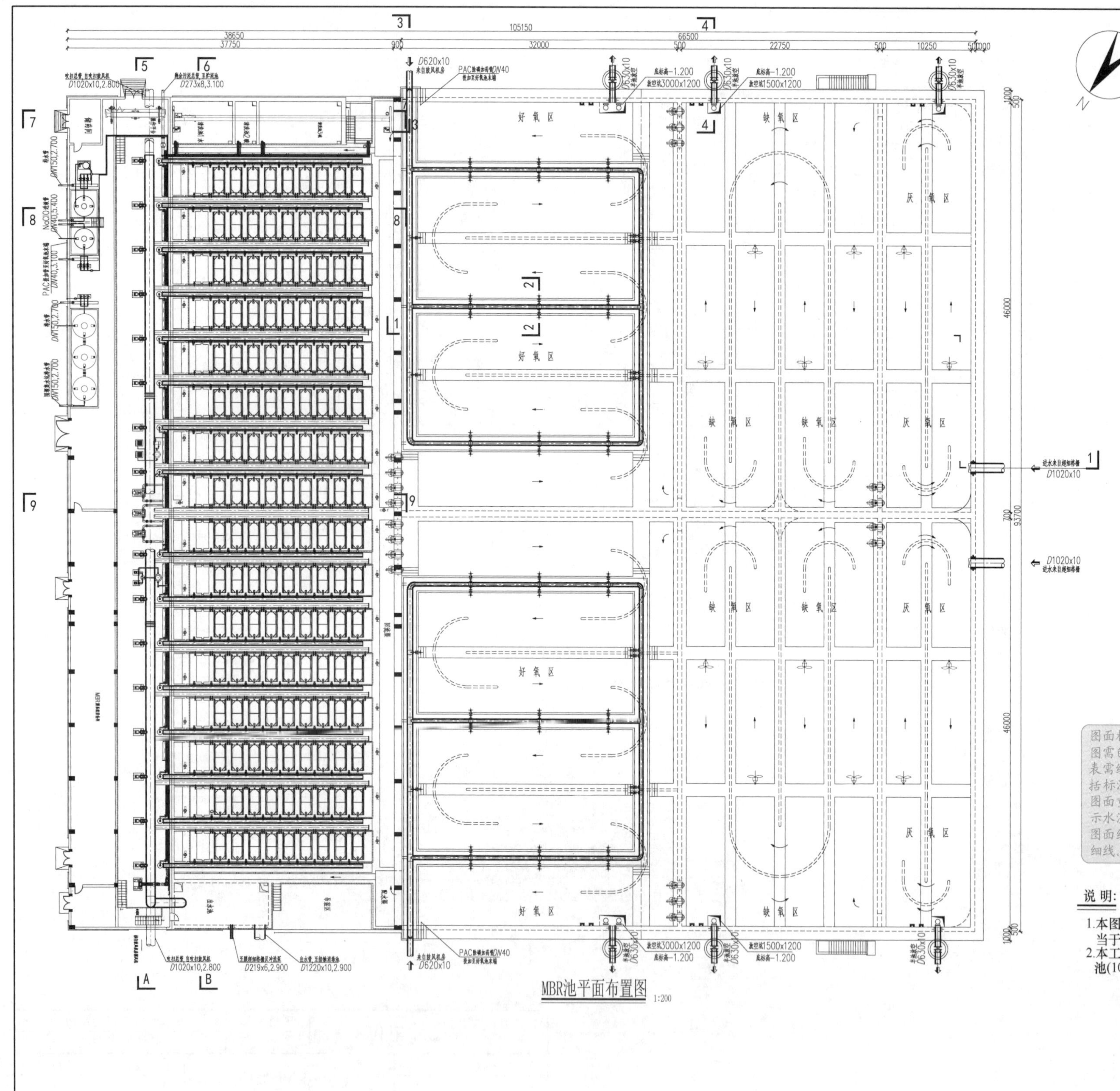

设备一览表（一组 10 万 m^3/d）

编号	名称	规格	材料	单位	数量	备注
①	电动闸板（含启闭机）	ϕ1000，Pe=0.75kW		套	2	双向承压，带控制箱
②	厌氧水下推进器	直径 2500mm，Pe=2.3kW		套	4	SR4410.011-410
③	缺氧水下推进器	直径 2500mm，Pe=4.3kW		套	8	SR4430.010-460
④	调频潜水循环水泵	Q=4167m^3/h，H=0.5m，Pe=13kW		台	4	缺氧池至厌氧池回流（2 用 2 备）
⑤	调频潜水循环水泵	Q=4167m^3/h，H=0.5m，Pe=13kW		台	6	好氧池至缺氧池回流（4 用 2 备）
⑥	调频潜水循环水泵	Q=3473m^3/h，H=0.8m，Pe=18.5kW		套	8	膜池至好氧池回流（6 用 2 备）
⑦	手动金属密封蝶阀	DN150，PN=1.0MPa，L=140mm	铸铁	台	48	用于气管
⑧	手动金属密封闸阀	DN600，PN=1.0MPa	铸铁	台	6	配限位伸缩器
⑨	电动调节伸缩蝶阀	DN600，PN=1.0MPa，L=267mm	铸铁	台	2	用于气管
⑩	膜片及盘式微孔曝气器	≥2.5 Nm^3/(h·个)		个	11000	
⑪	潜水污水泵	Q=145m^3/h，H=10m，Pe=7.5kW		台	3	用于池体放空，库存备用

图面构成：平面图，设备一览表、比例尺、指北针、说明。平面图需包含池体的工艺尺寸、管路布置（管径、间距）；设备一览表需统计选用的设备、阀门和附件的数量及规格；图面说明应包括标注单位、标高高程系。
图面重点：重点表达池体工艺构成、尺寸和管渠布置。用箭头表示水流方向，文字标明分区。
图面线宽：管线为粗线，构筑物外框线为中粗线，标注及其他为细线。

说明：

1.本图尺寸及管径单位以mm计，标高单位以m计。图中±0.00相当于1985国家高程基准16.300m。
2.本工程规模为20万m^3/d，共设MBR膜池2组，设备材料表按一组池(10万m^3/d)统计。

××设计单位		项目名称	××排水工程初步设计
		子　项	其他方案图纸
审　定	×××	MBR 池工艺图（一）	图　别：初设
校　核	×××		分项号：04
设　计	×××		总　号：PS-32
制　图	×××		日　期：××××.××

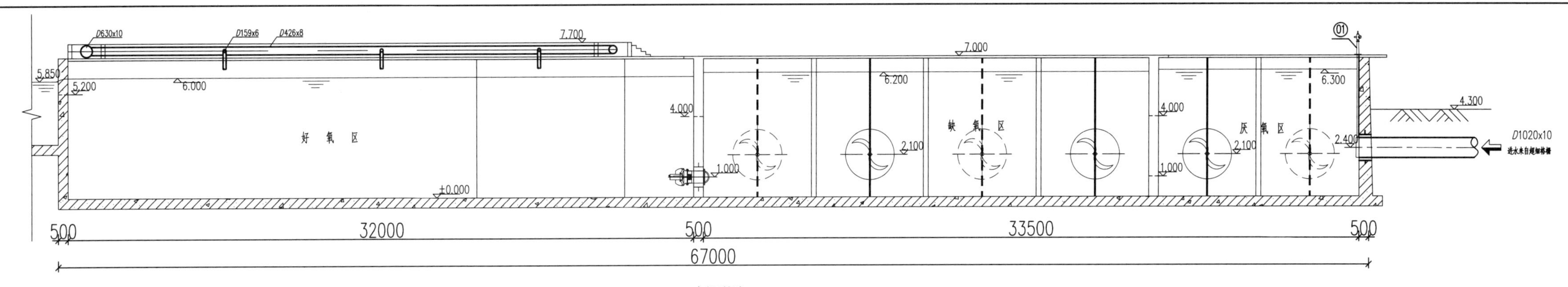

1-1剖面图 1:100

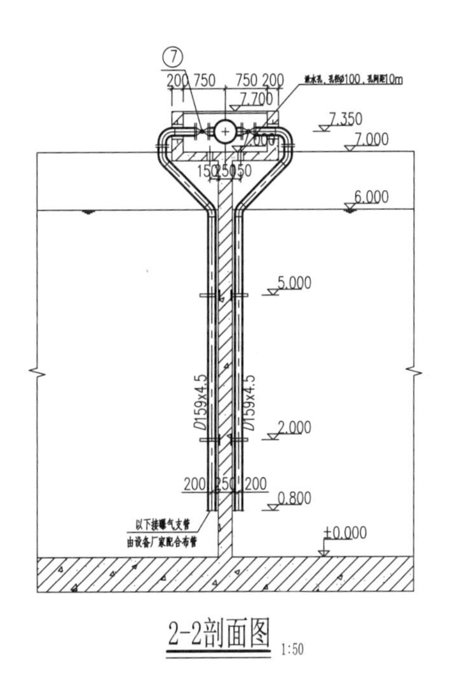

2-2剖面图 1:50

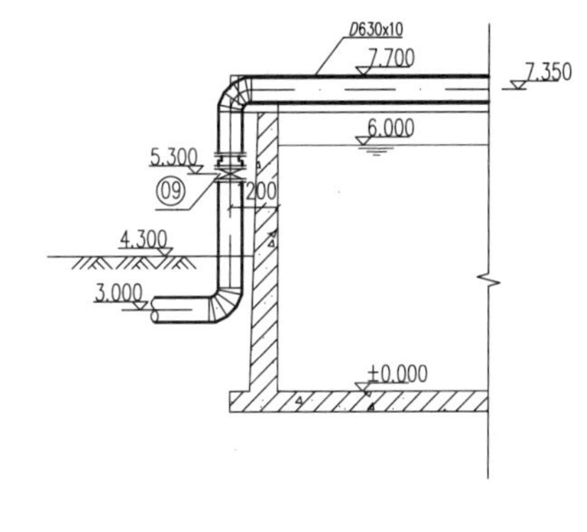

3-3剖面图 1:100

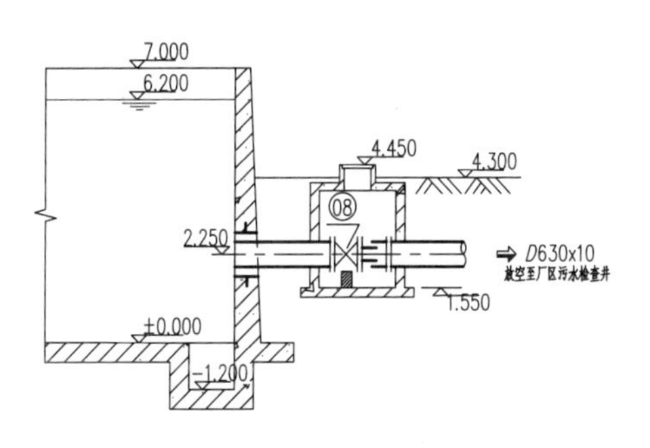

4-4剖面图 1:100

图面构成：剖面图、比例尺、指北针、说明。剖面图需包含池体的工艺尺寸、管路布置（管径、间距）、主要位置的标高；图面说明应包括标注单位、标高高程系。
图面重点：重点表达池体工艺构成、尺寸、标高和管渠布置。
图面线宽：管线为粗线，构筑物外框线为中粗线，标注及其他为细线。

说 明:

1.本图尺寸及管径单位以mm计，标高单位以m计；图中±0.00相当于1985国家高程基准16.300m。
2.本工程规模为20万m^3/d，共设MBR膜池2组，设备材料表按一组池(10万m^3/d)统计。

××设计单位		项目名称	××排水工程初步设计
		子 项	其他方案图纸
审 定	×××	MBR 池工艺图（二）	图 别	初设
校 核	×××		分项号	04
设 计	×××		总 号	PS-33
制 图	×××		日 期	××××.××

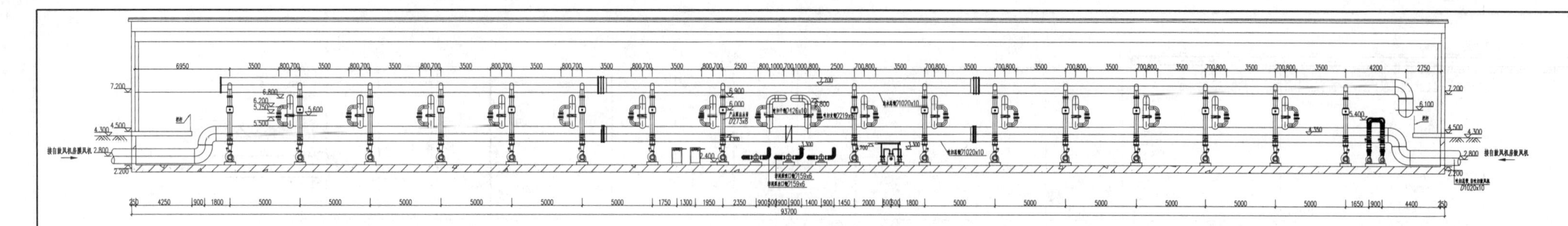

5-5剖面图 1:100

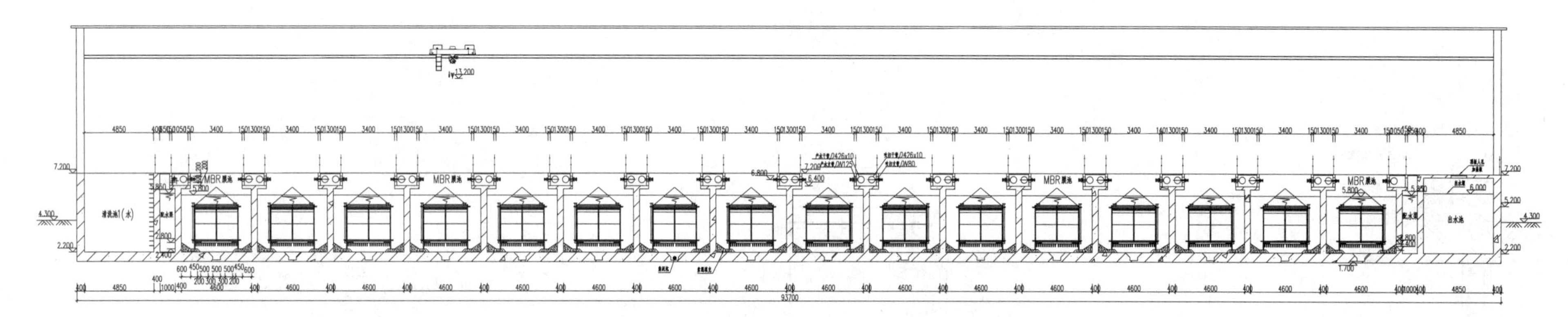

6-6剖面图 1:100

材料一览表（一组10万m^3/d）

序号	名称	规格	材料	单位	数量	备注
1	直管	$D1020\times10mm, L=2000mm$	Q235-A	根	2	
2	直管	$D630\times10mm, L=2000mm$	Q235-A	根	2	
3	直管	$D630\times10mm, L=7800mm$	Q235-A	根	2	
4	直管	$D630\times10mm, L=7022mm$	Q235-A	根	8	
5	直管	$D426\times8mm, L=6200mm$	Q235-A	根	2	
6	直管	$D426\times8mm, L=7500mm$	Q235-A	根	12	
7	直管	$D426\times8mm, L=3150mm$	Q235-A	根	6	
8	直管	$D426\times8mm, L=6700mm$	Q235-A	根	8	
9	直管	$D426\times8mm, L=6400mm$	Q235-A	根	4	
10	直管	$D159\times4.5mm, L=2040mm$	不锈钢304	根	48	

图面构成：剖面图、材料一览表、比例尺、指北针、说明。剖面图需包含池体的工艺尺寸、管路布置（管径、间距）、主要位置的标高；图面说明应包括标注单位、标高高程系。
图面重点：重点表达池体工艺构成、尺寸、标高和管渠布置。
图面线宽：管线为粗线，构筑物外框线为中粗线，标注及其他为细线。

说明：

1. 本图尺寸及管径单位以mm计，标高单位以m计；图中±0.00相当于1985国家高程基准16.300m。
2. 本工程规模为20万m^3/d，共设MBR膜池2组，设备材料表按一组池(10万m^3/d)统计。

××设计单位		项目名称	××排水工程初步设计
		子　项	其他方案图纸
审　定	×××	图　别	初设
校　核	×××	分项号	04
设　计	×××	总　号	PS-34
制　图	×××	日　期	××××.××

MBR池工艺图（三）

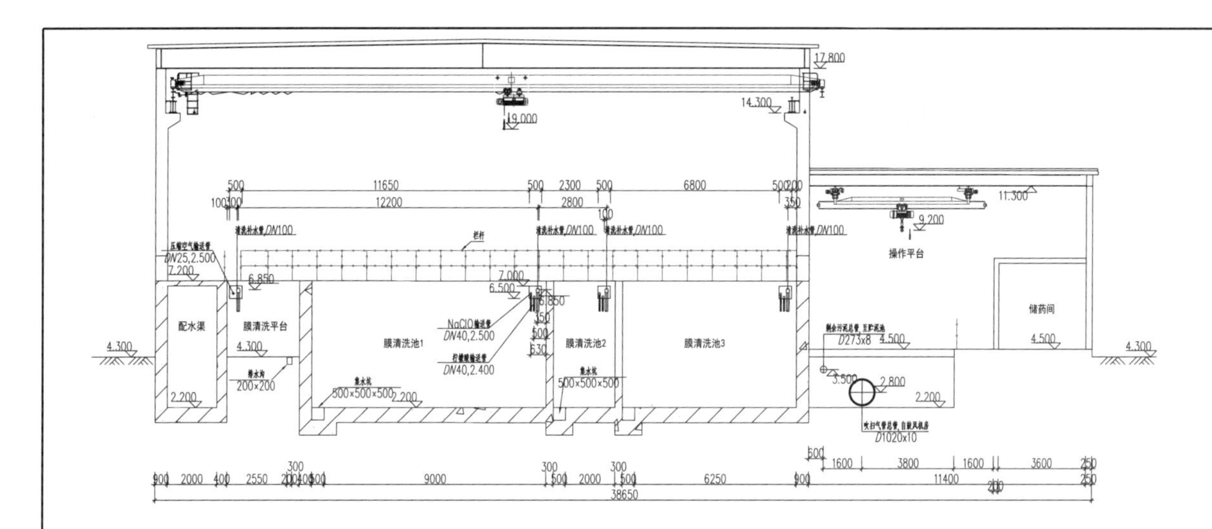

7-7剖面图 1:100

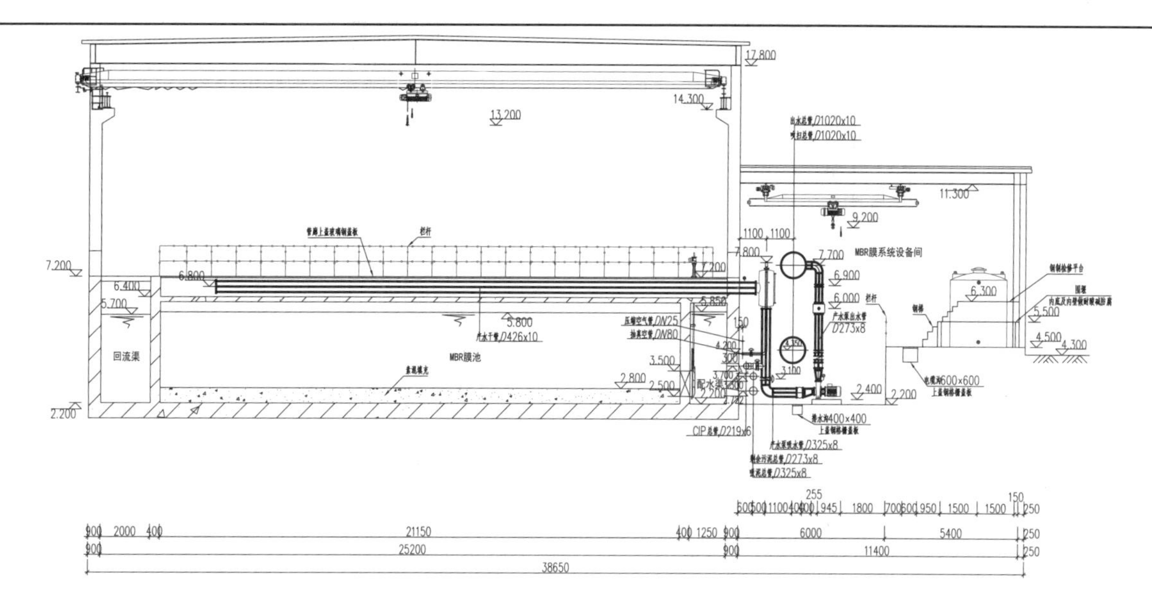

8-8剖面图 1:100

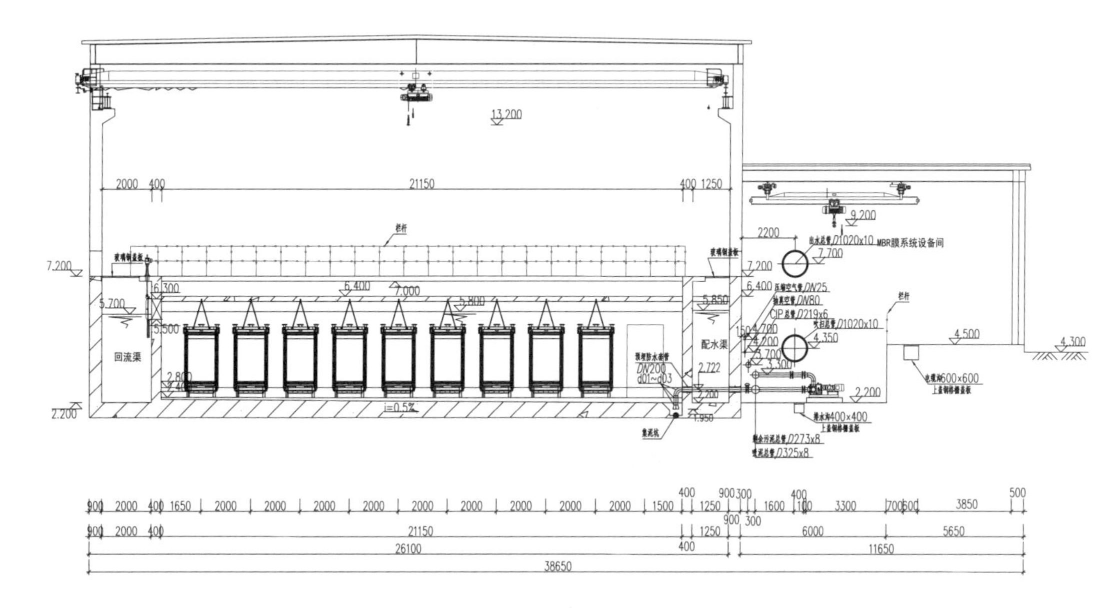

9-9剖面图 1:100

说 明:

1.本图尺寸及管径单位以mm计，标高单位以m计。图中±0.00相当于1985国家高程基准16.300m。
2.本工程规模为20万m^3/d，共设2组MBR膜池(与A/A/O生物池合建)，设备材料表按一组MBR膜池(10万m^3/d)统计。
3.图中所有管道标高均为管道中心标高。
4.膜组器通量要求：平均膜通量为13.78L/(m^3·h)，峰值膜通量为17.91L/(m^3·h)。膜组器须严格按照清洗要求进行清洗，具体清洗要求见第5条说明。
5.膜组器的清洗要求：
5.1膜组器的水清洗要求：膜清洗水量3L/m^3；清洗方式为每次清洗一个廊道膜组器；运行时间18min。
5.2膜组器的化学清洗要求：在线维护性清洗每周一次，使用次氯酸钠；在线恢复性清洗每月一次，使用次氯酸钠或每季度一次，使用柠檬酸；离线清洗每年一次，次氯酸钠12h或柠檬酸8h。

图面构成：剖面图、比例尺、指北针、说明。剖面图需包含池体的工艺尺寸、管路布置（管径、间距），主要位置的标高；图面说明应包括标注单位、标高高程系。
图面重点：重点表达池体工艺构成、尺寸、标高和管渠布置。
图面线宽：管线为粗线，构筑物外框线为中粗线，标注及其他为细线。

××设计单位		项目名称	××排水工程初步设计
		子　项	其他方案图纸
审　定	×××	MBR池工艺图（四）	图　别：初设
校　核	×××		分项号：04
设　计	×××		总　号：PS-35
制　图	×××		日　期：××××.××

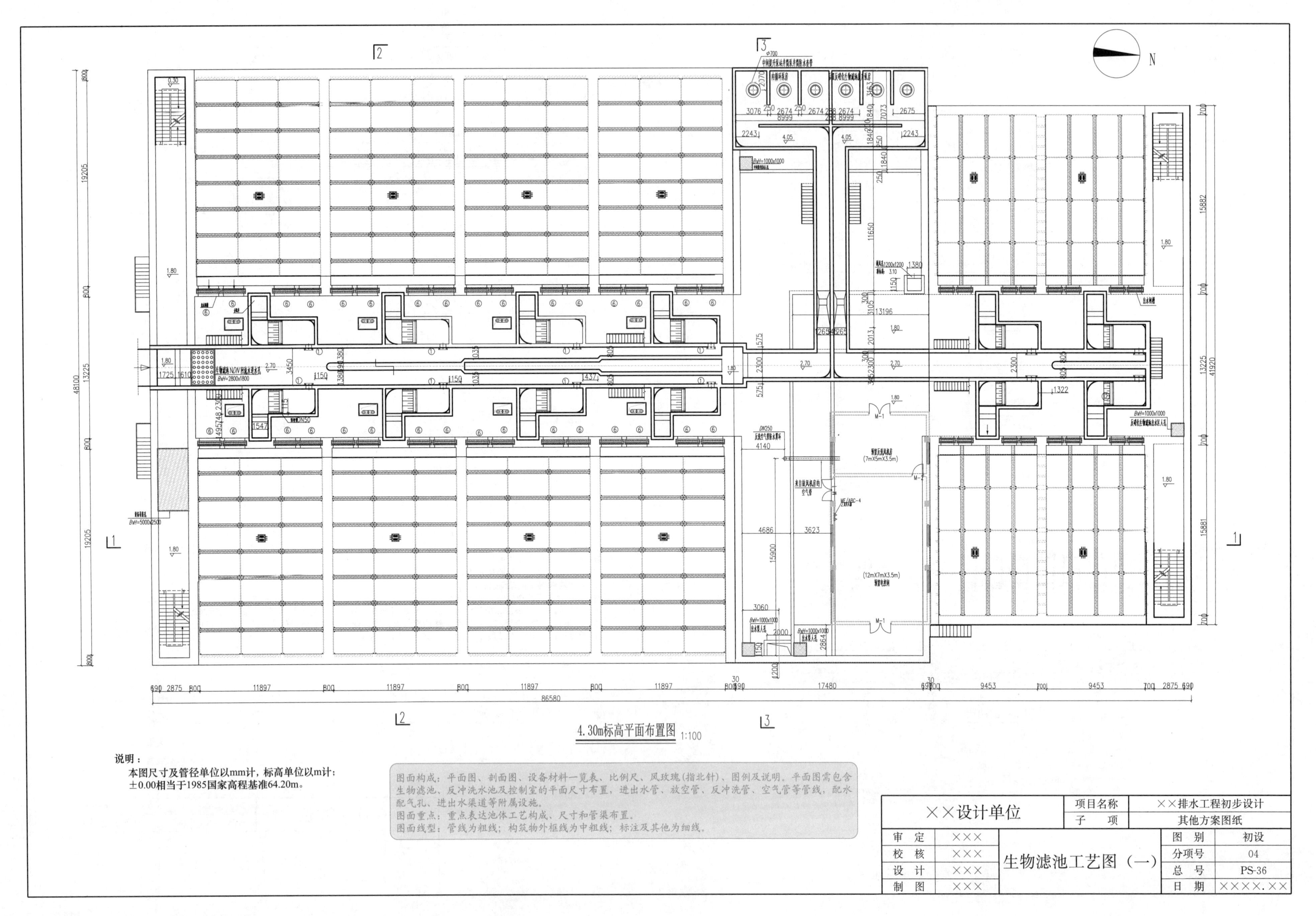
N
4.30m标高平面布置图 1:100
说明：
本图尺寸及管径单位以mm计，标高单位以m计；
±0.00相当于1985国家高程基准64.20m。
图面构成：平面图、剖面图、设备材料一览表、比例尺、风玫瑰(指北针)、图例及说明。平面图需包含生物滤池、反冲洗水池及控制室的平面尺寸布置，进出水管、放空管、反冲洗管、空气管等管线，配水配气孔、进出水渠道等附属设施。
图面重点：重点表达池体工艺构成、尺寸和管渠布置。
图面线型：管线为粗线；构筑物外框线为中粗线；标注及其他为细线。
××设计单位
项目名称
××排水工程初步设计
子 项
其他方案图纸
审 定
校 核
设 计
制 图
×××
生物滤池工艺图（一）
图 别
初设
分项号
04
总 号
PS-36
日 期
××××.××

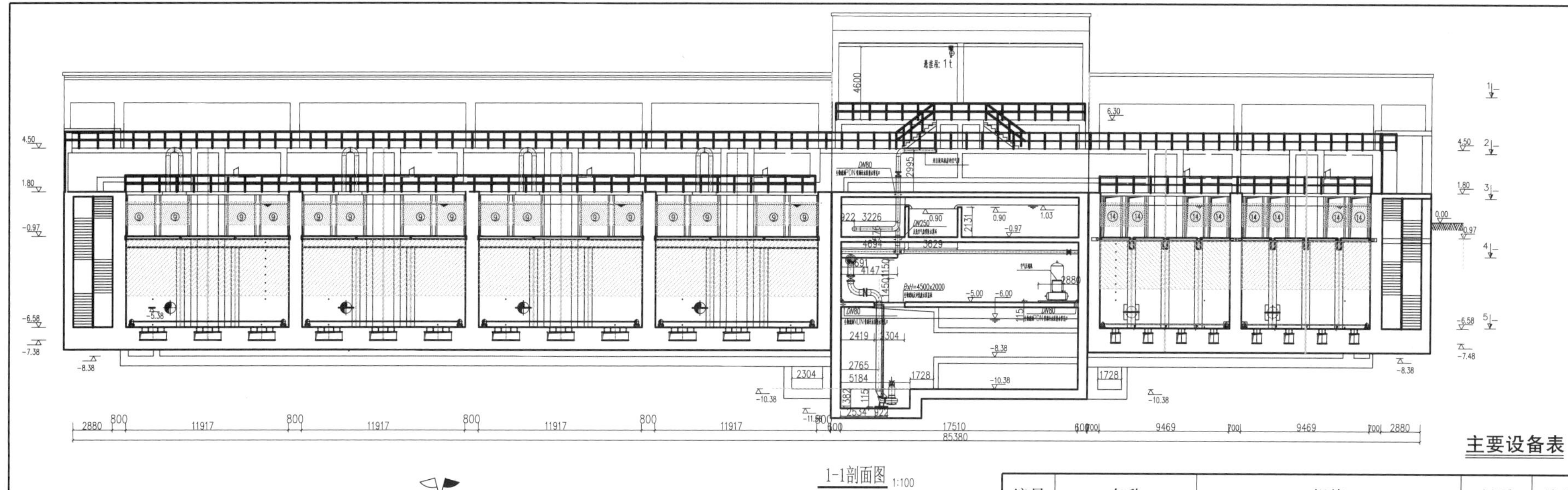

1-1剖面图 1:100

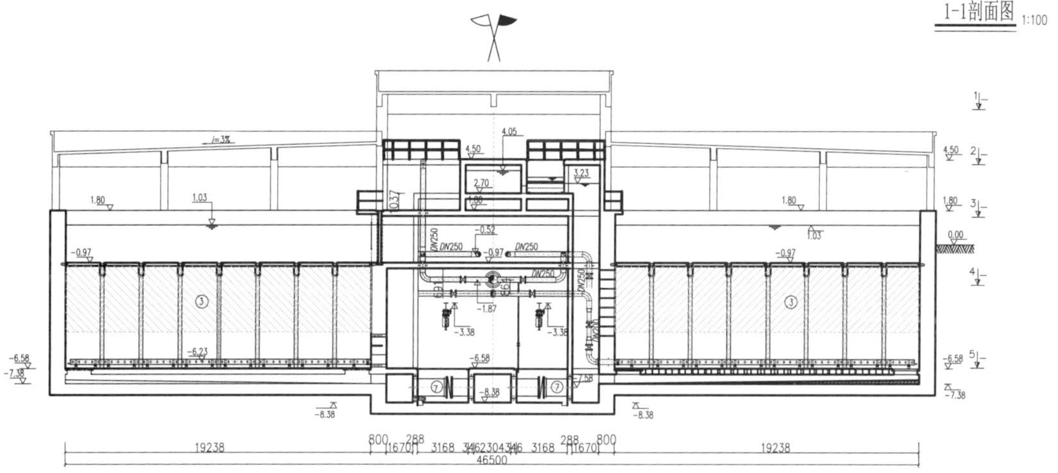

2-2剖面图 1:100

说明：

本图尺寸及管径单位以mm计，标高单位以m计；
±0.00相当于1985国家高程基准64.20m。

图面构成：平面图、剖面图、设备材料一览表、比例尺、风玫瑰(指北针)、图例及说明。剖面图需包含滤池正面及侧面的纵向布置，以及配气、反冲洗管线的纵向布置。
图面重点：重点表达池体工艺构成、尺寸和管渠布置。
图面线型：管线为粗线；构筑物外框线为中粗线；标注及其他为细线。

主要设备表

编号	名称	规格	材质	单位	数量		备注
					1组生物池	4组生物池	
①	外回流泵(轴流泵)	Q=912m^3/h，H=4.5m，P=18.5kW		台	6	24	进口设备，变频，16用8备
②	剩余污泥泵(离心泵)	Q=90m^3/h，H=12m，P=7.5kW		台	4	16	进口设备，8用8备
③	内回流泵(螺旋桨泵)	Q=912m^3/h，H=1m，P=7.5kW		台	9	36	进口设备，变频，32用4备，带起吊架
④	潜水搅拌器	P=10kW，D=580～800mm		套	4.5	18	进口设备，16用2备，用于厌氧区，带起吊架及异流环
⑤	推流器	P=5.5kW，D=1600～2200mm		套	4.5	18	进口设备，16用2备，用于缺氧(Ⅰ)区，带起吊架
⑥	推流器	P=7.5kW，D=1600～2200mm		套	4.5	18	进口设备，16用2备，用于缺氧(Ⅱ)区，带起吊架
⑦	推流器	P=7.5kW，D=1600～2200mm		套	4.5	18	进口设备，16用2备，用于缺氧(Ⅲ)区，带起吊架
⑧	电动调节阀门	B×H=1600mm×800mm	不锈钢	套	6	24	用于进水渠，下开式，带手电动两用启闭机
⑨	叠梁闸	B×H=1000mm×1500mm	铝合金	套	6	24	带叠梁闸槽48套，用于内外回流渠
⑩	巴歇尔计量槽		不锈钢	套	2	8	用于外回流渠
⑪	拍门	DN600	玻璃钢	个	6	24	外回流污泥泵
⑫	电动蝶阀	DN200，P=1.0MPa	铸铁	套	4	16	用于剩余污泥管
⑬	盘式曝气器	ϕ200，Q=2.0m^3/h	棕刚玉	套	11000	44000	
⑭	电动圆形通风蝶阀	ϕ900	铸铁	台	4	16	用于除臭管道
⑮	真空破坏阀	DN50，P=1.0MPa	不锈钢	个	2	8	进口设备，用于曝气管
⑯	捯链	G=2t，H=15m，P=3+0.4kW		套	2	8	外回流泵吊装
⑰	捯链	G=1.0t，H=15m，P=1.5+0.2kW		套	6	24	
⑱	潜水排污泵	Q=25m^3/h，H=15m，P=3kW		套	8	16	管廊排水，8用8备
⑲	轴流风机	Q=1600m^3/h，D=315mm，P=0.04kW	玻璃钢	套	3	12	用于污泥泵房配电间
⑳	送风机	Q=40000m^3/h，P=1250Pa，P=22.5kW，N=800r/min		套	1	4	
㉑	双层百页送风口	400mm×300mm	铝合金	只	18	72	铝合金材质
㉒	手动闸阀	DN150，P=1.0MPa	铸铁	套	2	8	用于中水回用管

××设计单位		项目名称	××排水工程初步设计
		子　项	其他方案图纸
审　定	×××	图　别	初设
校　核	×××	分项号	04
设　计	×××	总　号	PS-37
制　图	×××	日　期	××××.××

生物滤池工艺图（二）

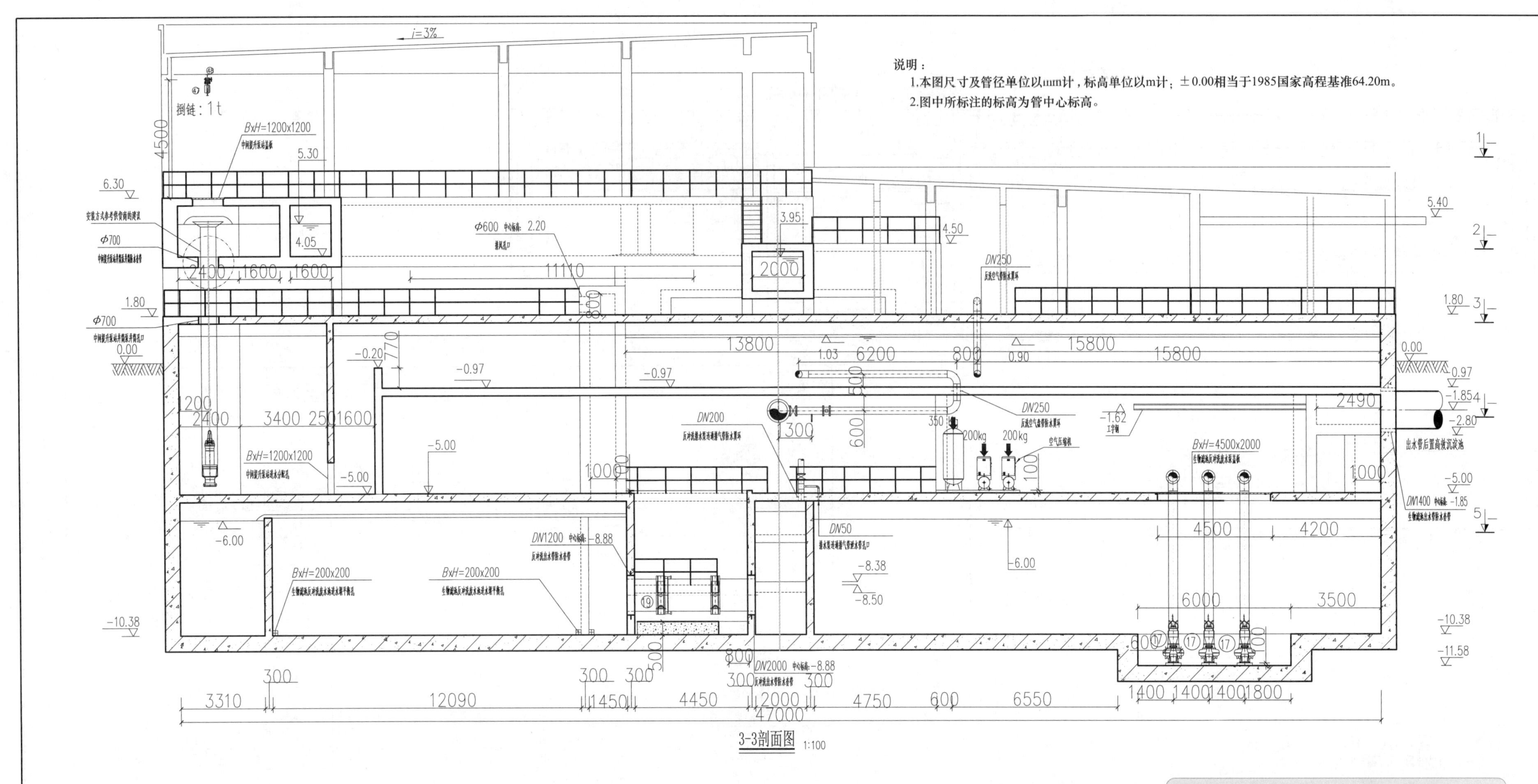

图面构成：平面图、剖面图、设备材料一览表、比例尺、风玫瑰（指北针）、图例及说明。剖面图需包含滤池正面及侧面的纵向布置，以及配气、反冲洗管线的纵向布置。
图面重点：重点表达池体工艺构成、尺寸和管渠布置。
图面线型：管线为粗线；构筑物外框线为中粗线；标注及其他为细线。

主要材料表

序号	名称	规格	材质	单位	数量 1组	数量 4组	备注	序号	名称	规格	材质	单位	数量 1组	数量 4组	备注
1	短管	D1220×12mm	钢	m	—	413		9	短管	DN600	PE100	m	—	584	
2	短管	D1020×10mm	钢	m	—	364		10	短管	D325×8mm	钢	m	—	276	
3	短管	D820×10mm	钢	m	—	502		11	短管	D219×6mm	钢	m	—	160	
4	短管	D630×10mm	钢	m	—	164		12	短管	DN500	PE100	m	—	344	
5	短管	D530×10mm	钢	m	—	227		13	短管	DN200	PE100	m	—	1616	
6	短管	D480×8mm	钢	m	—	232		14	短管	DN150	PE100	m	—	816	
7	短管	D426×8mm	钢	m	—	552		15	短管	DN100	PE100	m	—	168	
8	短管	D377×8mm	钢	m	—	824									

××设计单位		项目名称	××排水工程初步设计
		子　项	其他方案图纸
审　定	×××	图　别	初设
校　核	×××	分项号	04
设　计	×××	总　号	PS-38
制　图	×××	日　期	××××.××

生物滤池工艺图（三）

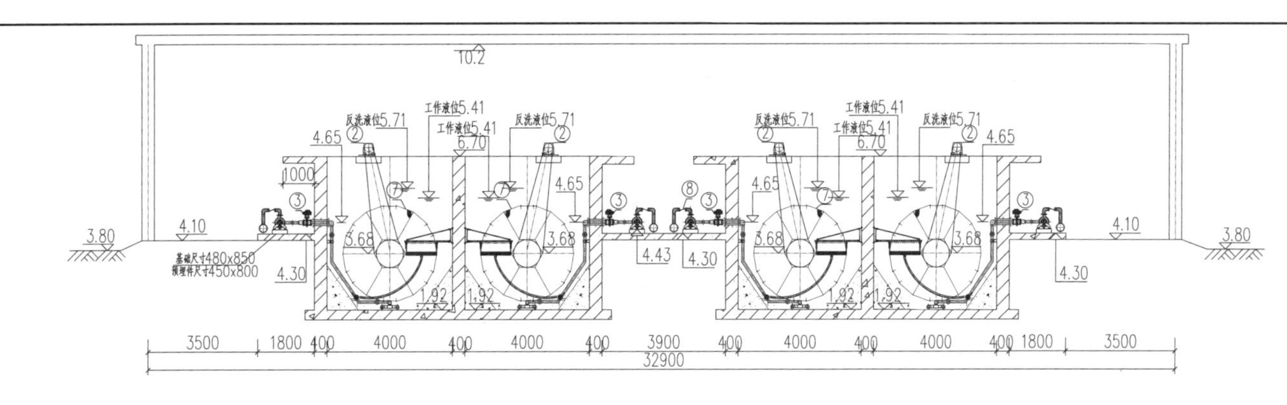

1-1剖面图 1:100

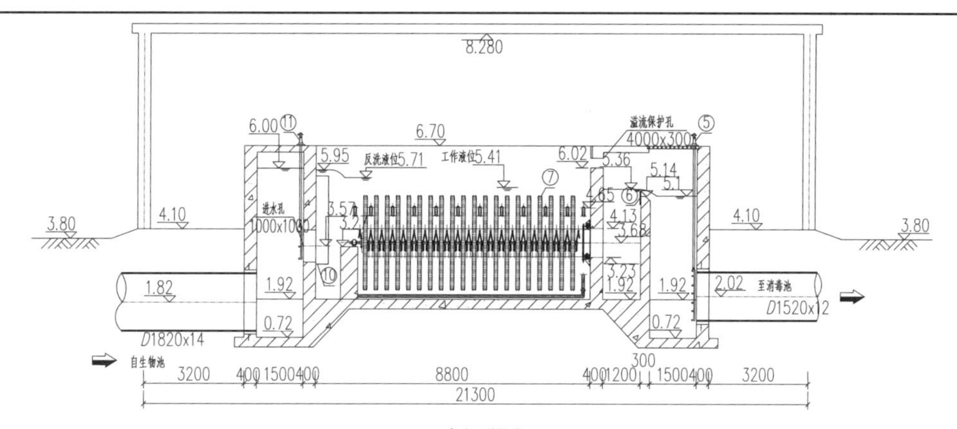

2-2剖面图 1:100

材料一览表

编号	名称	规格	材料	单位	数量	备注
1	钢管	D1820×14mm	Q235-B	m	22.5	统计至室外2m
2	钢管	D1520×12mm	Q235-B	m	4	统计至室外2m
3	钢管	D273×8mm	Q235-B	m	50	统计至室外2m

设备一览表

编号	名称	规格	材料	单位	数量	备注
①	反洗泵	Q=50m³/h，H=7m，N=2.2kW	成品	台	16	每台泵配套1个真空表
②	旋转驱动电机	i=632，NA=2.2r/min，N=0.75kW	成品	台	4	
③	电动球阀	Q41F-16C，DN80，N=0.04kW	铸铁	个	48	
④	弹性接头	DN80	铸铁	个	48	
⑤	手电两用闸门	DN1500，N=0.75kW	铸铁	台	2	配套启闭机，启闭力2～3t
⑥	可调出水堰板	L×B=4000mm×400mm	铸铁	个	4	
⑦	纤维转盘及中心管	D=3000mm，每套20片		套	4	
⑧	止回阀	DN80，PN=1.0MPa		个	16	
⑨	控制箱			套	4	
⑩	进水堰板	L×B=3200mm×400mm		个	4	
⑪	手电两用闸门	B×H=1000mm×1000mm，N=0.75kW	铸铁	台	4	配套启闭机，启闭力1～2t

说 明:

1.本图尺寸单位以mm计；标高单位以m计，采用1985国家高程基准。
2.滤池设计参数：共设转盘滤池2座，每座处理规模10万m^3/d；每座滤池分两格，每格滤池内设置20片D=3.0m的滤盘，每格滤池过滤面积为250m^2，正常滤速8.3m/h，最大流量时滤速10.8m/h。

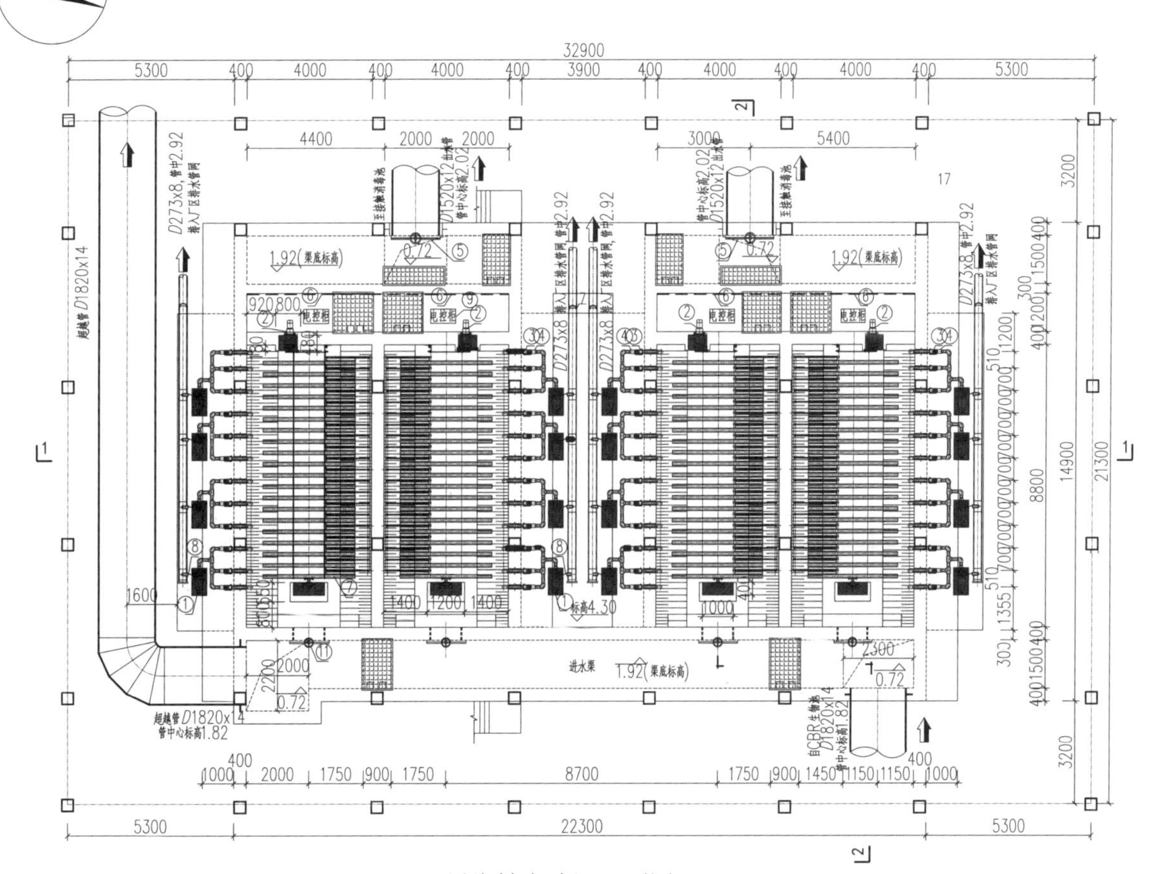

纤维转盘滤池平面图 1:100

图面构成：平面图、2张剖面图、设备材料一览表、比例尺、指北针、说明。平剖面图需包含纤维转盘滤池的尺寸、管路布置（管径、间距等）、主要位置的标高；设备一览表需统计选用的设备、阀门和附件的数量；图面说明应包括标注单位、标高高程系等。
图面重点：重点表达池体工艺构成、尺寸、标高、管渠和纤维转盘布置。
图面线宽：管线为粗线，构筑物外框线为中粗线，标注及其他为细线。

××设计单位		项目名称	××排水工程初步设计
		子　项	其他方案图纸
审　定	×××	图　别	初设
校　核	×××	分项号	04
设　计	×××	总　号	PS-39
制　图	×××	日　期	××××.××

纤维转盘滤池工艺图

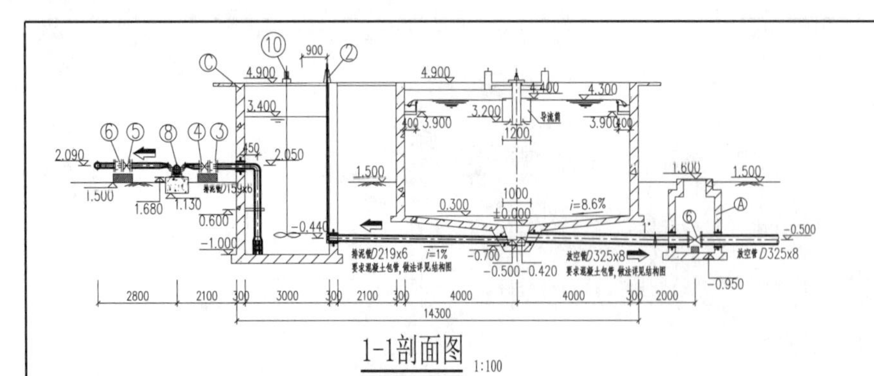

1-1剖面图 1:100

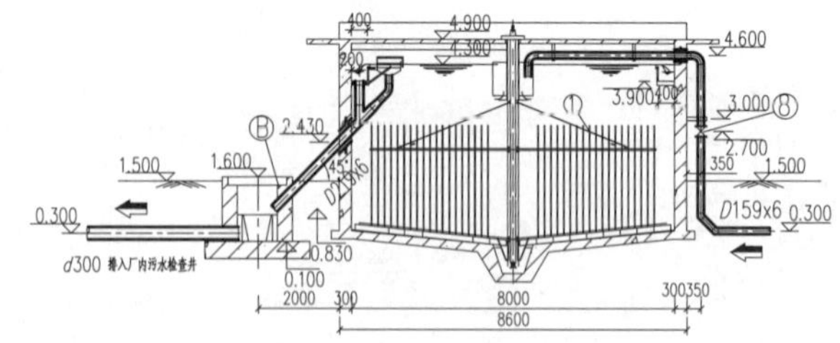

2-2剖面图 1:100

设备一览表

编号	名称	规格	单位	数量	备注
①	中心传动浓缩机	$D=8.0$m，$P=0.55$kW	台	2	配导流筒、排渣斗、浮渣挡板
②	电动闸板	$DN200$，$PN=1.0$MPa	台	2	带启闭机，启闭力 3t
③	双法兰限位伸缩节	$DN150$，$PN=1.0$MPa	台	4	
④	手动刀闸阀	$DN150$，$PN=1.0$MPa	台	2	
⑤	电动刀闸阀	$DN150$，$PN=1.0$MPa	台	2	
⑥	手动闸阀	$DN300$，$PN=1.0$MPa	台	2	
⑦	手动闸阀	$DN200$，$PN=1.0$MPa	台	1	
⑧	手动闸阀	$DN150$，$PN=1.0$MPa	台	6	
⑨	污泥转子泵	$Q=60m^3/h$，压力 0.4MPa，$P=11$kW	台	2	1用1备
⑩	搅拌器	$P=4$kW	台	1	自带钢制工作桥

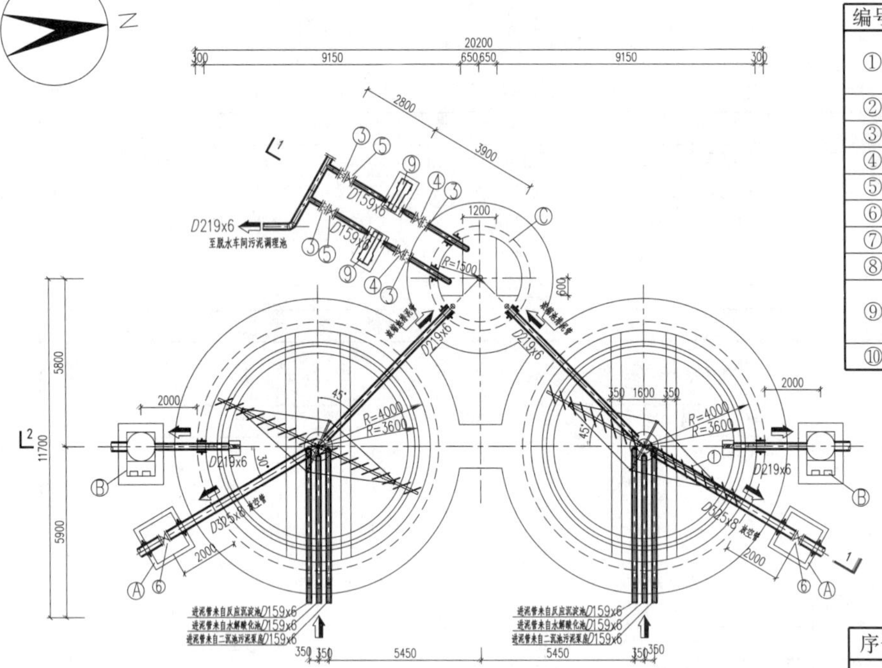

污泥浓缩池平面图 1:100

附属工程量表

序号	名称	规格	结构形式	单位	数量	备注
Ⓐ	阀门井	1300mm×1300mm，$H=2550$mm	钢筋混凝土	座	2	参见 07MS101-2 66
Ⓑ	排渣井	$A\times B=1500$mm×1000mm	钢筋混凝土	座	2	详见结构图
Ⓒ	储泥井	$\phi3000$，$H=5900$mm	钢筋混凝土	座	1	详见结构图

说 明:

1.本图尺寸、管径单位以mm计，标高单位以m计；图中±0.00相当于1985国家高程基准100.000m。
2.表中所列为2座浓缩池所需设备及材料的总量。

图面构成：平面图、至少2张剖面图、设备材料一览表、工程量表、比例尺、指北针、说明。平剖面图需包含浓缩池的工艺尺寸及管路布置（管径、间距），主要位置的标高；设备一览表需统计选用的设备、阀门和附件的数量及规格；图面说明应包括标注单位、标高高程系等。
图面重点：重点表达池体工艺构成、尺寸、标高和管渠布置。
图面线宽：管线为粗线，构筑物外框线为中粗线，标注及其他为细线。

材料一览表

编号	名称	规格	材料	单位	数量
1	直管	$D159\times6$mm，$L=2000$mm			
2	直管	$D159\times6$mm，$L=3800$mm			
2-1	单盘直管	$D159\times6$mm，$L=2080$mm	Q235-A	根	2
2-2	单盘直管	$D159\times6$mm，$L=1500$mm	Q235-A	根	6
3	短管	$D159\times6$mm，$L=300$mm	Q235-A	根	6
4	单盘直管	$D159\times6$mm，$L=2290$mm	Q235-A	根	2
5	直管	$D159\times6$mm，$L=4000$mm	Q235-A	根	4
6	单盘直管	$D159\times6$mm，$L=1890$mm	Q235-A	根	2
7	90°弯头	$DN150$，$L=250$mm	Q235-A	个	12
8	防水套管	$DN150$，$L=300$mm	Q235-A	个	6
8-1	防水套管	$DN200$，$L=300$mm	Q235-A	个	2
9	直管	$D159\times6$mm，$L=6020$mm	Q235-A	根	2
10	吸水喇叭管	$DN150$，$L=160$mm	Q235-A	个	2
11	吸水喇叭管支架	$\phi159\times\phi245$，$L=456$mm	Q235-A	个	2
12	直管	$D159\times6$mm，$L=2180$mm	Q235-A	根	2
13	单盘短管	$D159\times6$mm，$L=1160$mm	Q235-A	根	2
14	单盘短管	$D159\times6$mm，$L=250$mm	Q235-A	根	2
15	单盘偏心异径管	$D159\times6$mm×$D89\times4$mm，$L=300$mm	Q235-A	个	2
16	单盘异径管	$D159\times6$mm×$D89\times4$mm，$L=300$mm	Q235-A	个	2
17	单盘短管	$D159\times6$mm，$L=870$mm	Q235-A	根	2
18	单盘短管	$D159\times6$mm，$L=370$mm	Q235-A	根	2
19	异径三通	$D219\times6$mm×$D159\times6$mm，$L=400$mm	Q235-A	个	2
20	短管	$D219\times6$mm，$L=720$mm	Q235-A	根	2
21	直管	$D219\times6$mm，$L=2000$mm	Q235-A	根	1
22	短管	$D159\times6$mm，$L=310$mm	Q235-A	根	2
23	45°弯头	$DN150$，$L=180$mm	Q235-A	个	14
24	短管	$D159\times6$mm，$L=160$mm	Q235-A	根	2
25	异径管	$D219\times6$mm×$D159\times6$mm，$L=250$mm	Q235-A	个	2
26	45°斜三通	$D219\times6$mm×$D219\times6$mm，$L=250$mm	Q235-A	个	2
27	直管	$D219\times6$mm，$L=2800$mm	Q235-A	根	2
28	45°斜角防水套管	$DN200$，$L=425$mm	Q235-A	个	2
29	排水管	$d300$，$L=200$mm	钢筋混凝土	根	2
30	浮渣挡板		不锈钢	套	2
31	排渣斗		不锈钢	套	2
32	渣桶		塑料	个	2
33	短管	$D219\times6$mm，$L=580$mm	Q235-A	根	2
34	防水翼环	$D219\times6$mm	Q235-A	个	4
35	防水翼环	$D325\times8$mm	Q235-A	个	2
36	单盘直管	$D325\times8$mm，$L=5690$mm	Q235-A	根	2
37	单盘直管	$D325\times8$mm，$L=2000$mm	Q235-A	根	2
38	防水套管	$DN300$，$L=200$mm	Q235-A	个	4
39	管道支架	$DN150$	Q235-A	个	6
40	管道吊架	$DN150$	Q235-A	个	12
41	法兰盲板	$DN200$，$PN=1.0$MPa	Q235-A	个	1
42	60°弯头	$DN200$，$L=200$mm	Q235-A	个	1

××设计单位		项目名称	××排水工程初步设计
		子 项	其他方案图纸
审 定	×××	图 别	初设
校 核	×××	分项号	04
设 计	×××	总 号	PS-40
制 图	×××	日 期	××××.××

污泥浓缩池工艺图

第 4 篇　建筑给水排水工程设计

第 10 章　住宅建筑给水排水设计案例说明书

10.1　概述

10.1.1　工程概况

本项目属于××省××市××区建设的人居环境整治工程，本设计为 6 号地块 11 号住宅楼，该地块由 10 号和 11 号两栋二类高层住宅组成，单体住宅总建筑面积为 10748.80m^2，地上 18 层，建筑高度为 53.10m。

根据甲方提供的资料，本工程 6 号地块南侧和东侧市政道路均布置有 *DN*200 市政给水管，市政管网供水水压为 0.12MPa；项目南侧布置有市政污水管网和雨水管网，市政污水管管内底标高为 20.296m，市政雨水管管内底标高为 19.252m。

所有设计参考资料、规范及标准均以本工程设计年为准，本案例工程设计时间为 2021 年。

10.1.2　设计依据

1. 建设单位提供的本工程有关资料和设计任务书；
2. 建筑和有关工种提供的作业图和有关资料；
3. 国家现行有关给水排水、消防和卫生等设计规范及规程：

(1)《建筑给水排水与节水通用规范》GB 55020—2021

(2)《建筑给水排水设计标准》GB 50015—2019

(3)《建筑设计防火规范（2018 版）》GB 50016—2014

(4)《消防给水及消火栓系统技术规范》GB 50974—2014

(5)《建筑灭火器配置设计规范》GB 50140—2005

(6)《住宅设计规范》GB 50096—2011

(7)《建筑给水排水及采暖工程施工质量验收规范》GB 50242—2002

(8)《建筑机电工程抗震设计规范》GB 50981—2014

(9)《民用建筑太阳能热水系统应用技术标准》GB 50364—2018

(10)《建筑屋面雨水排水系统技术规程》CJJ 142—2014

10.1.3　设计内容

本工程设计范围包括室外给水排水和消防给水的总体设计，以及 11 号住宅楼给水排水系统、消火栓给水系统和建筑灭火器配置设计。

10.2　建筑给水系统设计

10.2.1　给水系统选择

给水方式主要包括充分利用城镇给水管网的水压直接供水、变频水泵加压供水、水泵—水箱联合给水等方式，不同方案具体的特点见表 10-1。

不同给水方式及其特点　　　　表 10-1

方式名称	方式特点
直接供水方式	由室外给水管网直接供水，适用于室外给水管网的水量、水压在一天内均能满足用水要求的建筑，节约能耗
单设水箱供水方式	宜用于室外给水管网供水压力周期性不足的建筑
变频水泵加压供水	宜用于室外给水管网的水压经常不足且用水量较大的场所，不存在水箱二次污染问题，供水水质较好
水泵—水箱联合供水	宜用于室外给水管网压力低于或经常不满足供水所需水压的建筑，且屋面允许设置高位水箱的建筑
叠压供水方式	叠压供水设备可直接串联到市政给水管网，适用于室外给水管网水压低于或经常不满足供水所需水压，且室内用水量较均匀的建筑，不存在水箱二次污染问题，供水水质较好

生活给水系统应充分利用市政余压，节约能源。由于本工程附近市政管网供水压力仅为 0.12MPa，本建筑 18 层，建筑高度 53.10m，市政给水管网压力无法满足整栋楼的水压要求，故需要采用二次加压。经过方案比选，为防止二次污染，保证供水水质，故优先考虑采用变频水泵—水池并联分区的给水方式。其中超压部分采用支管减压阀供水，水表前截止阀控制入户压力不大于 0.20MPa。

10.2.2　分区划分

本工程最高日用水量为 80m^3/d。经计算，将住宅部分给水系统分 3 个分区供水，市政管网供水水压为 0.12MPa，理论可以提供 2 层（《室外给水设计标准》GB 50013—2018 3.0.10 中估算值），但考虑市政水压不稳定的情况，为保证供水可靠性仅住宅 1 层由市政常压供水，2～11 层为加压Ⅰ区，12～18 层为加压Ⅱ区，由位于 10 号住宅楼地下室的数字全变频恒压供水设备加压供水。

10.2.3　水泵选择

住宅加压Ⅰ、Ⅱ区数字全变频恒压供水设备均设有 4 台变频泵，3 用 1 备，Ⅰ区变频泵性能参数为：$Q=30\text{m}^3/\text{h}$，$H=0.65\text{MPa}$，$N=15\text{kW}$/台；Ⅱ区变频泵性能参数为：$Q=15\text{m}^3/\text{h}$，$H=0.85\text{MPa}$，$N=11\text{kW}$/台，均由远传压力表（设在泵房内）将管网压力信号反馈至变频柜控制水泵的运行。Ⅱ区管网最高恒定压力为 0.82MPa；Ⅰ区管网最高恒定压力为 0.62MPa。

10.2.4　系统组成及管材

整个系统包括引入管、水表节点、给水管网、给水附件、配水设施、加压及贮水设备等。住宅加压给水管以及市政低区给水管均采用 PSP 钢塑复合管（产品符合《钢塑复合压力管》CJ/T 183—2008、《钢塑复合压力管用双热熔管件》CJ/T 237—2006），管道内外材质为 PPR，公称压力等级 1.6MPa，管道采用双热熔管件热熔连接；水表后给水支管采用 S4 级 PPR 管，热熔连接。

10.3 建筑热水系统设计

10.3.1 系统选择

建筑热水系统根据热水供应范围的不同可分为局部热水供应系统、集中热水供应系统和区域热水供应系统3种，由于本建筑属于住宅，用水点分散，且项目所在地区具有充足的日照，因此采用设太阳能辅助电加热的局部热水供应系统。

本栋建筑共有住宅102户，采用局部热水供应系统。在每户住宅的南面阳台上分别设置阳台壁挂式太阳能热水供应系统，每户独立设置。设置太阳能热水系统的户型阳台栏杆设采光面积1.85m^{2}平板太阳能面板及100L贮热水箱，对给水管输送的水进行加热，太阳能热水系统使用比例达到100%。电辅助加热功率为1.5kW，电辅助加热系统必须采用带有保证使用安全的装置。

10.3.2 系统组成及管材

设置太阳能热水系统的户型阳台栏杆设采光面积1.85m^{2}平板太阳能面板及100L贮热水箱，电辅助加热功率为1.5kW，电辅助加热系统必须采用带有保证使用安全的装置。室内管道采用S2.5系列热水型PPR管*DN*20，贮热器出水管处设置长度不小于0.4m的不锈钢金属管过渡到PPR管。

10.4 建筑消防给水系统设计

10.4.1 系统选择

1. 消火栓给水系统

建筑消防系统可以按管网水压分为低压、高压和临时高压消火栓给水系统3类。本建筑设有室外消火栓给水系统、室内消火栓给水系统。室外消火栓给水系统为低压给水系统，由两路市政给水管网供水，室外消防管网布置为环状，管网上设置地上式消火栓，火灾时由消防车从室外消火栓取水，经消防车等专用设施加压后进行灭火。由于市政管网水压无法满足室内消火栓供水的需要，室内消火栓给水系统采用临时高压消火栓给水系统，在10号楼地下室设消防水池和消防水泵，11号楼屋顶设消防水箱；本建筑高度为53.10m，按二类高层住宅建筑设计，根据《消防给水及消火栓系统技术规范》GB 50974—2014规定，由于消火栓栓口处静压小于1.0MPa，因此竖向不需要进行分区。

根据已有市政资料，本项目有两路市政消防给水，故地下室消防水池不贮存室外消防用水量。单体消防用水基本设计参数详见表10-2。

本住宅消防用水基本设计参数　　表10-2

序号	消防系统名称	消防用水量标准	火灾延续时间	一次灭火用水量	备注
1	室外消火栓给水系统	15L/s	2h	108m^3	市政管网供给
2	室内消火栓给水系统	10L/s	2h	72m^3	消防水池供给
3	室内消防用水量合计			72m^3	消防水池供给

2. 建筑灭火器配置

住宅建筑按A类轻危险级配置建筑灭火器，每个消火栓箱处设1A、2kg装的手提式磷酸铵盐干粉灭火器（MF/ABC2）5具，保护半径为25m；局部超过灭火器最大保护距离，适当增设灭火器使之满足规范要求。

10.4.2 系统组成及管材

消火栓系统包括消火栓、消防管网、消防水泵、消防水池、消防水箱和灭火器等部分。

1. 消火栓

采用薄型单栓带灭火器箱组合式消防柜，预留洞尺寸为1850mm×750mm，距地100mm，详见国家标准图集《室内消火栓安装》15S202。消火栓箱内设SN65消火栓，配备ϕ19口径水枪及*DN*65、25m长衬胶水龙带，30m长消防软管卷盘，并设消火栓报警按钮。消火栓报警按钮带有保护装置。

2. 消防管网

室内消防给水管高区采用内外壁热镀锌钢管，一层采用内外壁热镀锌加厚钢管，其他层消防给水管采用内外壁热镀锌钢管，壁厚符合国标要求，公称压力等级为1.6MPa；产品满足低压流体输送用镀锌焊接钢管（《低压流体输送用焊接钢管》GB/T 3091—2015）规格要求。*DN*≤50mm时，丝扣连接，*DN*>50mm时，卡箍连接。管道附件压力等级与管道压力等级一致。室外埋地消防给水管采用给水铸铁管，公称压力等级为1.6MPa，橡胶圈承插连接。

3. 消防水泵

消防水泵应能手动启停和自动启动，平时应使消防水泵处于自动启泵状态，不应设置自动停泵的控制功能，停泵应由具有管理权限的工作人员根据火灾扑救情况确定。消防水泵应由消防水泵出水干管上设置的压力开关、高位消防水箱出水管上的流量开关，或报警阀压力开关等开关信号直接自动启动消防水泵；消防水泵房内的压力开关宜引入消防水泵控制柜内。消防水泵控制柜应设置机械应急启泵功能，并应保证在控制柜内的控制线路发生故障时由有管理权限的人员紧急启动消防水泵，机械应急启动时，应确保消防水泵在报警后5min内正常工作。

4. 消防水池和消防水箱

设置就地水位显示装置，并在消防控制中心或值班室等地点设置显示消防水池水位的装置，同时有最高和最低报警水位。

5. 消防控制室或值班室

应具有下列控制和显示功能：

(1) 消防控制柜或控制盘应设置专用线路连接和手动直接启泵按钮。

(2) 消防控制柜或控制盘应能显示消防水泵和稳压泵的运行状态。

10.4.3 消防水池、高位消防水箱及水泵选择

消防水池：10号楼地下室设有1座消防水池，总有效容积396m^3，满足本工程室内消防系统用水量。

高位消防水箱：在11号楼屋顶设有效容积V=20.8m^{3}的拼装式消防水箱1座，提供本项目室内消火栓和10号楼地下室自动喷水灭火系统初期灭火用水及维持管网平时所需压力。

消火栓系统加压水泵：本工程在10号楼地下室设室内消火栓加压水泵2台，1用1备，消火栓水泵性能参数为：Q=40L/s，H=160m，N=110kW。自动喷水灭火系统加压水泵2台，性能参数

为：$Q=30L/s$，$H=80m$，$N=45kW$。消火栓出水压力超过 0.50MPa 不大于 0.70MPa 时设减压孔板，消火栓出水压力超过 0.70MPa 时采用减压稳压消火栓，保证栓口动压为 0.35～0.40MPa。

10.5 建筑排水系统设计

10.5.1 系统选择

1. 污水排水系统

根据规范规定，住宅建筑内厨房和卫生间排水立管应分别设置。本建筑为建筑标准要求较高的高层住宅，为保证排水系统水封良好并提高排水能力，卫生间需要设置专用通气管道系统，结合《建筑给水排水设计标准》GB 50015—2019 中“生活排水立管最大设计排水能力”表，卫生间设专用通气立管，厨房采用伸顶通气单立管系统。经计算后确定卫生间排水立管和通气立管管径均为 *DN*100，厨房排水立管管径为 *DN*100，南面阳台设置洗衣机地漏，排水立管管径为 *DN*100。

为保证室内环境卫生条件好，根据《建筑给水排水设计标准》GB 50015—2019 中对最低横支管与立管连接处至立管管底的最小垂直距离要求，当立管连接卫生器具层数在 13～19 时，对于仅设伸顶通气的立管，底层排水横支管需单独排出；设置通气立管时，最小垂直距离应大于 0.75m，由于本建筑满足本要求，因此设置专用通气立管的各排水立管底层排水横支管不需单独排出。结合城市市政污水管网系统和污水处理实际情况，本建筑厨房和卫生间排水经过化粪池处理后排放到市政污水管网中。

2. 雨水排水系统

雨水排水系统按雨水管道设置位置分为外排水系统和内排水系统。屋面雨水的排水形式由建筑专业确定，综合考虑本建筑采用外排水系统，屋面天沟内采用 87 型雨水斗，屋面雨水系统采用 *DN*100 雨水立管，经室外雨水口收集，最终接入场区市政雨水管网。北面阳台设置地漏排放雨水，北面阳台雨水排水立管管径采用 *DN*100。

10.5.2 系统组成及管材

排水系统组成包括卫生器具、附件、排水横支管、排水立管、出户管、检查井和化粪池等。

1. 卫生器具

卫生器具包括坐便器、洗手池、淋浴器等。其中无存水弯的卫生器具和地漏与生活污水管道或其他可能产生有害气体的排水管道连接时，必须在排水口下设存水弯，存水弯的水封深度不小于 50mm。

2. 排水附件

排水附件包括清扫口、地漏等。*DN*75、*DN*50 的排水管道上的清扫口尺寸与管道同径。*DN*≥100mm 的排水管道上的清扫口，其尺寸均为 *DN*100。地漏除图纸中注明者外采用的均为 *DN*50，其水封高度应不小于 50mm。

3. 管材

重力排水污水立管及通气管采用 W 型离心柔性铸铁排水管，不锈钢管箍连接，排水铸铁管应采用法兰承插式柔性接口，建筑排水塑料管粘接，熔接连接的排水横支管的坡度采用 0.026。

10.6 工程经济估算

对本项目进行经济估算，计算结果见表 10-3。

经济估算表　　表 10-3

一、管材经济估计					
名称	规格	单位	数量	单价	经费(元)
给水	S4 级 PPR 管 *DN*15	m	81.6	2.7	220.32
	S4 级 PPR 管 *DN*20	m	122.4	3.5	428.4
	S4 级 PPR 管 *DN*25	m	306	5.4	1652.4
	PSP 钢塑复合管 *DN*25	m	61.2	15.87	971.244
	PSP 钢塑复合管 *DN*40	m	55.2	30.12	1662.624
	PSP 钢塑复合管 *DN*50	m	43.2	80	3456
	PSP 钢塑复合管 *DN*65	m	43.2	95.47	4124.304
	PSP 钢塑复合管 *DN*80	m	115.6	107	12369.2
热水	S2.5 级热水型 PPR 管 *DN*15	m	183.6	6.3	1156.68
	S2.5 级热水型 PPR 管 *DN*20	m	61.2	8.5	520.2
消火栓	镀锌钢管 *DN*65	m	86.4	45.22	3907.008
	镀锌钢管 *DN*100	m	339.6	69.18	23493.528
	镀锌钢管 *DN*150	m	14.4	119.47	1720.368
污水	W 型离心柔性铸铁管 *DN*50	m	1020	60.5	61710
	W 型离心柔性铸铁管 *DN*100	m	3498	90.8	317618.4
雨水及冷凝水	PVC-U *DN*50	m	1017.6	4.5	4579.2
	PVC-U *DN*100	m	636	6.5	4134
直管段预算合计					443723.876
二、设备经济估算					
设备名称	型号	单位	数量	单价	总价
室内消火栓给水加压泵		台	2	14000	28000
自动喷水灭火系统给水加压泵		台	2	14000	28000
屋顶消防水箱	4m×4m×2m	座	1	4000	4000
变频恒压给水泵		台	4	8000	32000
太阳能贮热水箱	$0.1m^3$	座	68	500	34000
太阳能集热器	$1.85m^2$	块	68	500	34000
设备预算合计					160000
三、管道附件费用					
管道附件预算合计	按直管段的 2 倍计算				887447.752
四、安装施工费用					
安装施工预算合计	按管材总预算的 30%计算				133117.1628
总预算					1624288.791

由表 10-3 估算得出，工程所需总费用约为 1624289 元。

第 11 章　住宅建筑给水排水设计案例计算书

11.1　建筑给水系统设计计算

11.1.1　生活用水量计算

根据《建筑给水排水设计标准》GB 50015—2019，本项目为住宅建筑，地上 18 层，层高 2.95m，总建筑高度 53.10m。选用最高日生活用水定额 225L/(人·d)，取小时变化系数 $K_h=2.8$，共有 17 层住宅，每层 6 户，每户 3.5 人，使用时数 24h。

故最高日用水量为：

$$Q_d=\frac{3.5\times6\times17\times225}{1000}=80.325m^3/d$$

最高日最大时用水量为：

$$Q_h=\frac{80.325\times2.8}{24}=9.37m^3/h$$

11.1.2　给水管道系统计算

计算原理参考《建筑给水排水设计标准》GB 50015—2019，以给水Ⅱ区为例，计算草图如图 11-1 所示。

1. 计算公式

（1）计算最大用水时卫生器具给水当量平均出流概率

$$U_0=\frac{100q_0mK_h}{0.2\cdot N_g\cdot T_1\cdot 3600} \tag{11-1}$$

式中　U_0——生活给水管道的最大用水时卫生器具给水当量平均出流概率，%；

q_0——最高用水日的用水定额，L/(人·d)，住宅取 130～300；

m——每户用水人数；

K_h——小时变化系数，住宅取 2.3～2.8；

N_g——每户设置的卫生器具给水当量数；

T_1——用水时数，h；

0.2——一个卫生器具给水当量的额定流量，L/s。

（2）计算卫生器具给水当量的同时出流概率

$$U=100\frac{1+\alpha_c(N_g-1)^{0.49}}{\sqrt{N_g}} \tag{11-2}$$

式中　U——计算管段的卫生器具给水当量同时出流概率，%；

α_c——对应于 U_0 的系数，按《建筑给水排水设计标准》GB 50015—2019 附录 B 中表 B 取用；

N_g——计算管段的卫生器具给水当量总数。

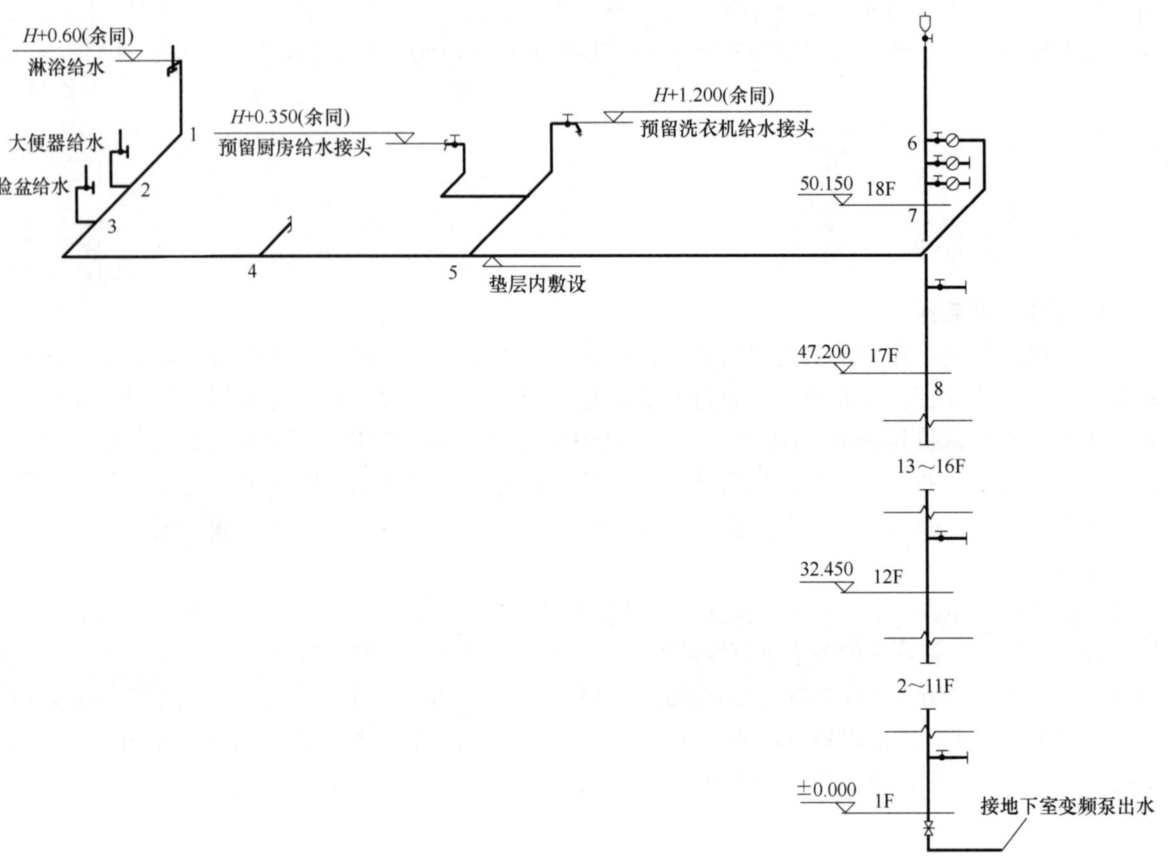

图 11-1　给水Ⅱ区计算草图

（3）计算管段的设计秒流量

$$q_g=0.2UN_g \tag{11-3}$$

式中　q_g——计算管段的设计秒流量，L/s。

当计算管段的卫生器具给水当量总数超过《建筑给水排水设计标准》GB 50015—2019 附录 C 表 C.0.1～表 C.0.3 中的最大值时，其设计流量应取最大时用水量。

2. 计算过程

给水系统加压供水分区：Ⅰ区 2F～11F；Ⅱ区 12F～18F。

卫生器具给水当量取值依据《建筑给水排水设计标准》GB 50015—2019 第 3.2.12 条，见表 11-1。

当量计算表　　表 11-1

卫生器具	给水当量 N	每层数量	小计∑N
洗手盆	0.75	5	3.75
淋浴器	0.75	5	3.75
坐式大便器	0.5	5	2.5
洗涤盆	1	3	3
洗衣机	1	3	3
合计			16

第 18 层管网水力计算过程见表 11-2。

第 18 层管网水力计算表 **表 11-2**

管段	新增当量	总当量 ΣN_g	出流概率 U_0	系数 α_c	流量 (L/s)	管径 (mm)	流速 (m/s)	水力坡降 (mH_2O/m)	沿程损失 (mH_2O)
1-2	0.75	0.75	—	—	0.15	25	0.507	0.021	0.032
2-3	0.5	1.25	11.34	9.66	0.235	25	0.795	0.047	0.047
3-4	0.75	2.00	7.09	5.64	0.299	25	1.011	0.074	0.518
4-5	2.00	4.00	3.54	2.41	0.417	25	1.411	0.137	0.315
5-6	2.00	6.00	2.36	1.40	0.505	25	1.708	0.195	1.170
6-7	10.0	16.00	2.66	1.65	0.85	40	1.13	0.052	0.154
7-8	16.00	32.00	2.66	1.65	1.23	50	1.04	0.035	0.102

Ⅱ区水力计算过程见表 11-3。

Ⅱ区水力计算表 **表 11-3**

楼层	本层当量	总当量 ΣN_g	流量 (L/s)	立管管径 (mm)	流速 (m/s)	水力坡降 (mH_2O/m)	沿程损失 (mH_2O)
17F～16F	16.0	48.0	1.54	50	1.30	0.052	0.154
16F～15F	16.0	64.0	1.80	65	0.54	0.006	0.017
15F～14F	16.0	80.0	2.04	65	0.61	0.007	0.021
14F～13F	16.0	96.0	2.26	80	0.45	0.003	0.009
13F～12F	16.0	112.0	2.47	80	0.49	0.004	0.011
12F～1F	0	112.0	2.47	80	0.49	0.004	0.130

总沿程损失合计 $h=2.68$m，给水Ⅱ区所需压力：

$$H=H_1+H_2+H_3+H_4=(50.15+1.8)+10+2.68+0.54=65.17\text{m}$$

式中 H_1——引入管起点至最不利配水点位置高度所要求的静水压，m；

H_2——最不利配水点所需的最低工作压力，m，查《建筑给水排水设计标准》GB 50015—2019 表 3.2.12；

H_3——沿程水头损失，m；

H_4——局部水头损失，按沿程水头损失的 20%计，m。

给水Ⅰ、Ⅱ区流量总计见表 11-4。

给水Ⅰ、Ⅱ区流量总计 **表 11-4**

区域	总当量 ΣN_g	出流概率 U_0	系数 α_c	流量(L/s)	管径(mm)	流速(m/s)	水力坡降 (mH_2O/m)
给水Ⅰ区	160	2.66	0.016	3.03	80	0.60	0.005
给水Ⅱ区	112	2.66	0.016	2.47	65	0.74	0.010
总计	544	2.66	0.016	6.35	100	1.108	0.016

总当量 $\Sigma N_g=544$，流量 $q=6.35$L/s，管径 $DN100$。

11.2 建筑消防给水系统设计计算

11.2.1 消防水量计算

由《建筑设计防火规范（2018 版）》GB 50016—2014 可知，本建筑属于二类高层住宅。根据 8.2.1 第 2 条，设置室内消火栓系统，据 8.3.3 条，可不设置自动喷水灭火系统。据《消防给水及消火栓系统技术规范》GB 50974—2014 3.5.2 条、3.3.2 条规定：室内、外消火栓用水量分别为 10L/s、15L/s，每根竖管最小流量 10L/s，每支水枪最小流量 5L/s。据 3.6.2 条规定：火灾延续时间以 2h 计。室外消火栓系统由市政保证，本项目有两路市政消防给水，故本项目不贮存室外消防用水量。室内消火栓用水量 10L/s，作用时间 2h，总水量 $V=10\times2\times3600/1000=72\text{m}^3$。

11.2.2 消火栓的布置

依据《消防给水及消火栓系统技术规范》GB 50974—2014 第 7.4.6 条，本建筑为高度小于 54m 且每单元仅设置一部疏散楼梯的住宅，可采用一支消防水枪的一股充实水柱到达室内任何部位。故每层前室设置一个消火栓。计算草图如图 11-2 所示。

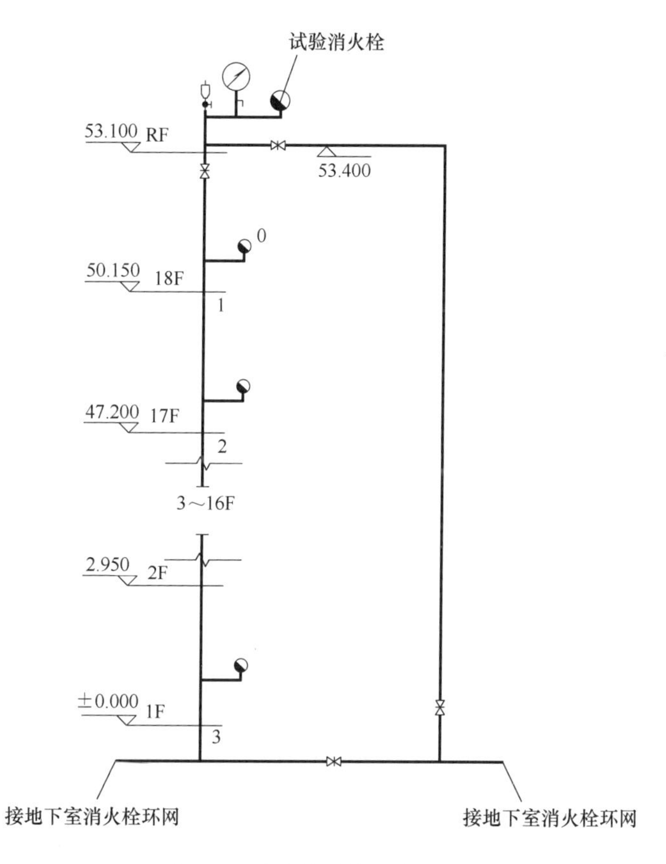

图 11-2 消火栓系统计算草图

11.2.3 消火栓给水系统

1. 最不利点消火栓流量

$$q_{xh}=\sqrt{BH_q} \tag{11-4}$$

式中 q_{xh}——水枪喷嘴射出流量，L/s，依据规范需要与水枪的额定流量进行比较，取较大值；

B——水枪水流特性系数；

H_q——水枪喷嘴造成一定长度的充实水柱所需水压，mH_2O。

2. 最不利点消火栓压力

$$H_{xh}=h_d+H_q+H_{sk}=A_dL_dq_{xh}^2+\frac{q_{xh}^2}{B}+2 \tag{11-5}$$

式中 H_{xh}——消火栓栓口的最低水压，0.010MPa；

h_d——消防水带的水头损失，0.01MPa；

H_q——水枪喷嘴造成一定长度的充实水柱所需水压，0.01MPa；

A_d——水带的比阻；

L_d——水带的长度，m；

q_{xh}——水枪喷嘴射出流量，L/s；

B——水枪水流特性系数；

H_{sk}——消火栓栓口水头损失，宜取 0.02MPa。

3. 管道速度压力

$$P_v=8.11\times10^{-10}\frac{q^2}{d_i^4} \tag{11-6}$$

式中 P_v——管道速度压力，MPa；

q——管段设计流量，L/s；

d_i——管道的内径，m。

4. 管道压力

$$P_n=P_t-P_v \tag{11-7}$$

式中 P_n——管道某一点处压力，MPa；

P_t——管道某一点处总压力，MPa。

次不利点消火栓压力：

$$H_{xh次}=H_{xh最}+h_{高差}+h_{f+j} \tag{11-8}$$

式中 $h_{高差}$——两个消火栓的高差，m；

h_{f+j}——两个消火栓之间的沿程、局部水头损失，m。

5. 次不利点消火栓流量

$$q_{xh次}=\sqrt{\frac{H_{xh次}-2}{A_dL_d+\frac{1}{B}}} \tag{11-9}$$

（依据规范需要与水枪的额定流量进行比较，取较大值）

6. 流速 v

$$v=0.001\times\frac{4q_{xh}}{\pi d_i^2} \tag{11-10}$$

式中 q_{xh}——管段流量，L/s；

d_i——管道的内径，m。

7. 水力坡降

$$i=10^{-6}\frac{\lambda}{d_i}\frac{\rho v^2}{2} \tag{11-11}$$

$$\frac{1}{\sqrt{\lambda}}=-2.0\lg\left(\frac{2.51}{Re\sqrt{\lambda}}+\frac{\varepsilon}{3.71d_i}\right) \tag{11-12}$$

$$Re=\frac{vd_i\rho}{\mu} \tag{11-13}$$

$$\mu=\rho\nu \tag{11-14}$$

$$\nu=\frac{1.775\times10^{-6}}{1+0.0337T+0.000221T^2} \tag{11-15}$$

式中 i——单位长度管道沿程水头损失，MPa/m；

d_i——管道的内径，m；

v——管道内水的平均流速，m/s；

ρ——水的密度，kg/m^3；

λ——沿程损失阻力系数；

ε——当量粗糙度；

Re——雷诺数；

μ——水的动力黏滞系数，Pa·s；

ν——水的运动黏滞系数，m^2/s；

T——水的温度，宜取10℃。

8. 沿程水头损失

$$P_f=iL \tag{11-16}$$

式中 P_f——管道沿程损失，MPa；

L——管段长度，m。

9. 局部损失（采用当量长度法）

$$P_p=iL_p \tag{11-17}$$

式中 P_p——管件和阀门等局部水头损失，MPa；

L_p——管段当量长度，m（《消防给水及消火栓系统技术规范》GB 50974—2014 表 10.1.6-1、表 10.1.6-2）。

10. 设计扬程

$$P=K(\Sigma P_f+\Sigma P_p)+0.01H+P_0 \tag{11-18}$$

式中 P——消防水泵或消防给水系统所需要的设计扬程或设计压力，MPa；

K——安全系数，可取 1.20～1.40，宜根据管道的复杂程度和不可预见发生的管道变更所带来的不确定性确定；

H——当消防水泵从消防水池吸水时，H 为最低有效水位至最不利水灭火设施的几何高差；当消防水泵从市政给水管网直接吸水时，H 为火灾时市政给水管网在消防水泵入口处的设计压力值的高程至最不利水灭火设施的几何高差，m；

P_0——最不利点水灭火设施所需的设计压力，MPa。

11. 计算参数

水龙带材料为麻织；水龙带长度 25m；水龙带直径 65mm；水枪喷嘴口径 19mm；充实水柱长度 10m。

消火栓栓口压力 35.0mH_2O（据《消防给水及消火栓系统技术规范》GB 50974—2014 中 7.4.12 第 2 条）；经计算得沿程损失 0.38mH_2O；高差损失 54.20mH_2O；安全系数 1.2；消防水泵设计扬程 89.78mH_2O。

消火栓系统水泵接合器设计：据《消防给水及消火栓系统技术规范》GB 50974—2014 中 5.4.3：

室内消防流量 $Q=10L/s$，一个 $DN100$ 的水泵接合器的负荷流量为 10～15L/s，故选 1 个水泵接合器。

11.2.4 高位消防水箱计算

根据《消防给水及消火栓系统技术规范》GB 50974—2014 中 5.2.1 第 3 条可知，本建筑为二类高层住宅，高位消防水箱的有效容积不应小于 $12m^3$。在 11 号楼屋面层设置不锈钢水箱 1 座，尺寸为 4m×4m×3m。根据《消防给水及消火栓系统技术规范》GB 50974—2014 中 5.2.2 第 2 条，高位水箱高度可保证最不利点消火栓静压 0.07MPa 要求，故未设置消防增压稳压设施。

11.2.5 灭火器计算

计算原理参照《建筑灭火器配置设计规范》GB 50140—2005。

地上部分以标准层为准：

标准层最大一个防护单元面积 $106m^2$，灭火器设置在消火栓箱内，共有 1 个设置点。住宅为轻危险级 A 类火灾，计算如下：

$$Q=K\frac{S}{U}=0.9\times\frac{106}{100}=0.95A \tag{11-19}$$

式中 Q——计算单元的最小需配灭火级别，A 或 B；

S——计算单元的保护面积，m^2；

U——A 类或 B 类火灾场所单位灭火级别最大保护面积，m^2/A 或 m^2/B；

K——修正系数。

$$Q_e=\frac{Q}{N}=\frac{0.95}{1}=0.95A \tag{11-20}$$

式中 Q——计算单元中每个灭火器设置点的最小需配灭火级别，A 或 B；

N——计算单元中的灭火器设置点数，个。

根据《建筑灭火器配置设计规范》GB 50140—2005 第 6.1.3 条，当住宅楼每层的公共部位建筑面积超过 $100m^2$ 时，应配置 1 具 1A 的手提式灭火器；每增加 $100m^2$ 时，增配 1 具 1A 的手提式灭火器。

因此本建筑每个消火栓箱处选用 2kg 磷酸铵盐干粉灭火器，每具灭火器 1A，每处设置 5 具灭火器。

11.3 建筑排水系统设计计算

11.3.1 排水立管及通气立管计算

排水部分计算原理参考《建筑给水排水设计标准》GB 50015—2019。

计算公式依据《建筑给水排水设计标准》GB 50015—2019 第 4.5.2 条如下：

$$q_p=0.12\alpha\sqrt{N_p}+q_{max} \tag{11-21}$$

式中 q_p——计算管段排水设计秒流量，L/s；

α——根据建筑物用途而定的系数，住宅、宿舍（居室内设卫生间）、宾馆、酒店式公寓、医院、疗养院、幼儿园、养老院的卫生间取 1.5，旅馆和其他公共建筑的盥洗室和厕所间取 2.0～2.5；

N_p——计算管段卫生器具排水当量总数；

q_{max}——计算管段上排水量最大的一个卫生器具的排水流量，L/s。

卫生器具排水当量见表 11-5，由于本住宅为高层建筑，为更好保证房间卫生条件，卫生间采用设置专用通气立管的双立管排水系统，经计算卫生间器具当量为 $N=5.7$，1 层单独出户，则连接 2～18 层排水横支管的立管底部排水总当量为：$\sum N=96.9$。

卫生间立管底部排水总流量：$q_p=0.12\alpha\sqrt{N_p}+q_{max}=0.12\times1.5\times\sqrt{96.9}+1.5=3.27L/s$。

卫生器具排水当量表 **表 11-5**

卫生器具	排水当量 N
洗脸盆	0.75
淋浴器	0.45
坐式大便器	4.5
洗涤盆	1
洗衣机	1.5

根据《建筑给水排水设计标准》GB 50015—2019 中“生活排水立管最大设计排水能力”表中数值确定卫生间排水立管选择 $DN100$，根据 4.7.14 由于通气立管长度超过 50m，故通气立管管径选择 $DN100$，结合通气管每层连接。

由于厨房和阳台连接卫生器具少，采用伸顶通气单立管排水系统，经相同方法计算厨房及设置洗衣机阳台排水立管底部流量，查表得出管径均选择 $DN100$。

11.3.2 出户管计算

由排水系统原理图可知，以厨房污水立管 WL-6 为例，计算 WL-6 的排水总当量为 51。

则出户管总流量：$q_p=0.12\alpha\sqrt{N_p}+q_{max}=0.12\times1.5\times\sqrt{51}+1=2.29L/s$。

根据《建筑给水排水设计标准》GB 50015—2019 中 4.5.11 条规定，单根排水立管的排出管管径宜与排水立管相同；且查排水铸铁管水力计算表，采用最小坡度 0.012，充满度 0.5，$DN100$ 排水量为 2.83L/s，满足要求，故选用 $DN100$ 出户管。

11.3.3 化粪池计算

计算公式依据《建筑给水排水设计标准》GB 50015—2019 第 4.10.15 条如下：

$$V=V_w+V_n \tag{11-22}$$

$$V_w=\frac{m_f b_f q_w t_w}{24\times1000} \tag{11-23}$$

$$V_n=\frac{m_f b_f q_n t_n(1-b_x)M_s\times1.2}{(1-b_n)\times1000} \tag{11-24}$$

式中 V_w——化粪池污水部分容积，m^3；

V_n——化粪池污泥部分容积，m^3；

q_w——每人每日计算污水量，L/(人·d)，按《建筑给水排水设计标准》GB 50015—2019 表 4.10.15-1 取用；

t_w——污水在池中停留时间，h，应根据污水量确定，宜采用 12～24h；

q_n——每人每日计算污泥量，L/(人·d)，按《建筑给水排水设计标准》GB 50015—2019 表 4.10.15-2 取用；

t_n——污泥清掏周期应根据污水温度和当地气候条件确定，宜采用 3～12 个月；

b_x——新鲜污泥含水率可按 95%计算；

b_n——发酵浓缩后的污泥含水率可按 90%计算；

M_s——污泥发酵后体积缩减系数，宜取 0.8；

1.2——清掏后遗留 20%的容积系数；

m_f——化粪池服务总人数；

b_f——化粪池实际使用人数占总人数的百分数，按《建筑给水排水设计标准》GB 50015—2019 表 4.10.15-3 确定。

本建筑 q_w 取 225L/(人·d)，t_w 取 12h，q_n 取 0.7L/(人·d)，t_n 取 180d，b_f 取 70%，由于化粪池供 10 号和 11 号两栋楼使用，每层 6 户，每户 3.5 人，每栋楼 17 层住宅，故 $m_f=6\times17\times3.5\times2=714$ 人。

计算可得 $V_w=56.22\text{m}^3$，$V_n=2.02\text{m}^3$，$V=58.24\text{m}^3$，查《钢筋混凝土化粪池》03S702 选用有效容积 75m³ 的 G12-75SQF 化粪池 1 座。

11.4 建筑雨水系统设计计算

(1) 根据《建筑给水排水设计标准》GB 50015—2019 中 5.2.4、5.2.5 条规定，本建筑属于一般性建筑，屋面设计重现期 P 取 5 年，屋面雨水排水管道工程与溢流设施的总排水能力不小于 10 年重现期的雨水量。

(2) 屋面雨水的排水形式由建筑专业确定，采用外排水系统。

本项目参照当地暴雨强度公式如下：

$$q_j=\frac{1614(1+0.887\lg P)}{(t+11.23)^{0.658}}[\text{L}/(\text{s}\cdot\text{ha})] \quad (11\text{-}25)$$

建筑屋面设计重现期 $P=5$ 年，设计降雨历时 $t=5\text{min}$。

本建筑屋面设计雨水量 $Q=\psi Fq_j$，式中 ψ 为径流系数，F 为汇水面积。屋面综合径流系数取 1.0。汇水面积如图 11-3 所示。

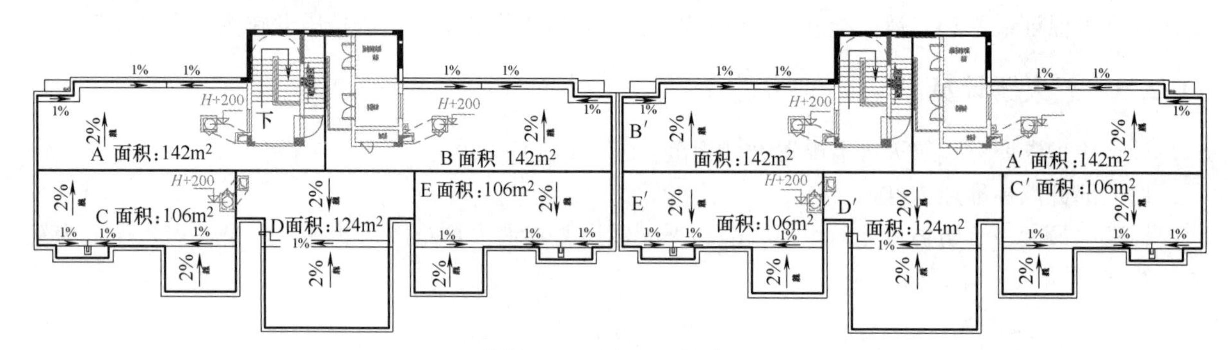

图 11-3 汇水面积划分图

如图 11-3 所示，YL-1 对应 A 汇水面积 $F_1=142\text{m}^2$。

则 YL-1 的雨水量 $Q_1=5.93\text{L/s}$。

根据标准选择 87 型雨水斗，屋面雨水系统采用 DN100 雨水立管，经室外雨水口收集，最终接入场区市政雨水管网。

第 12 章 住宅建筑给水排水设计案例图纸

(1) 建筑给水排水图纸目录
(2)《给水排水设计总说明（一）》
(3)《给水排水设计总说明（二）》
(4)《室外给水排水总平面图》
(5)《一层给水排水及消防平面图》
(6)《二至四层给水排水及消防平面图》
(7)《五至十八层给水排水及消防平面图》
(8)《屋顶层给水排水及消防平面图》
(9)《排水系统原理图》
(10)《给水及消火栓系统原理图》

××住宅建筑给水排水工程初步设计图纸目录

	子项名称	图纸名称	图号
00	目录	建筑给水排水图纸目录	JS-00
01	总说明	给水排水设计总说明(一)	JS-01
		给水排水设计总说明(二)	JS-02
02	平面图	室外给水排水总平面图	JS-03
		一层给水排水及消防平面图	JS-04
		二至四层给水排水及消防平面图	JS-05
		五至十八层给水排水及消防平面图	JS-06
		屋顶层给水排水及消防平面图	JS-07
03	系统原理图	排水系统原理图	JS-08
		给水及消火栓系统原理图	JS-09

<table>
<tr><td colspan="2" rowspan="2">××设计单位</td><td>项目名称</td><td colspan="2">建筑给水排水工程初步设计</td></tr>
<tr><td>子　项</td><td colspan="2"></td></tr>
<tr><td>审　定</td><td>×××</td><td rowspan="4">建筑给水排水
图纸目录</td><td>图　别</td><td>初设</td></tr>
<tr><td>校　核</td><td>×××</td><td>分项号</td><td>00</td></tr>
<tr><td>设　计</td><td>×××</td><td>总　号</td><td>JS-00</td></tr>
<tr><td>制　图</td><td>×××</td><td>日　期</td><td>××××.××</td></tr>
</table>

给水排水设计总说明（一）

一、工程概况

本项目属于××省××市××区建设的人居环境整治工程项目，本设计为6号地块11号住宅楼，该地块由10号和11号两栋二类高层住宅组成，单体住宅总建筑面积10748.80m^2，地上18层建筑，高度53.10m，生活水泵房及消防水泵房位于10号楼地下室，高位消防水箱位于11号住宅屋顶。

二、设计依据

1. 建设单位提供的本工程有关资料和设计任务书；
2. 建筑和有关工种提供的作业图和有关资料；
3. 国家现行有关给水、排水、消防和卫生等设计规范及规程：

（1）《建筑给水排水设计标准》GB 50015—2019；
（2）《建筑设计防火规范（2018年版）》GB 50016—2014；
（3）《消防给水及消火栓系统技术规范》GB 50974—2014；
（4）《建筑灭火器配置设计规范》GB 50140—2005；
（5）《建筑屋面雨水排水系统技术规程》CJJ 142—2014；
（6）《住宅设计规范》GB 50096—2011；
（7）《建筑给水排水及采暖工程施工质量验收规范》GB 50242—2002；
（8）《建筑机电工程抗震设计规范》GB 50981—2014；
（9）《建筑给水排水与节水通用规范》GB 55020—2021；
（10）《民用建筑太阳能热水系统应用技术标准》GB 50364—2018。

三、设计内容

本工程设计范围包括室外给水排水和消防的总体设计，以及11号住宅楼给水排水系统、消火栓给水系统和建筑灭火器配置设计。

四、给水系统

1. 根据甲方提供的市政给水压力，故本工程市政给水压力按引入管压力为0.12MPa进行设计，室外管网具体设计详见室外给水、排水和消防的总体设计。

2. 本工程最高日用水量为80m^3/d。住宅部分给水系统分3个分区供水，其中住宅1层由市政常压供水，2～11层为加压Ⅰ区，12～18层为加压Ⅱ区，由位于10号住宅楼地下室的数字全变频恒压供水设备加压供水。

3. 住宅加压Ⅰ、Ⅱ区数字全变频恒压供水设备均设有4台变频泵，3用1备，Ⅰ区变频泵性能为：Q=30m^3/h，H=0.65MPa，N=15kW/台；Ⅱ区变频泵性能为：Q=15m^3/h，H=0.85MPa，N=11kW/台，均由远传压力表（设在泵房内）将管网压力信号反馈至变频柜控制水泵的运行。Ⅱ区管网最高恒定压力为0.82MPa；Ⅰ区管网最高恒定压力为0.62MPa。

五、热水系统

本栋建筑共有住宅102户，在每户住宅的南面阳台上分别设置阳台壁挂式太阳能热水供应系统，太阳能热水系统使用比例达到100%。

1. 采用分体壁挂太阳能热水系统，每户独立设置。设置太阳能热水系统的户型阳台栏杆设采光面积1.85m^{2}平板太阳能面板及100L贮热水箱，电辅助加热功率为1.5kW，电辅助加热系统必须采用带有保证使用安全的装置。室内管道采用S2.5系列热水型PPR管DN20，室内管道由住户自理，贮热器出水管处设置长度不小于0.4m的不锈钢金属管过渡到PPR管。安装在建筑上或直接构成建筑围护结构的太阳能集热器，应有防止热水渗漏的安全设施。为防止太阳能板或部件坠落，太阳能板安装需牢靠，安装在承重结构上，连接件及支撑有足够的强度及刚度，集热器表面应有一定的强度，不得采用真空管型集热器，连接件的材料、构造及设备支撑部件的正常寿命须不低于热水器使用寿命，连接件寿命须不低于50年。具体支管由业主装修自理。

2. 太阳能系统必须设有防渗漏、防冻、防坠落、防坠物、防结露、防过热、防雷、防雹、抗风、抗震的措施。选用带有接地保护、防干烧、防超压、防高温装置，有漏电保护和无水自动断开、断电功能的产品。

3. 太阳能户内热水管采用埋地敷设，采用保温措施，并采用金属护壳保证材料持续有效；太阳能集热器与贮热水箱间的管道采用金属复合热水管。

4. 换热器的冷水进水管上装设过滤器。

5. 阳台壁挂热水器要安装在能承重的结构上，能承受设备运行重量及风荷载。

6. 太阳能热水系统须由中标厂家根据自己产品特点深化设计，并必须符合国家相关规范。

六、消防系统

本工程消防系统按二类高层住宅建筑设计。设有室外消火栓给水系统、室内消火栓给水系统，根据甲方提供的市政资料，本项目有两路市政消防给水，故地下室消防水池不贮存室外消防用水量。单体消防用水量详见下表：

本住宅消防用水设计基本参数

序号	消防系统名称	消防用水量标准	火灾延续时间	一次灭火用水量	备注
1	室外消火栓给水系统	15L/s	2h	108m^3	市政管网供给
2	室内消火栓给水系统	10L/s	2h	72m^3	消防水池供给
3	室内消防用水量合计			72m^3	消防水池供给

1. 本工程在10号住宅地下室设有1座消防水池，总有效容积396m^3，满足本工程室内消防系统用水量。在10号楼地下室设室内消火栓加压水泵2台，1用1备，消火栓水泵性能参数为：Q=40L/s，H=160m，N=110kW。自动喷水灭火系统加压水泵2台，自动喷水灭火系统水泵性能参数为：Q=30L/s，H=80m，N=45kW。消火栓出水压力超过0.50MPa不大于0.70MPa时设减压孔板，消火栓出水压力超过0.70MPa时采用减压稳压消火栓，保证栓口动压为0.35～0.40MPa。在每栋建筑室外设置1套室内消火栓系统水泵接合器，型号为SQS150，分别与地下室内消火栓环网连接。

2. 在11号楼屋顶设有有效容积V=20.8m^{3}的BDF拼装式消防水箱1座，提供本项目室内消火栓和10号楼地下室自动喷水灭火系统初期灭火用水及维持管网平时所需压力。消防水箱的人孔和进出水管的阀门均应设置锁具锁定。

3. 室内消火栓给水泵控制：消火栓给水泵2台，1用1备。火灾时，按动任一消火栓处报警按钮动作信号应作为报警信号及启动消火栓泵的联动触发信号，由消防联动控制器联动控制消火栓泵的启动。泵启动后，反馈信号至消火栓处和消防控制中心。消防水泵包括喷淋水泵控制柜在平时应处于自动启泵状态，不应设置自动停泵的控制功能，停泵应由具有管理权限的工作人员根据火灾扑救情况确定。屋顶消防水箱出水管上设置流量开关，监测流量大于设定值时，自动启动消火栓泵。地下室消火栓泵出水干管上设置低压压力开关，监测压力值低于设定值时，自动启动消火栓泵。

4. 消火栓采用薄型单栓带灭火器箱组合式消防柜，预留洞尺寸为1850mm×750mm，距地100mm，详见图集《室内消火栓安装》15S202。消火栓箱内设SN65消火栓，配备ϕ19口径水枪及DN65、25m长衬胶水龙带，30m长消防软管卷盘，并设消火栓报警按钮。消火栓报警按钮带有保护装置。

5. 消防水池和消防水箱应设置就地水位显示装置，并在消防控制中心或值班室等地点设置显示消防水池水位的装置，同时有最高和最低报警水位。

6. 消防水泵控制柜设置在独立的控制室时，其防护等级不应低于IP30；与消防水泵设置在同一空间时，其防护等级不应低于IP55。

7. 消防控制室或值班室，应具有下列控制和显示功能：

（1）消防控制柜或控制盘应设置专用线路连接和手动直接启泵按钮。
（2）消防控制柜或控制盘应能显示消防水泵和稳压泵的运行状态。

8. 消防水泵控制柜应设置机械应急启泵功能，并应保证在控制柜内的控制线路发生故障时由有管理权限的人员紧急启动消防水泵。机械应急启动时，应确保消防水泵在报警后5min内正常工作。

9. 消防水泵应能手动启停和自动启动。

10. 消防水泵控制柜在平时应使消防水泵处于自动启泵状态。

11. 消防水泵不应设置自动停泵的控制功能，停泵应由具有管理权限的工作人员根据火灾扑救情况确定。

12. 住宅部分按A类轻危险级配置建筑灭火器，每个消火栓箱处设1A、2kg装的手提式磷酸铵盐干粉灭火器（MF/ABC2）5具，保护半径为25m；局部超过灭火器最大保护距离，适当增设灭火器使之满足规范要求。

13. 本工程消防电梯排水泵和汽车坡道入口处排水潜水泵和消防泵房潜水泵均要求按消防设备供电，采用双电源供电，保证火灾时的消防排水。

七、污废水系统

根据规范规定，住宅建筑内厨房和卫生间排水立管应分别设置。本建筑为建筑标准要求较高的高层住宅，为保证排水系统水封良好并提高排水能力，卫生间需要设置专用通气管系统，结合《建筑给水排水设计标准》GB 50015—2019中“生活排水立管最大设计排水能力”表，卫生间设专用通气立管，厨房采用伸顶通气单立管系统。经计算后确定卫生间排水立管和通气立管管径均为DN100，厨房排水立管管径为DN100，南面阳台设置洗衣机地漏，排水立管管径为DN100。

为保证室内环境卫生条件好，根据《建筑给水排水设计标准》GB 50015—2019中对最低横支管与立管连接处至立管管底的最小垂直距离要求，当立管连接卫生器具层数在13～19时，对于仅设伸顶通气的立管，底层排水横支管需单独排出；设置通气立管时，最小垂直距离应大于0.75m，由于本建筑满足本要求，因此设置专用通气立管的各排水立管底层排水横支管不需单独排出。结合城市市政污水管网系统和污水处理实际情况，本建筑厨房和卫生间排水经过化粪池处理后排放到市政污水管网中。

八、雨水排水系统

雨水系统按雨水管道设置位置分为外排水系统和内排水系统。屋面雨水的排水形式由建筑专业确定，综合考虑本建筑采用外排水系统，屋面天沟内采用87型雨水斗，屋面雨水系统采用DN100雨水立管，经室外雨水口收集，最终接入场区市政雨水管网。北面阳台设置地漏排放雨水，北面阳台雨水排水立管管径采用DN100。

九、管材

1. 给水管

（1）住宅加压给水管以及市政低区给水管均采用PSP钢塑复合管（产品符合《钢塑复合压力管》CJ/T 183—2008、《钢塑复合压力管用双热熔管件》CJ/T 237—2006），管道内外材质为PPR，公称压力等级1.6MPa，管道采用双热熔管件热熔连接；水表后给水支管采用S4级PPR管，热熔连接。

（2）图中S4级PPR公称直径与实际管径（mm）按下表规定选用：

公称直径(DN)	15	20	25	32	40	50	65(70)	80	100
外径dn×壁厚(De×δ)	20×2.3	25×2.3	32×2.9	40×3.7	50×4.6	63×5.8	75×6.8	90×8.2	110×10

生活给水系统管道涉水材料的卫生指标应符合《生活饮用水输配水设备及防护材料的安全性评价标准》GB/T 17219—1998。

××设计单位		项目名称	建筑给水排水工程初步设计
		子　项	
审　定	×××	图　别	初设
校　核	×××	图　号	JS-01
设　计	×××	总　号	×××
制　图	×××	日　期	××××.××

给水排水设计总说明（一）

给水排水设计总说明（二）

2. 排水管

（1）重力排水污水立管及通气管采用W型离心柔性铸铁排水管，不锈钢管箍连接。埋地敷设的排水铸铁管应采用法兰承插式柔性接口，并采取加强级防腐。

（2）建筑排水塑料管粘接，熔接连接的排水横支管的坡度采用0.026。生活排水铸铁管的管道坡度：*DN*100管道为0.012，*DN*150的管道为0.010。

（3）塑料排水立管每层需设伸缩节和阻火圈。排水横干管穿越防火分区要设置阻火圈。

3. 消防给水管

室内消防给水管高区采用内外壁热镀锌钢管，一层采用内外壁热镀锌加厚钢管，其他层消防给水管采用内外壁热镀锌钢管，壁厚符合国标要求，公称压力等级为1.6MPa；产品满足《低压流体输送用焊接钢管》GB/T 3091—2015规格要求。*DN*≤50mm时，丝扣连接，*DN*＞50mm时，卡箍连接。管道附件压力等级与管道压力等级一致。室外埋地消防给水管采用给水铸铁管，公称压力等级为1.6MPa，橡胶圈承插连接。

十、阀门及附件

1. 阀门

（1）所有阀门的压力，无缝钢管上的阀门，选用公称压力等级PN25，其余阀门均选用公称压力等级PN16。

（2）*DN*＞50mm，采用铜芯闸阀；*DN*≤50mm者，采用铜芯截止阀。

（3）采用的闸阀除图中专门注明外，一般在泵房内及消防管道上为明杆弹性底座闸阀，其他部位可为暗杆弹性底座闸阀（带开启标志）。

（4）淋浴器选用镀铬莲蓬头，其阀采用淋浴器专用的镀铬截止阀。

（5）水泵出口压力P＞0.5MPa的出水管应采用消声止回阀或缓闭止回阀。在其他部位可采用一般的旋启式止回阀或梭式止回阀，排水管道上的缓闭止回阀采用408球形止回阀。

（6）减压阀：给水系统上采用支管减压阀，消火栓给水系统上采用可调式或比例式减压阀。安装减压阀前全部管道必须冲洗干净。减压阀前过滤器需定期清洗和去除杂物。

2. 附件

（1）构造内无存水弯的卫生器具和地漏与生活污水管道或其他可能产生有害气体的排水管道连接时，必须在排水口下设存水弯，卫生器具采用构造自带存水弯的产品，存水弯的水封深度不小于50mm。

（2）本设计除图纸中注明外采用的地漏均为*DN*50，严禁安装不符合国家标准的地漏。采用的地漏，其水封高度应不小于50mm。如市场无符合标准的地漏，可改用无水封地漏，在连接管道时增设存水弯。地漏应安装在地面最低处，其箅子顶面应低于设置处地面不小于5mm。

（3）洗衣机附近的地漏一律采用带洗衣机插孔的地漏箅子。

（4）地面清扫口采用铜制品，清扫口表面与地面相平。

（5）排水管上检查口、清扫口除图中标明者外，还应按《建筑给水排水及采暖工程施工质量验收规范》GB 50242—2002第5.2.6条要求设置和安装，排水立管检查口距地面或楼板面1.00m。但当采用带门三通和弯头时此门可替代清扫口和检查口。采用给水铸铁管的管段上的清扫口可用钢制管件加法兰堵代替。检查口每层设置，采用内塞检查口。

（6）水箱至大便器的冲洗管，采用*DN*50的塑料管。

（7）除注明外，阳台雨水以地漏排水，上人屋面的人员活动处及走道处采用平箅雨水斗；其余包括上人屋面的天沟内均采用87型钢制雨水斗。

（8）全部给水配件均采用节水型产品，不得采用淘汰产品。阀门寿命应达到现行相应产品标准寿命要求的1.5倍。

十一、卫生洁具

1. 本工程所用卫生洁具均采用陶瓷制品，颜色由业主和装修设计确定。

2. 卫生洁具给水及排水五金配件应采用与卫生洁具配套的节水型。不得采用一次冲水量大于5L的坐便器。小便器采用自闭式冲洗阀。

3. 洁具安装应遵照国标图纸《住宅厨、卫给水排水管道安装》14S307和《建筑给水排水及采暖工程施工质量验收规范》GB 50242—2002第7章的要求。

十二、管道敷设

1. 给水立管穿楼板时，应设套管。安装在楼板内的套管，其顶部应高出装饰地面20mm；安装在卫生间及厨房内的套管，其顶部高出装饰地面50mm，底部应与楼板底面相平；套管与管道之间缝隙应用阻燃密实材料和防水油膏填实，端面光滑。

2. 排水管道穿过楼板应设金属套管。安装在楼板内的套管，其顶部应高出装饰地面20mm；安装在卫生间及厨房内的套管，其顶部高出装饰地面50mm，底部应与楼板底面相平；套管与管道之间缝隙应用阻燃密实材料和防水油膏填实，端面光滑。

3. 立管周围管道穿屋顶时，应预埋A型柔性防水套管。预埋套管时应对照水施图校核所预埋的套管管径，保证其内所穿管道安装使用方便；应设高出楼板面设计标高10～20mm的阻水圈，详见图集《建筑排水用柔性接口铸铁管安装》04S409-16立管穿楼板面（丙型）。

4. 排水横管应尽量抬高在梁底上方方格空间内和贴梁底敷设。

十三、管道坡度

1. 设计图中排水管道未注明坡度的，均采用标准坡度。即：塑料横支管$i=0.026$；生活排水横干管铸铁管采用国标通用坡度安装。

2. 给水管、消防给水管均按0.002的坡度坡向立管或泄水装置。

3. 通气管以0.01的上升坡度坡向通气立管。

十四、其他

1. 图中所注尺寸除管长、标高以m计外，其余以mm计。

2. 本图所注管道标高：给水、消防、压力排水管等压力管指管中心；污水、废水、溢水、泄水管等重力流管道和无水流的通气管指管内底。

3. 本工程室内±0.000相当于绝对标高。

4. 装修时应将消火栓箱做明显标志，不得封包隐蔽，箱体厚度大于墙体厚度的暗装消火栓，箱体应向房间内凸出。消火栓箱嵌剪力墙时采用明装，嵌防火墙时采用半嵌入式安装，保留墙体厚度不小于120mm，不得破坏墙体防火性，无法满足墙体厚度时，应在消火栓箱体背后加装20mm厚钢板，并涂刷防火漆。

5. 本说明与设计图纸具有同等效力，二者均应遵守，若二者有矛盾时，建设单位及施工单位应及时提出，并以设计单位的书面解释为准。

6. 所有管道在施工前，安装单位应编制施工组织安装方案，如发现管道有相碰之处，均按"给水管让热水管、小管让大管、压力流管让重力流管"的原则，在现场做小幅度调整，严禁无组织无计划的施工。

7. 除本设计说明外，施工中还应遵守《建筑给水排水及采暖工程施工质量验收规范》GB 50242—2002。

8. 工程中采用的消防给水及消火栓系统组件和设备等应符合国家现行有关标准和准入制度要求的产品。本图须报消防审查通过后方可用于施工。

图例

图例	名称	图例	名称
	止回阀		存水弯
	台式洗面盆		通气帽
	遥控浮球阀		检查口
	室内消火栓		太阳能贮热水箱
	压力表		坐式大便器
	试验消火栓	JL- JL-	生活给水立管
	不锈钢防锈网罩	XL- XL-	消火栓给水立管
	流量开关	ZP- ZP-	自动喷水灭火系统给水立管
	闸阀	WL- WL-	污水排水立管
	自动排气阀	FL- FL-	废水排水立管
	压力真空破坏器	YL- YL-	雨水排水立管
	减压稳压阀	NL- NL-	冷凝水排水立管
	截止阀		

××设计单位		项目名称	建筑给水排水工程初步设计
		子　项	
审　定	×××	图　别	初设
校　核	×××	图　号	JS-02
设　计	×××	总　号	×××
制　图	×××	日　期	××××.××

给水排水设计总说明（二）

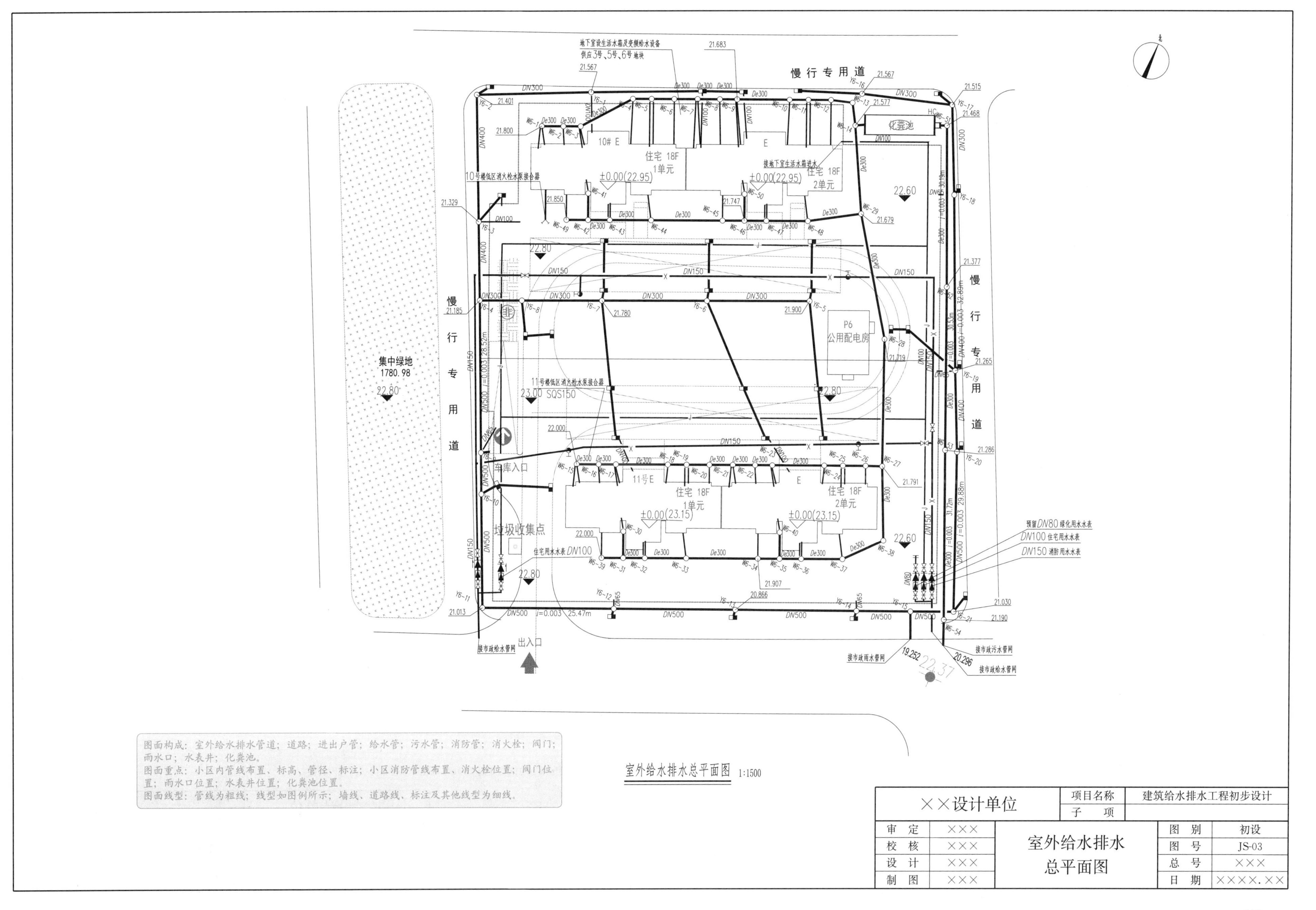
地下室设生活水箱及变频给水设备
供应3号、5号、6号地块
慢行专用道
集中绿地
1780.98
10#E
住宅 18F
1单元
2单元
±0.00(22.95)
10号楼低区消火栓水泵接合器
接地下室生活水箱进水
化粪池
P6
公用配电房
11号楼低区消火栓水泵接合器
23.00 SQS150
车库入口
垃圾收集点
住宅用水水表 DN100
11号E
±0.00(23.15)
预留DN80绿化用水水表
DN100 住宅用水水表
DN150 消防用水水表
接市政给水管网
出入口
接市政雨水管网
接市政污水管网
22.60
22.80
DN300
DN400
DN500
DN150
De300
图面构成：室外给水排水管道；道路；进出户管；给水管；污水管；消防管；消火栓；阀门；雨水口；水表井；化粪池。
图面重点：小区内管线布置、标高、管径、标注；小区消防管线布置、消火栓位置；阀门位置；雨水口位置；水表井位置；化粪池位置。
图面线型：管线为粗线；线型如图例所示；墙线、道路线、标注及其他线型为细线。
室外给水排水总平面图 1:1500
××设计单位
项目名称
建筑给水排水工程初步设计
子项
审定 ×××
校核 ×××
设计 ×××
制图 ×××
室外给水排水
总平面图
图别 初设
图号 JS-03
总号 ×××
日期 ××××.××

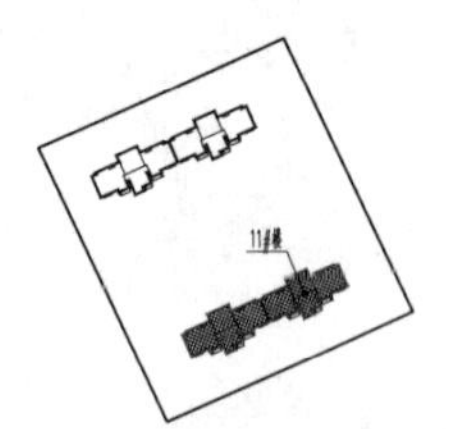

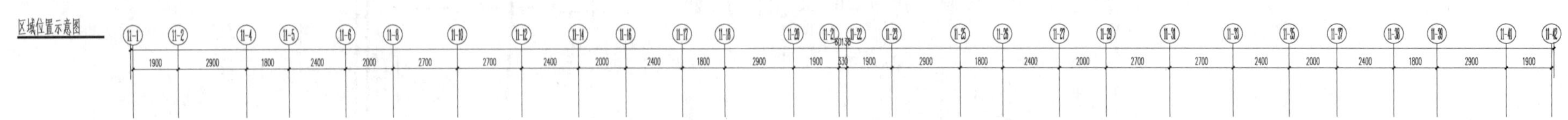

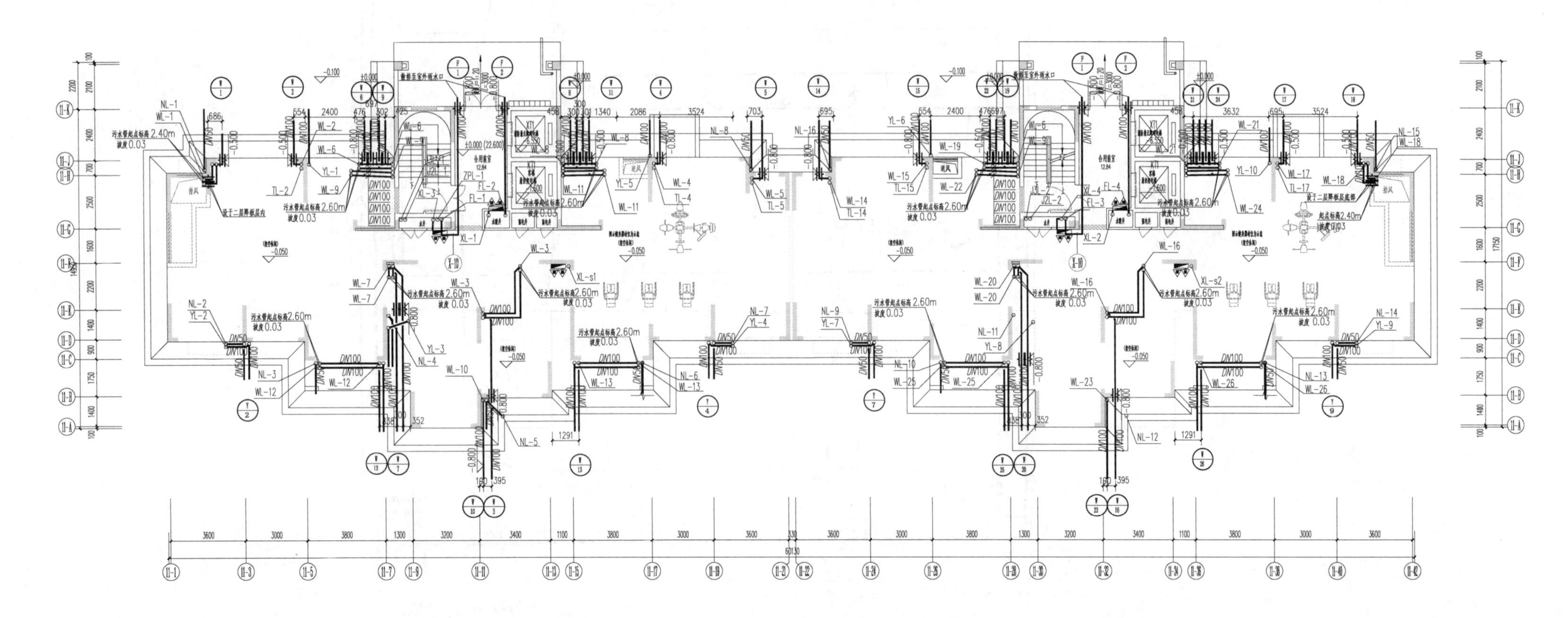

一层给水排水及消防平面图 1:100

图面构成：给水立管；污水立管及横管；雨水立管及横管；出户管；通气立管；消火栓及立管；灭火器。
图面重点：图面着重表达立管编号及定位；管线布置、标高、管径、标注；出户管编号及管径。
图面线型：管线为粗线；线型如图例所示；墙线、标注及其他线型为细线。

一层降板600mm区域

注意：一层风井上方厨房及卫生间均降板600mm，以便于立管在降板区域内转换。

××设计单位		项目名称	建筑给水排水工程初步设计
		子　项	
审　定	×××	图　别	初设
校　核	×××	图　号	JS-04
设　计	×××	总　号	×××
制　图	×××	日　期	××××.××

一层给水排水及消防平面图

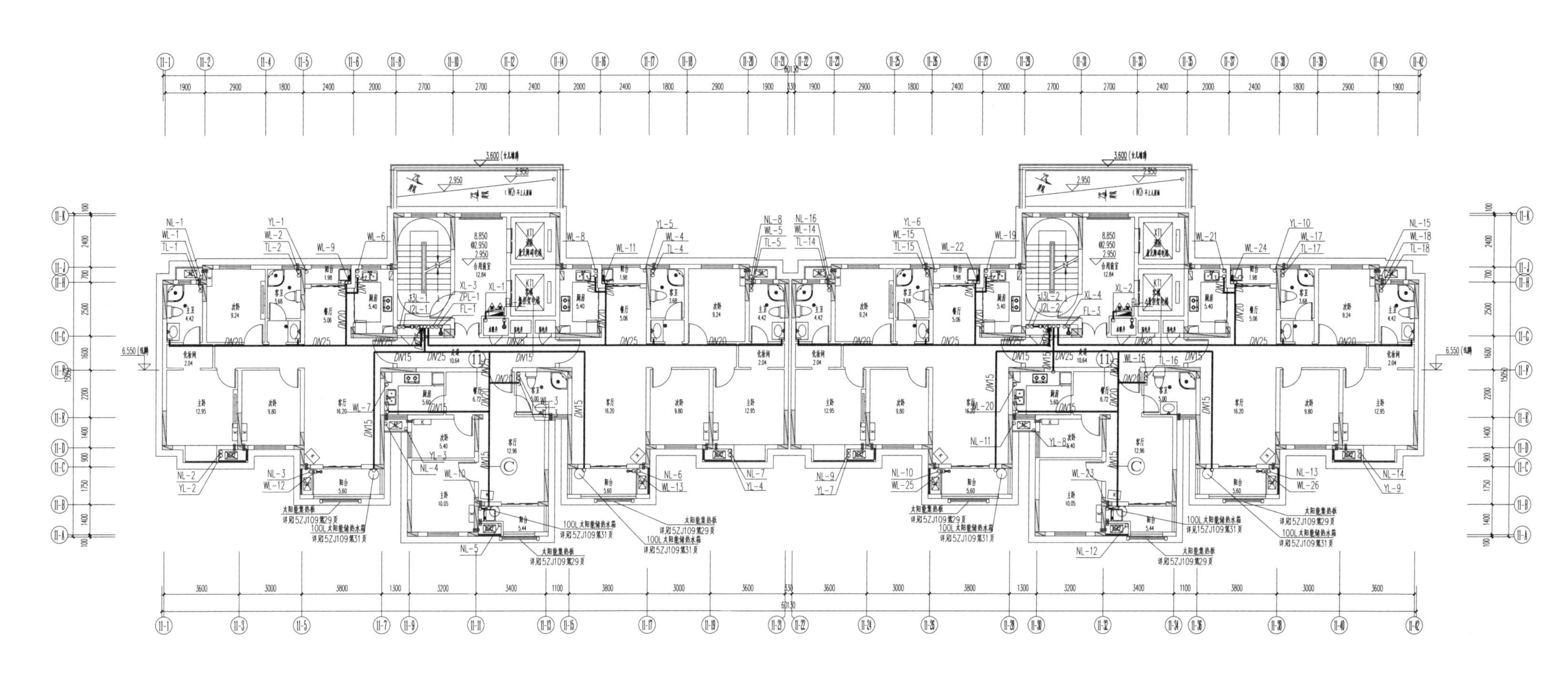

二至四层给水排水及消防平面图 1:100

太阳能集热板和换热水箱每层设置

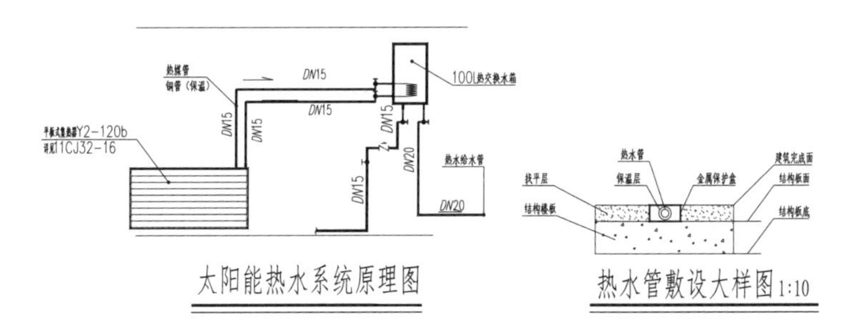

太阳能热水系统原理图

热水管敷设大样图 1:10

说明：太阳能热水系统由设备供应商进行深化设计，包括太阳能集热板、热水箱固定件预埋等。涉及热水系统的产品与设备均应耐温120℃。

图面构成：给水立管；给水横支管；污水立管；雨水立管；通气立管；消火栓立管；灭火器；太阳能热水系统原理图。
图面重点：图面着重表达立管编号及定位；管线布置、标高、管径、标注。
图面线型：管线为粗线；线型如图例所示；墙线、标注及其他线型为细线。

××设计单位		项目名称	建筑给水排水工程初步设计
		子　项	
审　定	×××	图　别	初设
校　核	×××	图　号	JS-05
设　计	×××	总　号	×××
制　图	×××	日　期	××××.××

二至四层给水排水及消防平面图

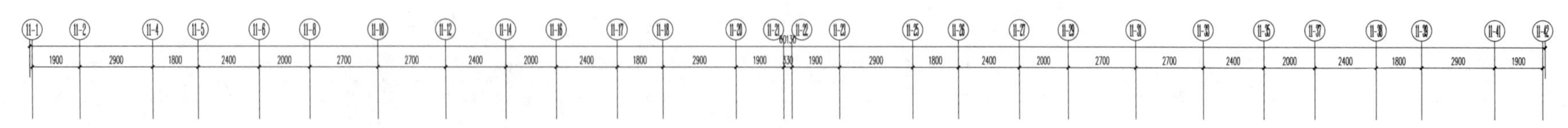

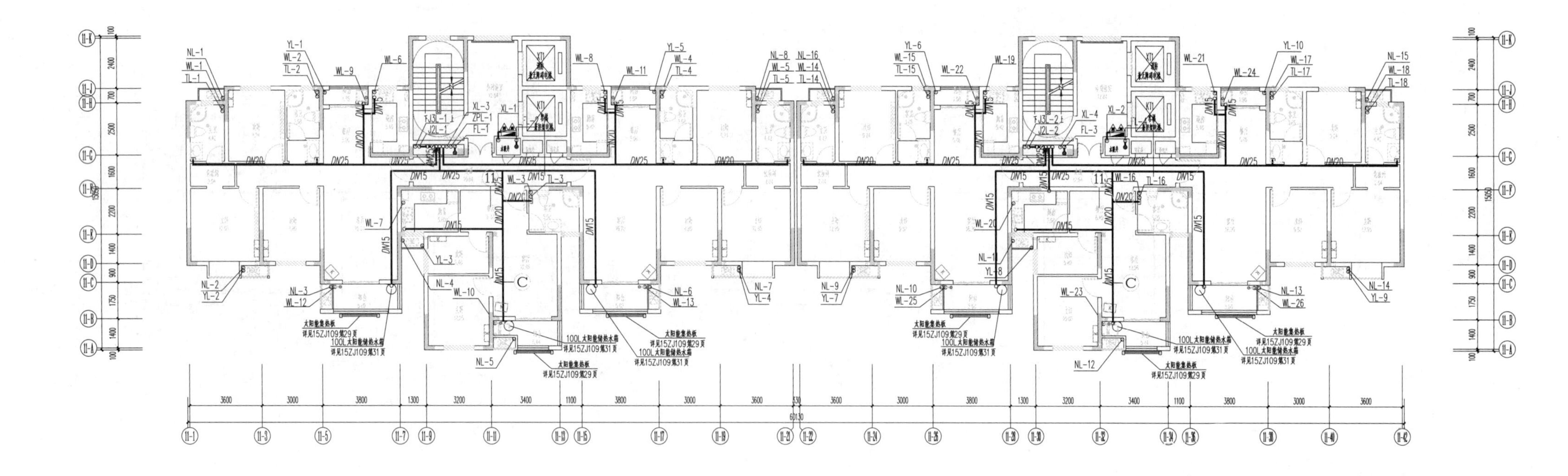

五至十八层给水排水及消防平面图 1:100

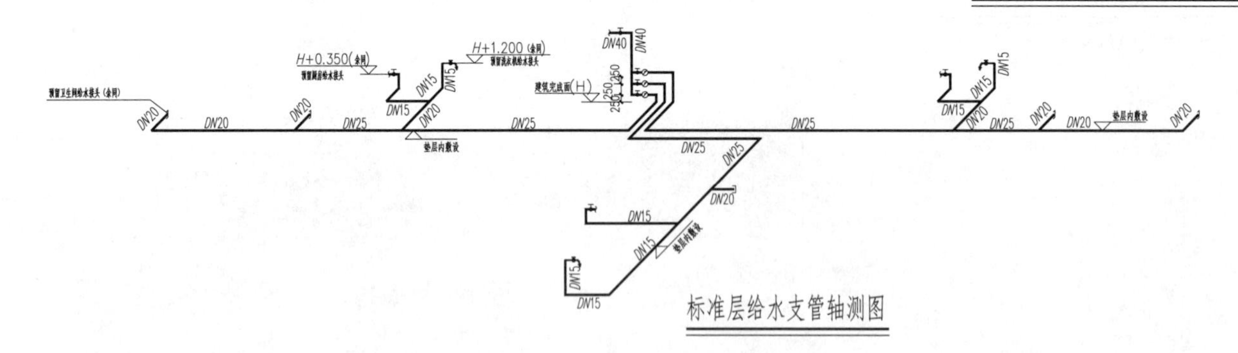

标准层给水支管轴测图

图面构成：给水立管；给水横支管；污水立管；雨水立管；通气立管；消火栓立管；灭火器；标准层给水支管轴测图。
图面重点：图面着重表达立管编号及定位；管线布置、标高、管径、标注。
图面线型：管线为粗线；线型如图例所示；墙线、标注及其他线型为细线。

<table>
<tr><td colspan="2" rowspan="2">××设计单位</td><td>项目名称</td><td colspan="3">建筑给水排水工程初步设计</td></tr>
<tr><td>子　项</td><td colspan="3"></td></tr>
<tr><td>审　定</td><td>×××</td><td colspan="2" rowspan="4">五至十八层给水排水及消防平面图</td><td>图　别</td><td>初设</td></tr>
<tr><td>校　核</td><td>×××</td><td>图　号</td><td>JS-06</td></tr>
<tr><td>设　计</td><td>×××</td><td>总　号</td><td>×××</td></tr>
<tr><td>制　图</td><td>×××</td><td>日　期</td><td>××××.××</td></tr>
</table>

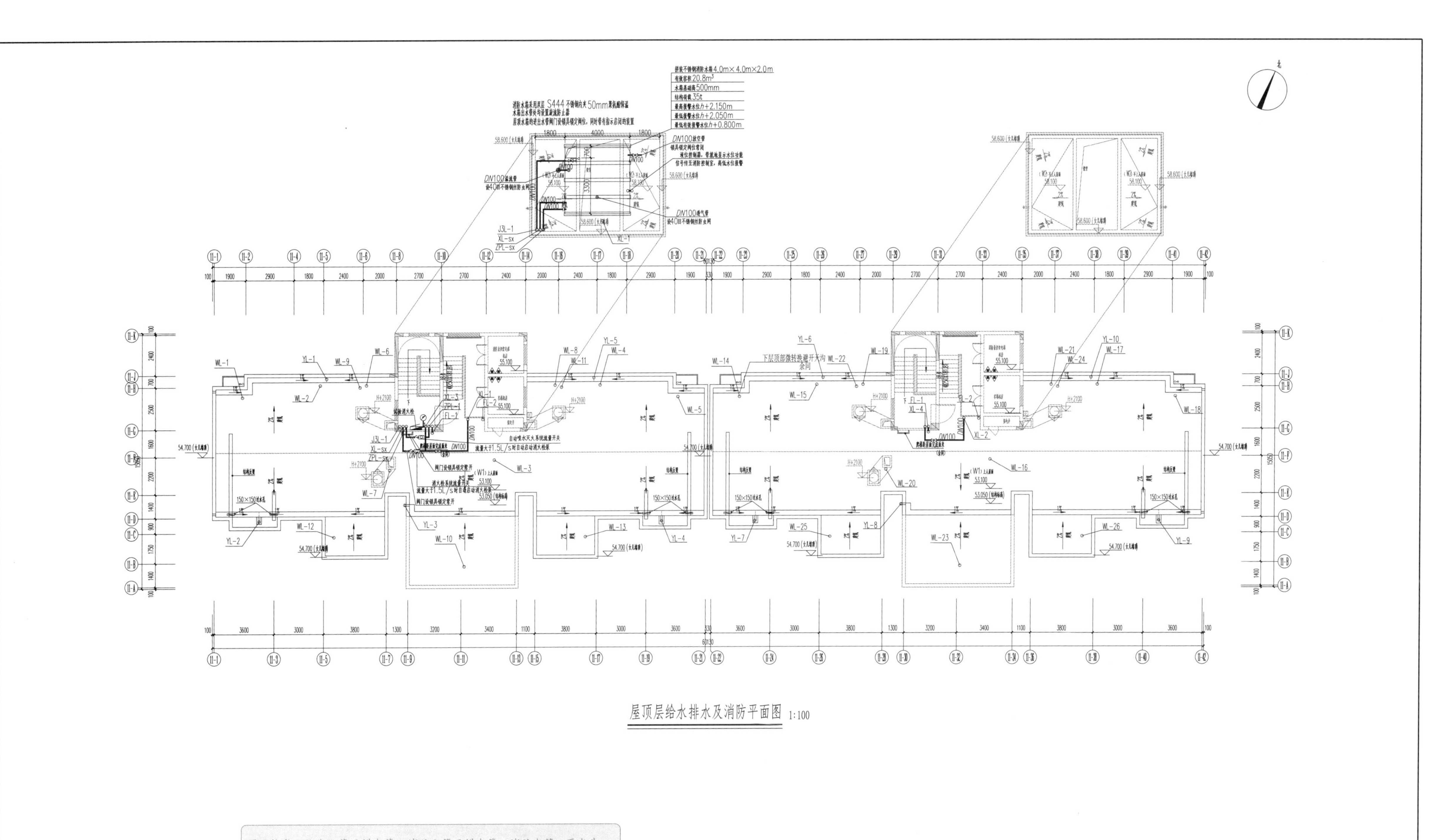

屋顶层给水排水及消防平面图 1:100

图面构成：给水立管及横支管；消防立管及横支管；消防水箱；雨水斗；屋顶试验消火栓；比例尺。
图面重点：图面着重表达立管编号及定位；管线布置、标高、管径、标注；消防水箱定位及尺寸。
图面线型：管线为粗线；线型如图例所示；墙线、标注及其他线型为细线。

××设计单位		项目名称	建筑给水排水工程初步设计
		子　项	
审　定	×××	屋顶层给水排水及消防平面图	图　别：初设
校　核	×××		图　号：JS-07
设　计	×××		总　号：×××
制　图	×××		日　期：××××.××

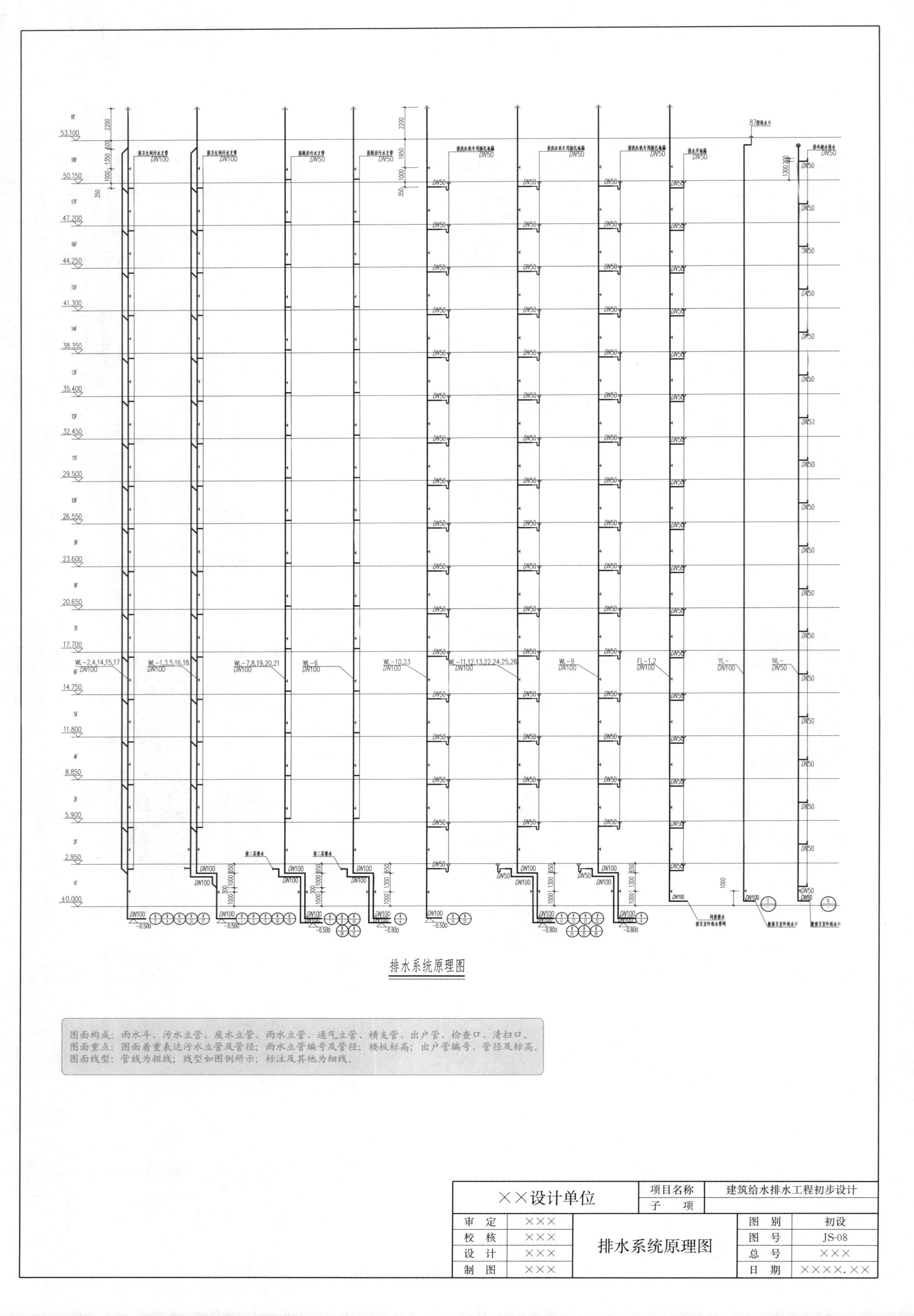

排水系统原理图

图面构成：雨水斗、污水立管、废水立管、雨水立管、通气立管、横支管、出户管、检查口、清扫口。
图面重点：图面着重表达污水立管及管径；雨水立管编号及管径；楼板标高；出户管编号、管径及标高。
图面线型：管线为粗线；线型如图例所示；标注及其他为细线。

××设计单位		项目名称	建筑给水排水工程初步设计
		子　项	
审　定	×××	图　别	初设
校　核	×××	图　号	JS-08
设　计	×××	总　号	×××
制　图	×××	日　期	××××.××

排水系统原理图

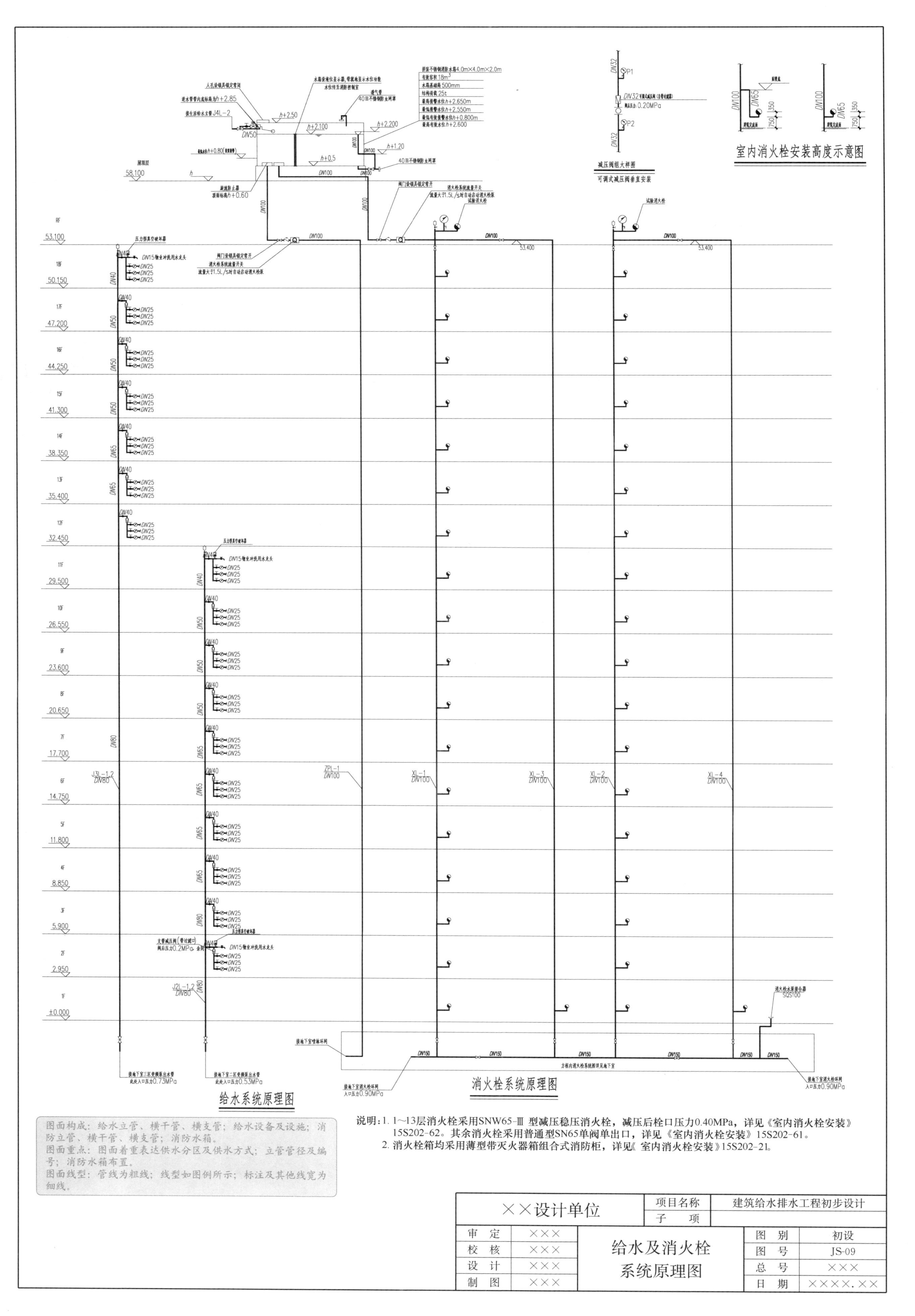
室内消火栓安装高度示意图
减压阀组大样图
可调式减压阀垂直安装
DN32
P1
P2
阀后压力0.20MPa
DN100
DN65
350
750
屋顶层
58.100
h+2.50
h+2.100
h+2.200
h+1.20
h+0.5
人孔设锁具锁定常闭
进水管管内底标高h+2.85
接生活给水立管J4L-2
DN50
旋流防止器
顶面标高h+0.60
通气管
40目不锈钢防虫网罩
拼装不锈钢消防水箱4.0m×4.0m×2.0m
有效容积18m³
水箱基础高500mm
结构荷载25t
最高报警水位h+2.650m
最低报警水位h+2.550m
最低有效报警水位h+0.800m
最高有效水位h+2.600
阀门设锁具锁定常开
消火栓系统流量开关
流量大于1.5L/S时自动启动消火栓泵
试验消火栓
压力限真空破坏器
DN15被动冲洗用水龙头
DN100
DN150
53.400
RF
53.100
18F
50.150
17F
47.200
16F
44.250
15F
41.300
14F
38.350
13F
35.400
12F
32.450
11F
29.500
10F
26.550
9F
23.600
8F
20.650
7F
17.700
6F
14.750
5F
11.800
4F
8.850
3F
5.900
2F
2.950
1F
±0.000
DN25
DN40
DN50
DN65
DN80
J3L-1,2
J2L-1,2
ZPL-1
XL-1
XL-2
XL-3
XL-4
支管减压阀（管道减口）
阀后压力0.2MPa
消防水泵接合器
SQS100
接地下室三区变频泵出水管
此处入口压力0.73MPa
接地下室二区变频泵出水管
此处入口压力0.53MPa
接地下室喷淋环网
接地下室消火栓环网
入口压力0.90MPa
给水系统原理图
消火栓系统原理图
说明：1. 1～13层消火栓采用SNW65-Ⅲ 型减压稳压消火栓，减压后栓口压力0.40MPa，详见《室内消火栓安装》15S202-62。其余消火栓采用普通型SN65单阀单出口，详见《室内消火栓安装》15S202-61。
2. 消火栓箱均采用薄型带灭火器箱组合式消防柜，详见《室内消火栓安装》15S202-21。
图面构成：给水立管、横干管、横支管；给水设备及设施；消防立管、横干管、横支管；消防水箱。
图面重点：图面着重表达供水分区及供水方式；立管管径及编号；消防水箱布置。
图面线型：管线为粗线；线型如图例所示；标注及其他线宽为细线。
××设计单位
项目名称
建筑给水排水工程初步设计
子项
审定
×××
校核
×××
设计
×××
制图
×××
给水及消火栓系统原理图
图别
初设
图号
JS-09
总号
×××
日期
××××.××

第 13 章　住宅建筑给水排水其他图纸

《厨卫给水排水大样图》

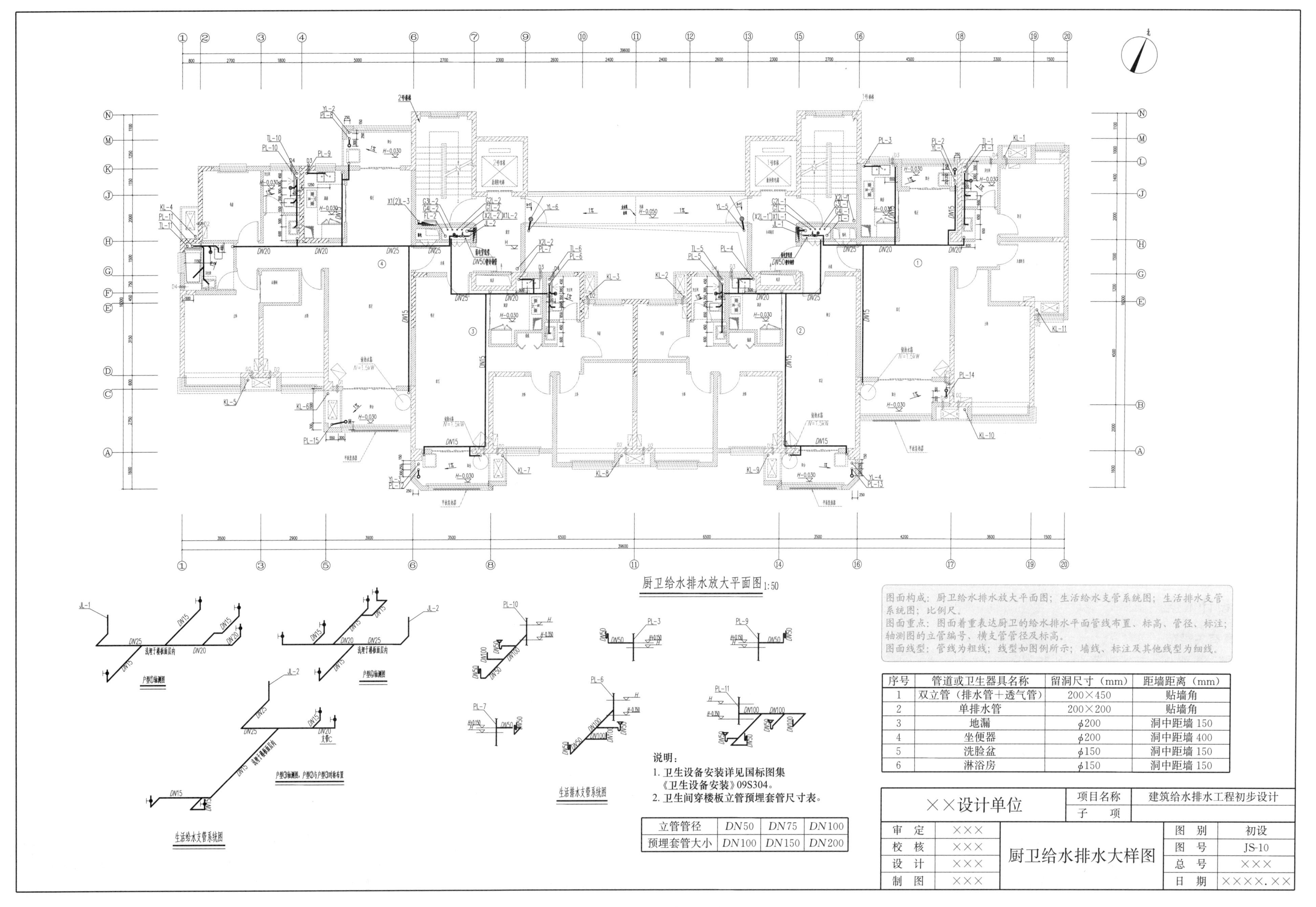

厨卫给水排水放大平面图 1:50
生活给水支管系统图
生活排水支管系统图
户型①轴测图
户型④轴测图
户型③轴测图，户型②与户型③对称布置
图面构成：厨卫给水排水放大平面图；生活给水支管系统图；生活排水支管系统图；比例尺。
图面重点：图面着重表达厨卫的给水排水平面管线布置、标高、管径、标注；轴测图的立管编号、横支管管径及标高。
图面线型：管线为粗线；线型如图例所示；墙线、标注及其他线型为细线。
序号 | 管道或卫生器具名称 | 留洞尺寸（mm） | 距墙距离（mm）
1 | 双立管（排水管＋透气管） | 200×450 | 贴墙角
2 | 单排水管 | 200×200 | 贴墙角
3 | 地漏 | ϕ200 | 洞中距墙 150
4 | 坐便器 | ϕ200 | 洞中距墙 400
5 | 洗脸盆 | ϕ150 | 洞中距墙 150
6 | 淋浴房 | ϕ150 | 洞中距墙 150
说明：
1. 卫生设备安装详见国标图集《卫生设备安装》09S304。
2. 卫生间穿楼板立管预埋套管尺寸表。
立管管径 | DN50 | DN75 | DN100
预埋套管大小 | DN100 | DN150 | DN200
××设计单位
项目名称 | 建筑给水排水工程初步设计
子　项
审　定 | ×××
校　核 | ×××
设　计 | ×××
制　图 | ×××
厨卫给水排水大样图
图　别 | 初设
图　号 | JS-10
总　号 | ×××
日　期 | ××××.××

第 14 章　公共建筑给水排水设计案例说明书

14.1　概述

14.1.1　工程概况

该项目位于某市 A 路以东、B 大道以南、C 厂以西地块，北临 B 大道，西靠 A 路。项目总用地面积 143342m^2，一期规划用地面积 125267m^2，二期规划用地面积 18075m^2，一期计容总建筑面积 142417.46m^2。

一期建设单体包括：1 号门卫室，2 号食堂及活动中心，3 号倒班楼，4 号丙类厂房，5 号动力中心（丙类厂房），6 号氢气站（甲类仓库），7 号～13 号丙类厂房。倒班楼建筑最高为 62.7m，其他楼栋均为不高于 24m 的多层建筑。一期建设项目设备房设置在 3 号倒班楼地下室中。

根据甲方提供资料，地块北侧 B 大道及西侧 A 路各有一路 DN250 市政给水管网，给水管网具体数据暂未提供，管网压力暂按 0.11MPa 计算，待后期现场实测管网水压后进行复核。地块北侧 B 大道及西侧 A 路均有市政雨污水管网。B 大道雨污水接口标高已提供，管径未提供，待后期现场实测管网后进行复核。A 路有一路市政雨水排水沟可供利用，雨水排水沟常水位在 16m 左右，洪水水位在 21.3m 左右，污水接口井底标高 15.66m。

本案例以介绍 3 号倒班楼的建筑给水排水工程设计为主。3 号倒班楼主要功能是为倒班工人提供休息宿舍。该建筑为一类高层建筑，共 19 层，面积 15091.6m^2，共设置 328 间双人间，16 间套间，1 间值班室，床位数共 689 床。

所有设计参考资料、规范、标准均以工程设计年为准。该案例工程设计时间为 2021 年。实际设计计算时需参照现行最新规范。

14.1.2　设计依据

1. 国家有关规范

(1)《城镇给水排水技术规范》GB 50788—2012
(2)《室外给水设计标准》GB 50013—2018
(3)《室外排水设计标准》GB 50014—2021
(4)《建筑给水排水设计标准》GB 50015—2019
(5)《民用建筑节水设计标准》GB 50555—2010
(6)《建筑设计防火规范（2018 年版）》GB 50016—2014
(7)《消防给水及消火栓系统技术规范》GB 50974—2014
(8)《自动喷水灭火系统设计规范》GB 50084—2017
(9)《汽车库、修车库、停车场设计防火规范》GB 50067—2014
(10)《建筑灭火器配置设计规范》GB 50140—2005
(11)《自动跟踪定位射流灭火系统技术标准》GB 51427—2021
(12)《民用建筑设计统一标准》GB 50352—2019
(13)《公共建筑节能设计标准》GB 50189—2015
(14)《建筑机电工程抗震设计规范》GB 50981—2014
(15)《建筑给水排水及采暖施工质量验收规范》GB 50242—2002
(16)《自动喷水灭火系统施工及验收规范》GB 50261—2017
(17)《民用建筑太阳能热水系统应用技术标准》GB 50364—2018
(18)《宿舍建筑设计规范》JGJ 36—2016
(19)《二次供水工程技术规程》CJJ 140—2010
(20)《建筑屋面雨水排水系统技术规程》CJJ 142—2014
(21)《建筑给水塑料管道工程技术规程》CJJ/T 98—2014
(22)《建筑给水复合管道工程技术规程》CJJ/T 155—2011
(23)《建筑排水塑料管道工程技术规程》CJJ/T 29—2010

2. 本项目建筑及其他专业提供的作业条件图和设计资料

14.1.3　设计内容

本工程设计范围为地块内的室内给水排水系统、热水系统、消火栓给水系统、自动喷水灭火系统和建筑灭火器配置。

14.2　建筑给水系统设计

14.2.1　生活给水系统选择

在高层建筑中，竖向分区供水方式见表 14-1。

竖向分区供水方式　　表 14-1

方式名称	方式特点
并联给水方式	由单独水泵为各个区域供水，且水泵集中布置。区域内的供水系统相互独立，不会相互影响，在某个区域出现意外时，不会对整个区域造成任何影响，且操作的能耗小
串联给水方式	分段串联供水，水泵分散在各个区域布置，并且低区的水箱作为水池为上部区域进行供水。不需要高压泵，不需要高压管路，操作能耗小
减压水箱给水方式	通过设置在底部的泵房，将本建筑的全部用水都提升到屋顶水箱，再将其分配到各个水箱中，从而达到降压的目的。水泵数量最少，易于管理和维修；每个区域的减压水箱调整容量较少
减压阀给水方式	减压阀最大的优势在于它最大限度地利用了建筑面积，给水系统比较简单

经过方案对比，采取能耗、占地面积较小的并联给水方式和减压阀给水方式相结合，并采用变频水泵供水方式。

14.2.2　生活给水分区划分

本工程生活给水最高日用水量为 799m^3/d。将倒班楼生活供水分为 3 个区。1 层及以下采用市政给水管网供水；2～7 层由低区加压设备供水；8 层及以上由高区加压设备供水。本地块拟设置一个供水核心，共用生活水箱，采用变频调速供水设备系统供水。

14.2.3 生活水箱及生活水泵选择

整个地块生活用水共用生活水箱，根据泵房平面布置，生活水泵房内设有2座装配式不锈钢生活水箱，有效贮水容积分别为88m^3和73m^3。

生活水泵房内设有2套变频供水设备。

低区生活给水变频加压泵组型号：配3台型号为VCF32-50-2的主泵，2用1备。1台型号为VCF20-4的辅泵，该泵组配备1个容积为200L、压力为0.6MPa的隔膜式气压罐。变频加压泵组的每台泵均设置变频器。

高区生活给水变频加压泵组型号：配3台型号为VCF20-10的主泵，2用1备。该泵组配备1个容积为100L、压力为1.6MPa的隔膜式气压罐。变频加压泵组的每台泵均设置变频器。

14.2.4 生活给水系统流程图

生活给水系统由2根$DN250$的市政管网供水，主要供应：①地下室、1层用水点用水，水量由入户水表计量，同时向生活水箱及高位消防水箱进行补水；②地下室消防水池补水、室外消防给水，水量由消防水表计量；③室外绿化及地面冲洗用水、回用清水池补水，水量由绿化水表计量。生活给水系统流程如图14-1所示。

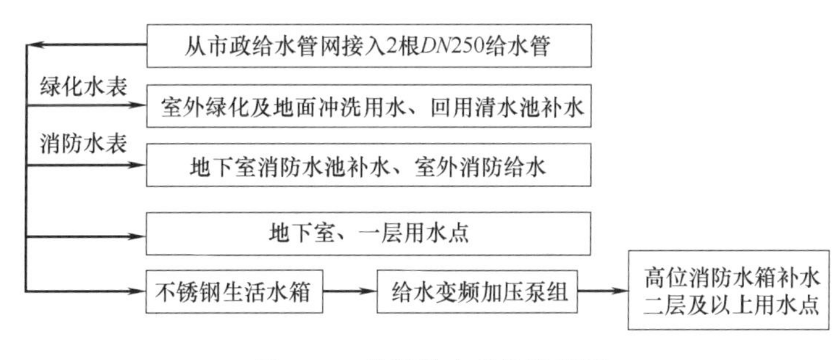

图14-1 生活给水系统流程图

14.2.5 生活给水泵房

根据水泵型号、生活水箱尺寸、管道布置等因素，确定生活给水泵房间尺寸为：$L\times B\times H=$ 20.40m×10.25m×4.97m。

14.3 建筑热水系统设计

14.3.1 系统选择

建筑热水系统根据热水供应范围的不同可分为局部热水供应系统、集中热水供应系统和区域热水供应系统3种。局部热水供应系统简单，造价低，维护管理容易，热水管道短，热损失小，但热媒系统设施投资增大，小型加热器效率低，热水成本增高；集中热水供应系统加热设备集中，管理方便，大型锅炉热效率高；区域热水供应系统便于集中统一维护管理和热能的综合利用，有利于减少环境污染，但设备、系统复杂，建设投资高，需要较高的维护管理水平，改建、扩建困难。本项目采用集中热水供应系统，倒班楼设置定时供应热水，供水时间在上午6：30～9：30，下午5：30～12：00，在屋面设置太阳能＋空气源热泵集中热水系统，采用空气源热泵＋太阳能作为热源，水源由高区生活给水管道供给，经太阳能集热器和循环式空气源热泵机组加热后，经热水管道输送至用水点，采用开式供热系统，在热水水箱出水管设置热水供水泵，保证热水管网循环加热供水。

14.3.2 分区划分

本项目最高日热水量为58.6m^3/d，设计小时热水量为23.34m^3/h，设计小时耗热量为1324kW。

热水分为高低两区供水，低区为1F～7F，7层，共121间；高区为8F～19F，12层，共224间。

14.3.3 热源设备及水泵水箱选择

太阳能集热器：共5块，参考型号：MGQBMK58/1800/100/20°，参数：采光面积19.2m^2/块，总采光面积96m^2。

循环式空气源热泵机组：共4台，参考型号：KFXRS-095/ⅡM，参数：制热量94.8kW，额定功率23.5kW，循环热量20m^3/h。

补水泵：选用水泵2台，1用1备，单泵参考KQL 80/160-1.1/4，型号：参数$Q=25m^3/h$，$H=8m$，$N=1.1kW$/台。

太阳能集热循环泵：选用水泵2台，1用1备，单泵参考KQL 40/100-0.55/2，型号：参数$Q=7m^3/h$，$H=11.5m$，$N=0.55kW$/台。

空气源循环泵：选用水泵2台，1用1备，单泵参考KQL 100/110-7.5/2，型号：参数$Q=80m^3/h$，$H=16m$，$N=7.5kW$/台。

低区热水回水泵：选用水泵2台，1用1备，单泵参考KQL 40/200-4/2，型号：参数$Q=5.4m^3/h$，$H=50m$，$N=4kW$/台。

高区热水供水泵：选用水泵2台，1用1备，单泵参考KQL 65/110-2.2/2，型号：参数$Q=27m^3/h$，$H=14.4m$，$N=2.2kW$/台。

太阳能加热水箱：共1座，尺寸：$a\times b\times h=4.0m\times2.0m\times1.5m$，有效贮水容积$V=5m^3$。

供热热水贮水箱：共1座，尺寸：$a\times b\times h=7.5m\times4.5m\times2.0m$，有效贮水容积$V=50m^3$。

14.4 建筑消防系统设计

14.4.1 系统选择

1. 室内消火栓给水系统

本项目单体建筑最大高度为大于50m的一类高层倒班楼，体积大于50000m^3。厂房为高度不大于24m的丙类厂房，体积大于5000m^3。11号厂房局部空间为高度16.5m的高大空间，为单独防火分区，设置自动消防炮灭火系统，与自动喷水灭火系统不同时使用。该高层倒班楼属一类高层建筑，其火灾级别为中危险级Ⅰ级。由于市政管网水压无法满足消火栓供水的需要，所以在地下室设消防泵，在屋顶设水箱。综合考虑，本倒班楼的消火栓给水系统为有消防泵和水箱的临时高压给水系统。

2. 室外消火栓给水系统

本工程室外给水系统为低压给水系统，由两路市政给水管网供水，室外消防管网布置为环状，管网上设置地上式消火栓。流程图如图 14-2 所示。

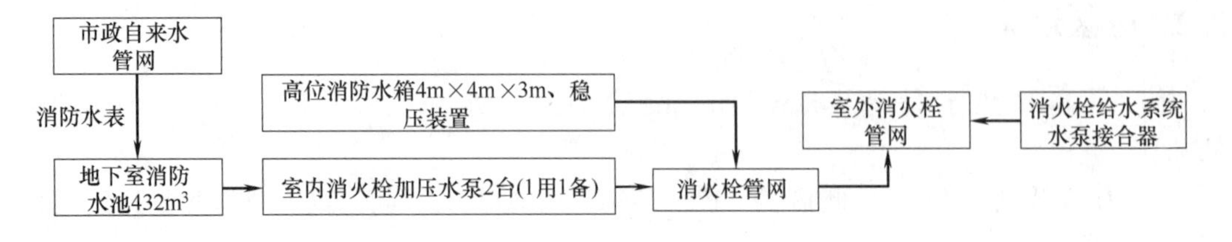

图 14-2　消火栓系统流程图

3. 自动喷水灭火系统

3 号倒班楼，为中危险级Ⅰ级，食堂活动中心顶楼的运动馆净空高度大于 8m 且小于 12m，洒水喷头的喷水强度 12L/(min·m^2)，作用面积 160m^2，火灾延续时间 1h。

本项目自动喷水灭火系统采用临时高压湿式喷淋系统，湿式报警阀设置于地下室消防泵房内。流程图如图 14-3 所示。

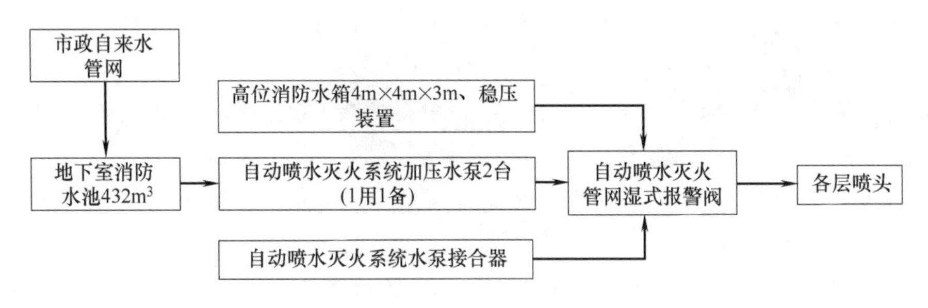

图 14-3　自动喷水灭火系统流程图

4. 建筑灭火器配置

(1) 倒班楼按 A 类严重危险级火灾场所设计，设置型号为 MF/ABC5 (3A) 干粉（磷酸铵盐）灭火器，最大保护距离 15m，按规范要求设置于室内各处，保护范围不够处增设 MF/ABC5 (3A) 手提式灭火器。

(2) 本项目工业建筑中的配电房、消防控制室、弱电机房、发电机房、屋面电梯机房属 B 类严重危险级，设置型号为 MF/ABC4 (2A) 干粉（磷酸铵盐）灭火器，最大保护距离 20m。氢气站属于 B 类严重危险级，设置推车式二氧化碳灭火器 MTT20，最大保护距离 18m。

14.4.2　分区划分

1. 室内消火栓给水系统分区

本建筑高度 62.7m，在 100m 以下，故室内消火栓给水系统不需要分区。

2. 自动喷水灭火系统分区

按照每个湿式报警阀控制喷头的数量不超过 800 个的原则设置，所以本建筑必须进行分区，6 层及以下一个分区，7～13 层一个分区，14～19 层一个分区，设置 3 套报警阀。自动喷水灭火系统每层或每个防火分区设信号阀和水流指示器。每个报警阀组的最不利喷头处设末端试水装置，其他防火分区的最不利喷头处，均设 DN25 试水阀。

14.4.3　消防水池、高位消防水箱、水泵及稳压设备选择

消防水池：3 号倒班楼地下室设有消防专用贮水池，有效贮水容积为 432m^3。由市政管网补给，补给时间不超过 48h。

高位消防水箱：本项目在高层倒班楼楼梯间屋顶夹层设有 1 座高位屋顶消防水箱，容积为 48m^3，尺寸：4m×4m×3m，提供初期火灾消防用水。

室内消火栓系统加压水泵：地下室消防水泵房内设有室内消火栓给水加压泵 2 台，1 用 1 备。单泵参数为：Q=40L/s，H=1.10MPa，N=90kW/台。

室内消火栓给水系统稳压设备：稳压设备型号 XW (L)-I-1.5-20-ADL，水泵型号 ADL4-3。水泵参数：Q=1.5L/s，H=0.20MPa，N=0.55kW/台。配备 1 台 SQL800×0.6 隔膜式气压罐，配用水泵 2 台，1 用 1 备，运行重量 1.5t。稳压泵的设计压力应保持系统的最不利点处水灭火设施在准工作状态时的静水压力大于 0.15MPa，应保持系统自动启泵压力设置点处的压力在准工作状态时大于系统设置自动启泵压力值，且增加值宜为 0.07～0.10MPa。

自动喷水灭火系统加压水泵：地下室消防水泵房内设有自动喷水灭火系统给水加压泵 2 台，1 用 1 备。单泵参数：Q=25L/s，H=1.15MPa，N=55kW/台。

自动喷水灭火系统稳压设备：稳压设备型号 XW (L)-I-1.5-20-ADL，水泵型号 ADL4-3。水泵参数：Q=1.5L/s，H=0.20MPa，N=0.55kW/台。配备 1 台 SQL800×0.6 隔膜式气压罐，配用水泵 2 台，1 用 1 备，运行重量 1.5t。

14.5　建筑污水系统设计

14.5.1　系统选择

该工程最高日生活污水量为 744.165m^3/d，室外排水采用雨、污分流制，室内排水采用污、废合流制。室内各卫生间排水立管设有伸顶通气管，部分卫生间根据规范要求设置环形通气管。

生活污废水由立管收集出户至室外，经化粪池处理后再排至市政污水管网。室外设置 1 座钢筋混凝土化粪池，污水停留时间 24h，清掏周期 180d。食堂厨房含油废水经室外隔油池处理后排至室外污水管网。

水泵房排水：地下室水泵房设有排水沟和集水坑，接纳水泵房地面废水，用潜水泵压力排至室外雨水管网。潜水泵由设在集水坑内的液位信号器控制启停。

14.5.2　化粪池

根据设计要求，化粪池按污水停留时间 12h，清掏周期按 180d 设计。3 号倒班楼取 689 人，污水量标准取 170L/(人·d)，污泥量标准取 0.7L/(人·d)，经计算，3 号倒班楼需选用有效容积 75m^3 G12-75SQF 的化粪池 1 座。

14.5.3　隔油池

设计参数为食堂总人数 N_z=3850 人，q=20L/(人·次)，3000 人每人每天用餐 4 次，850 人每人每天用餐 3 次，用餐历时 4h，时变化系数 1.2，秒变化系数 1.1，污水流速 5mm/s，污水停留时间 10min，沉淀物清除周期 7d。

经计算，食堂选用5座钢筋混凝土隔油池 GG-4SF，单座有效容积 4.5m^3，有覆土，有地下水。

14.6 雨水排水系统设计

根据《建筑给水排水设计标准》GB 50015—2019 中 5.2.4、5.2.5 条：雨水系统的雨量按该地区暴雨强度公式计算，屋面设计重现期 $P=10$ 年，并设溢流口，并满足屋面雨水排水系统与溢流设施的总排水能力不小于 50 年重现期雨水量。

屋面雨水排放：屋面雨水排放采用重力流排水系统，系统设计重现期为 10 年，屋面雨水由重力型雨水斗收集，经水平干管及立管排至室外。室外场地雨水排放：室外活动场地及道路边适当位置按规范设置排水沟、雨水口，收集平台、道路雨水。室外场地雨水排放设计重现期取 $P=3$ 年。雨水经室外雨水管道汇集排至市政雨水检查井接口。

14.7 工程经济计算

对本项目进行经济计算，计算结果见表 14-2。

经济计算表 **表 14-2**

一、管材经济估计					
名称	规格	单位	数量	单价(元)	经费(元)
给水	PSP 钢塑复合管 DN25	m	180.00	15.87	2856.60
	PSP 钢塑复合管 DN32	m	36.30	30.12	1093.36
	PSP 钢塑复合管 DN40	m	36.30	30.12	1093.36
	PSP 钢塑复合管 DN50	m	301.00	80.00	24080.00
	PSP 钢塑复合管 DN65	m	165.00	95.47	15752.55
	PSP 钢塑复合管 DN80	m	319.00	107.00	34133.00
	PSP 钢塑复合管 DN100	m	57.80	119.47	6905.37
	PSP 钢塑复合管 DN125	m	142.20	127.71	18160.36
	PSP 钢塑复合管 DN150	m	85.80	157.27	13493.77
	PSP 钢塑复合管 DN200	m	45.00	199.00	8955.00
热水	304 薄壁不锈钢管 DN25	m	180.00	15.50	2790.00
	304 薄壁不锈钢管 DN40	m	150.40	28.30	4256.32
	304 薄壁不锈钢管 DN50	m	476.10	41.20	19615.32
	304 薄壁不锈钢管 DN65	m	330.00	52.60	17358.00
	304 薄壁不锈钢管 DN80	m	85.80	73.50	6306.30
	304 薄壁不锈钢管 DN100	m	81.10	90.70	7355.77
消火栓及自动喷水灭火系统	镀锌钢管 DN25	m	1192.98	16.09	19194.97
	镀锌钢管 DN32	m	505.83	27.72	14019.45
	镀锌钢管 DN40	m	191.60	25.01	4791.92
	镀锌钢管 DN50	m	401.51	33.64	13507.43
	镀锌钢管 DN60	m	152.45	45.22	6893.18

续表

一、管材经济估计					
名称	规格	单位	数量	单价(元)	经费(元)
消火栓及自动喷水灭火系统	镀锌钢管 DN80	m	394.60	53.28	21024.29
	镀锌钢管 DN100	m	597.56	69.18	41339.20
	镀锌钢管 DN125	m	637.32	76.54	48780.78
	镀锌钢管 DN200	m	141.90	93.45	13260.56
污水及雨水	PVC-U DN100	m	803.40	27.71	22262.21
直管段预算合计	PVC-U 也可 UPVC				389279.04
二、设备经济估算					
设备名称	型号	单位	数量	单价(元)	总价(元)
室内消火栓给水加压泵		台	2.00	12000.00	24000.00
自动喷水灭火系统给水加压泵		台	2.00	12000.00	24000.00
屋顶消防水箱	有效贮水容积 36m^3 4m×4m×3m	座	1.00	5500.00	5500.00
室内消火栓系统增压稳压设备	稳压设备型号:XW(L)-Ⅰ-1.5-20-ADL，水泵型号 ADL4-3	套	1.00	25000.00	25000.00
自动喷水灭火系统增压稳压设备	稳压设备型号:XW(L)-Ⅰ-1.5-20-ADL，水泵型号 ADL4-3	套	1.00	25000.00	25000.00
一体化加压设备低区生活给水变频加压设备	设备型号:3WDV64	套	1.00	30000.00	30000.00
	主泵型号:VCF32-50-2				
	辅助泵型号:VCF20-4				
	配套一个隔膜式气压罐 200L/6bar				
一体化加压设备高区生活给水变频加压设备	设备型号:3WDV40	套	1.00	30000.00	30000.00
	主泵型号:VCF20-10				
	配套一个隔膜式气压罐 100L/16bar				
不锈钢生活水箱	有效贮水容积 88m^3 8m×5m×3m	座	1.00	14000.00	14000.00
不锈钢生活水箱	有效贮水容积 73m^3 6.0m×5.5m×3.0m	座	1.00	12000.00	12000.00
水箱自洁消毒器	型号:WTS-2B	套	5.00		
太阳能加热水箱	有效贮水容积 5m^3 4.0m×2.0m×1.5m	座	1.00	1000.00	1000.00
太阳能集热循环泵	型号:KQL 40/100-0.55/2	台	2.00	12000.00	24000.00
太阳能集热器	型号:MGQBMK58/1800/100/20°	块	5.00	2000.00	10000.00
补水泵	型号:KQL 80/160-1.1/4	台	2.00	12000.00	24000.00
供热热水贮水箱	有效贮水容积 50m^3 7.5m×4.5m×2.0m	座	1.00	7800.00	7800.00
循环式空气源热泵机组	型号:KFXRS-095/ⅡM	台	4.00	12000.00	48000.00
空气源循环泵	型号:KQL 100/110-7.5/2	台	2.00	12000.00	24000.00
高区热水供水泵	型号:KQL 65/110-2.2/2	台	2.00	12000.00	24000.00
低区热水回水泵	型号:KQL 40/200-4/2	台	2.00	12000.00	24000.00
排水泵	型号:65QW(Ⅰ)40-22-5.5	台	6.00	8000.00	48000.00
设备预算合计					424300.00
三、管道附件费用					
管道附件预算合计	按直管段的 2 倍计算				778558.09
四、安装施工费用					
安装施工预算合计	按管材总预算的 30%计算				350351.14
总预算					1942488.27

第15章　公共建筑给水排水设计案例计算书

15.1　建筑给水系统设计计算

15.1.1　生活用水量计算

1. 倒班楼用水量

根据《建筑给水排水设计标准》GB 50015—2019 中 3.2.2 条表 3.2.2，宿舍（居室内设卫生间）用水定额取 200L/(人・d)，使用时数为 24 h，$K_h=2.5$。

倒班楼共计 689 人。

则最高日用水量：

$$Q_d=\frac{689\times200}{1000}=137.8\text{m}^3/\text{d}$$

最高时用水量：

$$Q_h=\frac{137.8\times2.5}{24}=14.35\text{m}^3/\text{h}$$

2. 生活用水量计算表（表 15-1）

生活用水量计算表　　表 15-1

用水对象	用水单位数	用水量标准	小时变化系数 K_h	用水时间(h)	用水量		
					最高日(m^3/d)	最高日平均时(m^3/h)	最大时(m^3/h)
倒班楼	689 人	200L/(人・d)	2.5	24	137.8	5.74	14.35
其他建筑					563.5	23.48	51.66
浇洒	12527m^2	2L/(m^2・d)	1.0	4	25.06	6.27	6.27
未预见水量	按总用水量 10% 计				72.636	3.03	6.06
总用水量					799	38.52	78.34

如表 15-1 所示，经计算，一期其他建筑（普通厂房、食堂、新型厂房等）的合计最高日和最大时用水量分别为 563.5m^3/d 和 51.66m^3/h。故一期建设项目最高日生活用水量 799m^3/d；最大时用水量 78.34m^3/h。

15.1.2　市政供水楼层及加压供水楼层

甲方暂未提供的市政给水水压，管网压力暂按 0.11MPa（以地面绝对标高 21.50m 计）。1 层采用市政给水直供，2 层及以上采用加压给水。

15.1.3　生活水箱计算

由于甲方要求便于管理，本项目共设置 1 个生活泵房，设置在倒班楼地下室。根据《建筑给水排水设计标准》GB 50015—2019 3.8.3 条，生活水箱的容积按最高日用水量 Q_d 的 20%～25%确定，本案例中部分水量由市政管道直接供水，故计算中取 20%。

$$V=Q_d\times20\%=799\times20\%=159.8\text{m}^3$$

设置 2 座生活水箱。一座水箱尺寸 8m×5m×3m，有效水深 2.3m，有效贮水容积 88m^3。另一座水箱尺寸 6.0m×5.5m×3.0m，有效水深 2.3m，有效贮水容积 73m^3。

15.1.4　生活给水系统分区

根据市政供水压力情况及 3 号倒班楼高度，倒班楼应采用分压供水。考虑该建筑设有集中热水系统，分压压力不宜大于 0.55MPa，故将生活给水系统在竖向分为 3 个区。

根据建筑高度（设有集中热水系统时，分区静水压力不宜大于 0.55MPa）：

1. 市政：1 层及以下的楼层采用市政给水管网供水；

2. 低区加压：倒班楼 2～7 层、食堂活动中心、新型厂房、普通厂房采用一套变频加压供水设备；

3. 高区加压：倒班楼 8 层及以上采用一套变频加压供水设备。

15.1.5　给水管道系统计算

1. 低区各栋（包括：倒班楼 2～7 层、食堂活动中心、新型厂房、普通厂房）变频加压供水楼层设计秒流量

(1) 根据《建筑给水排水设计标准》GB 50015—2019 第 3.7.10 条，倒班楼水泵设计流量考虑取：厂房设计秒流量＋食堂设计秒流量＋宿舍平均时流量。

倒班楼（2F～7F）设计秒流量：

共 120 间房，坐便器 120 个，洗脸盆 120 个，淋浴器 120 个。

生活给水管道的设计秒流量，按式（15-1）计算：

$$q_g=0.2\alpha\sqrt{N_g}\tag{15-1}$$

式中　q_g——计算管段的给水秒流量，L/s；

N_g——卫生器具给水当量总数；

α——根据建筑物用途而定的系数，倒班楼取 2.5。

$$\Sigma N_g=0.5\times120+0.5\times120+0.5\times120=180$$

$$q_g=0.2\times2.5\times\sqrt{180}=6.71\text{L/s}$$

用水人数 240 人，用水定额 200L/(人・d)，因为采用 3 班倒，用水时长取 24h。

平均时流量：q_g=240 人×200L/(人・d)÷24h=2m^3/h=0.56L/s。

(2) 低区其他建筑设计秒流量

低区供水除倒班楼外，还有食堂、厂房等构筑物，经计算食堂设计秒流量为 3.8L/s，厂房设计秒流量为 15.5 L/s。

(3) 低区设计秒流量

$$Q=15.5\text{L/s}+3.8\text{L/s}+0.56\text{L/s}=19.86\text{L/s}=71.5\text{m}^3/\text{h}$$

(4) 水泵扬程

3 号倒班楼 7 层淋浴器用水点为低区最不利用水点。水泵扬程计算如下：

(3 号倒班楼地下室) 生活水箱最低水位：22.5－4.3＝18.2m（绝对标高）；

最高用水点（3号倒班楼7层淋浴器）：22.5+19.8+1.8=44.1m；

最低工作压力15m；

管道长度30m，管材PSP钢塑复合管，$DN150$，$v=1.05m/s$，$i=0.00696$；

管道长度90m，管材PSP钢塑复合管，$DN80$，$v=1.439m/s$，$i=0.027$；

局部水头损失按沿程水头损失的20%计：

$$h_f=iL \tag{15-2}$$

式中 h_f——管段沿程压力损失，kPa；

i——管道单位长度的压力损失，kPa/m；

L——计算管道的长度，m。

$$h_\xi=0.00696\times30\times1.2+0.027\times90\times1.2=3.2m$$

式中 h_ξ——管段总压力损失，kPa。

泵房水损按4m计；

则倒班楼7层淋浴器所需水头：

$$H=H_1+H_2+H_3+H_4 \tag{15-3}$$

式中 H_1——引入管起点至最不利配水点位置高度所要求的静水压，m；

H_2——最不利配水点所需的最低工作压力，m；

H_3——管道总水头损失；

H_4——水泵房水头损失。

$$H=44.1-18.2+15+3.2+4=48.1m$$

（5）低区加压设备选泵

设计参数：$Q=72m^3/h$，$H=52m$。配用主泵3台，2用1备，型号VCF32-50-2，参数：$Q=36m^3/h$，$H=52m$，单台功率11kW/台；配套1个隔膜式气压罐200L/6bar。配用辅泵1台，型号VCF20-4，参数：$Q=16m^3/h$，$H=51m$，单台功率5.5 kW/台。

2. 高区倒班楼8～19层变频加压供水楼层设计秒流量

（1）共224间房，坐便器224个，洗脸盆224个，淋浴器224个；

生活给水管道的设计秒流量，按式（15-1）计算：

$$\sum N_g=0.5\times224+0.5\times224+0.5\times224=336$$

$$q_g=0.2\times2.5\times\sqrt{336}=9.17L/s=33m^3/h$$

（2）屋面热水水箱补水

倒班楼共345间房，使用人数689人，根据《建筑给水排水设计标准》GB 50015—2019 6.2节，取用水定额80L/(人·d)，设计用水时间为9.5h，取时变化系数3.3。

最大时用水量为689×80÷9.5×3.3÷1000=19.1m^3/h；

高区加压泵流量取$Q=33+19.1=52.1m^3/h$。

（3）水泵扬程

（3号倒班楼地下室）生活水箱最低水位：22.5−4.3=18.2m（绝对标高）；

最高用水点（3号倒班楼19层淋浴器）：22.5+59.4+1.8=83.7m；

最低用水点（3号倒班楼8层淋浴器）：22.5+23.1+1.8=47.4m；

83.7−47.4+15=51.3m<55m，满足分区要求；

最低工作压力：15m；

管道长度160m，管材PSP钢塑复合管，$DN125$，$v=1.077m/s$，$i=0.009$；

局部水头损失按沿程水头损失的20%计：

$$h_\xi=0.009\times160\times1.2=1.73m$$

泵房水头损失按4m计；

按倒班楼19层淋浴器计算的扬程：

$$H=83.7-18.2+15+1.73+4=86.23m$$

（4）高区加压设备选泵

设计参数：$Q=55m^3/h$，$H=87m$。配用主泵3台，2用1备，型号VCF20-10，参数：$Q=27.5m^3/h$，$H=87m$，单台功率11kW/台；配套1个隔膜式气压罐100L/16bar。

15.1.6 生活给水泵房计算

泵房内机组布置成一排，机组与墙壁、管道与墙壁、管道与机组之间的距离参考设计规范取值，低区生活给水变频加压泵组基础为3m×1.2m×0.15m，高区生活给水变频加压泵组基础为2.4m×1.2m×0.15m。

生活水箱底部基础为槽钢结构，有效容积为88m^3的水箱基础为高0.5m，长5.1m，宽0.2m；有效容积为73m^3的水箱基础为高0.5m，长5.6m，宽0.2m。

故生活给水泵房尺寸：$L\times B\times H=20.40m\times10.25m\times4.97m$，具体布置参见生活给水泵房大样图。

15.2 建筑热水供应系统设计计算

15.2.1 热水用水量计算

1. 倒班楼热水量计算

共345间房。328间双人间，16间套间，1间值班室。计算人数689人。

用水一天按定时6.5h计算。计算结果见表15-2。

倒班楼热水量计算 **表15-2**

项目	单位数	用水标准	最高日用水量(m^3/d)	每日定时使用时间(h)	最高日平均时用水量(m^3/h)	变化系数	最大时用水量(m^3/h)
倒班楼	689人	85L/(人·d)	58.6	早6:30～9:30 晚17:30～24:00(共9.5h)	6.16	4.1	25.27

2. 定时供应热水设计小时耗热量

$$Q_h=\sum q_hC(t_{r1}-t_1)\rho_rn_0b_gC_\gamma \tag{15-4}$$

式中 q_h——卫生器具小时用水定额，淋浴器取250L/h，洗脸盆取50L/h；

C——水的比热容，kJ/(kg·℃)，$C=4.187$kJ/(kg·℃)；

t_{r1}——使用温度，淋浴器取40℃，洗脸盆取30℃；

t_1——冷水温度，取10℃；

ρ_r——热水密度，取0.992kg/L；

n_0——同类型卫生器具数，淋浴器为345个，洗脸盆为345个；

b_g——同时使用百分数，淋浴器取35%，洗脸盆取40%；

C_γ——热损系数，取1.1。

$Q_h=250\times4.187\times30\times0.992\times345\times0.35\times1.1+50\times4.187\times20\times0.992\times345\times0.40\times1.1$

$=4768171\text{kJ/h}=1324\text{kW}$

3. 设计小时热水量（55℃）

$$q_{rh}=\frac{Q_h}{(t_{r2}-t_1)\rho CC_\gamma} \tag{15-5}$$

式中 t_{r2}——取55℃；

t_1——取10℃；

ρ——取0.98569kg/L（55℃）；

C——取4.187kJ/(kg·℃)；

C_γ——取1.1。

$q_{rh}=4768171/[(55-10)\times0.98569\times4.187\times1.1]=23340\text{L/h}=23.34\text{m}^3/\text{h}$

15.2.2 空气源热泵的设计小时供热量计算

$$Q_g=\frac{mq_rC(t_r-t_1)\rho C_\gamma}{T_5} \tag{15-6}$$

式中 m——取689人；

q_r——取70L/人；

t_r——取60℃；

t_1——取10℃；

ρ——取0.9832kg/L；

T_5——取11h；

C_γ——取1.1。

$Q_g=689\times70\times4.187\times50\times0.9832\times1.1/11=992732\text{kJ/h}=275.76\text{kW}$

15.2.3 供热热水贮水箱的计算

取最长定时供热时段6.5h的热水量，$V_r=6.16\times6.5=40.04\text{m}^3$，供热热水水箱取$50\text{m}^3$。水箱尺寸：7.5m×4.5m×2.0m。

15.2.4 空气源热泵的选择

考虑环境温度对空气源加热设备效率的影响，对空气源供热系统采取0.75的系数，空气源设备应供热275.76/75%=367.68kW。共选择4台循环式空气源热泵机组KFXRS-095/ⅡM，单台参数：制热量94.8kW，额定功率23.5kW，最大输入功率29.1kW，循环热量$20\text{m}^3/\text{h}$。宽×深×高＝2009mm×1162mm×2025mm，机组重760kg，进出水管接头*DN*65。

15.2.5 太阳能集热器面积、太阳能加热水箱容积的计算

1. 集热器

系统采用太阳能热水集热器作为系统辅助供热措施，由于建筑屋面可铺设面积约为100m^2，选择集热器型号MGQBMK58/1800/100/20°，采光面积19.2m^2/块，运行重量736kg/块，设置5块集热器。

2. 太阳能加热水箱容积

$$V_{rx}=Q_{rjd}A_j \tag{15-7}$$

式中 Q_{rjd}——集热器单位采光面积平均每日产热水量，L/(m²·d)，直接加热系统$Q_{rjd}=40\sim100\text{L/(m}^2\cdot\text{d)}$，取50L/(m²·d)。

$$V_{rx}=50\times19.2\times5=4.8\text{m}^3$$

水箱架高于建筑面0.5m。

屋顶设1座4.0m×2.0m×1.5m的不锈钢太阳能加热水箱，有效贮水容积5m^3。

15.2.6 倒班楼热水管道系统计算

1. 热水系统分区

热水分为高低区系统。高区为8F～19F，12层，共224间；低区为1F～7F，7层，共121间。

2. 高区热水设计秒流量计算

高区：淋浴器224个，洗脸盆224个；

生活给水管道的设计秒流量，按式（15-1）计算：

$$\sum N_g=0.5\times224+0.5\times224=224$$

$$q_g=0.2\times2.5\times\sqrt{224}=7.48\text{L/s}=26.93\text{m}^3/\text{h}$$

3. 低区热水设计秒流量计算

低区：淋浴器121个，洗脸盆121个；

生活给水管道的设计秒流量，按式（15-1）计算：

$$\sum N_g=0.5\times121+0.5\times121=121$$

$$q_g=0.2\times2.5\times\sqrt{121}=5.5\text{L/s}=19.8\text{m}^3/\text{h}$$

4. 低区热水系统循环流量计算

定时集中热水循环流量按循环管网总水容积的3倍计。*DN*100长度150m，*DN*65长度180m，总容积1.78m^3。循环流量$Q=1.78\times3=5.34\text{m}^3/\text{h}$。

5. 高区热水供水泵扬程计算

屋面热水水箱最低水位67.55m；

最不利用水点为19楼淋浴器，标高为61.2m；

最高用水点的最低工作压力15m；

循环管路沿程及局部水头损失：

查水力计算表，考虑干管$Q=7.49\text{L/s}$，*DN*100，$v=0.865\text{m/s}$，$i=0.0088$，$L=110\text{m}$，局部水头损失按沿程水头损失的20%计，$h_f=110\times0.0088\times1.2=1.2\text{m}$；

水泵水头损失3m；

则所需扬程$H=61.2-67.55+15+1.2+3=12.85\text{m}$；

选用1套加压供水设备，设备参数$Q=27\text{m}^3/\text{h}$，$H=13\text{m}$；

配套2台水泵（1用1备），单泵参考KQL 65/110-2.2/2，型号：参数$Q=27\text{m}^3/\text{h}$，$H=14.4\text{m}$，$N=2.2\text{kW}$/台。

6. 低区热水回水泵扬程计算

（1）屋面热水水箱顶标高 69.3m；

（2）22.3m 处的可调式减压阀后水压 0.15MPa；

（3）热水箱回水出水水头 3m；

（4）循环管路沿程及局部水头损失：

查水力计算表，供水干管 Q=5.5L/s，DN100，v=0.635m/s，i=0.005，L=120m；回水干管 Q=5.34m^3/h，DN50，v=0.698m/s，i=0.0135，L=180m；

局部水头损失按沿程水头损失的 20%计：

$$h_f=1.2\times(0.005\times120+0.0135\times180)=3.64\text{m}$$

取 3.7m；

取水泵水头损失 3m；

则所需扬程 H=69.3－22.3－15＋3＋3.7＋3=41.7m。

选用 1 套回水设备，设备参数 Q=5.4m^3/h，H=49m，配套 2 台水泵（1 用 1 备），单泵参考 KQL 40/200-4/2，型号：参数 Q=5.4m^3/h，H=50m，N=4kW/台。

7. 太阳能集热循环泵流量、扬程计算

1 台集热器水流量 1.4m^3/h，5 台集热器水流量 7m^3/h；

循环管路沿程及局部水头损失：

查水力计算表，考虑干管 Q=1.95L/s，DN50，v=0.918m/s，i=0.023，L=90m，局部水头损失为沿程水头损失的 20%，则总水头损失 h=90×0.023×1.2=2.48m，取 2.5m；

水泵水头损失 3m；

集热器水头损失 1m；

水箱水位高差 1.2m；

末端剩余出水水头 3m；

则所需扬程：

$$H=2.5+3+1+1.2+3=10.7\text{m}$$

选用 2 台循环水泵（1 用 1 备），单泵参考 KQL 40/100-0.55/2，型号：参数 Q=7m^3/h，H=11.5m，N=0.55kW/台。

8. 空气源循环泵流量、扬程计算

1 台空气源热泵热水机组循环水流量 20m^3/h，4 台热水循环水流量 80m^3/h=22.22L/s；

空气源热泵自循环管路沿程及局部水头损失：

查水力计算表，考虑干管 Q=22.23L/s，DN150，v=1.178m/s，i=0.0099，L=30m；

局部水头损失取沿程水头损失的 20%，则总水头损失 h=0.0099×30×1.2=0.36m；

水泵水头损失 3m；

空气源机组水头损失 7m；

水箱高差 1.5m；

末端剩余出水水头 3m；

则所需扬程：

$$H=0.36+3+7+1.5+3=14.86\text{m}$$

选用 2 台循环水泵（1 用 1 备），单泵参考 KQL 100/110-7.5/2，型号：参数 Q=80m^3/h，H=16m，N=7.5kW/台。

9. 补水泵流量、扬程计算

太阳能水箱中的水经补水泵加压，进入供热热水水箱。

（1）补水流量计算

补水量取最大时热水用水量，补水流量 Q_1=25m^3/h。

（2）补水泵扬程计算

水箱最低水位 67.65m，最高水位 69.15m；

出水水头压力 3m；

管路沿程及局部水头损失：

查水力计算表，考虑干管 Q=25m^3/h，DN100，v=0.802m/s，i=0.0077，L=20m，局部水头损失取沿程水头损失的 20%，则总水头损失 h=0.0077×20×1.2=0.18m，取 0.2m。

水泵水头损失 3m；

则所需扬程：

$$H=69.15-67.65+3+0.2+3=7.7\text{m}$$

选用 2 台加压水泵，水泵参数 Q=25m^3/h，H=8m；

冷水补水泵选型：

配套 2 台水泵（1 用 1 备），单泵参考 KQL 80/160-1.1/4，型号：参数 Q=25m^3/h，H=8m，N=1.1kW/台。

15.3 建筑消防系统设计计算

15.3.1 消防用水量

3 号倒班楼设有消火栓系统和湿式自动喷水灭火系统。3 号倒班楼单栋建筑面积为 15091.6m^2，层数为 19 层，高度为 62.7m，体积大于 50000m^3，属于高度大于 50m 的一类公共建筑。根据规范其室外消火栓设计流量为 40L/s；室内消火栓设计流量为 40L/s，同时使用消防水枪流量为 15L/s；火灾持续时间为 2h。该建筑火灾危险等级为中危险级Ⅰ级，喷水强度为 6L/(min·m^2)，作用面积为 160m^2，根据《消防给水及消火栓系统技术规范》GB 50974—2014 3.6.1 可知 2 座及以上建筑使用消防给水时，消防用水量按最大者计算。经计算，一期各建筑中 11 号厂房一次消防用水量最大，11 号厂房布置有消火栓给水系统、自动喷水灭火系统和自动消防炮灭火系统（自动消防炮灭火系统设计不在本计算案例中介绍）。由于自动消防炮灭火系统与自动喷水灭火系统不同时使用，11 号楼一次灭火所需水量为室内消火栓给水系统与自动消防炮灭火系统用水量之和，室外消防用水量为 40L/s，室内消火栓灭火用水量为 20L/s，自动消防炮用水量为 60L/s，因此一期消防用水量见表 15-3。

11 号厂房消防用水量 **表 15-3**

类别	用水量标准(L/s)	火灾延续时间(h)	用水量(m^3)
室外消火栓给水系统	40	3	432
室内消火栓给水系统	20	3	216
自动消防炮灭火系统	60	1	216

15.3.2 消防水箱、水池计算

一期建筑物多为厂房，倒班楼为低于100m的一类高层公共建筑，其高位消防水箱容积不应低于$36m^3$。在3号倒班楼屋面设置不锈钢水箱1座，尺寸为4m×4m×3m。

消防水池仅供应室内消防用水量，不考虑灭火期间的补水，故消防水池的有效贮水容积为$216m^3+216m^3=432m^3$，在消防泵房设计消防水池1座，容积为$998.4m^3$。

15.3.3 室内消火栓给水系统管道计算

消火栓水泵流量按倒班楼一次室内消火栓流量计。

1. 流量：$q=40L/s$。

2. 扬程：

最不利消火栓栓口标高60.5m；

消防水池最低有效水位−3.9m；

水泵房水头损失4m；

沿程及局部水头损失：

消防干管：$DN200$，$Q=40L/s$，$i=0.00624$，$L=95m$；

$DN100$，$Q=15L/s$，$i=0.05102$，$L=70m$；

取局部水头损失为沿程水头损失的20%，

则估算管道水头损失：$H=1.2\times(95\times0.00624+70\times0.05102)=5m$。

栓口压力：35.0m。

$$H=60.5+3.9+4+1.2\times5+35=109.4m$$

3. 选泵：

室内消火栓给水系统加压水泵2台，1用1备，单泵参数：$Q=40L/s$，$H=1.10MPa$，$N=90kW$/台。

设泄压稳压阀，设定压力1.32MPa。

4. 稳压设备

3号屋顶高位消防水箱间设置1座消防水箱，尺寸：4m×4m×3m。位于3号倒班楼屋面消防水箱间。

稳压泵启泵压力$P_{S1}\geqslant15-H_1=15-6.65=8.35mH_2O$，且$\geqslant H_2+7=9.25mH_2O$。$H_1$为消防水箱最低水位与最不利点消火栓的静高差，$H_2$为高位消防水箱有效水位与稳压泵吸水管的净高差。

气压水罐充气压力不应小于0.15MPa，P_0取0.16MPa。稳压泵启泵压力$P_{S1}=P_0\beta=0.16\times1.1=0.18MPa$，$P_{S2}=P_{S1}\div0.8=0.23MPa$，稳压泵扬程取$(P_{S1}+P_{S2})\div2=21mH_2O$。

消防泵启泵压力$P=P_{S1}+H_1+H'-(7\sim10)=18+6.65+66.4-(7\sim10)=82.05\sim79.05mH_2O$，取消防泵启泵压力值为$82mH_2O$。$H'$为稳压泵吸水管与系统最不利点消火栓的静高差。

稳压设备型号：XW（L）-I-1.5-20-ADL，水泵型号ADL4-3。

水泵参数：$Q=1.5L/s$，$H=0.20MPa$，$N=0.55kW$/台。

配备1台SQL800×0.6隔膜式气压罐，配用水泵2台，1用1备，运行重量1.5t。

15.3.4 自动喷水灭火系统管道计算

1. 喷水强度

根据建筑物火灾等级及建筑物特征，自动喷水灭火系统喷水强度为$6L/(min\cdot m^2)$，计算$q=16L/s$，为保证最不利喷头处的出流量，作用面积内的设计流量通常大于设计取值。为简化计算，设计中采用1.3的安全系数，取$q=21L/s$。

2. 扬程

最不利喷头标高62.45m；

消防水池最低有效水位−3.9m；

水泵房水头损失4m；

水泵房干管沿程水头损失：$DN150$，$Q=21L/s$，$i=0.009$，$L=55m$；

干管沿程水头损失：$DN150$，$Q=21L/s$，$i=0.009$，$L=70m$；

取局部水头损失为沿程水头损失的30%；

则估算管道水头损失：$H=1.3\times(0.009\times55+0.009\times70)=1.5m$；

报警阀水头损失4m；

水流指示器损失2m；

自动喷水灭火系统最高处所需入口压力$35mH_2O$；

$$H=62.45+3.9+4+1.2\times1.5+4+2+35=113.15m$$

3. 选泵

自动喷水灭火系统给水加压2台，1用1备，单泵参数：$Q=25L/s$，$H=1.15MPa$，$N=55kW$/台。

设泄压稳压阀，设定压力1.40MPa。

4. 稳压设备

3号屋顶高位消防水箱间设置1座消防水箱，尺寸：4m×4m×3m。

稳压泵启泵压力$P_{S1}\geqslant15-1.95=13.05mH_2O$，且$\geqslant H_2+7=8.5mH_2O$。

气压水罐充气压力不应小于0.15MPa，P_0取0.16MPa。稳压泵启泵压力$P_{S1}=P_0\beta=0.16\times1.1=0.18MPa$，$P_{S2}=P_{S1}\div0.8=0.23MPa$，稳压泵扬程取$(P_{S1}+P_{S2})\div2=21mH_2O$。

消防泵启泵压力$P=P_{S1}+H_1+H'-(7\sim10)=18+60.55+3.5-(7\sim10)=75.05\sim72.05mH_2O$，取消防泵启泵压力值为$75mH_2O$。

稳压设备型号XW（L）-I-1.5-20-ADL，水泵型号ADL4-3。

水泵参数：$Q=1.5L/s$，$H=0.20MPa$，$N=0.55kW$/台。

配备1台SQL800×0.6隔膜式气压罐，配用水泵2台，1用1备，运行重量1.5t。

15.3.5 灭火器

计算原理按照《建筑灭火器配置设计规范》GB 50140—2005。

地上部分以标准层为准：

标准层最大一个防护单元面积$420m^2$，灭火器设置在消火栓箱处，共有1个设置点。3号倒班楼按A类严重危险级火灾场所设计，计算如下：

$$Q=K\frac{S}{U}=0.5\times\frac{420}{100}=2.1A \tag{15-8}$$

式中 Q——计算单元的最小需配灭火级别，A或B；

S——计算单元的保护面积，m^2；

U——A类或B类火灾场所单位灭火级别最大保护面积，m^2/A或m^2/B；

K——修正系数。

$$Q_e=\frac{Q}{N}=\frac{2.1}{1}=2.1A \tag{15-9}$$

式中 Q——计算单元中每个灭火器设置点的最小需配灭火级别，A或B；

N——计算单元中的灭火器设置点数，个。

故选用在每个消火栓箱处设置2具MF/ABC5（3A）型灭火器。

15.4 建筑污水系统设计计算

15.4.1 最高日生活污水量计算

以最高日生活用水量的90%计（不含浇洒用水量），本建筑的最高日生活污水量为744.165m^3/d。

15.4.2 排水系统设计

排水系统采用雨、污分流制，室内污废水合流排放。

室内卫生间排水系统设伸顶通气管或专用通气管通气，当排水支管较长或连接的卫生器具较多时，则需要增设环形通气管通气。3号倒班楼卫生间采用双立管排水系统。

设备房内废水通过潜水排污泵抽升压力排水。

1. 污水立管及通气立管计算

污水立管管道计算公式依据《建筑给水排水设计标准》GB 50015—2019第4.5.2条：

$$q_p=0.12\alpha\sqrt{N_p}+q_{max} \tag{15-10}$$

式中 q_p——计算管段排水设计秒流量，L/s；

α——根据建筑物用途而定的系数，住宅、宿舍（居室内设卫生间）、宾馆、酒店式公寓、医院、疗养院、幼儿园、养老院的卫生间取1.5，旅馆和其他公共建筑的盥洗室和厕所间取2.0～2.5；

N_p——计算管段卫生器具排水当量总数；

q_{max}——计算管段上排水量最大的一个卫生器具的排水流量，L/s。

经计算总当量：$\sum N=108.3$，$q_p=2.63$L/s，根据《建筑给水排水设计标准》GB 50015—2019中“生活排水立管最大设计排水能力”表中数值确定卫生间排水立管选择DN100，一层时，两支排水立管合并成为一根立管，进行与上述相同的计算，得出立管管径为DN150，由于通气立管长度超过50m，故通气立管管径选择DN100，结合通气管每层连接，采用普通伸顶通气立管通气方式。

2. 出户管计算

由排水系统图可知，WL11a由单独出户管排出，排水总当量为9.9。

则出户管总流量：$q_p=0.12\times\alpha\sqrt{N_p}+q_{max}=0.12\times1.5\times\sqrt{9.9}+0.3=0.87$L/s。

根据《建筑给水排水设计标准》GB 50015—2019中4.5.11条规定，单根排水立管的排出管宜采用与排水立管相同的管径，故选用DN150出户管。

15.4.3 化粪池

计算公式依据《建筑给水排水设计标准》GB 50015—2019 4.10.15条：

$$V=V_w+V_n \tag{15-11}$$

$$V_w=\frac{m_f b_f q_w t_w}{24\times1000} \tag{15-12}$$

$$V_n=\frac{m_f b_f q_n t_n(1-b_x)M_s\times1.2}{(1-b_n)\times1000} \tag{15-13}$$

式中 V_w——化粪池污水部分容积，m^3；

V_n——化粪池污泥部分容积，m^3；

q_w——每人每日计算污水量，L/(人·d)，按《建筑给水排水设计标准》GB 50015—2019表4.10.15-1取用；

t_w——污水在池中停留时间，h，应根据污水量确定，宜采用12～24h；

q_n——每人每日计算污泥量，L/(人·d)，按《建筑给水排水设计标准》GB 50015—2019表4.10.15-2取用；

t_n——污泥清掏周期应根据污水温度和当地气候条件确定，宜采用3～12个月；

b_x——新鲜污泥含水率可按95%计算；

b_n——发酵浓缩后的污泥含水率可按90%计算；

M_s——污泥发酵后体积缩减系数，宜取0.8；

1.2——清掏后遗留20%的容积系数；

m_f——化粪池服务总人数；

b_f——化粪池实际使用人数占总人数的百分数，按《建筑给水排水设计标准》GB 50015—2019表4.10.15-3确定。

化粪池按污水停留时间12h，清掏周期按180d设计。3号倒班楼取689人，污水量标准取170L/(人·d)，污泥量标准取0.7L/(人·d)，b_f取70%。

计算可得$V_w=41.00m^3$，$V_n=29.17m^3$，$V=70.17m^3$。

查《钢筋混凝土化粪池》03S702 P10，3号倒班楼需选用有效容积75m^3、型号G12-75SQF的化粪池1座。

15.4.4 隔油池

食堂总人数$N_z=3850$人，$q=20$L/(人·次)，3000人每人每天用餐4次，850人每人每天用餐3次，用餐历时4h，时变化系数1.2，秒变化系数1.1，污水流速5mm/s，污水停留时间10min，沉淀物清除周期7d。

$$Q=(3000\times4+850\times3)\times20\times1.2\times1.10/(1000\times4)=96.03m^3/h$$

有效容积$V=Qt=96.03\div3600\times600=16.005m^3$；

实际容积$V'=16.005\times1.25=20m^3$；

食堂选用 5 座钢筋混凝土隔油池 GG-4SF，单座有效容积 $4.5m^3$，有覆土，有地下水。

15.4.5 潜水泵

1. 设备房的潜水泵

65QW（Ⅰ）40-22-5.5（$Q=40m^3/h$，$H=22m$，$N=5.5kW$），均为 1 用 1 备。

2. 消防电梯基坑底的潜水泵

65QW（Ⅰ）40-22-5.5（$Q=40m^3/h$，$H=22m$，$N=5.5kW$），均为 1 用 1 备。

3. 集水坑尺寸

（1）水泵房集水坑　$L\times B\times H=2.0m\times 2.0m\times 1.3m$；

（2）消防电梯集水坑　$L\times B\times H=2.0m\times 1.5m\times 1.3m$。

15.5 建筑雨水系统设计计算

暴雨强度计算采用当地暴雨强度公式。

$$q=\frac{5644.204(1+0.6\lg P)}{(t+21.816)^{0.881}} \tag{15-14}$$

厂房及仓库屋面雨水量按××降雨强度公式计算，屋面雨水采用重力流排水系统，重现期取 $P=10$ 年，并设溢流口，并满足屋面雨水排水系统与溢流设施的总排水能力不小于于 50 年重现期雨水量。

雨水量 $Q=\psi Fq$，式中 ψ 为径流系数，F 为汇水面积。根据《建筑给水排水设计标准》GB 50015—2019 5.2.6 条，屋面综合径流系数 ψ 取 1.0。

如图 15-1 所示，YL-1 对应Ⅰ汇水面积为：$F_1=140m^2$。

则 YL-1 的雨水量 $Q_1=7.14L/s$。

根据标准选择 $DN100$ 重力雨水斗，屋面雨水系统采用 $DN100$ 雨水立管，经室外雨水口收集，最终接入厂区市政雨水管网。

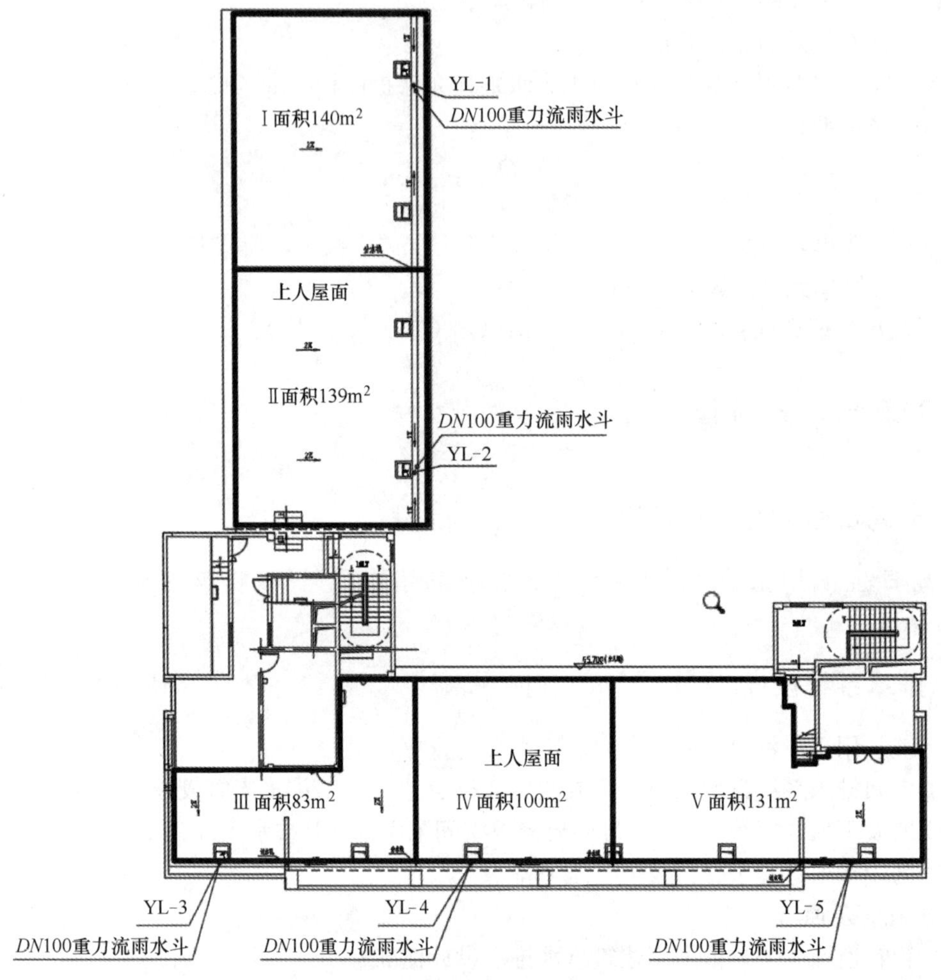

图 15-1　汇水面积图

第 16 章　公共建筑给水排水设计案例图纸

(1) 公共建筑给水排水消防图纸目录
(2)《室内给水排水设计说明（一）》
(3)《室内给水排水设计说明（二）》
(4)《图例及主要设备材料表（一）》
　《图例及主要设备材料表（二）》
(5)《室外给水排水管线综合平面图》
(6)《室外给水消防总平面图》
(7)《室外污水总平面图》
(8)《室外雨水总平面图》
(9)《地下一层给水排水及消防平面图》
(10)《一层给水排水及消防平面图》
(11)《二至六层、九至十六层给水排水及消防平面图》
(12)《七层给水排水及消防平面图》
(13)《八层给水排水及消防平面图》
(14)《十七层给水排水及消防平面图》
(15)《十八层给水排水及消防平面图》
(16)《十九层给水排水及消防平面图》
(17)《屋顶层给水排水及消防平面图》
(18)《机房层给水排水及消防平面图》
(19)《地下一层自动喷水灭火系统平面图》
(20)《一层自动喷水灭火系统平面图》
(21)《二至十七层自动喷水灭火系统平面图》
(22)《十八层自动喷水灭火系统平面图》
(23)《十九层自动喷水灭火系统平面图》
(24)《给水系统原理图》
(25)《排水系统原理图》
(26)《热水系统原理图》
(27)《消火栓系统原理图》
(28)《自动喷水灭火系统原理图》
(29)《热水泵房大样图》
(30)《生活水泵房大样图》
(31)《屋顶层消防水箱大样图》
(32)《消防水泵房大样图》

××公共建筑给水排水工程初步设计图纸目录

分项号	子项名称	图纸名称	总号
00	目录	公共建筑给水排水消防图纸目录	JS-11
01	设计说明	室内给水排水设计说明(一)	JS-12
		室内给水排水设计说明(二)	JS-13
		图例及主要设备材料表(一)	JS-14
		图例及主要设备材料表(二)	JS-15
02	总平面图	室外给水排水管线综合平面图	JS-16
		室外给水消防总平面图	JS-17
		室外污水总平面图	JS-18
		室外雨水总平面图	JS-19
03	平面图	地下一层给水排水及消防平面图	JS-20
		一层给水排水及消防平面图	JS-21
		二至六层、九至十六层给水排水及消防平面图	JS-22
		七层给水排水及消防平面图	JS-23
		八层给水排水及消防平面图	JS-24
		十七层给水排水及消防平面图	JS-25
		十八层给水排水及消防平面图	JS-26
		十九层给水排水及消防平面图	JS-27
		屋顶层给水排水及消防平面图	JS-28
		机房层给水排水及消防平面图	JS-29
		地下一层自动喷水灭火系统平面图	JS-30
		一层自动喷水灭火系统平面图	JS-31
		二至十七层自动喷水灭火系统平面图	JS-32

分项号	子项名称	图纸名称	总号
		十八层自动喷水灭火系统平面图	JS-33
		十九层自动喷水灭火系统平面图	JS-34
04	系统原理图	给水系统原理图	JS-35
		排水系统原理图	JS-36
		热水系统原理图	JS-37
		消火栓系统原理图	JS-38
		自动喷水灭火系统原理图	JS-39
05	大样图	热水泵房大样图	JS-40
		生活水泵房大样图	JS-41
		屋顶层消防水箱大样图	JS-42
		消防水泵房大样图	JS-43

××设计单位		项目名称	××公共建筑给排水消防设计
		子　项	目录
审　定	×××	图　别	初设
校　核	×××	图　号	JS-11
设　计	×××	总　号	×××
制　图	×××	日　期	××××.××

公共建筑给水排水消防图纸目录

室内给水排水设计说明（一）

一、设计依据

1. 国家有关规范：

1）《城镇给水排水技术规范》GB 50788—2012
2）《室外给水设计标准》GB 50013—2018
3）《室外排水设计标准》GB 50014—2021
4）《建筑给水排水设计标准》GB 50015—2019
5）《民用建筑节水设计标准》GB 50555—2010
6）《建筑设计防火规范（2018 年版）》GB 50016—2014
7）《消防给水及消火栓系统技术规范》GB 50974—2014
8）《自动喷水灭火系统设计规范》GB 50084—2017
9）《汽车库、修车库、停车场设计防火规范》GB 50067—2014
10）《建筑灭火器配置设计规范》GB 50140—2005
11）《自动跟踪定位射流灭火系统技术标准》GB 51427—2021
12）《气体灭火系统设计规范》GB 50370—2005
13）《民用建筑设计统一标准》GB 50352—2019
14）《公共建筑节能设计标准》GB 50189—2015
15）《建筑机电工程抗震设计规范》GB 50981—2014
16）《建筑给水排水及采暖施工质量验收规范》GB 50242—2002
17）《自动喷水灭火系统施工及验收规范》GB 50261—2017
18）《宿舍建筑设计规范》JGJ 36—2016
19）《二次供水工程技术规程》CJJ 140—2010
20）《建筑屋面雨水排水系统技术规程》CJJ 142—2014
21）《建筑给水塑料管道工程技术规程》CJJ/T 98—2014
22）《建筑给水复合管道工程技术规程》CJJ/T 155—2011
23）《建筑排水塑料管道工程技术规程》CJJ/T 29—2010
24）《民用建筑太阳能热水系统应用技术标准》GB 50364—2018

2. 本项目建筑及其他专业提供的作业条件图和设计资料。

3. 已获批的有关设计文件。

4. 现状市政情况：

根据甲方提供，地块北侧 B 大道及西侧 A 路各有一路市政给水管网，给水管网具体数据暂未提供，管网压力暂按 0.11MPa（以地面绝对标高 24.00m 计），待后期现场实测管网水压后进行复核。

根据甲方提供市政排水管网图，地块北侧 B 大道及西侧 A 均有市政雨污水管网。B 大道雨污水接口标高已提供，管径未提供，待后期现场实测管网后进行复核；A 路有一路市政雨水排水沟可供利用，雨水排水沟常水位在 16m 左右，洪水水位在 21.3m 左右，污水接口井底标高 15.66m。

二、工程概况

项目位于某市 A 路以东、B 大道以南、C 厂以西地块，北临 B 大道，西靠 A 路。

一期建设单体包括：1 号门卫室，2 号食堂及活动中心，3 号倒班楼，4 号丙类厂房，5 号动力中心（丙类厂房），6 号氢气站（甲类仓库），7 号～13 号丙类厂房。倒班楼建筑最高为 62.7m，其他楼栋均为不高于 24m 的多层建筑。

三、设计内容

1. 本工程设计范围为地块内的室内给水排水系统、热水系统、饮水系统、消火栓给水系统、自动喷水灭火系统、自动消防炮灭火系统、无管网气体灭火系统、建筑灭火器配置。室外绿化给水及排水由景观专业设计。

2. 需要与有关单位协作设计内容：

（1）厨房给水排水管道等需专业厨房厂家深化设计详图，本设计只预留给水排水接口条件。

（2）气体灭火系统由气体灭火设备制造厂家深化设计详图，本工程气体消防设计仅供施工招标。

（3）本工程屋面设有太阳能＋空气源热水供应系统，太阳能＋空气源热水系统图纸仅用于施工招标，施工图需要中标设备厂家进行详图深化设计，并保证热水系统的可靠性和安全性。

（4）根据结构专业提供资料，本工程抗震设防烈度为 6 度。根据《建筑机电工程抗震设计规范》GB 50981—2014 第 1.0.4 条，本工程的建筑机电必须进行抗震设计，故室内大于等于 *DN*65 的给水、热水以及消防管道，当采用吊架、支架或托架固定时，应要求设置抗震支撑。室内自动喷水灭火系统和气体灭火系统等消防系统还应按照相关施工及验收规范的要求设置防晃支架；管段设置抗震支撑与防晃支架重合处，可只设置抗震支架。抗震支架设计与计算需由厂家进行二次详图深化设计。

3. 生产工艺中的工艺给水排水及废水处理不在本设计范围，由甲方另行委托设计单位设计。

4. 氢气站的灭火系统设计不在本设计范围，由甲方另行委托专业设计单位设计。

四、生活给水

1. 用水量统计

用水对象	用水单位数	用水量标准	小时变化系数 K_h	用水时间（h）	用水量		
					最高日（m^3/d）	最高日平均时（m^3/h）	最大时（m^3/h）
倒班楼	689 人	200L/（人·d）	2.5	24	137.8	5.74	14.35
其他建筑					563.5	23.48	51.66
浇洒	12527m^2	2L/（m^2·d）	1.0	4	25.06	6.27	6.27
未预见水量	按总用水量 10% 计				72.636	3.03	6.06
总用水量					799	38.52	78.34

一期建设项目最高日用水量为 799m^3/d，最大时用水量为 78.34m^3/h。

2. 生活给水系统流程图：

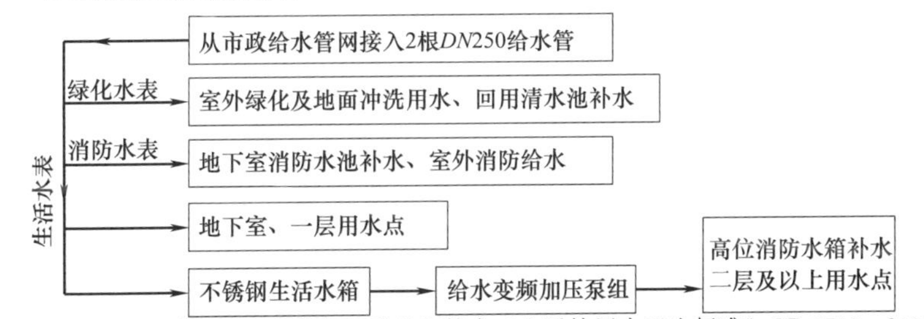

3. 生活给水水源城市自来水水质必须符合《生活饮用水卫生标准》GB 5749—2006 的要求。

4. 给水管道必须采用与管材相适应的管件。生活给水系统所涉及的材料必须达到饮用水卫生标准。

5. 生活给水系统：

（1）供水设备：

整个地块设置 1 个生活加压供水泵房，水泵房设置在倒班楼地下室。

地块生活供水分为 3 个区，1 层及以下采用市政供水，2～7 层由低区加压设备供水，8 层及以上由高区加压设备供水，整个地块生活用水共用生活水箱。

生活水泵房内设有 2 座装配式不锈钢生活水箱，一座有效贮水容积 88m^3，另一座有效贮水容积 73m^3。生活水泵房内设有 2 套变频供水设备。

低区生活给水变频加压泵组型号：3WDV64，设备参数：Q=72m^3/h，H=52m。主泵 3 台型号：VCF32-50-2，2 用 1 备，水泵参数：Q=36m^3/h，H=52m，N=11kW/台。辅泵 1 台型号：VCF20-4，水泵参数：Q=16m^3/h，H=51m，N=5.5kW/台。该泵组配备 1 个隔膜式气压罐 200L/6bar。变频加压泵组的每台泵均设置变频器。

高区生活给水变频加压泵组型号：3WDV40，设备参数：Q=55m^3/h，H=87m。主泵 3 台型号：VCF20-10，2 用 1 备，水泵参数：Q=27.5m^3/h，H=87m，N=11kW/台。该泵组配备 1 个隔膜式气压罐 100L/16bar。变频加压泵组的每台泵均设置变频器。

（2）生活给水泵房控制及信号：

1）生活水箱进水管上设有遥控浮球阀控制水箱进水。

2）当生活水箱水位超过报警水位时，警铃报警并将信号传至物业管理中心。生活加压泵组每台泵均设置变频器控制，备用泵定时切换运行。

6. 给水计量方式：

（1）地块在市政接入口处设置 3 块总水表，分别对生活用水、消防用水、绿化用水计量。

（2）地块内在水箱、水池补水管上设表计量，在厨房给水管上设表计量，在各建筑接入管上设表分级计量，在各用水点给水管上设表计量。

7. 水质污染防止措施

（1）水池水箱生活给水管出水口空气间隙符合规范规定。

（2）在总水表处设置倒流防止器或止回阀，防止污染市政给水管网。

（3）在一座不锈钢生活水箱中设置 3 台型号 WTS-2B 型水箱自洁消毒器，在 1 座不锈钢生活水箱中设置 2 台型号 WTS-2B 型水箱自洁消毒器，详见国标《二次供水消毒设备选用及安装》14S104/24。

8. 饮水供应：

本项目在各处饮水间均设置电开水器，功率 6kW/台。

五、生活热水系统

1. 本项目倒班楼设置定时供应热水，供水时间在上午 6：30～9：30，下午 5：30～12：00，在屋面设置太阳能＋空气源热泵集中热水系统。

2. 热水管网设计：

（1）热媒的选择：

本项目采用太阳能加空气源热泵为热源。在屋顶设置太阳能集热器、空气源热泵机组和贮热水箱。采用开式供热系统，在热水水箱出水管上设置热水供水泵，保证热水管网循环加热供水。

（2）最高日热水量为 58.6m^3/d，设计小时热水量为 23.34m^3/h，设计小时耗热量为 1324kW。

（3）热水系统设备的选择：

空气源热泵的设计小时供热量 367.68kW，共选择 4 台热泵机组。每台参数：单台制热量 94.8kW，额定功率 23.5kW，循环热量 20m^3/h。

（4）屋顶设 1 座 7.5m×4.5m×2.0m 的不锈钢供热热水贮水箱，有效贮水容积 50m^3。

（5）太阳能集热器：型号 MGQBMK58/1800/100/20°，采光面积 19.2m^2/块，运行重量 736kg/块，设置 5 块集热器。

（6）太阳能加热水箱，屋顶设 1 座 4.0m×2.0m×1.5m 的不锈钢太阳能加热水箱，有效贮水容积 5m^3。

（7）补水泵，选用水泵 2 台，1 用 1 备，单泵参考 KQL 80/160-1.1/4，型号：参数 Q=25m^3/h，H=8m，N=1.1kW/台。

（8）太阳能集热循环泵，选用水泵 2 台，1 用 1 备，单泵参考 KQL 40/100-0.55/2 型号，参数 Q=7m^3/h，H=11.5m，N=0.55kW/台。

（9）空气源循环泵，选用水泵 2 台，1 用 1 备，单泵参考 KQL 100/110-7.5/2 型号，参数 Q=80m^3/h，H=16m，N=7.5kW/台。

（10）高区热水供水泵，选用水泵 2 台，1 用 1 备，单泵参考 KQL 65/110-2.2/2 型号，参数 Q=27m^3/h，H=14.4m，N=2.2kW/台。

（11）低区热水回水泵，选用水泵 2 台，1 用 1 备，单泵参考 KQL 40/200-4/2 型号，参数 Q=5.4m^3/h，H=50m，N=4kW/台。

（12）系统控制详见倒班楼热水系统原理图。

3. 太阳能、空气源热泵热水系统应安全可靠，内置加热系统必须带有保证使用安全的装置，并应采取防冻、防结露、防过热、防电击、防雷、防雹、抗风、抗震等技术措施。

4. 安装在建筑屋面的太阳能、空气源热泵，应有防止热水渗漏的安全保障设施。

××设计单位		项目名称	××公共建筑给水排水消防设计
		子 项	
审 定	×××	图 别	初设
校 核	×××	图 号	JS-12
设 计	×××	总 号	×××
制 图	×××	日 期	××××.××

室内给水排水设计说明（一）

室内给水排水设计说明（二）

5. 太阳能、空气源热泵系统中所使用的电气设备应有剩余电流保护、接地和断电等安全措施。

六、污废水排放

1. 本工程室外排水采用雨、污分流制。室内排水采用污、废合流制。
2. 该工程最高日生活污水量为 744.165m^3/d。
3. 室内各卫生间排水立管设有伸顶通气管，部分卫生间根据规范要求设置环形通气管。
4. 生活污废水由立管收集出户至室外，经化粪池处理后再排至市政污水管网。
5. 室外设置 1 座钢筋混凝土化粪池，污水停留时间 24h，清掏周期 180d。
6. 水泵房排水：

地下室水泵房设有排水沟和集水坑，接纳水泵房地面废水，用潜水泵压力排至室外雨水管网。潜水泵由设在集水坑内的液位信号器控制启停。

7. 食堂厨房含油废水经室外隔油池处理后排至室外污水管网。

七、雨水排水系统

1. 暴雨强度公式

（1）暴雨强度计算采用当地暴雨强度公式：

$$q=5644.204(1+0.6\lg P)/(t+21.816)^{0.881}[L/(s\cdot hm^2)]$$

（2）屋面雨水设计重现期 P 取 10 年，降雨历时按 5min，则 5min 降雨强度 $Q_5=4.55L/(s\cdot 100m^2)$，屋面综合径流系数：$\psi=1.0$。

2. 屋面雨水排放：

屋面雨水排放采用重力流排水系统，系统设计重现期为 10 年，屋面雨水由重力型雨水斗收集，经水平干管及立管排至室外。

3. 室外场地雨水排放：

（1）室外活动场地及道路边适当位置按规范设置排水沟、雨水口，收集平台、道路雨水。

（2）室外场地雨水排放设计重现期取 $P=3$ 年。雨水经室外雨水管道汇集排至市政雨水检查井接口。

八、消防系统

（一）系统概况

1. 消防用水量

（1）本项目单体建筑最大高度为大于 50m 的一类高层倒班楼，体积大于 50000m^3。厂房为高度不大于 24m 的丙类厂房，体积大于 5000m^3。11 号厂房局部空间为高度 16.5m 的高大空间，为单独防火分区，设置自动消防炮灭火系统，与自动喷水灭火系统不同时使用。

各栋消防系统用水量

楼栋	室外消火栓		室内消火栓		自动喷水灭火系统		自动消防炮灭火系统	
	用水量标准(L/s)	延续时间(h)	用水量标准(L/s)	延续时间(h)	用水量标准(L/s)	延续时间(h)	用水量标准(L/s)	延续时间(h)
2 号	30	2	15	2	42	1		
3 号	40	2	40	2	21	1		
4 号	30	3	20	3	21	1		
5 号	30	3	20	3				
6 号	15	3	10	3				
7 号	40	3	20	3	21	1		
8 号	40	3	20	3	21	1		
9 号	40	3	20	3	21	1		
10 号	40	3	20	3	21	1		
11 号	40	3	20	3	21	1	60	1
12 号	40	3	20	3	21	1		
13 号	40	3	20	3	21	1		

（2）消防用水水源来自城市自来水管网，从地块北侧×××大道及西侧×××路各引入一路市政给水供地块内室外消防用水。本建筑地下室消防水池贮存室内消火栓用水量、自动喷水灭火系统用水量、自动消防水炮用水量。

（3）室内按规范要求设置消火栓给水系统、自动喷水灭火系统、自动消防炮灭火系统、气体灭火系统，并配备移动式手提灭火器。

（4）本建筑地下室消防水池贮存室内消防一次灭火所需水量。考虑 11 号高大空间为单独防火分区，自动消防炮灭火系统与自动喷水灭火系统不同时使用，本项目的一次消防用水量最大的为 11 号厂房。室内消防一次灭火所需水量为室内消火栓给水系统用水量与自动消防炮灭火系统用水量之和。

（5）消防用水量：

根据相关消防规范，本项目的一次消防用水量最大的为 11 号厂房，最小设计用水量如下：

类别	用水量标准(L/s)	火灾延续时间(h)	用水量(m^3)	贮存方式
室外消火栓给水系统	40	3	432	市政管网供水
室内消火栓给水系统	20	3	216	消防水池 432m^3
自动消防炮灭火系统	60	1	216	

2. 消防水池及消防设备

（1）消防贮水池：本工程倒班楼地下室设有消防专用贮水池，有效贮水容积 432m^3，满足火灾持续时间内消防用水量要求。

（2）消防水池的补水由市政管网补给，补给时间不超过 48h。

（3）消防泵房：地下室设有消防泵房。消防泵房内设有室内消火栓给水系统加压水泵、自动喷水灭火系统加压水泵、自动消防炮灭火系统加压泵。

（4）本项目在高层倒班楼楼梯间屋顶夹层设有 1 座高位屋顶消防水箱，有效贮水容积 36m^3，提供初期火灾消防用水。

（5）消防稳压设备：在倒班楼高位消防水箱间内设有消火栓系统稳压装置、自动喷水灭火系统稳压装置，维持管网平时所需压力。

3. 消防泵房和消控中心的防水淹措施

本工程消防泵房和消控中心均设置有门槛。门槛高度 30cm。

（二）室外消火栓给水系统

1. 本工程室外消火栓给水系统为低压给水系统，由西路市政给水管网供水。

2. 本工程在红线范围内布置环状室外消防管网，管网上设置地上式消火栓，消火栓设置 1 个 DN150 消火栓口和 2 个 DN65 消火栓口，室外消火栓的间距不大于 120m，距道路边不大于 2.0m，距建筑物外墙不小于 5.0m。

（三）室内消火栓给水系统

1. 流程图

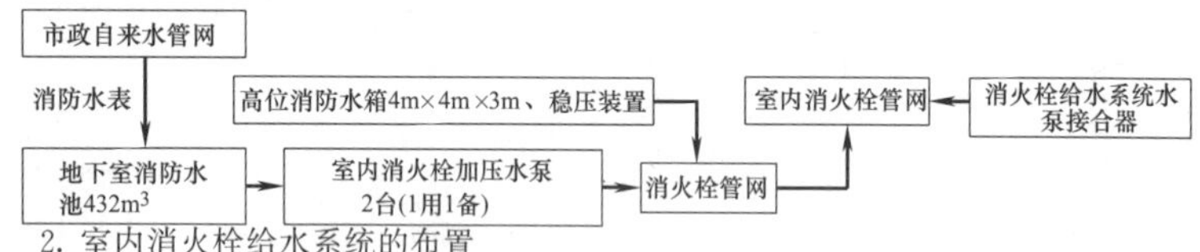

2. 室内消火栓给水系统的布置

（1）本工程按同一平面任何部位均有两股消火栓的水枪充实水柱可同时到达的原则布置室内消火栓。每一个消火栓箱内设有 DN65 室内消火栓 1 个，ϕ19 水枪 1 支，DN65 消防水龙带 25m 1 条，消防按钮、指示灯各 1 个，手提式灭火器 2 具。在厂房、食堂、倒班楼等人员密集的建筑室内消火栓设置消防软管卷盘 1 套。

（2）室内消火栓给水系统在竖向及平面上构成环状管网，并用阀门分成若干独立段，以利于检修。消火栓给水系统静压在 1.0MPa 以内，消火栓出水压力超过 0.50MPa 时采用减压孔板减压。

（3）本项目高层建筑、厂房和室内净空高于 8m 的民用建筑等场所，消火栓栓口动压不应小于 0.35MPa，且消防充实水柱应按 13m 计；其他场所，消火栓栓口动压不应小于 0.25MPa，且消防充实水柱应按 10m 计。

（4）在室外设置多套消火栓水泵接合器与室内消火栓环网连接，水泵接合器处应设置永久性标志铭牌，并应标明供水系统、供水范围和额定压力。

3. 消火栓给水系统加压水泵及稳压设备

（1）本工程室内消火栓给水系统为临时高压给水系统。

（2）地下室消防水泵房内设有室内消火栓给水加压泵 2 台，1 用 1 备（单泵参数为：$Q=40L/s$，$H=1.10MPa$，$N=90kW$/台）。

（3）消防水泵出水干管上设有压力开关，屋顶高位消防水箱出水管设有流量开关。

（4）在倒班楼楼梯间屋顶夹层设有 1 座有效贮水容积 36m^3 的屋顶消防水箱，提供初期火灾消防用水，高位消防水箱间内设有 1 套消火栓系统稳压装置，维持管网平时所需压力。

4. 消火栓系统控制及信号

消防水泵控制柜在平时应使消防水泵处于自动启泵状态；消防水泵不应设置自动停泵的控制功能，停泵应由具有管理权限的工作人员根据火灾扑救情况确定；消防水泵出水干管上设置的压力开关、高位消防水箱出水管上的流量开关等开关信号应能直接启动消防水泵。消防水泵房内的压力开关宜引入消防水泵控制柜内。消火栓按钮不宜作为直接启动消防水泵的开关，但可作为发出报警信号的开关或启动干式消火栓系统的快速启闭装置等。

（四）自动喷水灭火系统

1. 自动喷水灭火系统用水量

本项目除 6 号氢气站、5 号动力中心外，其他建筑室内设置自动喷水灭火系统。丙类厂房（净空高度不大于 8m）、倒班楼，为中危险级Ⅰ级；食堂活动中心顶楼的运动馆净空高度大于 8m 且小于 12m，洒水喷头的喷水强度 12L/(min·m^2)，作用面积 160m^2，火灾延续时间 1h。

2. 自动喷水灭火系统设计

本项目自动喷水灭火系统采用临时高压湿式喷淋系统。

（1）自动喷水灭火系统流程图：

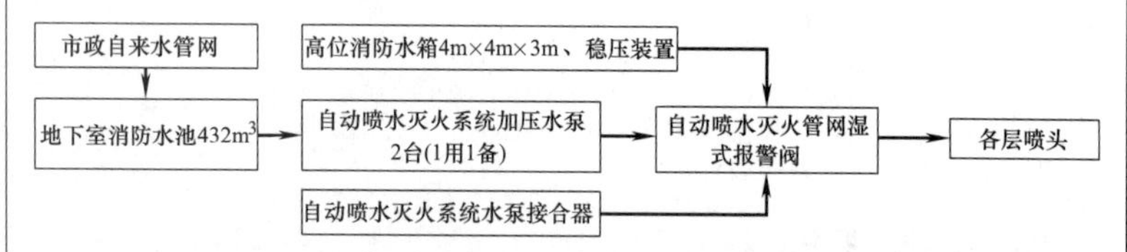

（2）自动喷水灭火系统为临时高压系统，地下室消防水泵房内设有自动喷水灭火系统给水加压泵 2 台，1 用 1 备。单泵参数：$Q=25L/s$，$H=1.15MPa$，$N=55kW$/台。

（3）湿式报警阀设置于地下室消防泵房内，并按照每个湿式报警阀控制喷头的数量不超过 800 个的原则设置。自动喷水灭火系统每层或按每个防火分区设信号阀和水流指示器。每个报警阀组的最不利喷头处设末端试水装置，其他防火分区的最不利喷头处，均设 DN25 试水阀。

（4）在室外设置多套自动喷水灭火系统水泵接合器与室内湿式报警阀组前的自动喷水灭火系统环网连接，水泵接合器处应设置永久性标志铭牌，并应标明供水系统、供水范围和额定压力。

（5）湿式报警阀前后及水流指示器前所设置的阀门均为信号阀，阀门的开启状态传递至消防控制中心。

（6）在倒班楼楼梯间屋顶夹层设有 1 座有效容积 36m^3 的屋顶消防水箱及 1 套稳压装置，提供初期火灾消防用水并维持管网平时所需压力。

3. 控制及信号

湿式自动喷水灭火系统：火灾发生时喷头因玻璃球破裂而喷水，水流指示器动作信号传递至消防控制中心（显示火灾位置）；报警阀压力开关动作信号传递至消防控制中心（显示火灾区域）及自动喷水灭火系统给水加压泵控制箱，同时压力开关直接启动自动喷水灭火系统给水加压泵并反馈信号至消防控制中心。加压泵还可在消防控制中心遥控启动及在水泵房人工启停。屋顶高位消防水箱出水管设有流量开关，自动喷水灭火系统加压水泵出水管上设有压力开关，该流量开关与压力开关直接启动自动喷水灭火系统加压水泵。

（五）建筑灭火器配置

1. 倒班楼按 A 类严重危险级火灾场所设计，设置型号为 MF/ABC5（3A）干粉（磷酸铵盐）灭火器，最大保护距离 15m，按规范要求设置于室内各处，保护范围不够处增设 MF/ABC3（3A）手提式灭火器。

2. 食堂楼按 A 类中危险级火灾场所设计，设置型号为 MF/ABC4（2A）干粉（磷酸铵盐）灭火器，最大保护距离 20m，按规范要求设置于室内各处，保护范围不够处增设 MF/ABC4（2A）手提式灭火器。

3. 本项目民用建筑中的配电房、消防控制室、弱电机房、发电机房、屋面电梯机房属中危险级火灾场所设计，设置型号为 MF/ABC4（2A）干粉（磷酸铵盐）灭火器，最大保护距离 20m，按规范要求设置于室内各处，保护范围不够处增设 MF/ABC4（2A）手提式灭火器。

4. 厂房（丙类）楼按 A 类中危险级火灾场所设计，设置型号为 MF/ABC4（2A）干粉（磷酸铵盐）灭火器，最大保护距离 20m，按规范要求设置于室内各处，保护范围不够处增设 MF/ABC4（2A）手提式灭火器。

5. 本项目工业建筑中的配电房、消防控制室、弱电机房、发电机房、屋面电梯机房属中危险级火灾场所设计，设置型号为 MF/ABC4（2A）干粉（磷酸铵盐）灭火器，最大保护距离 20m，按规范要求设置于室内各处，保护范围不够处增设 MF/ABC4（2A）手提式灭火器。

6. 氢气站属于 B 类严重危险级，设置推车式二氧化碳灭火器 MTT20，最大保护距离 18m。

××设计单位		项目名称	××公共建筑给水排水消防设计
		子　项	

审　定	×××	室内给水排水设计说明（二）	图　别	初设
校　核	×××		图　号	JS-13
设　计	×××		总　号	×××
制　图	×××		日　期	××××.××

图例

图例	名称	图例	名称	图例	名称	图例	名称	图例	名称
——J0——	市政压力生活给水管	——X——	室内消火栓给水管	JL- JL-	生活给水立管	或	水表		偏心异径管
——J1——	低压加压生活给水管		止回阀	RJL- RJL-	热水给水立管		减压稳压阀		闸阀
——J2——	高压加压生活给水管		台式洗面盆	RHL- RHL-	热水回水立管		信号阀		蝶阀
——RJ——	热水供水管		小便斗	RMJL- RMJL-	热媒水给水立管		泄压阀		淋浴头
——RH——	热水回水管		湿式报警阀	RMHL- RMHL-	热媒水回水立管		可曲挠性橡胶接头		自动喷水灭火系统末端试水装置
——RMJ——	热媒水供水管		水流指示器	FL- FL-	废水立管		通气帽(成品)		自动排气阀
——RMH——	热媒水回水管		直立型水幕喷头	WL- WL-	污水立管		存水弯		截止阀
— — — —	污水管		金属波纹软管	YL- YL-	雨水排水立管		检查口		感应式自动冲洗阀
——T——	通气管		过滤器	XL- XL-	消火栓给水立管		清扫口		带锁具阀门
——Y——	重力流雨水管		遥控浮球阀	SPL- SPL-	消防水炮给水立管		堵头		压力开关
——F——	废水管		室外消防水泵接合器	ZL- ZL-	自动喷水灭火系统给水立管		地漏		流量开关
——YF——	加压废水管		室内消火栓(单栓)		洗涤池		倒流防止器		潜水泵+集水坑
————	自动喷水灭火系统给水管		压力表		蹲式大便器		同心异径管		
——SP——	消防水炮给水管		立柱式洗手盆		坐式大便器				

××设计单位		项目名称	××公共建筑给水排水消防设计
		子　项	
审　定	×××	图　别	初设
校　核	×××	图　号	JS-14
设　计	×××	总　号	×××
制　图	×××	日　期	××××.××

图例及主要设备材料表（一）

主要设备材料表

编号	设备名称	设备型号、参数	备注
		消防设备材料	
Ⓧ1	室内消火栓给水加压泵	每台参数：Q=40L/s，H=1.10MPa，N=90kW/台	2台(1用1备)
Ⓧ2	自动喷水灭火系统给水加压泵	每台参数：Q=25L/s，H=1.15MPa，N=55kW/台	2台(1用1备)
Ⓧ3	自动消防炮给水加压泵	每台参数：Q=60L/s，H=125m，N=132kW/台	2台(1用1备)
Ⓧ4	屋顶消防水箱	$a \times b \times h$=4000mm×4000mm×3000mm 有效水容积 V=36m^3	1座
Ⓧ5	室内消火栓系统增压稳压设备	设备型号：XW(L)-I-1.5-20-ADL 水泵参数：Q=1.5L/s，H=0.20MPa，N=0.55kW/台 P_0=0.16MPa，P_{S1}=0.18MPa，P_{S2}=0.23MPa， 配备 SQL800×0.6 隔膜式气压罐	1套设备 (配2台水泵，1用1备)
Ⓧ6	自动喷水灭火系统增压稳压设备	设备型号：XW(L)-I-1.5-20-ADL 水泵参数：Q=1.5L/s，H=0.20MPa，N=0.55kW/台 P_0=0.16MPa，P_{S1}=0.18MPa，P_{S2}=0.23MPa， 配备 SQL800×0.6 隔膜式气压罐	1套设备 (配2台水泵，1用1备)
Ⓧ7	自动喷水灭火系统湿式报警阀组	ZSFZ150	
		开水设备材料	
Ⓐ1	开水器	型号：DAY-T823(有效容积50L，N=6kW，冷热两用)	
		给水设备材料	
编号	设备名称	设备型号、参数	备注
Ⓑ1	一体化加压设备 低区生活给水变频加压设备	设备参考型号：3WDV64，参数：Q=72m^3/h，H=52m 主泵参考型号：VCF32-50-2 水泵参数：Q=36m^3/h，H=52m，N=11kW/台 辅泵参考型号：VCF20-4 水泵参数：Q=16m^3/h，H=51m，N=5.5kW/台 配套1个隔膜式气压罐200L/6bar	1套设备： 3台主泵，2用1备 1套辅泵，1个气压罐 每台泵均变频，互为切换
Ⓑ2	一体化加压设备 高压生活给水变频加压设备	设备参考型号：3WDV40，参数：Q=55m^3/h，H=87m 主泵参考型号：VCF20-10 水泵参数：Q=27.5m^3/h，H=87m，N=11kW/台 配套1个隔膜式气压罐100L/16bar	1套设备： 3台主泵，2用1备 1个气压罐 每台泵均变频，互为切换

编号	设备名称	设备型号、参数	备注
		给水设备材料	
编号	设备名称	设备型号、参数	备注
Ⓑ3	不锈钢生活水箱(生活用)	$a \times b \times h$=8m×5m×3m， 有效贮水容积 V=88m^3	1座
Ⓑ4	不锈钢生活水箱(生活用)	$a \times b \times h$=6.0m×5.5m×3.0m， 有效贮水容积 V=73m^3	1座
Ⓑ5	水箱自洁消毒器	型号：WTS-2B，功率0.745kW	5套
		热水设备材料	
编号	设备名称	设备型号、参数	备注
Ⓒ1	太阳能加热水箱	$a \times b \times h$=4m×2.0m×1.5m， 有效贮水容积 V=5m^3	1座
Ⓒ2	太阳能集热循环泵	参考型号：KQL 40/100-0.55/2 (Q=7m^3/h，H=11.5m，N=0.55kW/台)	2台(1用1备)
Ⓒ3	太阳能集热器	型号：MGQBMK58/1800/100/20° 采光面积：19.2m^2/块，总采光面积：96m^2	5块
Ⓒ4	补水泵	型号：KQL 80/160-1.1/4 (Q=25m^3/h，H=8m，N=1.1kW/台)	2台(1用1备)
Ⓒ5	供热热水贮水箱	$a \times b \times h$=7.5m×4.5m×2.0m， 有效贮水容积 V=50m^3	1座
Ⓒ6	循环式空气源热泵机组	KFXRS-095/ⅡM (制热量94.8kW，额定功率23.5kW， 循环流量20m^3/h)	4台
Ⓒ7	空气源循环泵	型号：KQL 100/100-7.5/2 (Q=80m^3/h，H=16m，N=7.5kW/台)	2台(1用1备)
Ⓒ8	高区热水供水泵	配备主泵：KQL 65/110-2.2/2 (Q=27m^3/h，H=14.4m，N=2.2kW/台)	每台泵变频控制，主泵为1用1备，水泵互为切换
Ⓒ9	低区热水回水泵	配备主泵：KQL 40/200-4/2 (Q=5.4m^3/h，H=50m，N=4kW/台)	每台泵变频控制，主泵为1用1备，水泵互为切换
		排水设备材料	
Ⓓ1	排水泵	65QW(Ⅰ)40-22-5.5(Q=40m^3/h， H=22m，N=5.5kW)	6台 每坑2台

××设计单位		项目名称	××公共建筑给水排水消防设计
		子　项	
审　定	×××	图例及主要设备材料表（二）	图　别：初设
校　核	×××		图　号：JS-15
设　计	×××		总　号：×××
制　图	×××		日　期：××××.××

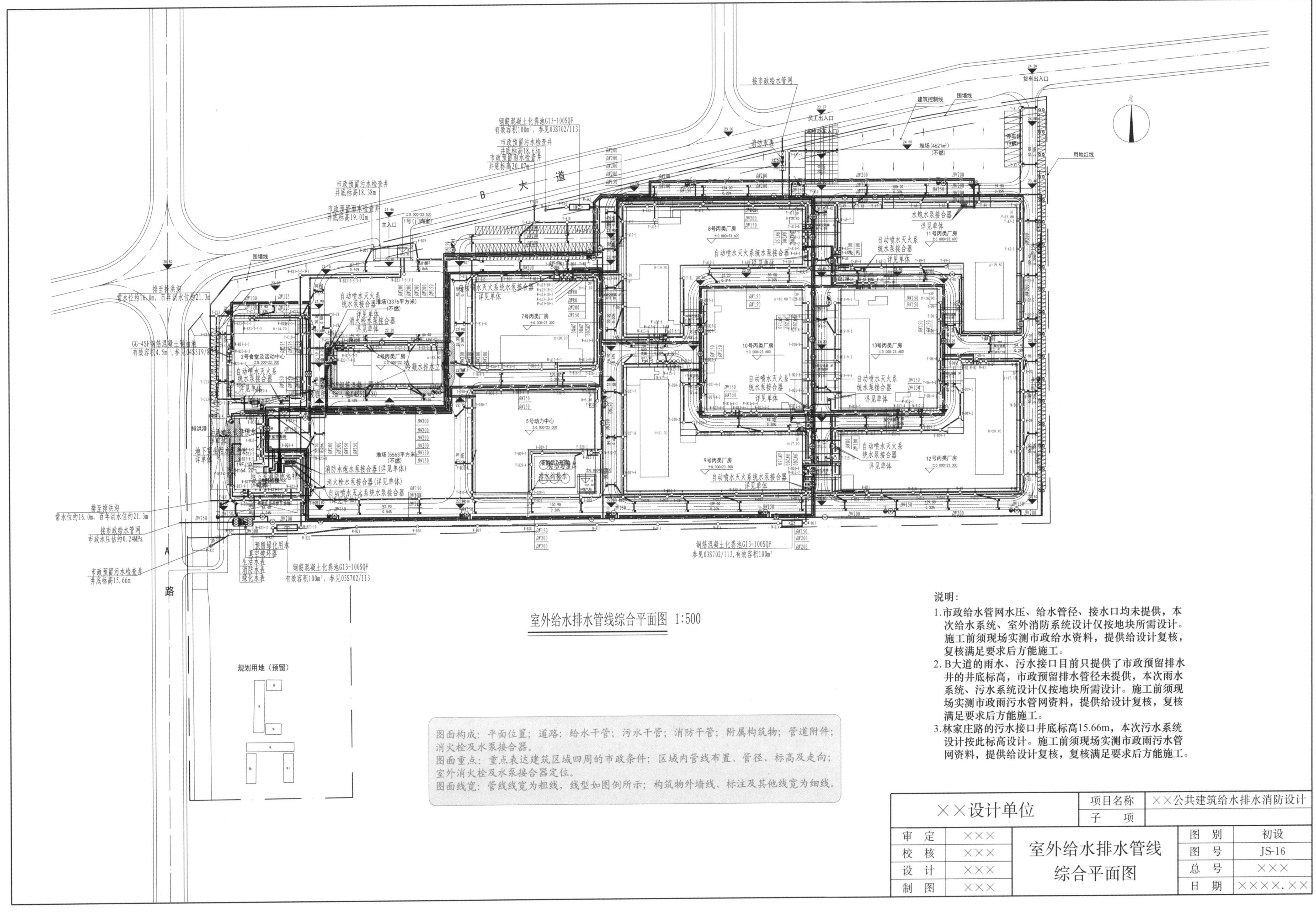
B 大 道
A
路
北
接市政给水管网
货车出入口
员工出入口
建筑控制线
围墙线
用地红线
堆场(4621m²)
(不燃)
主入口
1号(门卫室)
2号食堂及活动中心
4号丙类厂房
5号动力中心
7号丙类厂房
8号丙类厂房
9号丙类厂房
10号丙类厂房
11号丙类厂房
12号丙类厂房
13号丙类厂房
堆场(3376平方米)
(不燃)
堆场(5563平方米)
(不燃)
自动喷水灭火系统水泵接合器
消防水炮水泵接合器(详见单体)
消火栓水泵接合器(详见单体)
水炮水泵接合器
详见单体
钢筋混凝土化粪池G13-100SQF
有效容积100m³，参见03S702/113
钢筋混凝土化粪池G13-100SQF
参见03S702/113,有效容积100m³
市政预留污水检查井
井底标高18.38m
市政预留雨水检查井
井底标高19.02m
市政预留污水检查井
井底标高18.63m
市政预留雨水检查井
井底标高20.07m
排至排洪沟
常水位约16.0m，百年洪水位约21.3m
接市政给水管网
市政水压估约0.24MPa
市政预留污水检查井
井底标高15.66m
排洪港
规划用地（预留）
室外给水排水管线综合平面图 1:500
说明：
1.市政给水管网水压、给水管径、接水口均未提供，本次给水系统、室外消防系统设计仅按地块所需设计。施工前须现场实测市政给水资料，提供给设计复核，复核满足要求后方能施工。
2. B大道的雨水、污水接口目前只提供了市政预留排水井的井底标高，市政预留排水管径未提供，本次雨水系统、污水系统设计仅按地块所需设计。施工前须现场实测市政雨污水管网资料，提供给设计复核，复核满足要求后方能施工。
3.林家庄路的污水接口井底标高15.66m，本次污水系统设计按此标高设计。施工前须现场实测市政雨污水管网资料，提供给设计复核，复核满足要求后方能施工。
图面构成：平面位置；道路；给水干管；污水干管；消防干管；附属构筑物；管道附件；消火栓及水泵接合器。
图面重点：重点表达建筑区域四周的市政条件；区域内管线布置、管径、标高及走向；室外消火栓及水泵接合器定位。
图面线宽：管线线宽为粗线，线型如图例所示；构筑物外墙线、标注及其他线宽为细线。
××设计单位
项目名称
××公共建筑给水排水消防设计
子　项
审　定
×××
校　核
×××
设　计
×××
制　图
×××
室外给水排水管线综合平面图
图　别
初设
图　号
JS-16
总　号
×××
日　期
××××.××

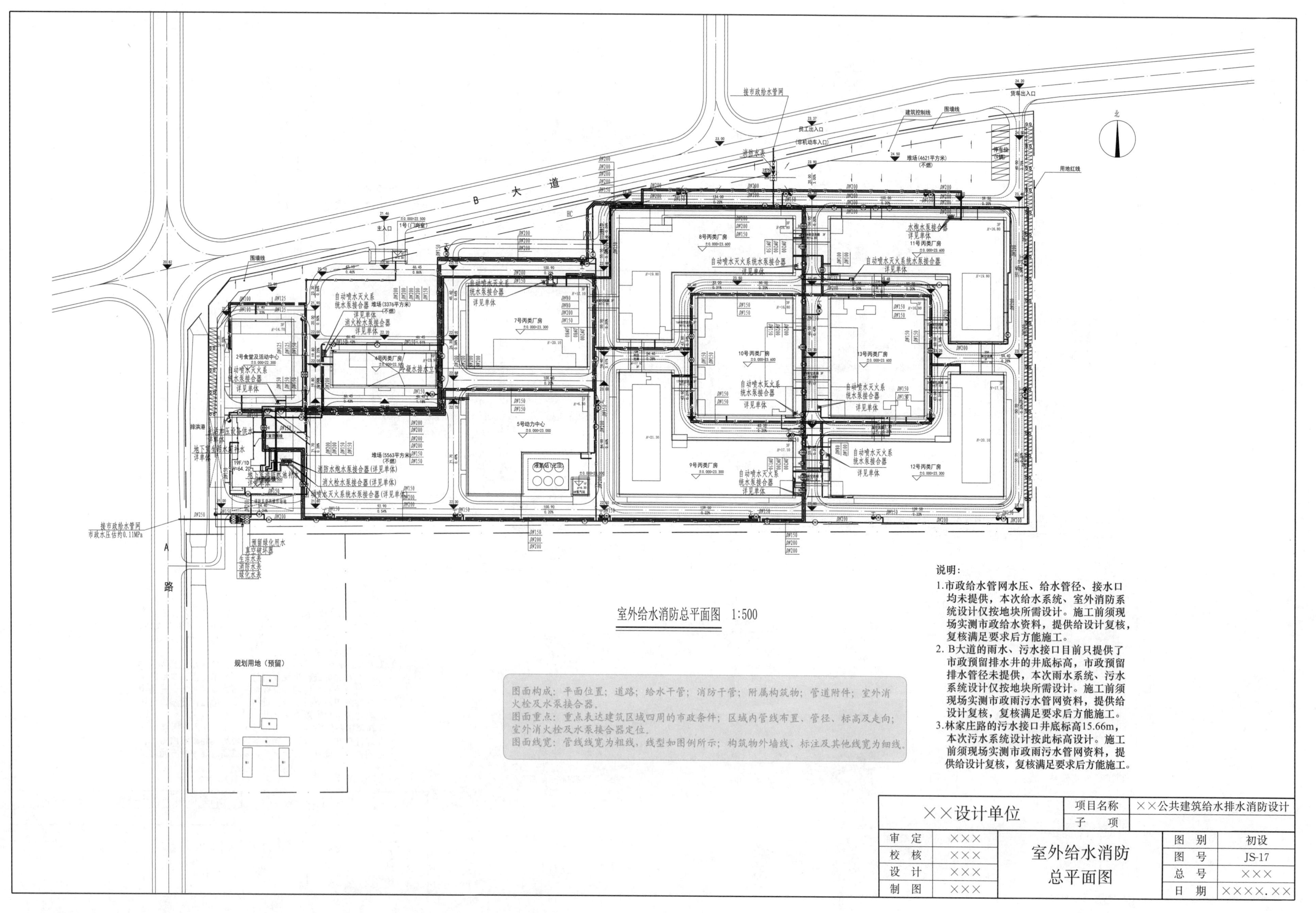

室外给水消防总平面图 1:500
说明：
1.市政给水管网水压、给水管径、接水口均未提供，本次给水系统、室外消防系统设计仅按地块所需设计。施工前须现场实测市政给水资料，提供给设计复核，复核满足要求后方能施工。
2. B大道的雨水、污水接口目前只提供了市政预留排水井的井底标高，市政预留排水管径未提供，本次雨水系统、污水系统设计仅按地块所需设计。施工前须现场实测市政雨污水管网资料，提供给设计复核，复核满足要求后方能施工。
3.林家庄路的污水接口井底标高15.66m，本次污水系统设计按此标高设计。施工前须现场实测市政雨污水管网资料，提供给设计复核，复核满足要求后方能施工。
图面构成：平面位置；道路；给水干管；消防干管；附属构筑物；管道附件；室外消火栓及水泵接合器。
图面重点：重点表达建筑区域四周的市政条件；区域内管线布置、管径、标高及走向；室外消火栓及水泵接合器定位。
图面线宽：管线线宽为粗线，线型如图例所示；构筑物外墙线、标注及其他线宽为细线。
××设计单位
项目名称
××公共建筑给水排水消防设计
子 项
审 定
×××
校 核
×××
设 计
×××
制 图
×××
室外给水消防总平面图
图 别
初设
图 号
JS-17
总 号
×××
日 期
××××.××
B 大 道
A 路
接市政给水管网
接市政给水管网 市政水压估约0.11MPa
规划用地（预留）
2号食堂及活动中心
4号丙类厂房
5号动力中心
7号丙类厂房
8号丙类厂房
9号丙类厂房
10号丙类厂房
11号丙类厂房
12号丙类厂房
13号丙类厂房
堆场（3376平方米）
堆场（5563平方米）
堆场（4621平方米）
主入口
货车出入口
员工出入口
用地红线
建筑控制线
围墙线
排洪港
自动喷水灭火系统水泵接合器 详见单体
消防水炮水泵接合器（详见单体）
消火栓水泵接合器（详见单体）

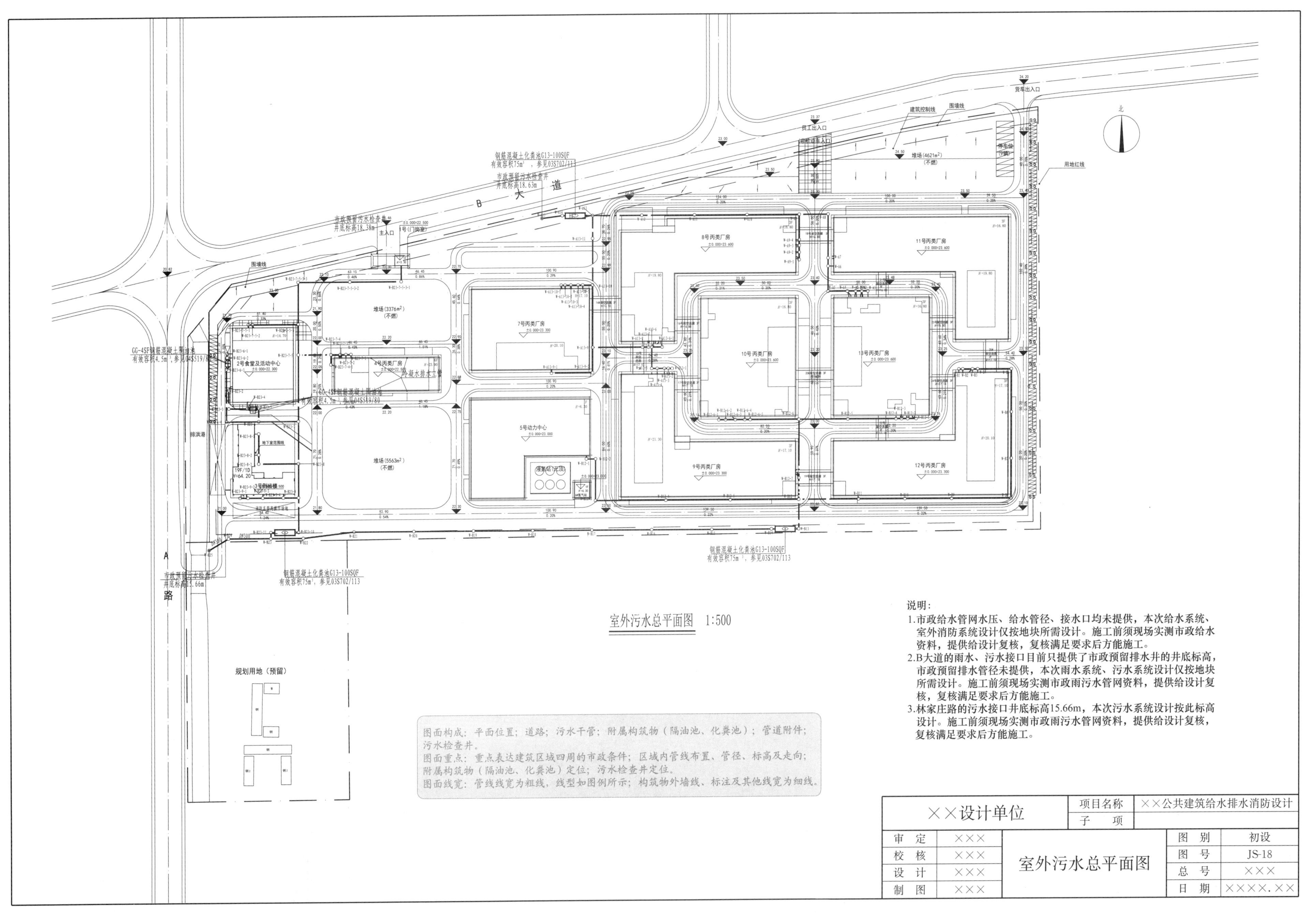

室外污水总平面图 1:500
B 大 道
A 路
货车出入口
员工出入口
建筑控制线
围墙线
用地红线
主入口
堆场(4621m²)(不燃)
堆场(3376m²)(不燃)
堆场(5563m²)(不燃)
2号食堂及活动中心
3号宿舍楼
4号丙类厂房
5号动力中心
7号丙类厂房
8号丙类厂房
9号丙类厂房
10号丙类厂房
11号丙类厂房
12号丙类厂房
13号丙类厂房
排洪港
规划用地（预留）
钢筋混凝土化粪池G13-100SQF
有效容积75m³，参见03S702/113
市政预留污水检查井
井底标高18.63m
井底标高18.38m
井底标高15.66m
GG-4SF钢筋混凝土隔油池
有效容积4.5m³，参见04S519/80
说明：
1.市政给水管网水压、给水管径、接水口均未提供，本次给水系统、室外消防系统设计仅按地块所需设计。施工前须现场实测市政给水资料，提供给设计复核，复核满足要求后方能施工。
2.B大道的雨水、污水接口目前只提供了市政预留排水井的井底标高，市政预留排水管径未提供，本次雨水系统、污水系统设计仅按地块所需设计。施工前须现场实测市政雨污水管网资料，提供给设计复核，复核满足要求后方能施工。
3.林家庄路的污水接口井底标高15.66m，本次污水系统设计按此标高设计。施工前须现场实测市政雨污水管网资料，提供给设计复核，复核满足要求后方能施工。
图面构成：平面位置；道路；污水干管；附属构筑物（隔油池、化粪池）；管道附件；污水检查井。
图面重点：重点表达建筑区域四周的市政条件；区域内管线布置、管径、标高及走向；附属构筑物（隔油池、化粪池）定位；污水检查井定位。
图面线宽：管线线宽为粗线，线型如图例所示；构筑物外墙线、标注及其他线宽为细线。
××设计单位
项目名称 ××公共建筑给水排水消防设计
子 项
审 定 ×××
校 核 ×××
设 计 ×××
制 图 ×××
室外污水总平面图
图 别 初设
图 号 JS-18
总 号 ×××
日 期 ××××.××

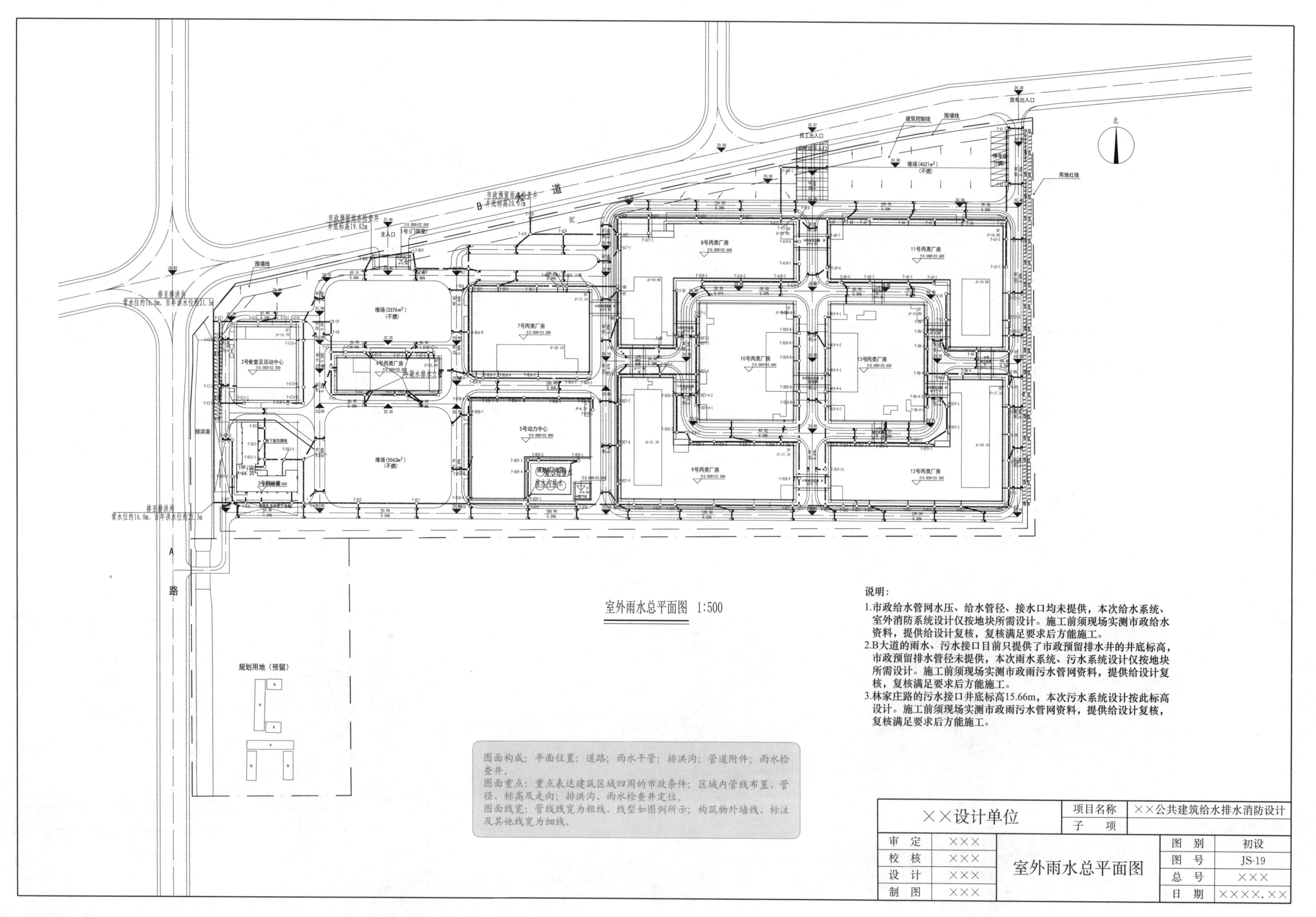
室外雨水总平面图 1:500
说明:
1.市政给水管网水压、给水管径、接水口均未提供，本次给水系统、室外消防系统设计仅按地块所需设计。施工前须现场实测市政给水资料，提供给设计复核，复核满足要求后方能施工。
2.B大道的雨水、污水接口目前只提供了市政预留排水井的井底标高，市政预留排水管径未提供，本次雨水系统、污水系统设计仅按地块所需设计。施工前须现场实测市政雨污水管网资料，提供给设计复核，复核满足要求后方能施工。
3.林家庄路的污水接口井底标高15.66m，本次污水系统设计按此标高设计。施工前须现场实测市政雨污水管网资料，提供给设计复核，复核满足要求后方能施工。
图面构成：平面位置；道路；雨水干管；排洪沟；管道附件；雨水检查井。
图面重点：重点表达建筑区域四周的市政条件；区域内管线布置、管径、标高及走向；排洪沟、雨水检查井定位。
图面线宽：管线线宽为粗线，线型如图例所示；构筑物外墙线、标注及其他线宽为细线。
B 大 道
A 路
市政预留雨水检查井 井底标高20.07m
市政预留雨水检查井 井底标高19.02m
排至排洪沟 常水位约16.0m，百年洪水位约21.3m
排至排洪沟 常水位约16.0m，百年洪水位约21.3m
围墙线
建筑控制线
用地红线
排洪沟
主入口
员工出入口
货车出入口
北
堆场(3376m²) (不燃)
堆场(5563m²) (不燃)
堆场(4621m²) (不燃)
2号食堂及活动中心
3号宿舍楼
4号丙类厂房
5号动力中心
7号丙类厂房
8号丙类厂房
9号丙类厂房
10号丙类厂房
11号丙类厂房
12号丙类厂房
13号丙类厂房
规划用地（预留）
××设计单位
项目名称 ××公共建筑给水排水消防设计
子 项
审 定 ×××
校 核 ×××
设 计 ×××
制 图 ×××
室外雨水总平面图
图 别 初设
图 号 JS-19
总 号 ×××
日 期 ××××.××

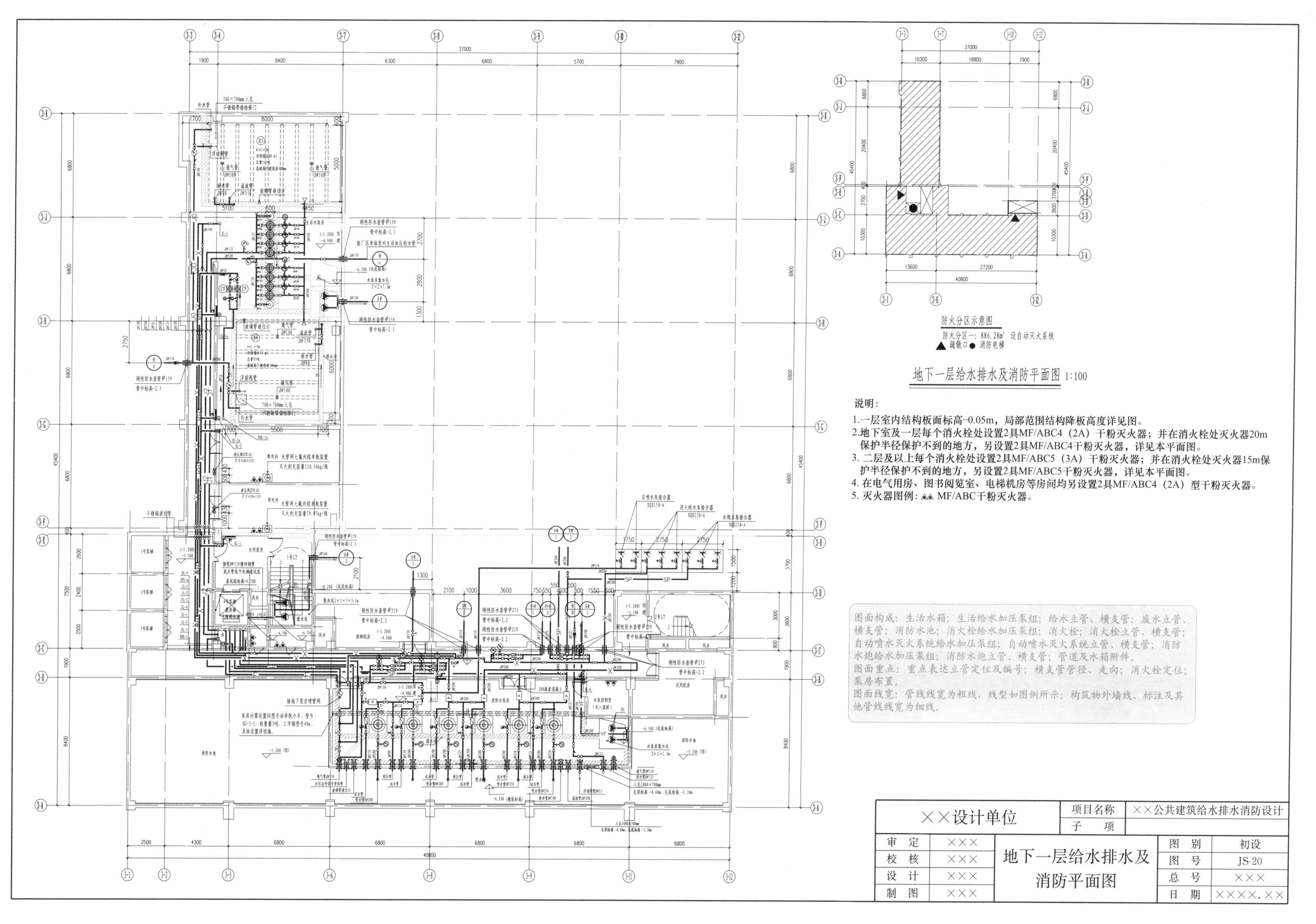

防火分区示意图
防火分区一：886.28m² 设自动灭火系统
▲ 疏散口 ● 消防电梯
地下一层给水排水及消防平面图 1:100
说明：
1.一层室内结构板面标高-0.05m，局部范围结构降板高度详见图。
2.地下室及一层每个消火栓处设置2具MF/ABC4（2A）干粉灭火器；并在消火栓处灭火器20m保护半径保护不到的地方，另设置2具MF/ABC4干粉灭火器，详见本平面图。
3. 二层及以上每个消火栓处设置2具MF/ABC5（3A）干粉灭火器；并在消火栓处灭火器15m保护半径保护不到的地方，另设置2具MF/ABC5干粉灭火器，详见本平面图。
4. 在电气用房、图书阅览室、电梯机房等房间均另设置2具MF/ABC4（2A）型干粉灭火器。
5. 灭火器图例：MF/ABC干粉灭火器。
图面构成：生活水箱；生活给水加压泵组；给水立管、横支管；废水立管、横支管；消防水池；消火栓给水加压泵组；消火栓；消火栓立管、横支管；自动喷水灭火系统给水加压泵组；自动喷水灭火系统立管、横支管；消防水炮给水加压泵组；消防水炮立管、横支管；管道及水箱附件。
图面重点：重点表达立管定位及编号；横支管管径、走向；消火栓定位；泵房布置。
图面线宽：管线线宽为粗线，线型如图例所示；构筑物外墙线、标注及其他管线线宽为细线。
××设计单位
项目名称 ××公共建筑给水排水消防设计
子 项
审 定 ×××
校 核 ×××
设 计 ×××
制 图 ×××
地下一层给水排水及消防平面图
图 别 初设
图 号 JS-20
总 号 ×××
日 期 ××××.××
消防水池
自动水泵接合器 SQS150-A
消火栓水泵接合器 SQS150-A
水炮水泵接合器 SQS150-A
1号客梯
2号客梯
3号客梯
合用前室
排烟机房
消防水泵房
水泵房集水坑 2×2×1.3m
刚性防水套管φ159 管中标高-2.3
刚性防水套管φ219 管中标高-2.2
刚性防水套管φ273 管中标高-2.2

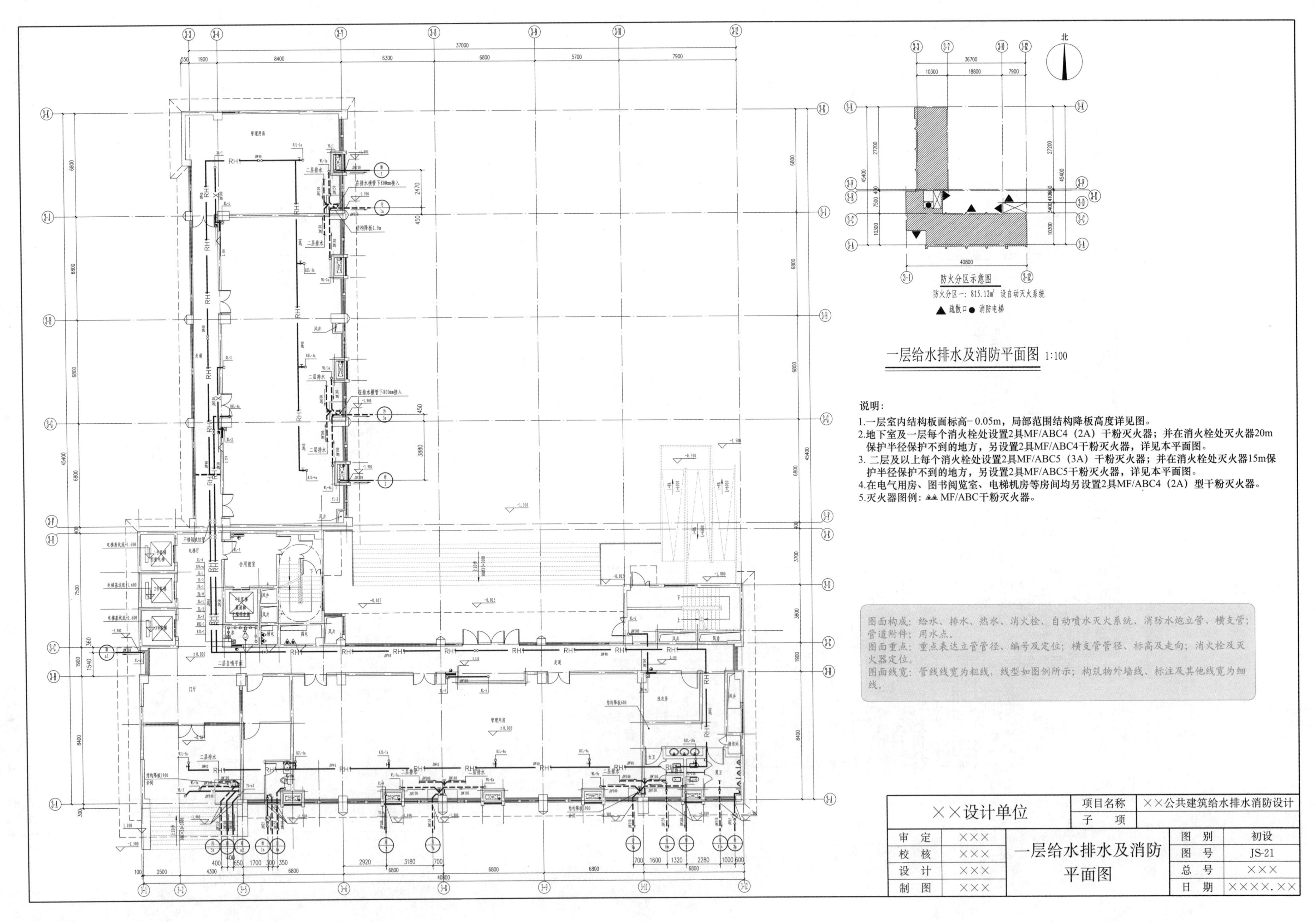
一层给水排水及消防平面图 1:100
防火分区示意图
防火分区一：815.12m² 设自动灭火系统
▲ 疏散口 ● 消防电梯
说明：
1.一层室内结构板面标高-0.05m，局部范围结构降板高度详见图。
2.地下室及一层每个消火栓处设置2具MF/ABC4（2A）干粉灭火器；并在消火栓处灭火器20m保护半径保护不到的地方，另设置2具MF/ABC4干粉灭火器，详见本平面图。
3. 二层及以上每个消火栓处设置2具MF/ABC5（3A）干粉灭火器；并在消火栓处灭火器15m保护半径保护不到的地方，另设置2具MF/ABC5干粉灭火器，详见本平面图。
4.在电气用房、图书阅览室、电梯机房等房间均另设置2具MF/ABC4（2A）型干粉灭火器。
5.灭火器图例：MF/ABC干粉灭火器。
图面构成：给水、排水、热水、消火栓、自动喷水灭火系统、消防水炮立管、横支管；管道附件；用水点。
图面重点：重点表达立管管径、编号及定位；横支管管径、标高及走向；消火栓及灭火器定位。
图面线宽：管线线宽为粗线，线型如图例所示；构筑物外墙线、标注及其他线宽为细线。
××设计单位
项目名称 ××公共建筑给水排水消防设计
子 项
审 定 ×××
校 核 ×××
设 计 ×××
制 图 ×××
一层给水排水及消防平面图
图 别 初设
图 号 JS-21
总 号 ×××
日 期 ××××.××

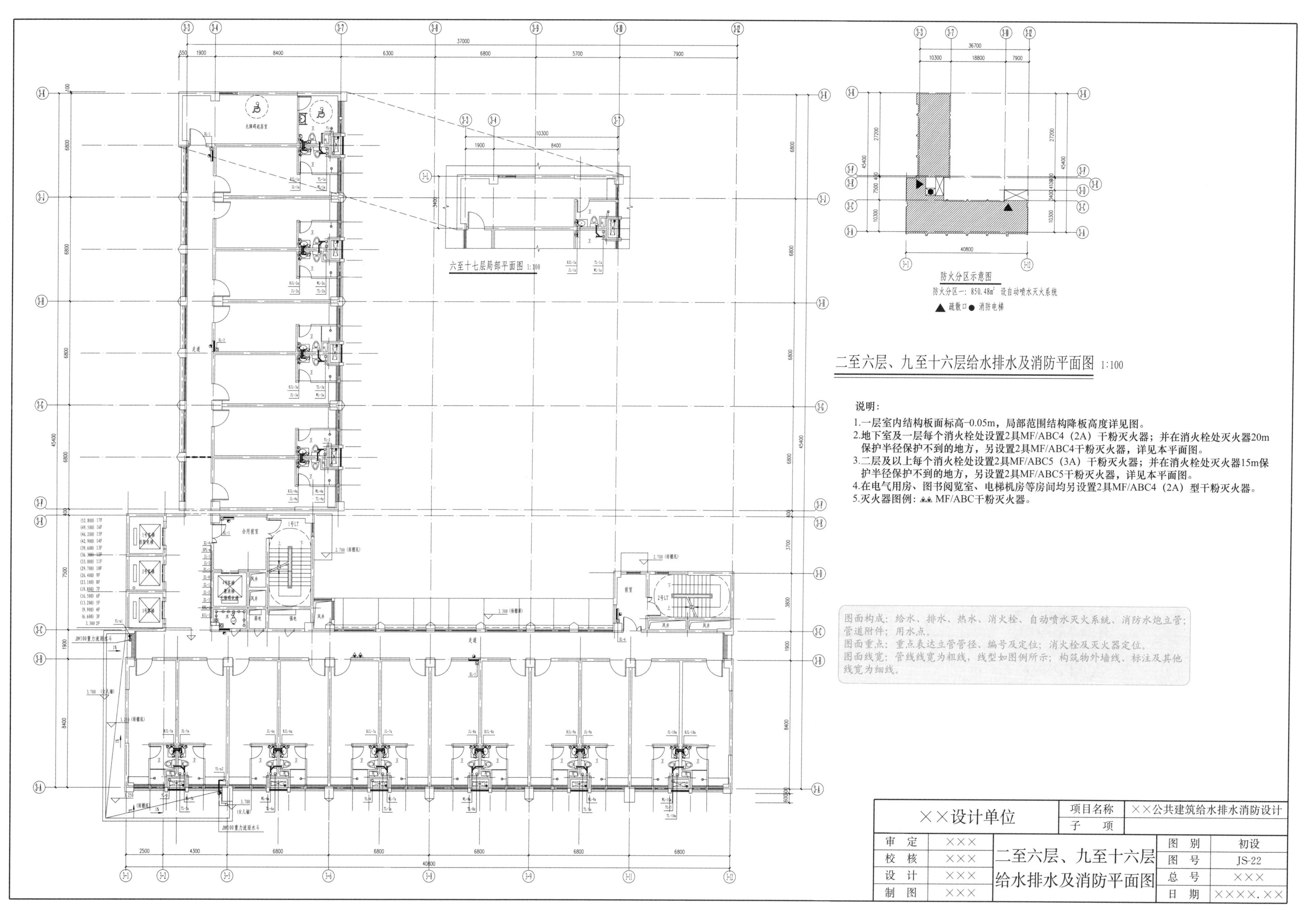
六至十七层局部平面图 1:100
防火分区示意图
防火分区一：850.48m² 设自动喷水灭火系统
▲ 疏散口 ● 消防电梯
二至六层、九至十六层给水排水及消防平面图 1:100
说明：
1.一层室内结构板面标高-0.05m，局部范围结构降板高度详见图。
2.地下室及一层每个消火栓处设置2具MF/ABC4（2A）干粉灭火器；并在消火栓处灭火器20m保护半径保护不到的地方，另设置2具MF/ABC4干粉灭火器，详见本平面图。
3.二层及以上每个消火栓处设置2具MF/ABC5（3A）干粉灭火器；并在消火栓处灭火器15m保护半径保护不到的地方，另设置2具MF/ABC5干粉灭火器，详见本平面图。
4.在电气用房、图书阅览室、电梯机房等房间均另设置2具MF/ABC4（2A）型干粉灭火器。
5.灭火器图例：MF/ABC干粉灭火器。
图面构成：给水、排水、热水、消火栓、自动喷水灭火系统、消防水炮立管；管道附件；用水点。
图面重点：重点表达立管管径、编号及定位；消火栓及灭火器定位。
图面线宽：管线线宽为粗线，线型如图例所示；构筑物外墙线、标注及其他线宽为细线。
××设计单位
项目名称 ××公共建筑给水排水消防设计
子 项
审 定 ×××
校 核 ×××
设 计 ×××
制 图 ×××
二至六层、九至十六层给水排水及消防平面图
图 别 初设
图 号 JS-22
总 号 ×××
日 期 ××××.××

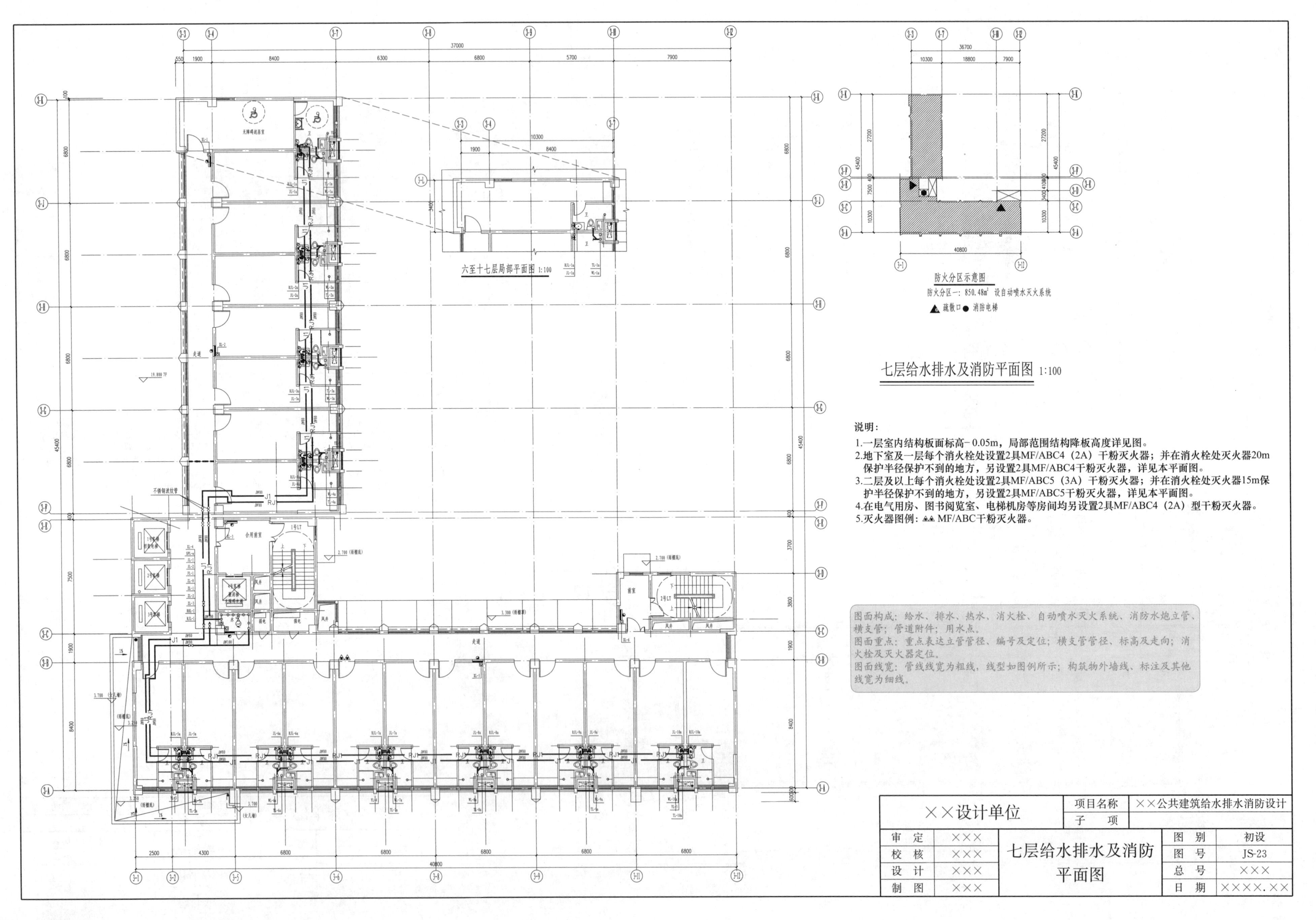
六至十七层局部平面图 1:100
防火分区示意图
防火分区一：850.48m² 设自动喷水灭火系统
疏散口 消防电梯
七层给水排水及消防平面图 1:100
说明：
1.一层室内结构板面标高-0.05m，局部范围结构降板高度详见图。
2.地下室及一层每个消火栓处设置2具MF/ABC4（2A）干粉灭火器；并在消火栓处灭火器20m保护半径保护不到的地方，另设置2具MF/ABC4干粉灭火器，详见本平面图。
3.二层及以上每个消火栓处设置2具MF/ABC5（3A）干粉灭火器；并在消火栓处灭火器15m保护半径保护不到的地方，另设置2具MF/ABC5干粉灭火器，详见本平面图。
4.在电气用房、图书阅览室、电梯机房等房间均另设置2具MF/ABC4（2A）型干粉灭火器。
5.灭火器图例：MF/ABC干粉灭火器。
图面构成：给水、排水、热水、消火栓、自动喷水灭火系统、消防水炮立管、横支管；管道附件；用水点。
图面重点：重点表达立管管径、编号及定位；横支管管径、标高及走向；消火栓及灭火器定位。
图面线宽：管线线宽为粗线，线型如图例所示；构筑物外墙线、标注及其他线宽为细线。
××设计单位
项目名称 ××公共建筑给水排水消防设计
子 项
审 定 ×××
校 核 ×××
设 计 ×××
制 图 ×××
七层给水排水及消防平面图
图 别 初设
图 号 JS-23
总 号 ×××
日 期 ××××.××

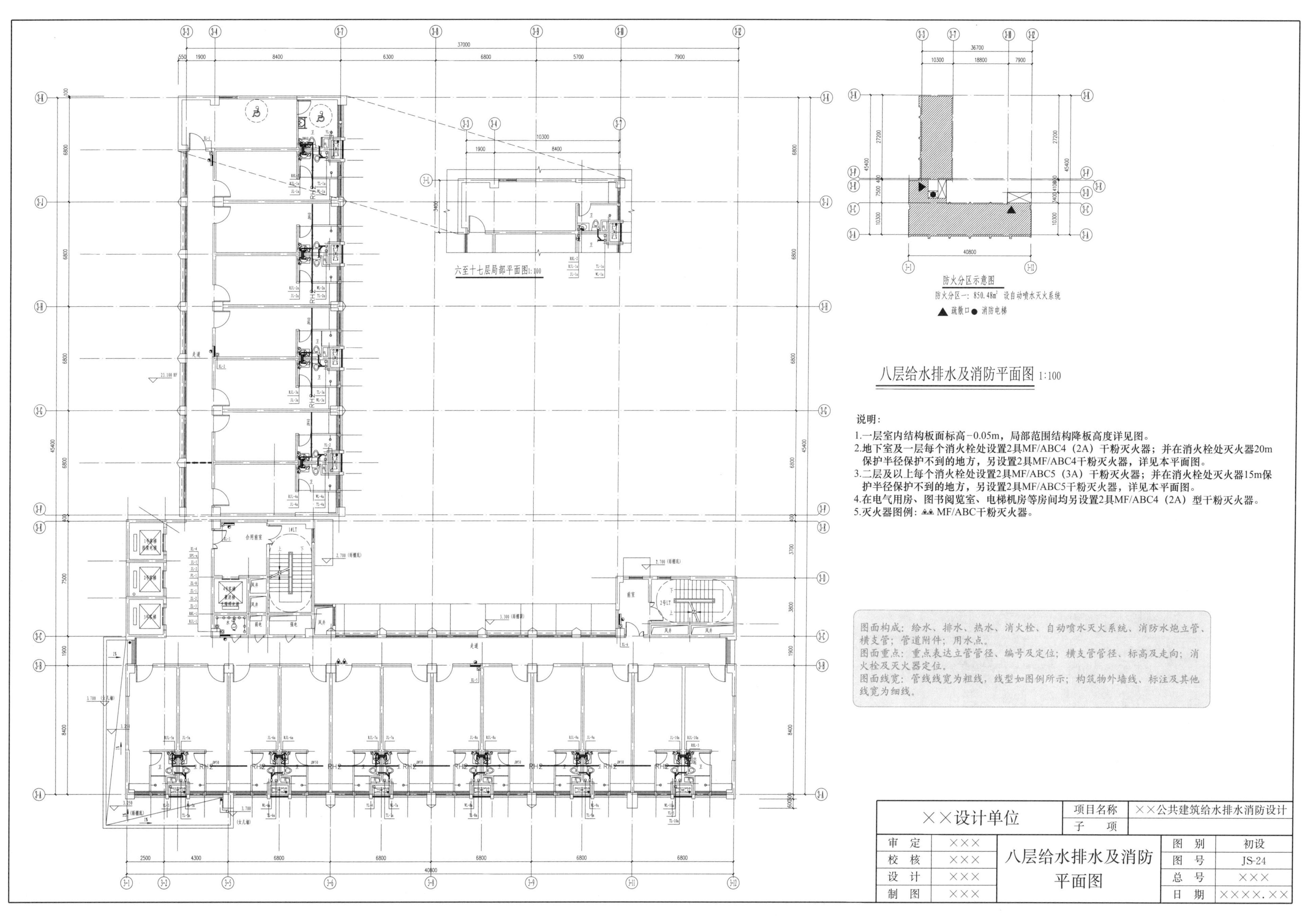

六至十七层局部平面图 1:100
防火分区示意图
防火分区一：850.48m² 设自动喷水灭火系统
▲ 疏散口 ● 消防电梯
八层给水排水及消防平面图 1:100
说明：
1.一层室内结构板面标高-0.05m，局部范围结构降板高度详见图。
2.地下室及一层每个消火栓处设置2具MF/ABC4（2A）干粉灭火器；并在消火栓处灭火器20m保护半径保护不到的地方，另设置2具MF/ABC4干粉灭火器，详见本平面图。
3.二层及以上每个消火栓处设置2具MF/ABC5（3A）干粉灭火器；并在消火栓处灭火器15m保护半径保护不到的地方，另设置2具MF/ABC5干粉灭火器，详见本平面图。
4.在电气用房、图书阅览室、电梯机房等房间均另设置2具MF/ABC4（2A）型干粉灭火器。
5.灭火器图例：MF/ABC干粉灭火器。
图面构成：给水、排水、热水、消火栓、自动喷水灭火系统、消防水炮立管、横支管；管道附件；用水点。
图面重点：重点表达立管管径、编号及定位；横支管管径、标高及走向；消火栓及灭火器定位。
图面线宽：管线线宽为粗线，线型如图例所示；构筑物外墙线、标注及其他线宽为细线。
××设计单位
项目名称 ××公共建筑给水排水消防设计
子　项
审　定 ×××
校　核 ×××
设　计 ×××
制　图 ×××
八层给水排水及消防平面图
图　别 初设
图　号 JS-24
总　号 ×××
日　期 ××××.××

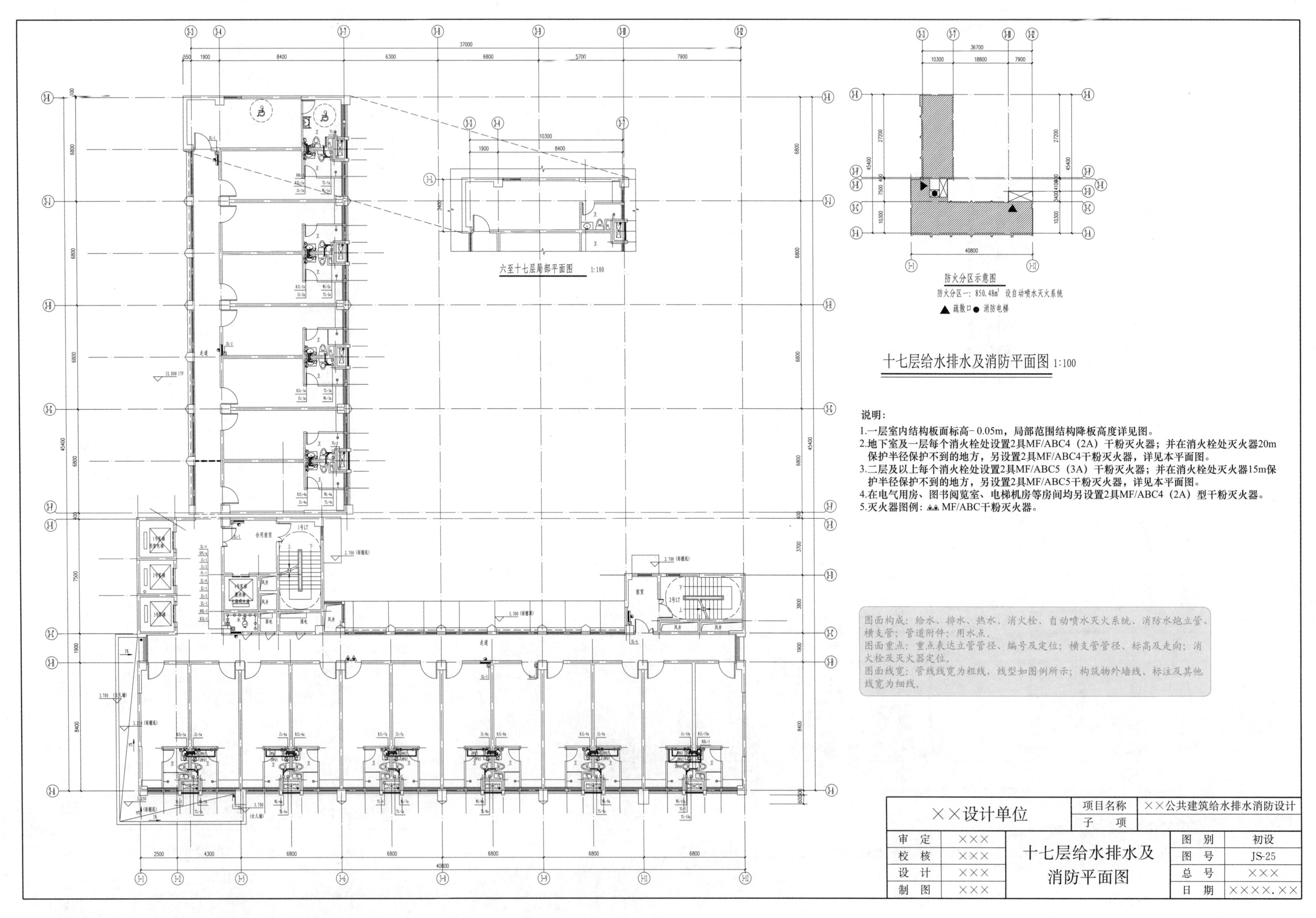
六至十七层局部平面图 1:100
防火分区示意图
防火分区一：850.48m² 设自动喷水灭火系统
▲ 疏散口 ● 消防电梯
十七层给水排水及消防平面图 1:100
说明：
1.一层室内结构板面标高−0.05m，局部范围结构降板高度详见图。
2.地下室及一层每个消火栓处设置2具MF/ABC4（2A）干粉灭火器；并在消火栓处灭火器20m保护半径保护不到的地方，另设置2具MF/ABC4干粉灭火器，详见本平面图。
3.二层及以上每个消火栓处设置2具MF/ABC5（3A）干粉灭火器；并在消火栓处灭火器15m保护半径保护不到的地方，另设置2具MF/ABC5干粉灭火器，详见本平面图。
4.在电气用房、图书阅览室、电梯机房等房间均另设置2具MF/ABC4（2A）型干粉灭火器。
5.灭火器图例：MF/ABC干粉灭火器。
图面构成：给水、排水、热水、消火栓、自动喷水灭火系统、消防水炮立管、横支管；管道附件；用水点。
图面重点：重点表达立管管径、编号及定位；横支管管径、标高及走向；消火栓及灭火器定位。
图面线宽：管线线宽为粗线，线型如图例所示；构筑物外墙线、标注及其他线宽为细线。
××设计单位
项目名称 ××公共建筑给水排水消防设计
子 项
审 定 ×××
校 核 ×××
设 计 ×××
制 图 ×××
十七层给水排水及消防平面图
图 别 初设
图 号 JS-25
总 号 ×××
日 期 ××××.××

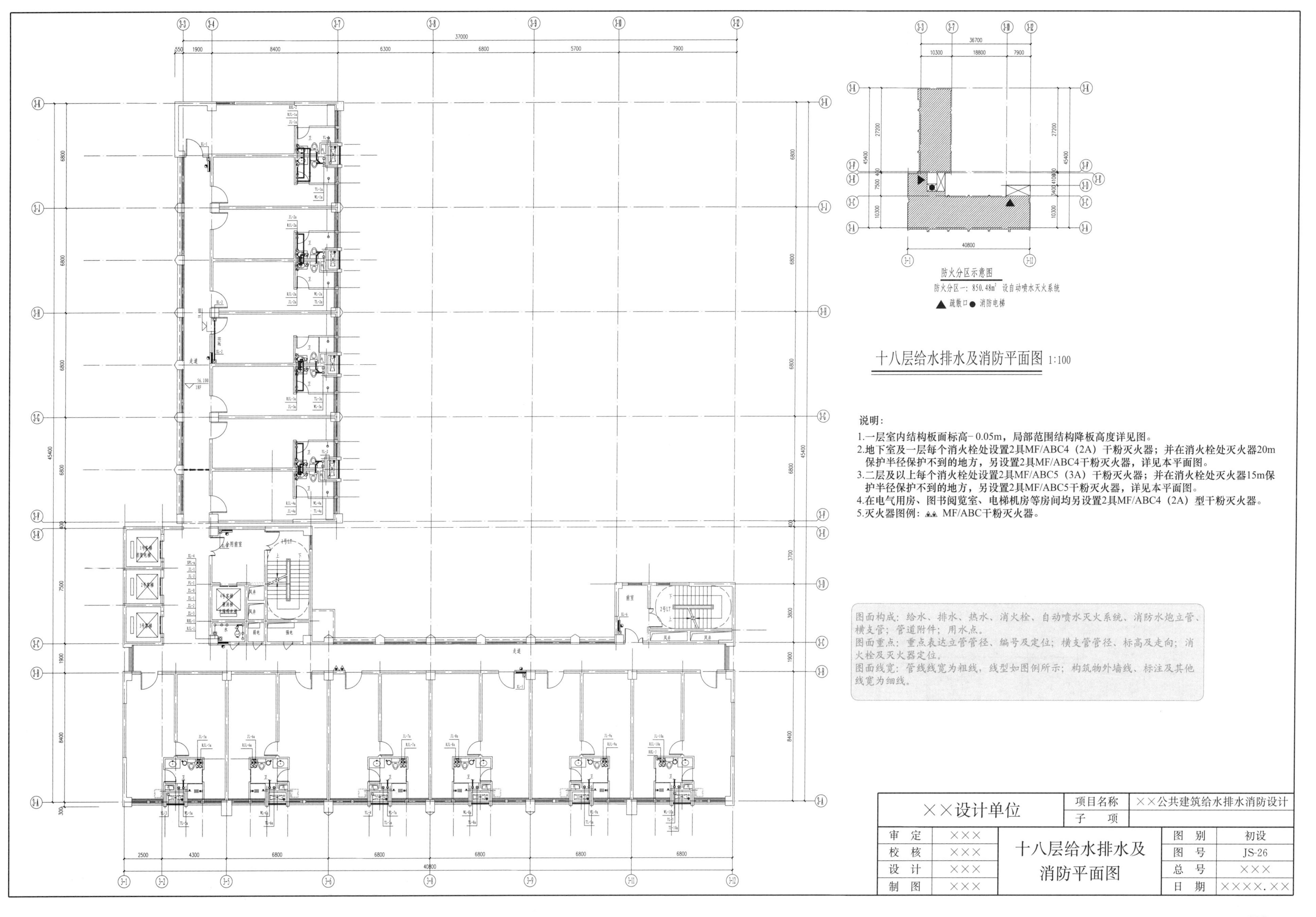
十八层给水排水及消防平面图 1:100
防火分区示意图
防火分区一：850.48m² 设自动喷水灭火系统
▲ 疏散口 ● 消防电梯
说明：
1.一层室内结构板面标高-0.05m，局部范围结构降板高度详见图。
2.地下室及一层每个消火栓处设置2具MF/ABC4（2A）干粉灭火器；并在消火栓处灭火器20m保护半径保护不到的地方，另设置2具MF/ABC4干粉灭火器，详见本平面图。
3.二层及以上每个消火栓处设置2具MF/ABC5（3A）干粉灭火器；并在消火栓处灭火器15m保护半径保护不到的地方，另设置2具MF/ABC5干粉灭火器，详见本平面图。
4.在电气用房、图书阅览室、电梯机房等房间均另设置2具MF/ABC4（2A）型干粉灭火器。
5.灭火器图例：MF/ABC干粉灭火器。
图面构成：给水、排水、热水、消火栓、自动喷水灭火系统、消防水炮立管、横支管；管道附件；用水点。
图面重点：重点表达立管管径、编号及定位；横支管管径、标高及走向；消火栓及灭火器定位。
图面线宽：管线线宽为粗线，线型如图例所示；构筑物外墙线、标注及其他线宽为细线。
××设计单位
项目名称 ××公共建筑给水排水消防设计
子 项
审 定 ×××
校 核 ×××
设 计 ×××
制 图 ×××
十八层给水排水及消防平面图
图 别 初设
图 号 JS-26
总 号 ×××
日 期 ××××.××
37000
40800
45400
走道

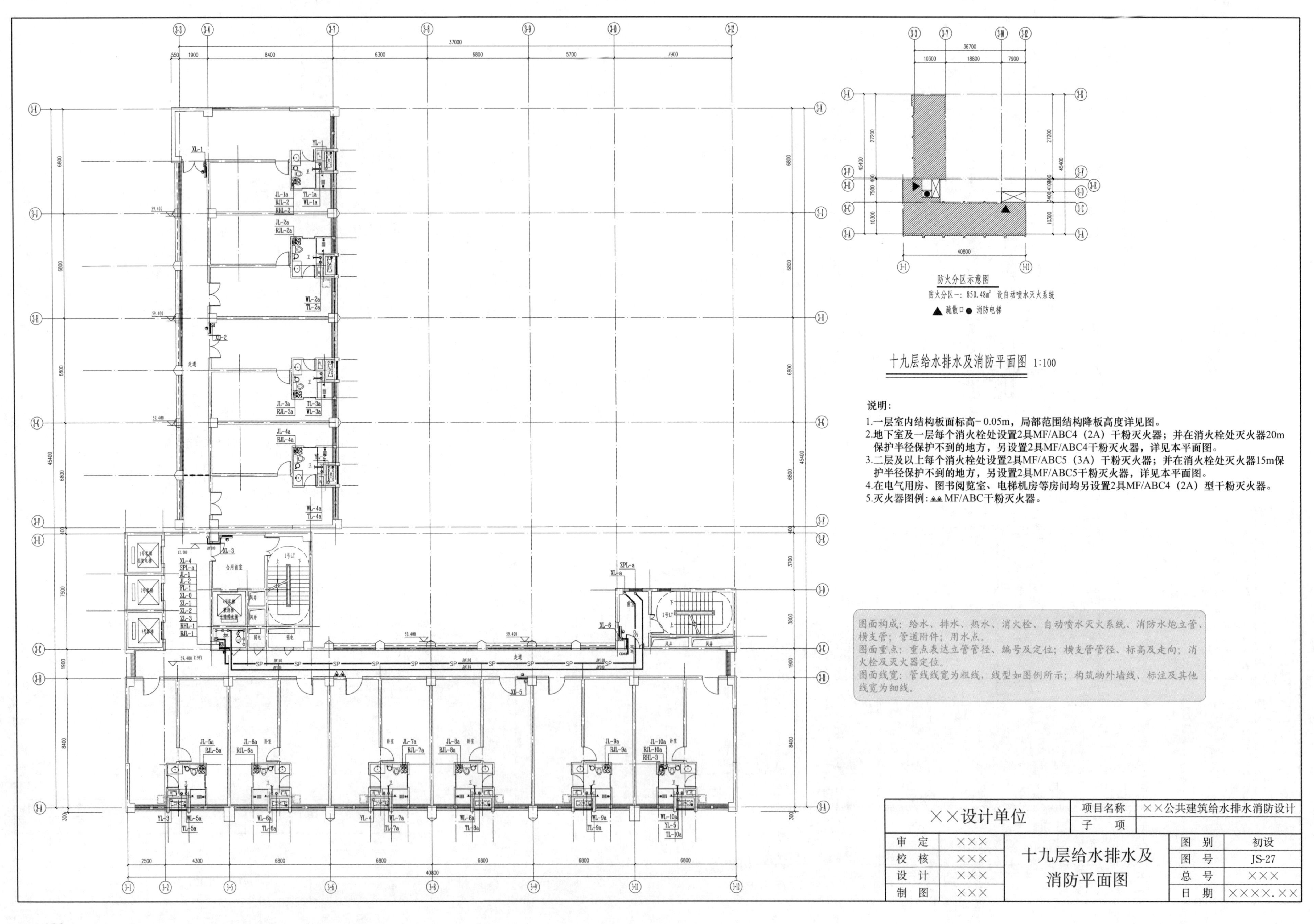
防火分区示意图
防火分区一：850.48m² 设自动喷水灭火系统
▲ 疏散口 ● 消防电梯
十九层给水排水及消防平面图 1:100
说明：
1.一层室内结构板面标高－0.05m，局部范围结构降板高度详见图。
2.地下室及一层每个消火栓处设置2具MF/ABC4（2A）干粉灭火器；并在消火栓处灭火器20m保护半径保护不到的地方，另设置2具MF/ABC4干粉灭火器，详见本平面图。
3.二层及以上每个消火栓处设置2具MF/ABC5（3A）干粉灭火器；并在消火栓处灭火器15m保护半径保护不到的地方，另设置2具MF/ABC5干粉灭火器，详见本平面图。
4.在电气用房、图书阅览室、电梯机房等房间均另设置2具MF/ABC4（2A）型干粉灭火器。
5.灭火器图例：MF/ABC干粉灭火器。
图面构成：给水、排水、热水、消火栓、自动喷水灭火系统、消防水炮立管、横支管；管道附件；用水点。
图面重点：重点表达立管管径、编号及定位；横支管管径、标高及走向；消火栓及灭火器定位。
图面线宽：管线线宽为粗线，线型如图例所示；构筑物外墙线、标注及其他线宽为细线。
××设计单位
项目名称 ××公共建筑给水排水消防设计
子项
审定 ×××
校核 ×××
设计 ×××
制图 ×××
十九层给水排水及消防平面图
图别 初设
图号 JS-27
总号 ×××
日期 ××××.××

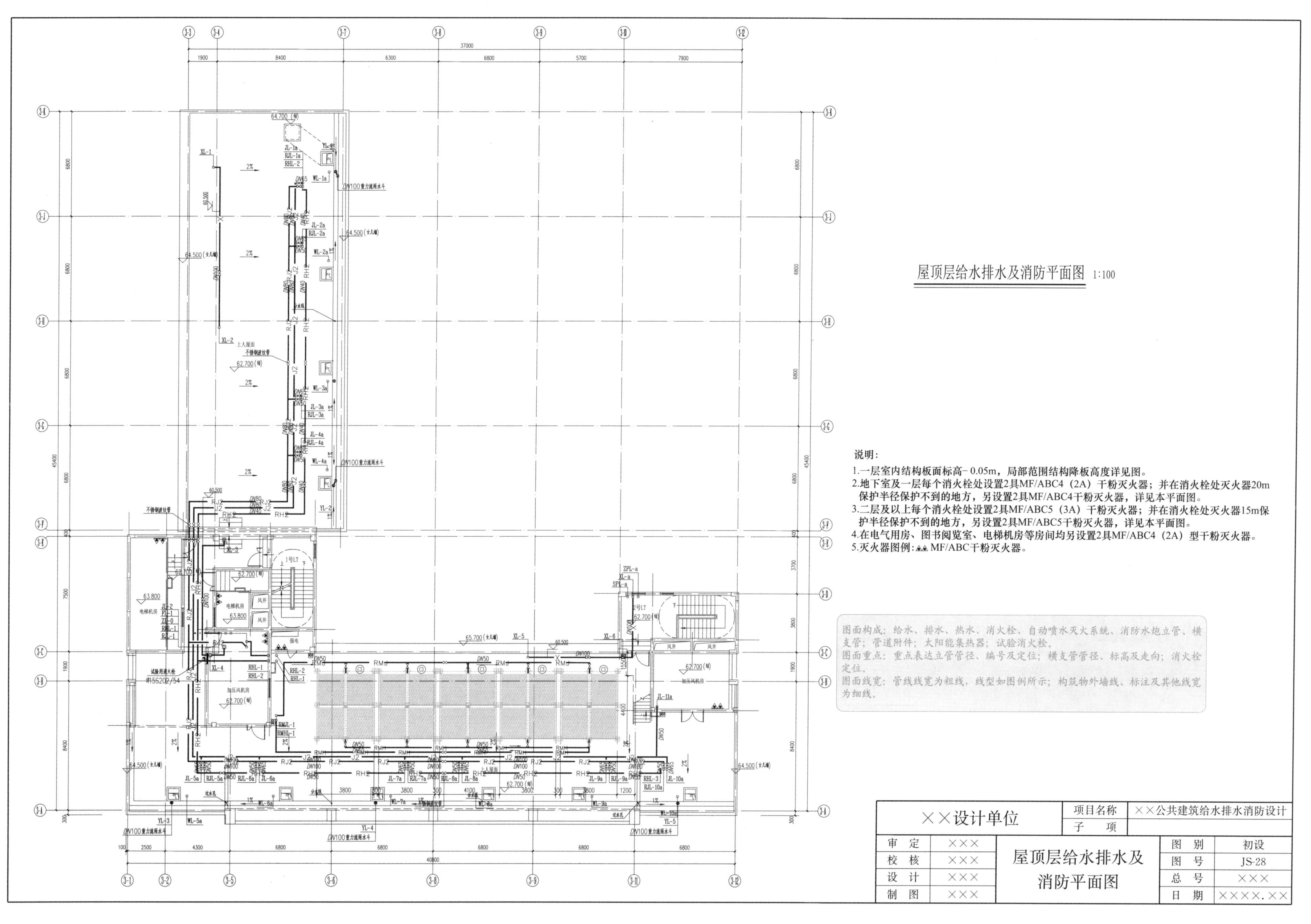
屋顶层给水排水及消防平面图 1:100
说明：
1.一层室内结构板面标高-0.05m，局部范围结构降板高度详见图。
2.地下室及一层每个消火栓处设置2具MF/ABC4（2A）干粉灭火器；并在消火栓处灭火器20m保护半径保护不到的地方，另设置2具MF/ABC4干粉灭火器，详见本平面图。
3.二层及以上每个消火栓处设置2具MF/ABC5（3A）干粉灭火器；并在消火栓处灭火器15m保护半径保护不到的地方，另设置2具MF/ABC5干粉灭火器，详见本平面图。
4.在电气用房、图书阅览室、电梯机房等房间均另设置2具MF/ABC4（2A）型干粉灭火器。
5.灭火器图例：MF/ABC干粉灭火器。
图面构成：给水、排水、热水、消火栓、自动喷水灭火系统、消防水炮立管、横支管；管道附件；太阳能集热器；试验消火栓。
图面重点：重点表达立管管径、编号及定位；横支管管径、标高及走向；消火栓定位。
图面线宽：管线线宽为粗线，线型如图例所示；构筑物外墙线、标注及其他线宽为细线。
××设计单位
项目名称 ××公共建筑给水排水消防设计
子 项
审 定 ×××
校 核 ×××
设 计 ×××
制 图 ×××
屋顶层给水排水及消防平面图
图 别 初设
图 号 JS-28
总 号 ×××
日 期 ××××.××

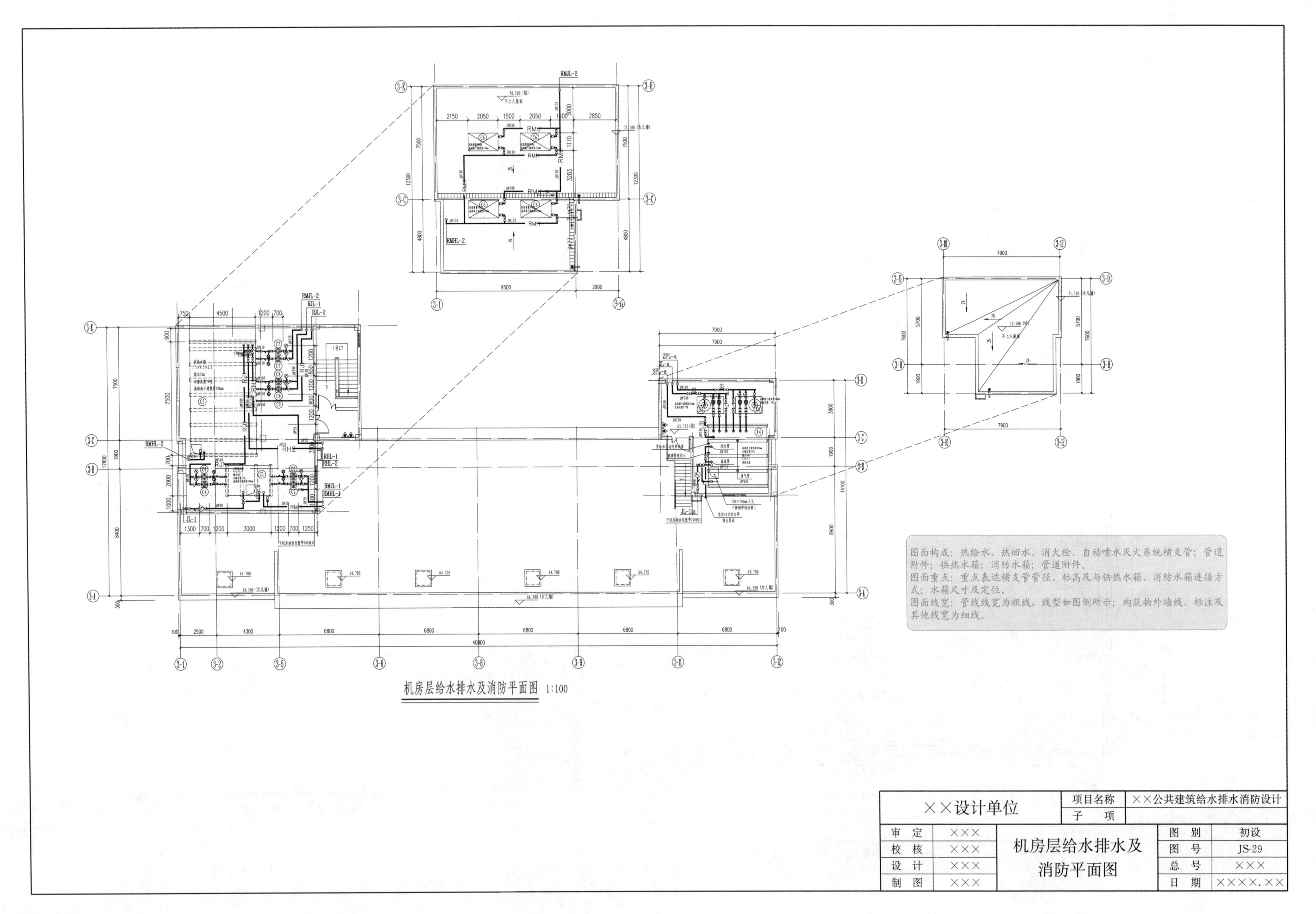
机房层给水排水及消防平面图 1:100
图面构成：热给水、热回水、消火栓、自动喷水灭火系统横支管；管道附件；供热水箱；消防水箱；管道附件。
图面重点：重点表达横支管管径、标高及与供热水箱、消防水箱连接方式；水箱尺寸及定位。
图面线宽：管线线宽为粗线，线型如图例所示；构筑物外墙线、标注及其他线宽为细线。
××设计单位
项目名称
××公共建筑给水排水消防设计
子 项
审 定 ×××
校 核 ×××
设 计 ×××
制 图 ×××
机房层给水排水及消防平面图
图 别 初设
图 号 JS-29
总 号 ×××
日 期 ××××.××

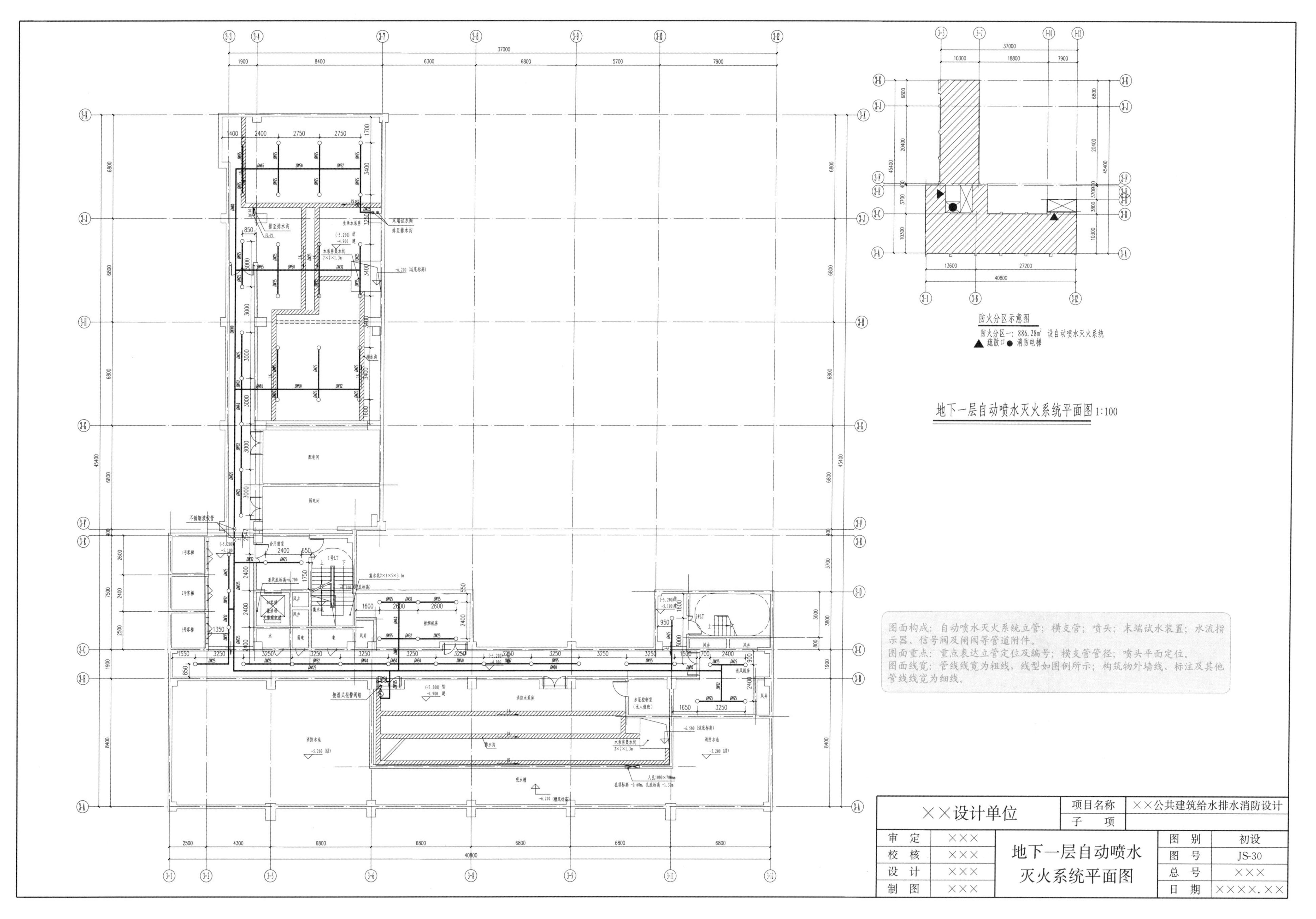
防火分区示意图
防火分区一：886.28m² 设自动喷水灭火系统
疏散口
消防电梯
地下一层自动喷水灭火系统平面图 1:100
图面构成：自动喷水灭火系统立管；横支管；喷头；末端试水装置；水流指示器、信号阀及闸阀等管道附件。
图面重点：重点表达立管定位及编号；横支管管径；喷头平面定位。
图面线宽：管线线宽为粗线，线型如图例所示；构筑物外墙线、标注及其他管线线宽为细线。
××设计单位
项目名称
××公共建筑给水排水消防设计
子 项
审 定 ×××
校 核 ×××
设 计 ×××
制 图 ×××
地下一层自动喷水灭火系统平面图
图 别 初设
图 号 JS-30
总 号 ×××
日 期 ××××.××

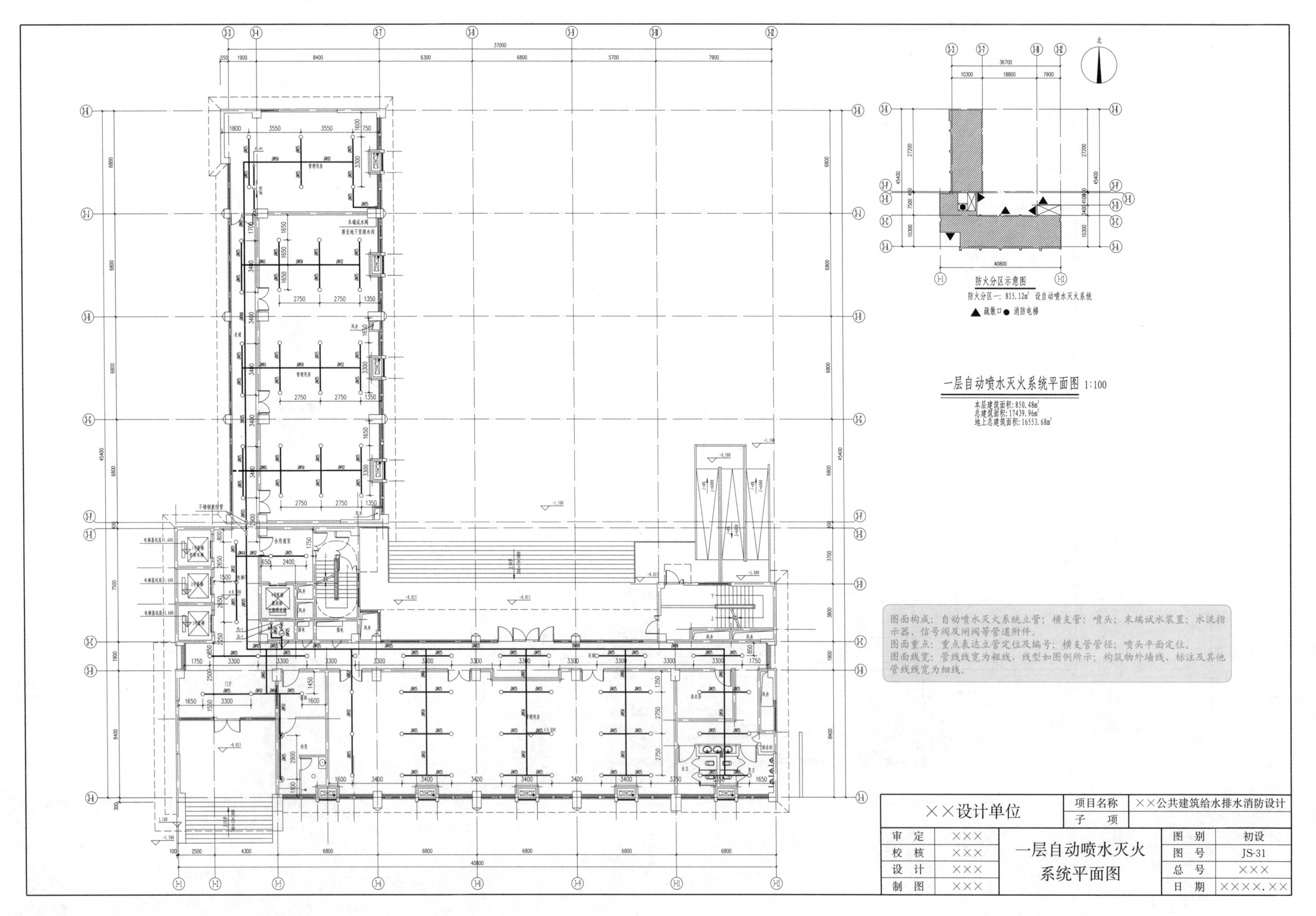
防火分区示意图
防火分区一：815.12m² 设自动喷水灭火系统
▲ 疏散口 ● 消防电梯
一层自动喷水灭火系统平面图 1:100
本层建筑面积：850.48m²
总建筑面积：17439.96m²
地上总建筑面积：16553.68m²
图面构成：自动喷水灭火系统立管；横支管；喷头；末端试水装置；水流指示器、信号阀及闸阀等管道附件。
图面重点：重点表达立管定位及编号；横支管管径；喷头平面定位。
图面线宽：管线线宽为粗线，线型如图例所示；构筑物外墙线、标注及其他管线线宽为细线。
××设计单位
项目名称 ××公共建筑给水排水消防设计
子 项
审 定 ×××
校 核 ×××
设 计 ×××
制 图 ×××
一层自动喷水灭火系统平面图
图 别 初设
图 号 JS-31
总 号 ×××
日 期 ××××.××

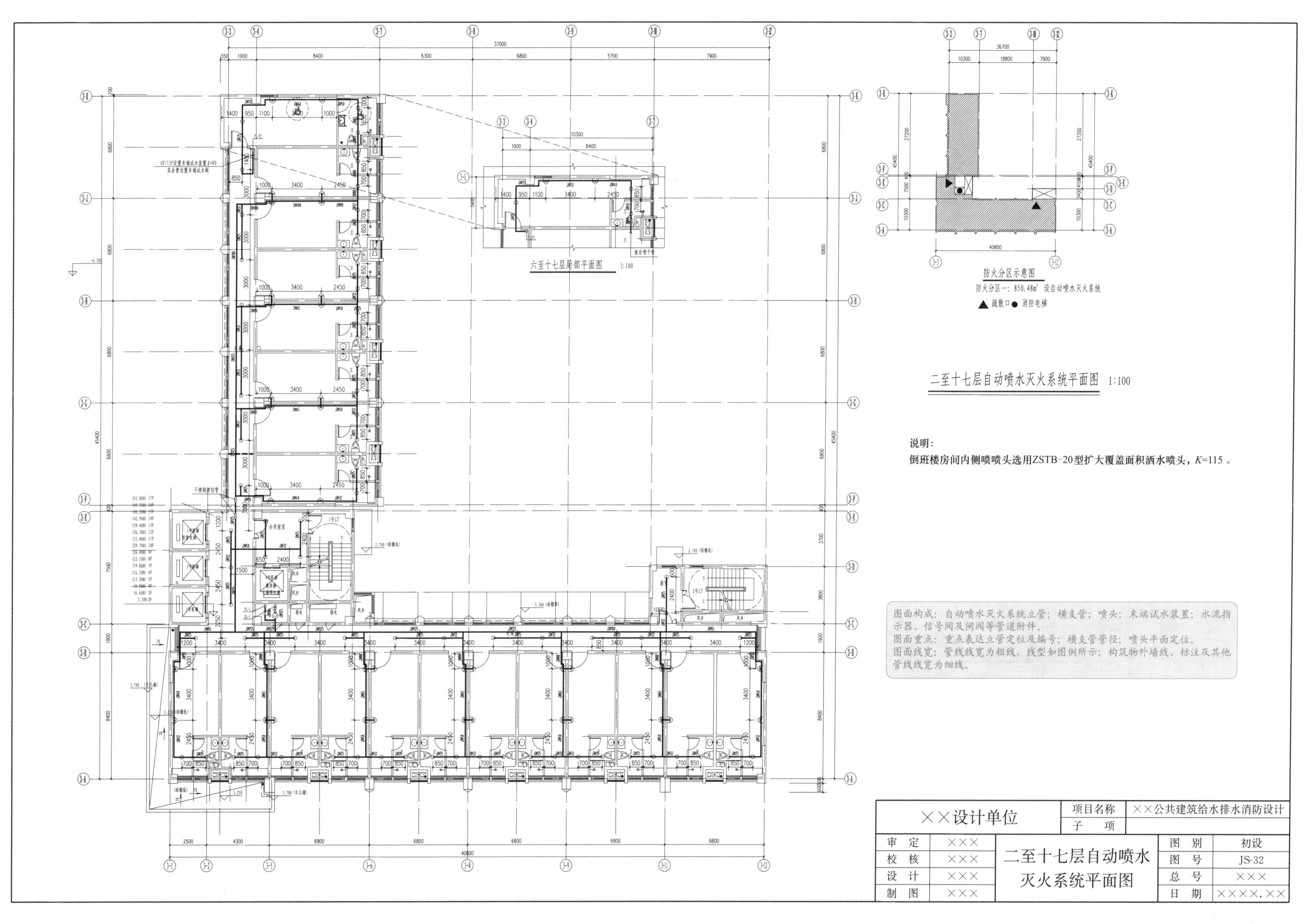
六至十七层局部平面图 1:100
防火分区示意图
防火分区一：850.48m² 设自动喷水灭火系统
▲ 疏散口 ● 消防电梯
二至十七层自动喷水灭火系统平面图 1:100
说明：
倒班楼房间内侧喷喷头选用ZSTB-20型扩大覆盖面积洒水喷头，K=115 。
图面构成：自动喷水灭火系统立管；横支管；喷头；末端试水装置；水流指示器、信号阀及闸阀等管道附件。
图面重点：重点表达立管定位及编号；横支管管径；喷头平面定位。
图面线宽：管线线宽为粗线，线型如图例所示；构筑物外墙线、标注及其他管线线宽为细线。
××设计单位
项目名称
××公共建筑给水排水消防设计
子 项
审 定 ×××
校 核 ×××
设 计 ×××
制 图 ×××
二至十七层自动喷水灭火系统平面图
图 别 初设
图 号 JS-32
总 号 ×××
日 期 ××××.××

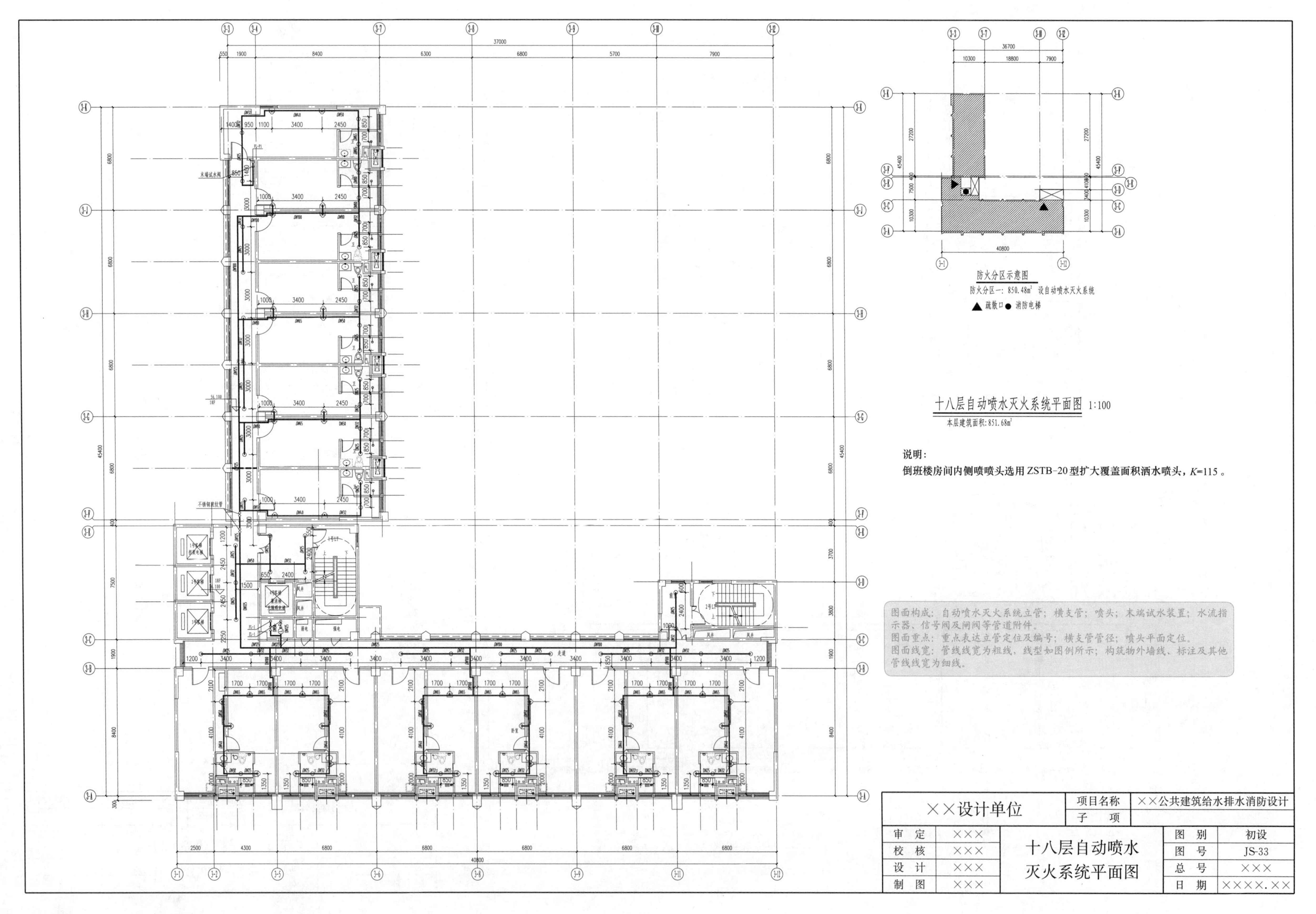

防火分区示意图
防火分区一：850.48m² 设自动喷水灭火系统
▲ 疏散口 ● 消防电梯
十八层自动喷水灭火系统平面图 1:100
本层建筑面积：851.68m²
说明：
倒班楼房间内侧喷喷头选用ZSTB-20型扩大覆盖面积洒水喷头，K=115。
图面构成：自动喷水灭火系统立管；横支管；喷头；末端试水装置；水流指示器、信号阀及闸阀等管道附件。
图面重点：重点表达立管定位及编号；横支管管径；喷头平面定位。
图面线宽：管线线宽为粗线，线型如图例所示；构筑物外墙线、标注及其他管线线宽为细线。
××设计单位
项目名称 ××公共建筑给水排水消防设计
子 项
审 定 ×××
校 核 ×××
设 计 ×××
制 图 ×××
十八层自动喷水灭火系统平面图
图 别 初设
图 号 JS-33
总 号 ×××
日 期 ××××.××

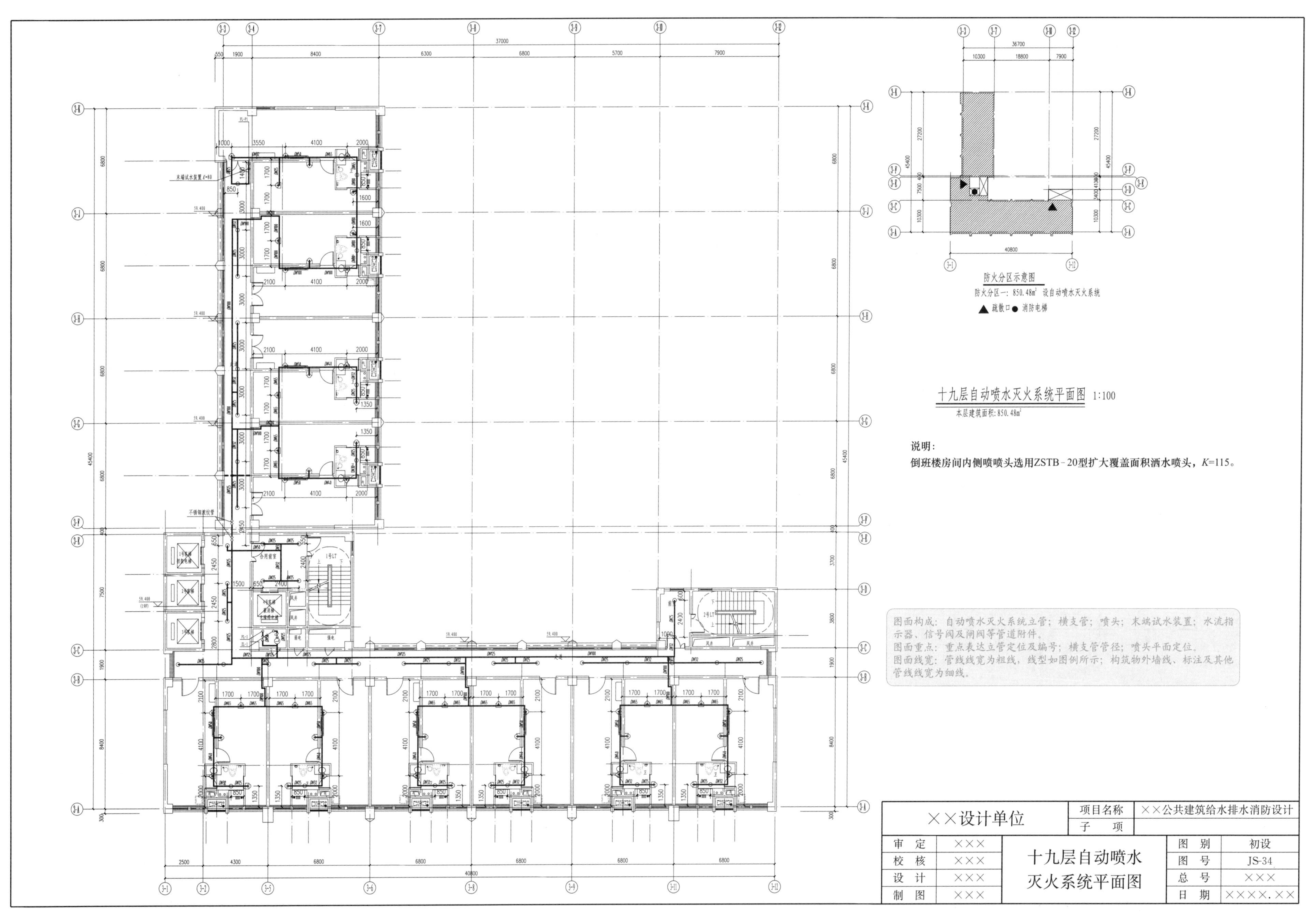
防火分区示意图
防火分区一：850.48m² 设自动喷水灭火系统
▲ 疏散口 ● 消防电梯
十九层自动喷水灭火系统平面图 1:100
本层建筑面积：850.48m²
说明：
倒班楼房间内侧喷喷头选用ZSTB－20型扩大覆盖面积洒水喷头，K=115。
图面构成：自动喷水灭火系统立管；横支管；喷头；末端试水装置；水流指示器、信号阀及闸阀等管道附件。
图面重点：重点表达立管定位及编号；横支管管径；喷头平面定位。
图面线宽：管线线宽为粗线，线型如图例所示；构筑物外墙线、标注及其他管线线宽为细线。
××设计单位
项目名称
××公共建筑给水排水消防设计
子　项
审　定　×××
校　核　×××
设　计　×××
制　图　×××
十九层自动喷水灭火系统平面图
图　别　初设
图　号　JS-34
总　号　×××
日　期　××××.××

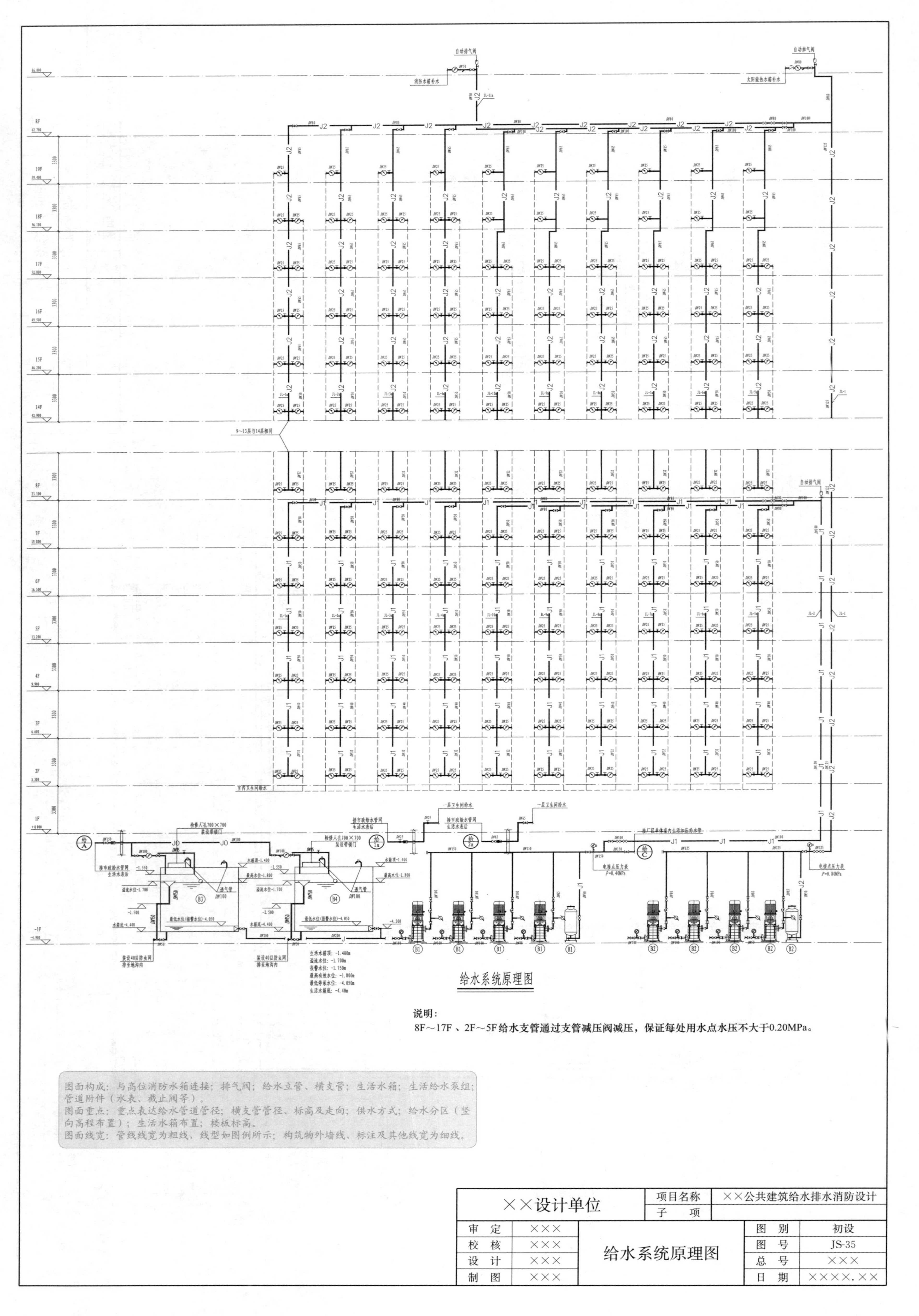

给水系统原理图
说明：
8F～17F、2F～5F给水支管通过支管减压阀减压，保证每处用水点水压不大于0.20MPa。
图面构成：与高位消防水箱连接；排气阀；给水立管、横支管；生活水箱；生活给水泵组；管道附件（水表、截止阀等）。
图面重点：重点表达给水管道管径；横支管管径、标高及走向；供水方式；给水分区（竖向高程布置）；生活水箱布置；楼板标高。
图面线宽：管线线宽为粗线，线型如图例所示；构筑物外墙线、标注及其他线宽为细线。
××设计单位
项目名称 ××公共建筑给水排水消防设计
子 项
审 定 ×××
校 核 ×××
设 计 ×××
制 图 ×××
给水系统原理图
图 别 初设
图 号 JS-35
总 号 ×××
日 期 ××××.××

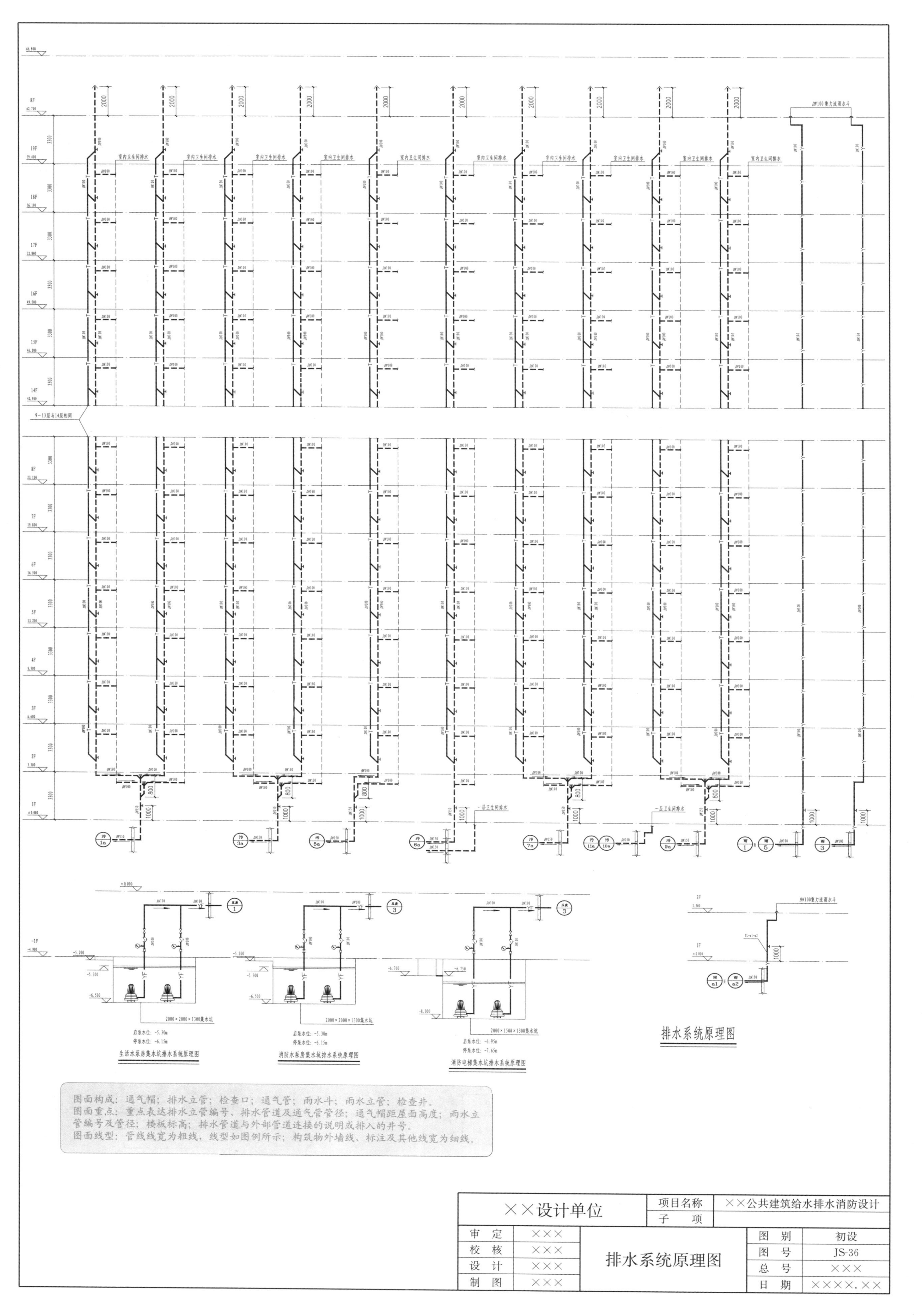

9～13层与14层相同
室内卫生间排水
一层卫生间排水
DN100重力流雨水斗
2000×2000×1300集水坑
2000×1500×1300集水坑
启泵水位：-5.30m
停泵水位：-6.15m
启泵水位：-6.95m
停泵水位：-7.65m
生活水泵房集水坑排水系统原理图
消防水泵房集水坑排水系统原理图
消防电梯集水坑排水系统原理图
排水系统原理图
图面构成：通气帽；排水立管；检查口；通气管；雨水斗；雨水立管；检查井。
图面重点：重点表达排水立管编号、排水管道及通气管管径；通气帽距屋面高度；雨水立管编号及管径；楼板标高；排水管道与外部管道连接的说明或排入的井号。
图面线型：管线线宽为粗线，线型如图例所示；构筑物外墙线、标注及其他线宽为细线。
××设计单位
项目名称
××公共建筑给水排水消防设计
子 项
审 定 ×××
校 核 ×××
设 计 ×××
制 图 ×××
排水系统原理图
图 别 初设
图 号 JS-36
总 号 ×××
日 期 ××××.××

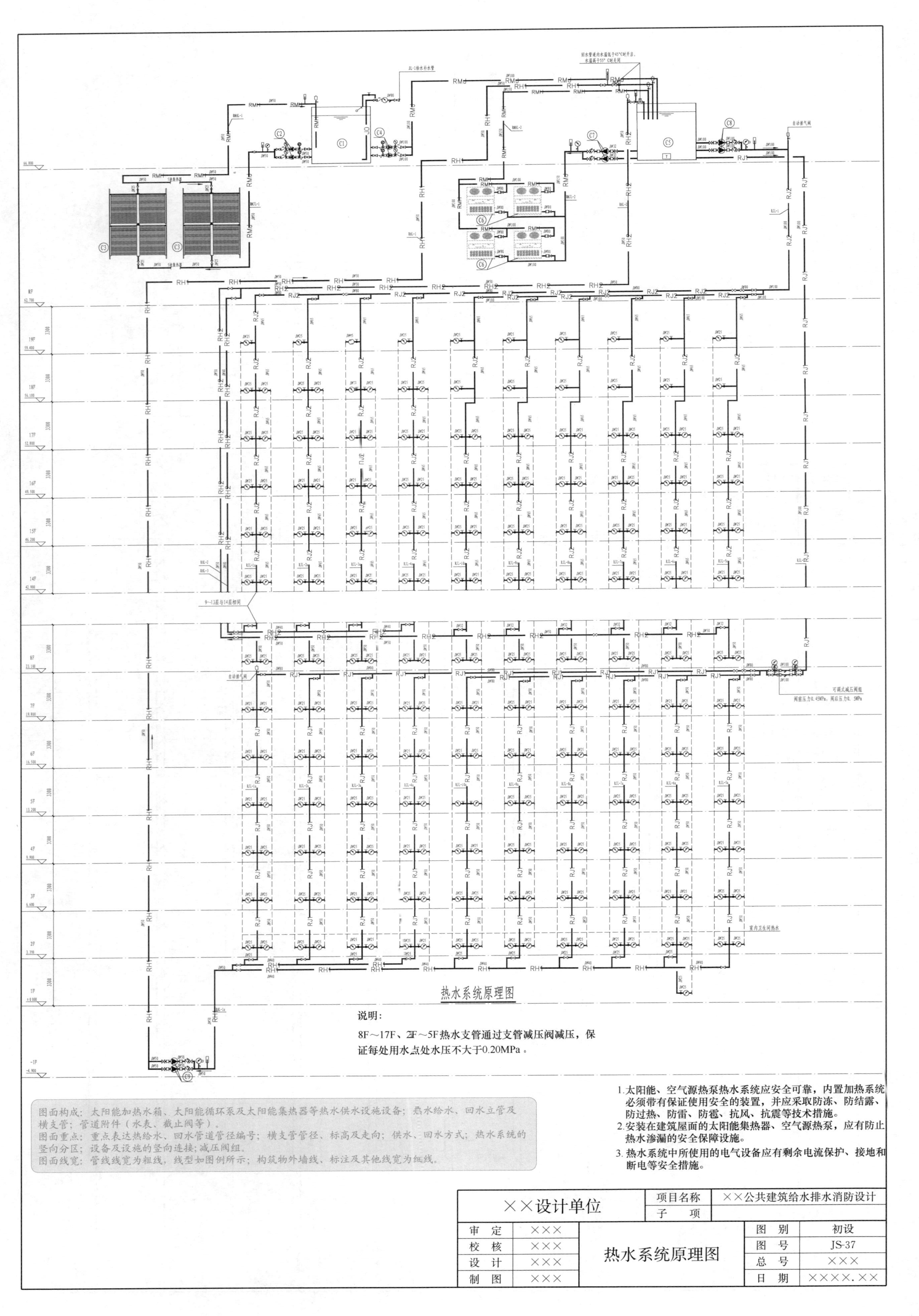

热水系统原理图
说明：
8F～17F、2F～5F热水支管通过支管减压阀减压，保证每处用水点处水压不大于0.20MPa。
1.太阳能、空气源热泵热水系统应安全可靠，内置加热系统必须带有保证使用安全的装置，并应采取防冻、防结露、防过热、防雷、防雹、抗风、抗震等技术措施。
2.安装在建筑屋面的太阳能集热器、空气源热泵，应有防止热水渗漏的安全保障设施。
3.热水系统中所使用的电气设备应有剩余电流保护、接地和断电等安全措施。
图面构成：太阳能加热水箱、太阳能循环泵及太阳能集热器等热水供水设施设备；热水给水、回水立管及横支管；管道附件（水表、截止阀等）。
图面重点：重点表达热给水、回水管道管径编号；横支管管径、标高及走向；供水、回水方式；热水系统的竖向分区；设备及设施的竖向连接；减压阀组。
图面线宽：管线线宽为粗线，线型如图例所示；构筑物外墙线、标注及其他线宽为细线。
××设计单位
项目名称
××公共建筑给水排水消防设计
子　项
审　定
×××
校　核
×××
设　计
×××
制　图
×××
热水系统原理图
图　别
初设
图　号
JS-37
总　号
×××
日　期
××××.××

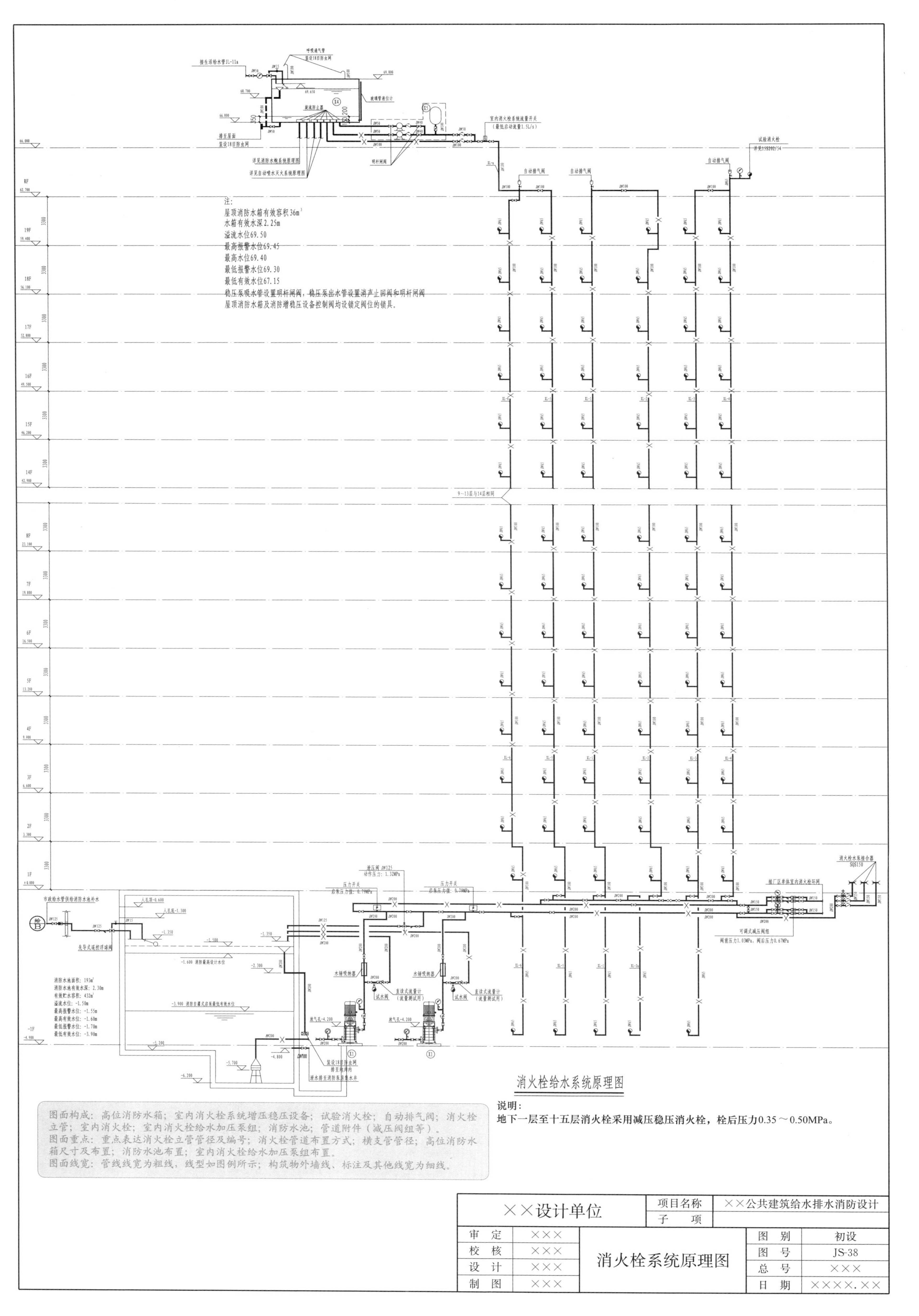

说明：
地下一层至十五层消火栓采用减压稳压消火栓，栓后压力0.35～0.50MPa。

图面构成：高位消防水箱；室内消火栓系统增压稳压设备；试验消火栓；自动排气阀；消火栓立管；室内消火栓；室内消火栓给水加压泵组；消防水池；管道附件（减压阀组等）。
图面重点：重点表达消火栓立管管径及编号；消火栓管道布置方式；横支管管径；高位消防水箱尺寸及布置；消防水池布置；室内消火栓给水加压泵组布置。
图面线宽：管线线宽为粗线，线型如图例所示；构筑物外墙线、标注及其他线宽为细线。

××设计单位		项目名称	××公共建筑给水排水消防设计		
		子　项			
审　定	×××	消火栓系统原理图		图　别	初设
校　核	×××			图　号	JS-38
设　计	×××			总　号	×××
制　图	×××			日　期	××××.××

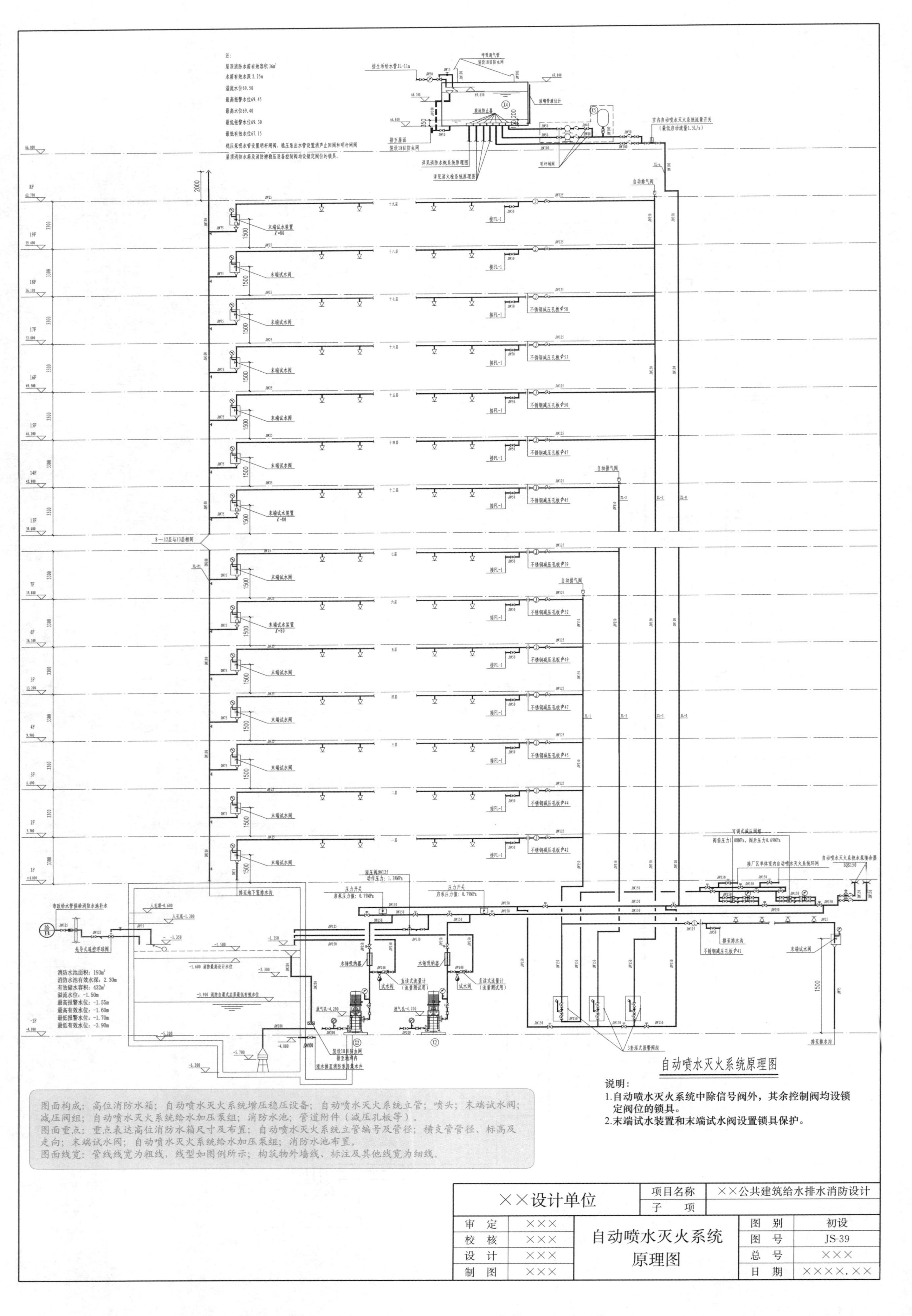

自动喷水灭火系统原理图

说明：

1. 自动喷水灭火系统中除信号阀外，其余控制阀均设锁定阀位的锁具。
2. 末端试水装置和末端试水阀设置锁具保护。

图面构成：高位消防水箱；自动喷水灭火系统增压稳压设备；自动喷水灭火系统立管；喷头；末端试水阀；减压阀组；自动喷水灭火系统给水加压泵组；消防水池；管道附件（减压孔板等）。
图面重点：重点表达高位消防水箱尺寸及布置；自动喷水灭火系统立管编号及管径；横支管管径、标高及走向；末端试水阀；自动喷水灭火系统给水加压泵组；消防水池布置。
图面线宽：管线线宽为粗线，线型如图例所示；构筑物外墙线、标注及其他线宽为细线。

××设计单位		项目名称	××公共建筑给水排水消防设计
		子项	
审定	×××	自动喷水灭火系统原理图	图别	初设
校核	×××		图号	JS-39
设计	×××		总号	×××
制图	×××		日期	××××.××

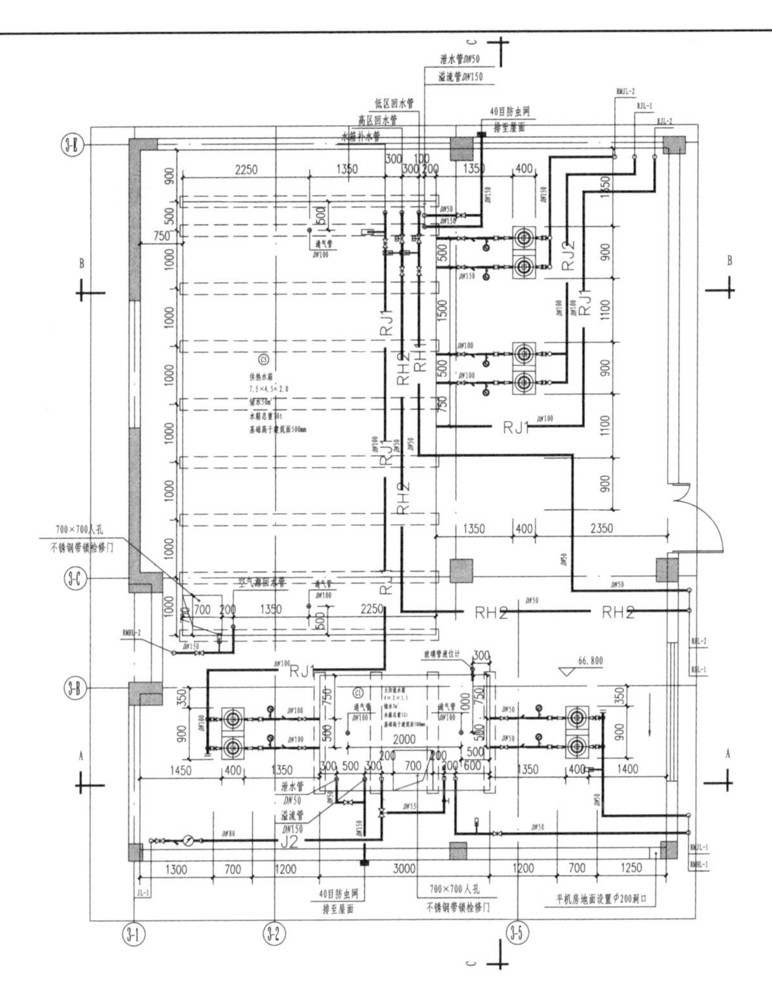

热水泵房平面大样图 1:50

B-B剖面图 1:50

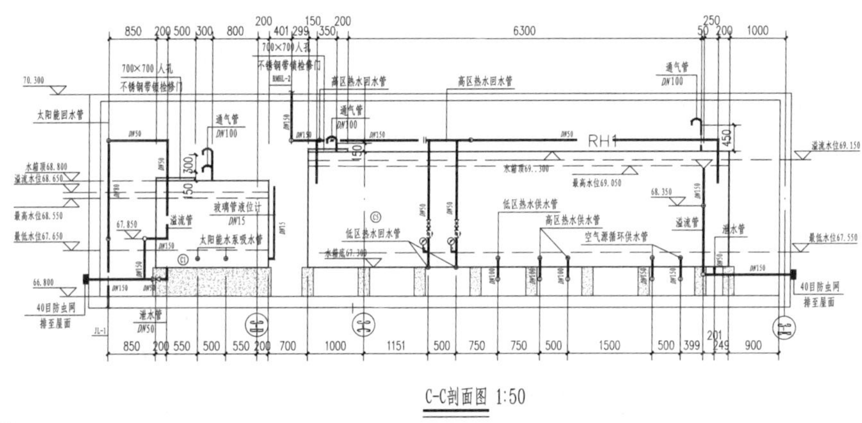

C-C剖面图 1:50

热水系统说明:

1.当太阳能水箱中的温度传感器T1测得水温高于55℃时，太阳能循环泵停泵；水温低于50℃时，太阳能循环泵启动。
2.供热水箱中的温度传感器检测到水箱中水温低于45℃时，空气源循环泵开启，主机启动，将水温提高，温度高于55℃时，空气源循环泵关闭。
3.T2检测到管中水温低于45℃时，电磁阀M2打开，生活热水回水直接进生活热水箱；管中水温高于55℃时，电磁阀M2关闭。
4.热泵机组出水温度设置为55℃。
5.生活热水系统供水泵根据出水压力变频控制启停，水泵出口压力控制在0.15MPa，每台热水加压泵单独设变频器。
6.本项目空气源热水系统、太阳能热媒系统，须由中标企业进行施工详图深化设计，并报本院认可后，方可施工。该中标企业应保证热水系统的可靠性和安全性。
7.空气源热水系统、太阳能热水系统应安全可靠，必须带有保证使用安全的装置，且根据不同地区应采取防冻、防结露、防过热、防雷、抗雹、抗风、抗震等技术措施。
8.空气源热泵热水系统的结构设计应为安装埋设预埋件或其他连接件。连接件与主体结构的锚固承载力设计值应大于连接件本身的承载力设计值。
9.水箱溢流管在出水管末端用40目不锈钢防虫网包扎。
10.水箱基础和水泵基础采用C25素混凝土做法。
11.水箱人孔上方应设置人孔盖，人孔盖板靠外的一侧应上锁。水池及水箱人孔盖与盖座之间的缝隙用富有弹性的无毒发泡材料嵌在接缝处。
12.生活水泵基础高于地面150mm，水泵设有隔振器，隔振器放置于隔振台座和混凝土基础之间，具体安装详见《消防专用水泵选用及安装(一)》19S204-1。

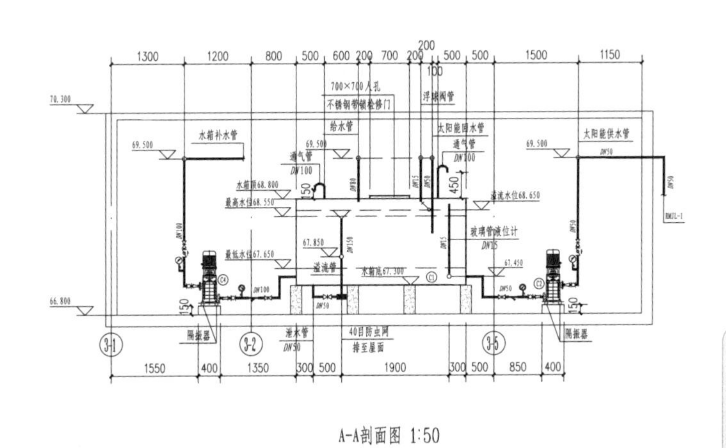

A-A剖面图 1:50

图面构成：供热热水贮水箱；太阳能水箱；太阳能泵组及基础；补水泵组及基础；空气源循环泵泵组及基础；热给水管线；热回水管线；管道及水箱附件。
图面重点：重点表达水箱尺寸及定位；泵组及基础定位；横支管管径。
图面线宽：管线线宽为粗线，线型如图例所示；构筑物外墙线、标注及其他管线线宽为细线。

××设计单位		项目名称	××公共建筑给水排水消防设计
		子　项	
审　定	×××	图　别	初设
校　核	×××	图　号	JS-40
设　计	×××	总　号	×××
制　图	×××	日　期	××××.××

热水泵房大样图

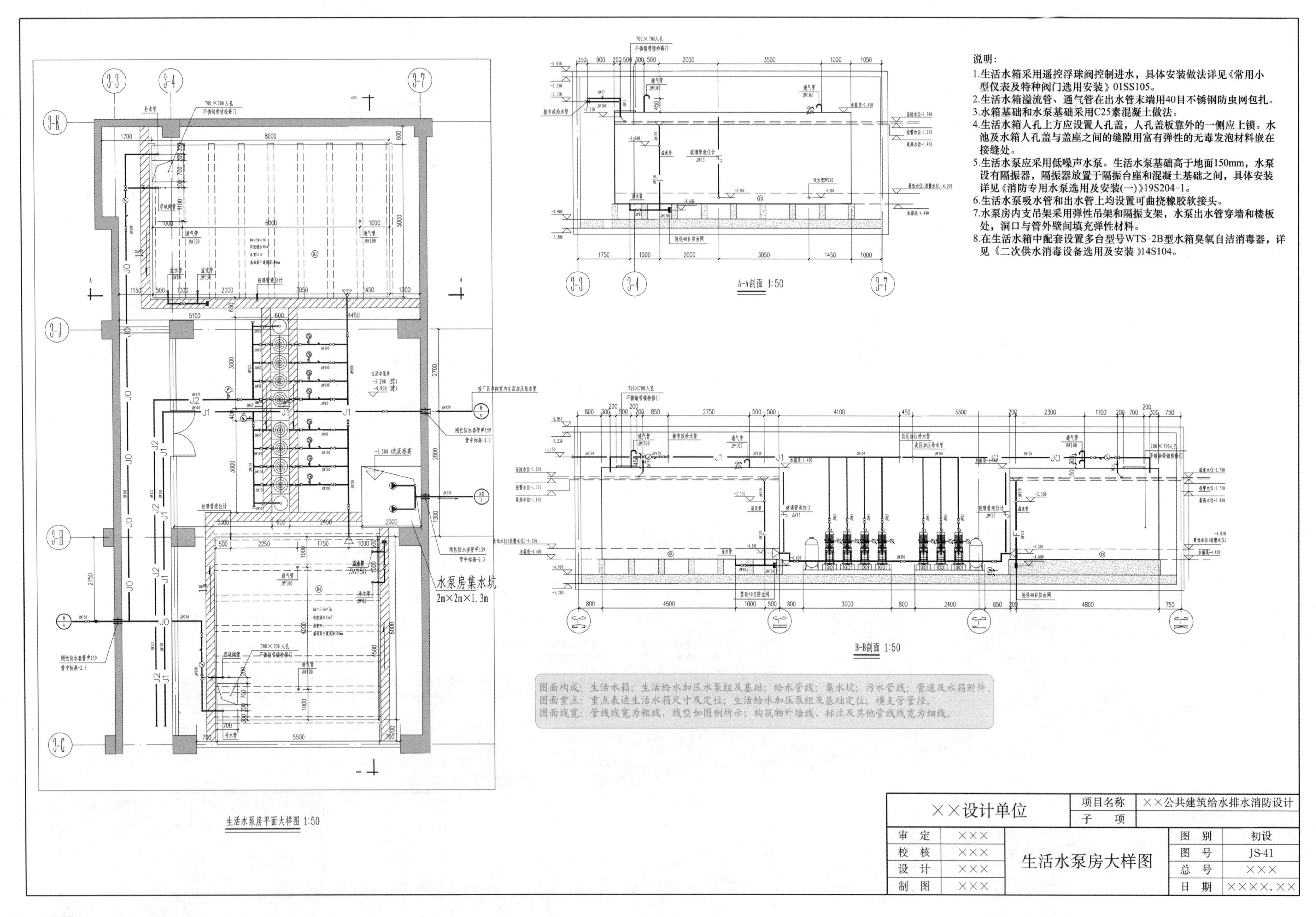

说明：
1.生活水箱采用遥控浮球阀控制进水，具体安装做法详见《常用小型仪表及特种阀门选用安装》01SS105。
2.生活水箱溢流管、通气管在出水管末端用40目不锈钢防虫网包扎。
3.水箱基础和水泵基础采用C25素混凝土做法。
4.生活水箱人孔上方应设置人孔盖，人孔盖板靠外的一侧应上锁。水池及水箱人孔盖与盖座之间的缝隙用富有弹性的无毒发泡材料嵌在接缝处。
5.生活水泵应采用低噪声水泵。生活水泵基础高于地面150mm，水泵设有隔振器，隔振器放置于隔振台座和混凝土基础之间，具体安装详见《消防专用水泵选用及安装(一)》19S204-1。
6.生活水泵吸水管和出水管上均设置可曲挠橡胶软接头。
7.水泵房内支吊架采用弹性吊架和隔振支架，水泵出水管穿墙和楼板处，洞口与管外壁间填充弹性材料。
8.在生活水箱中配套设置多台型号WTS-2B型水箱臭氧自洁消毒器，详见《二次供水消毒设备选用及安装》14S104。
A-A剖面 1:50
B-B剖面 1:50
生活水泵房平面大样图 1:50
水泵房集水坑
2m×2m×1.3m
图面构成：生活水箱；生活给水加压水泵组及基础；给水管线；集水坑；污水管线；管道及水箱附件。
图面重点：重点表达生活水箱尺寸及定位；生活给水加压泵组及基础定位；横支管管径。
图面线宽：管线线宽为粗线，线型如图例所示；构筑物外墙线、标注及其他管线线宽为细线。
××设计单位
项目名称 ××公共建筑给水排水消防设计
子 项
审 定 ×××
校 核 ×××
设 计 ×××
制 图 ×××
生活水泵房大样图
图 别 初设
图 号 JS-41
总 号 ×××
日 期 ××××.××

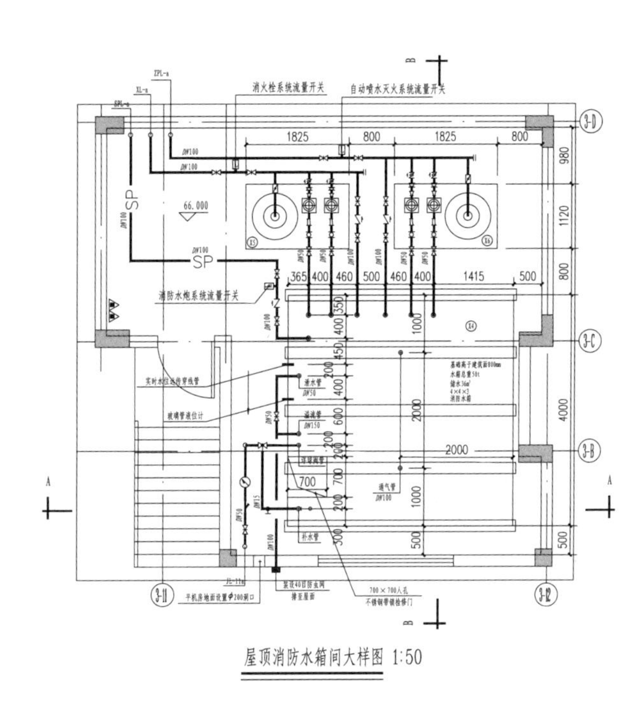

屋顶消防水箱间大样图 1:50

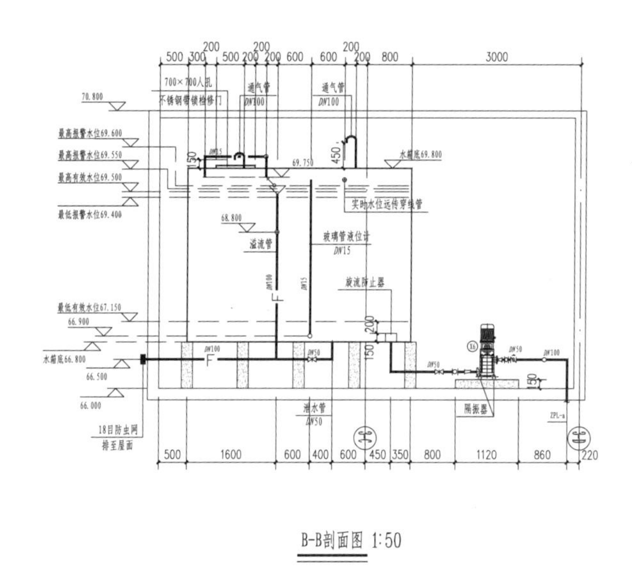

B-B剖面图 1:50

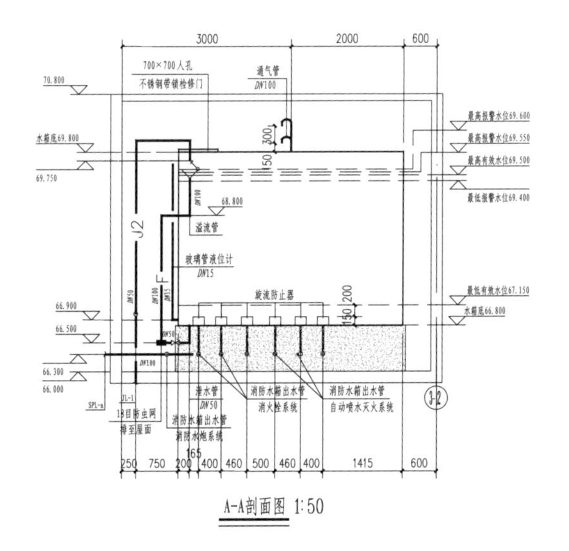

A-A剖面图 1:50

注：1.水箱溢流管、泄水管在出水管末端长200mm的管段设ϕ10孔，并用18目不锈钢丝包扎。
2.消防水箱内设有水位报警控制。最高报警水位69.500m，最低报警水位69.400m。同时还有电磁阀遥控浮球阀，当水位到达溢流水位时，电磁阀关闭浮球阀，给水管停止进水。
3.屋顶消防水箱的进、出水管的阀门应为带有指示启闭装置的阀门。稳压泵吸水管设置明杆闸阀，稳压泵出水管设置消声止回阀和明杆闸阀。
4.屋顶消防水箱设有实时显示水位的玻璃管显示装置，设有实时水位信号远传至消控室。
5.消控中心消防控制柜或控制盘应能显示屋顶消防水箱等水源的高水位、低水位报警信号，以及正常水位。
6.屋顶消防水箱、给水消防管道应进行保温，保温材料采用难燃B1级柔性泡沫橡塑材料外包铝箔，保温厚度为50mm；消防设备间内的消防稳压设备及管道应进行保温，保温材料采用难燃B1级柔性泡沫橡塑材料，保温厚度为50mm。做法详见《管道和设备保温、防结露及电伴热》16S401。
7.稳压水泵应有备用泵。
8.消防给水稳压设备选用及安装详见《消防给水稳压设备选用与安装》17S205。
9.屋顶消防水箱及消防增稳压设备控制阀均设锁定阀位的锁具。

图面构成：屋顶消防水箱；室内消火栓、自动喷水灭火系统增压稳压设备及基础；消火栓、自动喷水灭火系统、消防水炮管线；管道及水箱附件。
图面重点：重点表达高位消防水箱尺寸及定位；室内消火栓、自动喷水灭火系统增压稳压设备及基础定位；横支管管径。
图面线宽：管线线宽为粗线，线型如图例所示；构筑物外墙线、标注及其他管线线宽为细线。

××设计单位		项目名称	××公共建筑给水排水消防设计
		子　项	
审　定	×××	屋顶层消防水箱大样图	图　别	初设
校　核	×××		图　号	JS-42
设　计	×××		总　号	×××
制　图	×××		日　期	××××.××

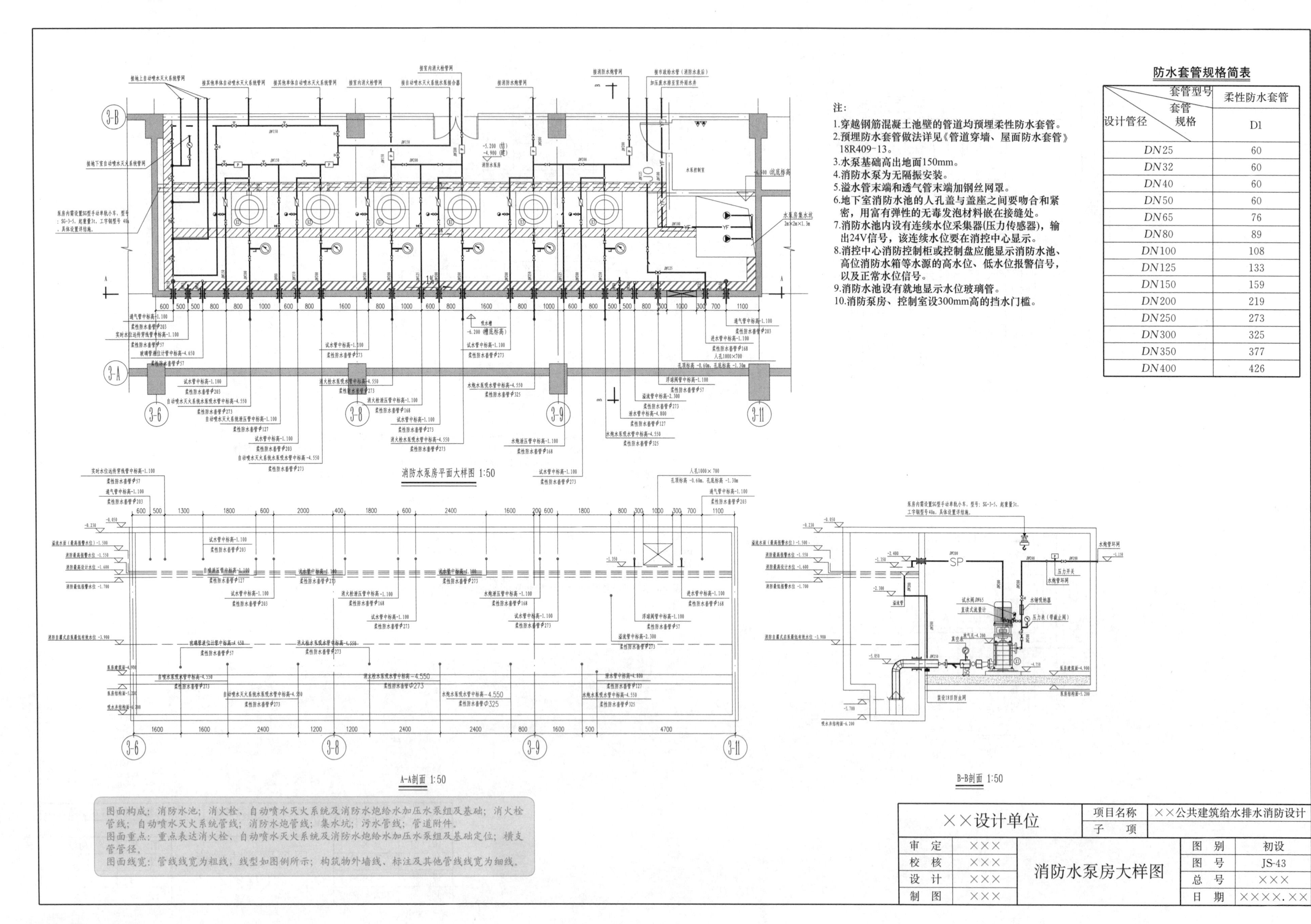

设计管径 \ 套管型号 / 套管规格	柔性防水套管 D1
DN25	60
DN32	60
DN40	60
DN50	60
DN65	76
DN80	89
DN100	108
DN125	133
DN150	159
DN200	219
DN250	273
DN300	325
DN350	377
DN400	426

主要参考文献

[1] 教育部高等学校教学指导委员会. 普通高等学校本科专业类教学质量国家标准 [M]. 北京：高等教育出版社，2018.

[2] 教育部高等学校给排水科学与工程专业教学指导分委员会. 高等学校给排水科学与工程本科专业指南 [M]. 北京：中国建筑工业出版社，2023.

[3] 李亚峰，尹士君. 给水排水工程专业毕业设计指南 [M]. 北京：化学工业出版社，2003.

[4] 张智，张勤，郭士权，等. 给水排水工程专业毕业设计指南 [M]. 北京：中国水利水电出版社，2000.

[5] 中国市政工程西南设计研究院. 给水排水设计手册：第1册 常用资料 [M]. 2版. 北京：中国建筑工业出版社，2000.

[6] 中国核电工程有限公司. 给水排水设计手册：第2册 建筑给水排水 [M]. 3版. 北京：中国建筑工业出版社，2012.

[7] 上海市政工程设计研究总院（集团）有限公司. 给水排水设计手册：第3册 城镇给水 [M]. 3版. 北京：中国建筑工业出版社，2017.

[8] 北京市市政工程设计研究总院有限公司. 给水排水设计手册：第5册 城镇排水 [M]. 3版. 北京：中国建筑工业出版社，2017.

[9] 上海市政工程设计研究总院（集团）有限公司. 给水排水设计手册：第10册 技术经济 [M]. 3版. 北京：中国建筑工业出版社，2012.

[10] 中国市政工程西北设计研究院有限公司. 给水排水设计手册：第11册 常用设备 [M]. 3版. 北京：中国建筑工业出版社，2014.

[11] 中国市政工程华北设计研究总院. 给水排水设计手册：第12册 器材与装置 [M]. 3版. 北京：中国建筑工业出版社，2012.

[12] 中国建筑设计研究院有限公司. 建筑给排水设计手册 [M]. 3版. 北京：中国建筑工业出版社，2018.